21 世纪全国高校应用型人才培养土建物管类规划教材

土木工程施工

主　编　严心娥

副主编　苏晓蓓　张大伟

参　编　李红侠　王彩雪　焦　娜
　　　　刘耀芳　杨小刚

北京大学出版社
PEKING UNIVERSITY PRESS

内 容 简 介

本书按照我国现行业标准、施工规范，结合编者多年教学实践和企业生产实践编写而成，充分体现了岗位技能的要求。本书分为施工技术和施工组织两大部分，其中施工技术部分包括土方工程、桩基工程、砌筑工程、混凝土结构工程、预应力混凝土工程、结构安装工程、防水工程，共7章内容；施工组织部分包括建筑施工组织概论、流水施工原理、网络计划技术、单位工程施工组织设计、施工组织总设计，共5章内容。本书重点阐述施工工艺及工艺原理、施工方案及方法、施工组织及管理、保证工程质量和施工安全等有关技术措施，力求反映土木工程施工领域国内外的先进科学技术、先进工艺及管理水平。

本书可作为高等院校土木工程专业及其他相关专业的教学用书，也可作为相关工程技术人员的参考用书。

图书在版编目(CIP)数据

土木工程施工／严心娥主编．—北京：北京大学出版社，2010.9
(21世纪全国高校应用型人才培养土建物管类规划教材)
ISBN 978-7-301-17209-4

Ⅰ．①土… Ⅱ．①严… Ⅲ．①土木工程—工程施工—高等学校：技术学校—教材 Ⅳ．①TU7

中国版本图书馆CIP数据核字(2010)第092282号

书　　名：土木工程施工
著作责任者：严心娥　主编
责 任 编 辑：桂　春
标 准 书 号：ISBN 978-7-301-17209-4/TU・0122
出 版 发 行：北京大学出版社
地　　址：北京市海淀区成府路205号　100871
电　　话：邮购部62752015　发行部62750672　编辑部62765126　出版部62754962
网　　址：http://www.pup.cn
电 子 信 箱：zyjy@pup.cn
印　刷　者：北京虎彩文化传播有限公司
经　销　者：新华书店
787毫米×980毫米　16开本　25.5印张　560千字
2010年9月第1版　2019年9月第7次印刷
定　　价：47.00元

前　言

本书按照我国现行业标准、施工规范，结合编者多年教学实践和企业生产实践编写而成，充分体现了岗位技能的要求。本书分为施工技术和施工组织两大部分，其中施工技术部分包括土方工程、桩基工程、砌筑工程、混凝土结构工程、预应力混凝土工程、结构安装工程、防水工程，共7章内容；施工组织部分包括建筑施工组织概论、流水施工原理、网络计划技术、单位工程施工组织设计、施工组织总设计，共5章内容。本书重点阐述施工工艺及工艺原理、施工方案及方法、施工组织及管理、保证工程质量和施工安全等有关技术措施，力求反映土木工程施工领域国内外的先进科学技术、先进工艺及管理水平。

本书在内容组织上以必需、实用和够用为原则，简化理论推导，尽量体现“新”和“精”；重视具体知识的实践应用，使学生做到“学”“做”“用”合一。

本书由严心娥主编并担任统稿工作。参加本书编写的人员有：西安欧亚学院苏晓蓓、煤炭科学研究总院西安研究院杨小刚（编写第1章），西安欧亚学院张大伟（编写第2章），西安欧亚学院刘耀芳（编写第3章、第7章），西安建筑科技大学李红侠（编写第4章），西安欧亚学院严心娥（编写第5章、第6章），西安欧亚学院王彩雪（编写第8章、第9章、第12章），西安欧亚学院焦娜（编写第10章、第11章）。

本书在编写过程中参考了一些专家学者的研究成果及相关文献，得到了西安欧亚学院相关部门的大力支持，在此一并表示衷心的感谢！由于编者水平有限，书中难免存在缺点和不妥之处，敬请广大读者批评指正。

编者

2010年6月

目　　录

第1章　土方工程

主要内容

土方量的计算、基坑边坡与支护、排水和地下水的处理、土方机械化施工、土方填筑与压实。

学习重点

土方量的计算、基坑支护、降水法、土方填筑与压实。

学习要求

了解明排水法和管井井点降水的方法和施工要点；了解基坑支护的类型、原理和施工方法；了解土方机械的类型及施工特点；了解土方填筑与压实的施工要求；掌握平整场地的土方量计算方法；重点掌握轻型井点降水的设计计算。

1.1　概　　述

建筑工程施工中，土方工程是主要工种之一，施工范围主要有场地平整、基坑（槽）开挖与回填、地基土的处理、土石方爆破、排水、降水及土壁支撑等。

1.1.1　土方工程施工特点

1. 土方量大，劳动繁重，工期长

如某中心大厦深基坑土方开挖面积为 $2.5\times10^4\ m^2$，开挖深度达 25 m，土方开挖总量达 $4.2\times10^5\ m^3$，实际工期达到了 210 天。因此，为了减轻土方施工繁重的劳动，提高劳动生产率、缩短工期、降低工程成本，在组织土方工程施工时，应尽可能采用机械化施工方法。

2. 施工条件复杂

土方工程施工一般为露天作业，受地区、气候、水文地质等条件的影响大，同时，受周围环境条件的制约也多。因此在组织土方施工前，必须根据施工现场具体施工条件、工期和质量要求、拟定切实可行的土方工程施工方案。

1.1.2 土的工程分类

土的分类方法很多。作为地基土，按《建筑地基基础设计规范》可划分为岩石、碎石土、沙土、粉土、黏性土和特殊土等，它们与土方边坡稳定和土壁支护有密切关系。按照土的开挖难易程度将土分为八类（见表 1-1），这八类土决定了土方工程施工方法的选择和土方工程的费用。

表 1-1 土的工程分类与现场鉴别方法

类别	土的名称	开挖方式	可松性系数	
			K_s	K_s'
第一类（松软土）	沙，粉土，冲积沙土层，种植土，泥炭（淤泥）	用锹、锄头挖掘	1.08～1.17	1.01～1.04
第二类（普通土）	粉质黏土，潮湿的黄土，夹有碎石、卵石的沙，种植土，填筑土和粉土	用锹、锄头挖掘，少许用镐翻松	1.14～1.28	1.02～1.05
第三类（坚土）	软及中等密实黏土，重粉质黏土，粗砾石，干黄土及含碎石、卵石的黄土、粉质黏土、压实的填筑土	主要用镐，少许用锹、锄头，部分用撬棍	1.24～1.30	1.04～1.07
第四类（砾沙坚土）	重黏土及含碎石、卵石的黏土，粗卵石，密实的黄土，天然级配沙石，软泥灰岩及蛋白石	先用镐、撬棍，然后用锹挖掘，部分用锲子及大锤	1.30～1.45	1.06～1.09
第五类（软石）	硬石炭纪黏土，中等密实的页岩、泥灰岩、白垩土，胶结不紧的砾岩，软的石灰岩	用镐或撬棍、大锤，部分用爆破方法	1.30～1.45	1.10～1.20
第六类（次坚石）	泥岩，砂岩，砾岩，坚实的页岩、泥灰岩，密实的石灰岩，风化花岗岩、片麻岩	用爆破方法，部分用风镐	1.30～1.45	1.10～1.20
第七类（坚石）	大理岩，辉绿岩，玢岩，粗、中粒花岗岩，坚实的白云岩、砾岩、砂岩、片麻岩、石灰岩，风化痕迹的安山岩、玄武岩	用爆破方法	1.30～1.45	1.10～1.20
第八类（特坚石）	安山岩，玄武岩，花岗片麻岩，坚实的细粒花岗岩、闪长岩、石英岩、辉长岩、辉绿岩，玢岩	用爆破方法	1.45～1.50	1.20～1.30

1.1.3　土的工程性质

1. 土的可松性

自然状态下的土，经过开挖后，其体积因松散而增大，回填以后虽经压实，仍不能恢复到原来的体积，这种性质称为土的可松性。

土的可松性程度用可松性系数表示。土经开挖后的松散体积与原自然状态下的体积之比，称为最初可松性系数；土经回填压实后的体积与原自然状态下的体积之比，称为最后可松性系数，即

$$K_s = \frac{V_2}{V_1};\ K'_s = \frac{V_3}{V_1}$$

式中：K_s——最初可松性系数（表 1-1）；

K'_s——最后可松性系数（表 1-1）；

V_1——土在天然状态下的体积；

V_2——土在开挖后的松散体积；

V_3——土经回填压实后的体积。

由于土方工程量是以自然状态下的体积来计算的，所以土的可松性对场地平整，土方量的平衡调配，计算土方机械生产率，确定运土机具数量以及计算填方所需的挖方体积等均有很大影响。

【例题 1-1】 现有一个体积为 400 m^3 的坑，坑内土为一类土，问 2 m^3 汽车需多少车次（$K_s=1.15$）能将其运完？

解： $V_2 = K_s \times V_1 = 1.15 \times 400 = 460\ (m^3)$

故，需 $V_2/2 = 230$ 车次。

2. 土的渗透性

水流通过土中孔隙难易程度的性质，称为土的渗透性。土中水的渗流运动通常用达西定律来描述，即地下水在土中的渗流速度与水头差成正比，与渗流路径长度成反比。其表达方式为：

$$v = \frac{\Delta H}{L} \cdot K = K \cdot i$$

式中：v——地下水渗流速度（m/d）；

ΔH——渗流路程两端的水头差（m）；

i——单位渗透路径长度的水头差，亦称为水力梯度（无量纲）；

K——渗透系数（m/d）。

渗透系数 K 是表示土的渗透性的重要参数，由试验确定，K 值大小对施工降水方案与支护结构形式等的选择影响很大。表 1-2 为各种土的渗透系数参考值。

表 1-2　土的渗透系数 K 参考值

名称	渗透系数 K（m/d）	名称	渗透系数 K（m/d）
黏土	<0.005	中沙	5.0～25.0
粉质黏土	0.005～0.1	均质中沙	35～50
粉土	0.1～0.5	粗沙	20～50
黄土	0.25～0.5	圆砾	50～100
粉沙	0.5～5.0	卵石	100～500
细沙	1.0～10.0	无填充物卵石	500～1 000

1.2　土方工程量计算与土方调配

1.2.1　基坑与基槽土方量计算

基坑的土方量计算可近似地按拟柱体体积公式计算，如图 1-1（a）所示。

$$V = \frac{1}{6}H(F_1 + 4F_0 + F_2)$$

式中：H——基坑深度（m）；

F_1、F_2——基坑上下两底面积（m^2）；

F_0——基坑中截面的面积（m^2）。

注意： F_0 一般情况下不等于 F_1，F_2 之和的一半，而应该按侧面几何图形的边长计算出中位线的长度，然后再计算中截面的面积 F_0。

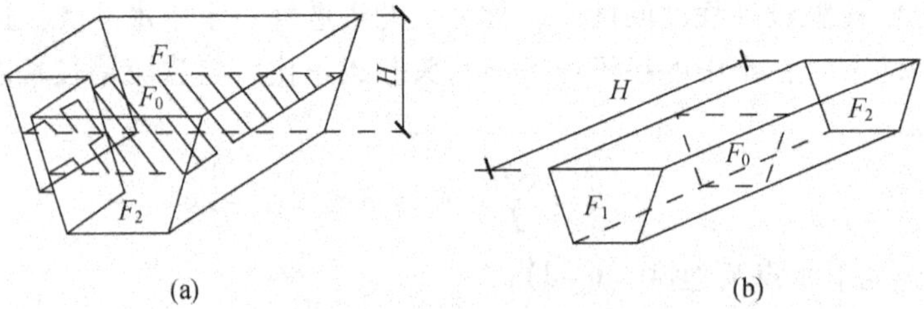

图 1-1　基坑、基槽土方量计算简图

（a）基坑土方量计算；（b）基槽土方量计算

基槽土方量计算可沿长度方向分段计算。当基槽某段内横截面尺寸不变时，其土方量即为该段横截面的面积乘以该基槽长度。如某段内横截面的形状、尺寸有变化时，也可近似按拟柱体体积公式计算（如图 1-1（b）所示），各槽段土方量之和，即为基槽总土方量。

1.2.2　场地平整土方量计算

在丘陵和山区地带，建筑场地往往处在凹凸不平的自然地貌上，开工之前必须挖高填低将场地整平，场地整平是将现场平整成施工所要求的设计平面。场地平整前，要确定平整与基坑开挖的施工顺序，确定场地的设计标高，计算挖、填土方工程量，确定土方平衡调配方案，然后根据工程规模、施工期限、土的性质及现有机械设备条件，选择土方施工机械，拟定施工方案。

场地平整与基坑开挖的顺序，通常有 3 种不同情况。

（1）对场地挖填土方量较大的工地，如地形起伏较大，可先整平场地，后开挖基坑。这样可为土方机械提供较大的工作面，使其充分发挥工作效能，减少与其他工作的相互干扰。但这样容易重复开挖。

（2）对较平坦的场地，可先开挖基坑，待基础施工后再平整场地。这样可减少土方的重复开挖，加快建筑物的施工速度。

（3）当工期紧迫或场地地形复杂时，可按照现场施工的具体条件和施工组织的要求，划分施工区，施工时，可平整某区场地后，随即开挖该区的基坑，或某区基坑，并做完基础后进行该区的场地平整。

1. 场地设计标高的确定与调整

场地设计标高是进行场地平整和土方量计算的依据，合理地确定场地设计标高对减少土方量的填挖，加快建设速度都具有重要的经济意义。在场地设计标高确定时，有时要考虑市政排水、道路和城市规划等因素，设计文件中明确规定了场地平整后的设计标高，施工单位只能依照设计文件施工。若无文件规定则可通过计算来确定设计标高。确定场地设计标高时应考虑以下因素：a）满足生产工艺和运输的要求；b）尽量利用地形，以减少挖方数量；c）尽量使场地内挖填平衡，以降低土方运输费用；d）有一定泄水坡度（≥2‰），满足排水要求；e）考虑最高洪水位的要求。考虑以上五点因素，可按照以下步骤和方法确定。

（1）初步确定场地设计标高 H_0。初步计算场地设计标高的原则是场地内挖填方平衡，即场地内挖方的体积等于填方的体积。首先将场地地形图划分为边长 $a=10\sim40$ m 的若干个方格，如图 1-2 所示。每个方格角点的标高可根据地形图上相邻两等高线的高程用插入法求得，但是当地形起伏较大时，此种方法误差较大，可在现场用木桩打好方格网，然后用测量的方法求得。

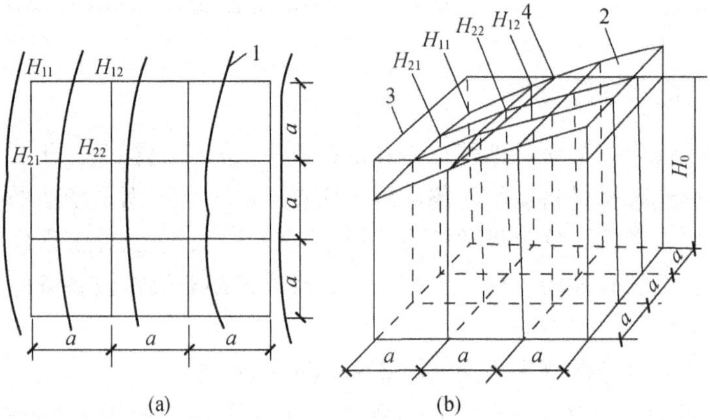

图 1-2 场地设计标高计算简图

（a）地形图上划分方格（10～40 m）；（b）设计标高示意图

1—等高线；2—自然地面；3—设计标高平面；4—零线

按照挖填方平衡，场地设计标高的计算式为：

$$na^2H_0 = \frac{1}{4}a^2(H_{11} + H_{12} + H_{21} + H_{22}) + \frac{1}{4}a^2(H_{12} + H_{13} + H_{22} + H_{23}) + \cdots$$

$$H_0 = \frac{\sum_{i}^{n}(H_{11} + H_{12} + H_{21} + H_{22})}{4n}$$

式中：n——方格数

也可写成：
$$H_0 = \frac{\sum H_1 + 2\sum H_2 + 3\sum H_3 + 4\sum H_4}{4n}$$

式中：H_1——一个方格独有的角点标高；

H_2——两个方格共有的角点标高；

H_3——三个方格共有的角点标高；

H_4——四个方格共有的角点标高。

（2）场地设计标高的调整——考虑泄水坡度的影响。按上式计算的场地设计标高为一个理论值，实际上还应该考虑场地的排水要求，场地表面应有一定的泄水坡度。因此，还需根据场地泄水坡度的要求（单面泄水或双面泄水），计算出场地内各方格角点实际施工时的设计标高。

① 单向泄水（见图 1-3（a））。场地具有单向泄水坡度 i 时，各方格角点设计标高的求法：

$$H_n = H_0 \pm Li$$

式中：H_n——场地内任一点的设计标高；

L——该点至场地中心线的距离；

i——场地泄水坡度（≥2‰）。

② 双向泄水（见图 1-3（b））。场地具有双向泄水坡度 i_x 和 i_y 时，各方格角点设计标高的求法如下：

$$H_n = H_0 \pm L_x i_x \pm L_y i_y$$

式中：L_x、L_y——某方格角点距场地中心线 X-X，Y-Y 的距离；

i_x、i_y——X-X，Y-Y 方向的泄水坡度。

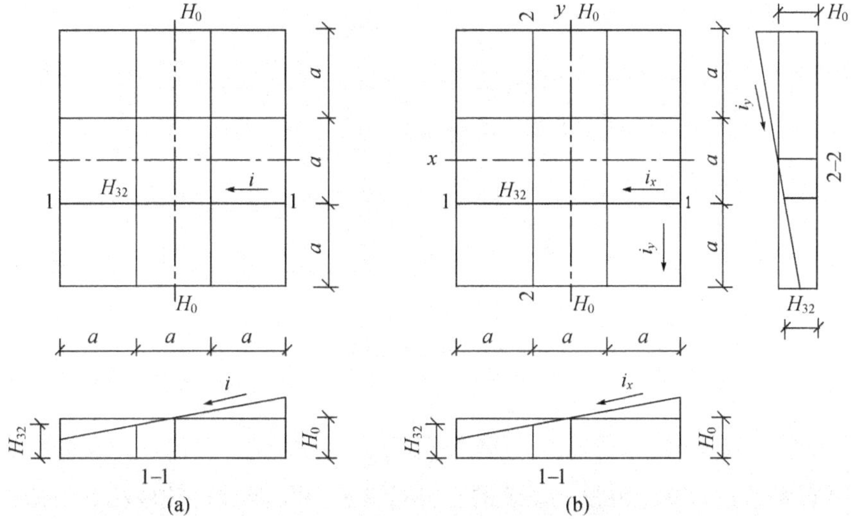

图 1-3　场地泄水坡度示意图

（a）单向泄水；（b）双向泄水

2. 场地土方量计算

一般采用方格网法和断面法来计算场地和边坡的土方量。大面积场地平整的土方量，通常采用方格网法计算。方格网法是根据个方格角点的自然地面标高和实际采用的设计标高，算出相应的角点填挖高度（即施工高度），然后计算每一方格的土方量，并算出场地边坡的土方量。这样便可求得整个场地的填挖土方总量。步骤如下：

（1）求各方格角点的施工高度 h_n：

$$h_n = H_n - H$$

式中：h_n——各角点的施工高度，即填挖高度。“+”为填，“-”为挖；

H_n——角点的设计标高（若无泄水坡度时，即为 H_0）；

H——角点的自然地面标高。

（2）绘出“零线”。如果一个方格中一部分角点的施工高度为正，一部分角点的施工高度为负，此格中的土方一部分为填方，一部分则为挖方，挖方和填方的分界线即为零线，在该线上，施工高度为零。在计算土方量之前，必需先确定零线。

零线的确定方法是：在相邻角点施工高度为一挖一填的方格边线上，用插入法求出（见如图 1-4）方格边线上零点的位置，再将各相邻的零点连接起来即得零线。

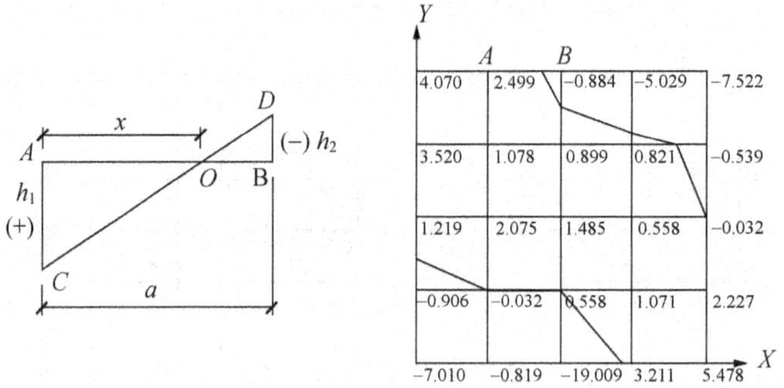

图 1-4　零点的图解法

其中：

$$x = \frac{ah_1}{h_1 + h_2}$$

（3）计算场地挖、填土方量。场地的土方量计算可用四方棱柱体法和三角棱柱体法。四方棱柱体法计算比较简单，根据方格角点的施工高度，分为 3 种情况。

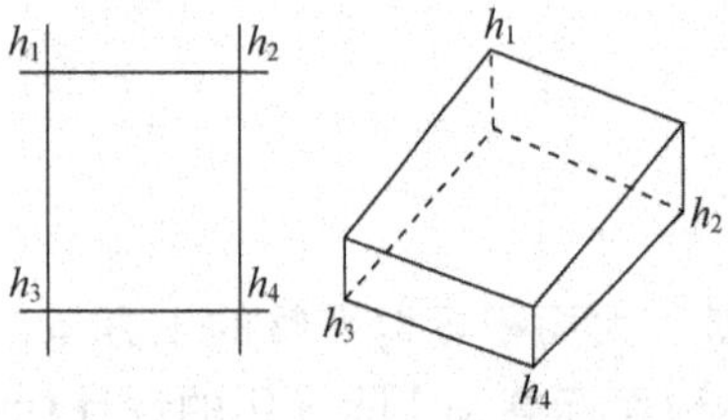

图 1-5　四角全挖或全填

① 某个方格的四个角全部为填方或全部为挖方的土方量：（见图 1-5）。

$$V = \frac{a^2}{4}\ (h_1 + h_2 + h_3 + h_4)$$

式中：V——挖方或填方的体积；

h_1、h_2、h_3、h_4——方格角点的施工高度（计算时取绝对值）。

② 相邻两角点为挖方，另外两角点为填方（见图 1-6）。

填方的土方量：$V_{1,3}=\dfrac{h_1+h_3}{4}\times\dfrac{1}{2}(b+c)a$

挖方的土方量：$V_{2,4}=\dfrac{h_2+h_4}{4}\times\dfrac{1}{2}(d+c)a$

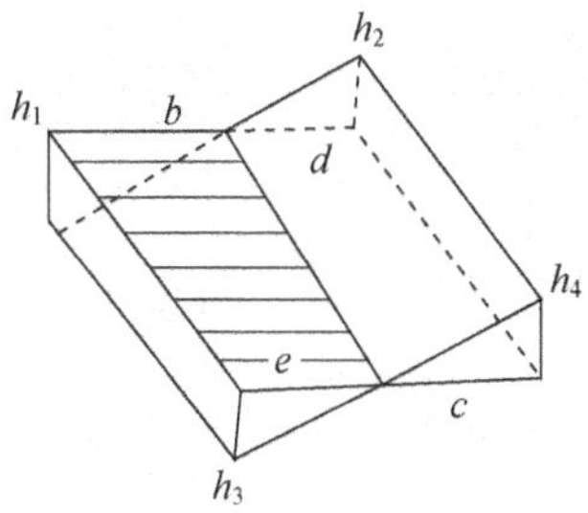

图1-6　两角挖两角填

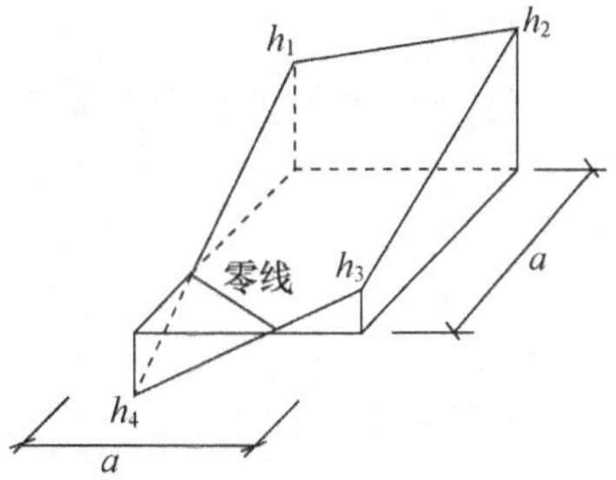

图1-7　三点挖方或填方

③ 方格的三个角点为挖（填），另一个角点为填（挖），见图1-7。

挖方的土方量：$V_{1,2,3}=\dfrac{h_1+h_2+h_3}{5}\left(a^2-\dfrac{1}{2}bc\right)$

填方的土方量：$V_4=\dfrac{h_4}{3}\times\dfrac{1}{2}bc$

当地势平坦时，可将方格划分得大些，可以减少计算工作量。当地形起伏变化较大时，则应将方格网划分的小一些，以使结果准确些。

【例题1-2】某场地方格边长为20米。其中$H_{11}=45.82$，$H_{12}=45.25$，$H_{13}=44.06$，$H_{14}=43.02$，$H_{21}=44.81$，$H_{22}=44.67$，$H_{23}=43.75$，$H_{24}=42.86$，$H_{31}=44.12$，$H_{32}=44.24$，$H_{33}=43.05$，$H_{34}=42.26$，$H_{41}=48.08$，$H_{42}=41.32$，$H_{43}=38.39$，$H_{44}=45.04$

试求：(1) 场地的设计标高H_0；

(2) 当$i_x=3‰$，$i_y=2‰$时根据以算的出各方格角点的施工高度，绘出零线，算出填、挖方量。

解：1) $H_0=\dfrac{(\sum H_1+2\sum H_2+3\sum H_3+4\sum H_4)}{4n}$

$$=(181.96+2\times343.07+0+4\times175.71)\div36$$
$$=(181.96+686.14+0+702.84)\div36$$
$$=1570.94\div36$$
$$=43.63722\approx43.64$$

2) 考虑泄水坡度后，各角点的设计标高为：（见图1-8）

3）各方格角点的施工高度 = 设计高度 − 自然高度

即 $h_n = H_n - H$，则各角点的施工高度计算结果见图 1-9 中所示。

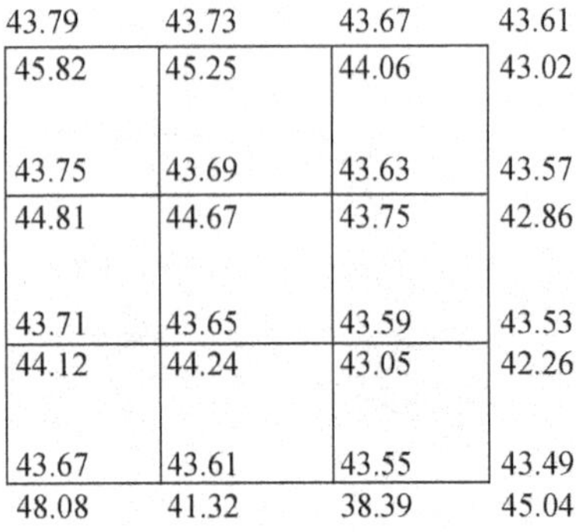

图 1-8　场地标高线

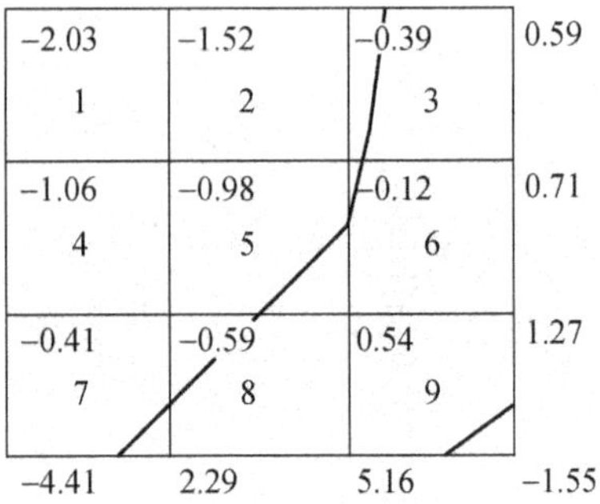

图 1-9　场地标高线

4）计算各方格的挖填土方量

V_1 挖 $= 5.59 \times 20^2/4 = 559\ (\mathrm{m}^3)$

V_2 挖 $= 3.01 \times 20^2/4 = 301\ (\mathrm{m}^3)$

V_3 挖 $= \dfrac{0.39 + 0.12}{4} \times \dfrac{1}{2}(8 + 2.9) \times 20 = 13.90\ (\mathrm{m}^3)$（−0.39 和 0.59 之间的零点到 −0.39的距离为 8 m，−0.12 和 0.71 之间的零点到 −0.12 的距离为 2.9 m）

V_3 填 $= \dfrac{0.59 + 0.71}{4} \times \dfrac{1}{2}(12 + 17.1) \times 20 = 94.58\ (\mathrm{m}^3)$

V_4 挖 $= (1.06 + 0.98 + 0.41 + 0.59) \times 20^2/4 = 304\ (\mathrm{m}^3)$

V_5 挖 $= \dfrac{(0.59 + 0.98 + 0.12)}{5} \times \left(20^2 - \dfrac{1}{2} \times 9.6 \times 16.4\right) = 108.6\ (\mathrm{m}^3)$（−0.59 和 0.54 之间的零点到 0.54 的距离为 9.6 m，−0.12 和 0.54 之间的零点到 0.54 的距离为 16.4 m）

V_5 填 $= \dfrac{1}{3} \times 0.54 \times \dfrac{1}{2} \times 9.6 \times 16.4 = 14.2\ (\mathrm{m}^3)$

V_6 挖 $= \dfrac{1}{6} \times 3.6 \times 2.9 \times 0.12 = 0.21\ (\mathrm{m}^3)$

V_6 填 $= \dfrac{0.54 + 1.27 + 0.71}{5} \times \left(20^2 - \dfrac{1}{2} \times 3.6 \times 2.9\right) = 199.0\ (\mathrm{m}^3)$

V_7 挖 $= \dfrac{4.41 + 0.41 + 0.59}{5} \times \left(20^2 - \dfrac{1}{2} \times 6.8 \times 15.9\right) = 374.3\ (\mathrm{m}^3)$（−4.41 和 2.29 之间的零点到 2.29 的距离为 6.8 m，−0.59 和 2.29 之间的零点到 2.29 的距离为 15.9 m）

V_7 填 $=\frac{1}{6}\times 6.8\times 15.9\times 2.29=41.3\,(\mathrm{m}^3)$

V_8 挖 $=\frac{1}{6}\times 4.1\times 10.4\times 0.59=4.2\,(\mathrm{m}^3)$

V_8 填 $=\frac{2.29+5.16+0.54}{5}\times\left(20^2-\frac{1}{2}\times 4.1\times 10.4\right)=605.1\,(\mathrm{m}^3)$

V_9 挖 $=\frac{1}{6}\times 4.6\times 11\times 1.55=13.1\,\mathrm{m}^3$（5.16和−1.55之间的零点到−1.55的距离为4.6 m，1.27和−1.55之间的零点到−1.55的距离为11 m）

V_9 填 $=\frac{5.16+0.54+1.27}{5}\times\left(20^2-\frac{1}{2}\times 4.6\times 11\right)=522.3\,(\mathrm{m}^3)$

故 V 挖 $=1\,678.31\,\mathrm{m}^3$　　V 填 $=1\,476.48\,\mathrm{m}^3$

1.2.3　土方调配

土方调配就是对挖土的利用、堆弃和填土的取得三者之间关系进行综合协调的处理，使土方工程施工费用少，施工方便，工期短。

土方调配的原则：挖、填平衡和运距最短；近期施工与后期利用相结合；分区与全场相结合考虑；尽可能与大型地下建筑的施工相结合；选择恰当的调配方向、运输路线，充分发挥功效。

1.3　土方工程施工准备与辅助工作

1.3.1　排除地面水

地面水的排除一般采用排水沟、截水沟、挡水土坝等措施。应尽量利用自然地形来设置排水沟，使水直接排至场外，或流至低洼处再用水泵抽走。主排水沟最好设置在施工区域的边缘或道路的两旁，其横断面应按照施工期内最大流量确定。一般排水沟的横断面不小于0.5 m×0.5 m，纵向坡度应根据地形确定，一般不应小于3‰，平坦地区不小于2‰，沼泽地区可减至1‰。在山坡地区施工，应在较高一面的山坡上，先做好永久性截水沟，或设置临时截水沟，阻止山坡水流入施工现场。在较平坦地区施工时，除开挖排水沟外，必要时还需修筑土堤，以阻止场外水流入施工现场。出口处应设置在远离建筑物或构筑物的低洼地点，并应保证排水畅通。

1.3.2 降低地下水位

在土方开挖的过程中，当开挖的基坑或沟槽底面标高低于地下水位时，由于土的含水层被切断，地下水会不断地渗入基坑内。如果没有采取止水或降水措施，不仅会使基坑施工条件恶化，而且地基土被水泡软以后，会造成边坡塌方和地基承载力下降。因此，为了保证基坑土方施工质量和安全，在基坑土方开挖前和开挖过程中，必须采取降低地下水位措施，保证基坑土体的干燥。

地下水的处理方法，一般有止水法和降水法两类。

止水法是沿基坑四周设置防水帷幕，截断地下水流，将地下水阻止在基坑外面，属于这一类的具体做法有：设置深层搅拌水泥土桩、水泥旋喷桩、压密注浆、与地下连续墙等。

降水法是利用抽水泵将地下水不断抽走，使地下水降低深度在基坑中心底面以下至少0.5m，以保证基坑开挖时土体干燥。属于这一类的方法有：明排水法和井点降水法。

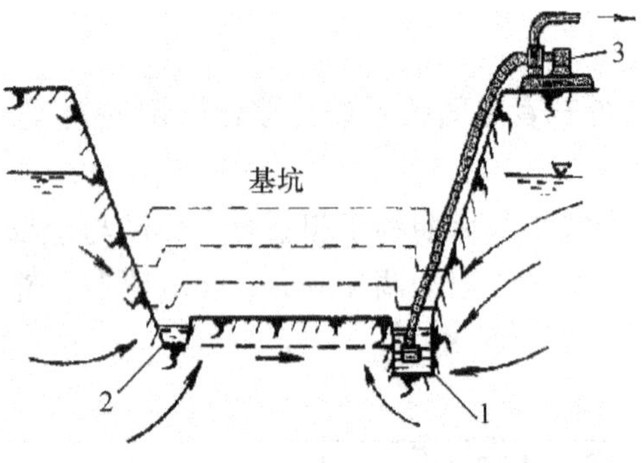

图 1-10 集水坑降水

1—集水坑；2—排水沟；3—水泵

1. 明排水法

明排水法又称为集水坑降水法。在基坑或沟槽开挖过程中，采用截、疏、抽的方法来进行排水。开挖时，沿坑底周围或中央开挖有一定坡度的排水沟，在坑底每隔一定距离设一个集水坑，地下水通过排水沟流入集水坑内，然后用水泵抽走（见图1-10），抽出的水应尽量引开，避免倒流。

(1) 集水坑设置。为了避免破坏地基土，基坑四周的排水沟及集水坑应设置在基础范围以外（≥0.5 m），如果采用单侧排水沟，则应设置在地下水流的上游，排水沟的纵坡宜为1‰~2‰，沟深一般为0.3~0.5 m，沟底宽不小于0.3 m。

集水坑的数量根据地下水流入排水沟的水量大小及水泵的抽水能力来确定，一般每隔20~40 m设置一个。集水坑的直径或宽度，一般为0.6~0.8 m。其深度随着挖土而加深，要经常保持低于挖土工作面0.7~1.0 m。当基坑挖至设计标高后，井底应低于坑底1~2 m，并铺设碎石滤水层，以免因抽水时间较长时将泥沙抽走，并可防止坑底的土被扰动。

建筑工地上，基坑排水机具常用的有：离心泵、潜水泵等，根据涌水量的大小昼夜随时抽排，直至基坑土回填为止。

集水坑降水法施工方法简单、经济，对周围影响小，应用较广，但是当涌水量较大、水位差较大或土质为细沙或粉沙时，有产生流沙的可能。如果不采取相应的措施，施工就难以进行。

(2) 流沙的形成及其防治。当基坑挖土到达地下水位以下，而土质是细沙或粉沙，又采用集水坑降水时，在一定动水压力作用下，基坑下的土就会形成流动状态，随地下水一起流动涌进坑内，这种现象称为流沙现象。发生流沙现象时，土完全丧失承载力，施工条件恶化，土边挖边冒，难以达到设计深度。流沙严重时，会引起基坑边坡塌方，如果有邻近建筑物，建筑物下方的土会被慢慢掏空，会为土方施工和邻近建筑物带来灾难。

产生流沙的最主要因素是动水力的影响，当水流是自下而上即动水力向上，并且动水力大于沙粒的自重时就会出现流沙，如果改变动水力的大小和方向，就可以避免流沙的出现。因此防止流沙的原则是“治沙必治水”。其具体措施有：

① 抢挖法。即组织分段抢挖，使挖土速度超过冒沙速度，挖到标高后立即铺竹筏或芦席，并抛大石以平衡动水压力，压住流沙，此法可解决轻微流沙现象。

② 打板桩法。将板桩打入坑底下面一定深度，增加地下水从坑外流入坑内的渗流路径，以减小水力梯度，从而减小动水压力，防止流沙产生。

③ 水下挖土法。不排水施工，使坑内水压力与地下水压力平衡，消除动水压力，从而防止流沙产生。此法在沉井挖土下沉过程中常用。

④ 人工降低地下水位法。采用轻型井点等降水，使地下水的渗流向下，水不致渗流入坑内，又增大了土粒间的压力，从而有效地防止流沙的形成。因此，此法应用广且较可靠。

⑤ 地下连续墙法。此法是在基坑周围先浇筑一道混凝土或钢筋混凝土的连续墙，以支承土壁、截水并防止流沙产生。

2. 井点降水法

井点降水法就是在基坑开挖前，预先在基坑四周埋设一定数量的滤水管（井），利用抽水设备从中抽水，使地下水位降落到坑底以下，直至施工结束为止。这样，可使所挖的土始终保持干燥状态，改善施工条件，同时还使动水压力方向向下，从根本上防止流沙产生，并增加土中有效应力，提高土的抗剪强度和密实度，在开挖基坑时，土方边坡也可陡些，从而减少挖方数量。但井点降水会使基坑周围的地基土壤产生一定的沉降，施工时应考虑到这一不利影响。

井点降水法适用于降水深度较大，土层为细沙、粉沙或软土地区。

井点降水的方法有：轻型井点降水法、管井井点降水法、喷射井点降水法、电渗井点降水法、深井井点降水法等。选用哪种方法，可根据土层的渗透系数、要求降低的水位深度、施工特点、设备条件及经济比较等条件参照表 1-3 选用。

表 1-3 各类井点的适用范围

项次	井点类别	土层渗透系数（m/昼夜）	降低水位深度（m）
1	单层轻型井点	0.1～50	3～6
2	多层轻型井点	0.1～50	6～12（由井点层数而定）
3	喷射井点	0.1～2	8～20
4	电渗井点	<0.1	根据选用的井点确定
5	管井井点	20～200	3～5
6	深井井点	10～250	>15

（1）轻型井点降水法。

① 轻型井点设备。轻型井点设备是沿基坑周围以一定的间距埋入井点管（下端为滤管），在地面上用集水总管将各井点管连接起来，并在一定位置设置抽水设备，利用真空泵和离心泵的真空吸力作用，使地下水经滤管进入井管，然后经井管排出，从而降低地下水位（见图 1-11）。

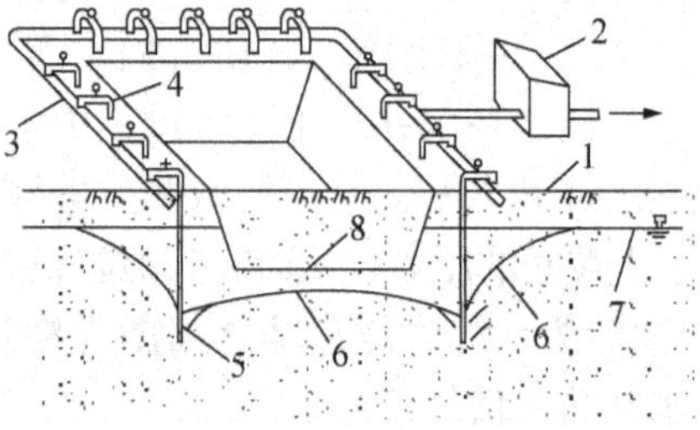

图 1-11 轻型井点设备

1—地面；2—水泵；3—总管；4—井点管；5—滤管；6—降落后的水位；7—原地下水位；8—基坑底

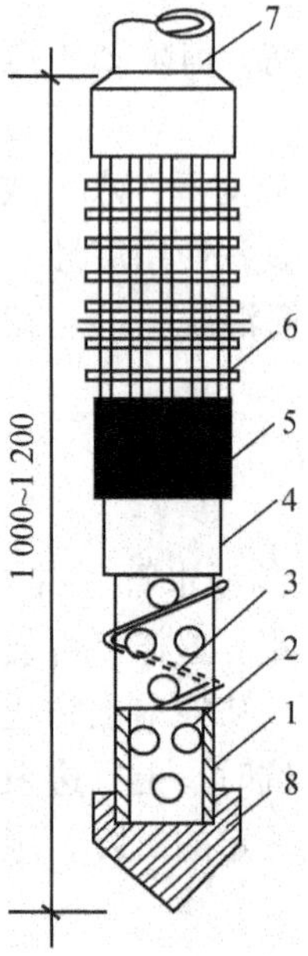

图 1-12 滤管构造

1—钢管；2—管壁上的小孔；3—缠绕的塑料管；4—细滤网；5—粗滤网；6—粗铁丝保护网；7—井点管；8—铸铁头

轻型井点设备由管路系统和抽水设备组成。管路系统包括：滤管、井点管、弯联管及总管。

滤管为进水设备，它位于井点管的下部，通常采用 1～1.5 m，直径为 38～50 mm 的无缝钢管，管壁上钻有呈星棋状排列的滤孔，滤孔面积为滤管表面积的 20%～25%，钢管外面包以两层孔径不同的滤网，内层为铜丝网或尼龙网材质的细滤网，外层为粗滤网。为使水流畅通，管壁与滤网之间用塑料管绕成螺旋形隔开，外面再绕一层粗铁丝保护，滤管下端为一铸铁塞头。(见图 1-12)

井点管是直径为 38～50 mm、长为 5～7 m 的钢管，可整根或分节组成。井点管的上端用弯联管与总管相连。

集水总管为直径100～127 mm的无缝钢管，每段长4 m，其上装有与井点管连接的短接头，间距有0.8 m、1.2 m、1.6 m、2.0 m、2.4 m（2.0 m用得较少）几种。

真空泵的负荷能力与其型号、性能和地质情况有关。一般情况下一台真空泵能负担100～200 m的集水总管。真空泵主要有W5、W6型，采用W5型真空泵时，负荷长度不大于100 m；采用W6型真空泵时，不大于200 m。

② 轻型井点的布置。轻型井点的布置应根据基坑平面形状、大小和深度、土质、地下水位的高低与流向、降水深度等要求来确定。

A. 平面布置：当基坑或基槽宽度小于6 m，降水深度不大于5 m时，可采用单排线状井点（见图1-13（a）），井点管布置在地下水游的上流一侧，两端的延伸长度一般不小于基槽的宽度。当基坑宽度大于6 m或土质不良时，宜用双排井点（见图1-13（b））。面积较大的基坑宜用环形井点（见图1-13（c）），有时也可布置为U形（见图1-13（d）），以利挖土机械和运输车辆出入基坑，环状井点四角部分应适当加密。井点管距离基坑壁一般为0.7～1.0 m，以防漏气。

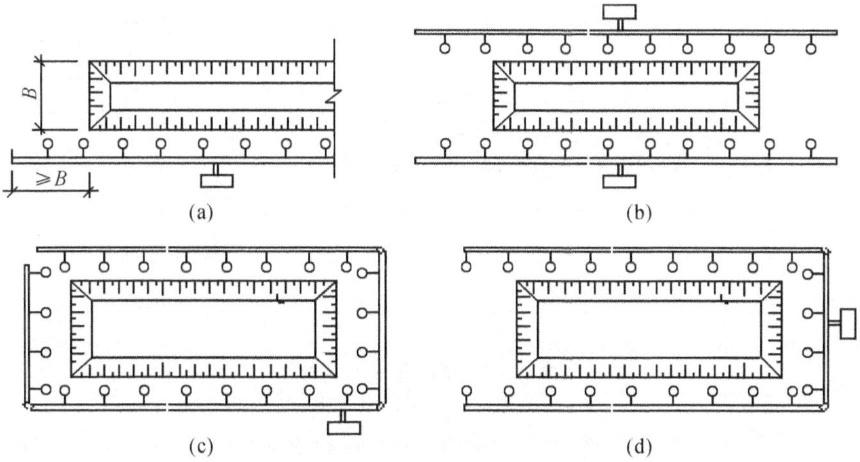

图1-13　井点的平面布置

（a）单排布置；（b）双排布置；（c）环形布置；（d）U形布置

井点管间距不能过大也不能过小，过大则地下水位很难降低，过小则井点管彼此干扰大，出水量会显著减少，一般用0.8～1.6 m，由计算或试验来确定。实际采用的井点管间距，还应与集水总管上短接头的间距相适应（可按0.8 m、1.2 m、1.6 m、2.0 m、2.4 m 5种间距选用）。

采用一套抽水设备按环形井点布置时，泵应设置在总管长度的中间，并将总管某一拐弯处断开，使泵两边的水流平衡，以免管内水流紊乱，影响抽水效果。采用多套抽水设备时，井点系统要分段，每段长度应大致相等，泵应设置在各段总管中部，每段总管之间应装设阀门隔开，当某组泵发生故障时，可开启相邻阀门，借助相邻的泵组继续抽水。

B. 高程布置：轻型井点的降水深度，在井点管底部（不包括滤管）处，一般不超过6 m。井点管的埋设深度 H（不包括滤管长）（见图1-14、图1-15）：

$$H \geqslant H_1 + h + iL$$

式中：H_1——井管埋设面至基坑底的距离（m）；

h——基坑中心处基坑底面（单排井点时，取远离井点一侧坑底边缘）至降低后地下水位的距离，一般取0.5~1.0 m；

i——地下水力坡度，单排井点取1/4，双排井点取1/7，环形井点取1/10；

L——井点管至基坑中心的水平距离（m）（在单排井点管中，为井点管至基坑另一侧的水平距离）。

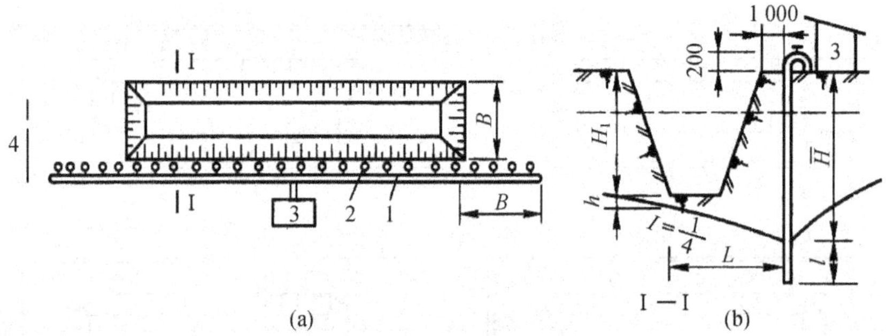

图1-14 单排井点的布置

(a) 平面布置；(b) 高程布置

1—总管；2—井点管；3—水泵房；4—地下水流向

此外，确定井点管埋深时，要考虑井点管露出地面0.2 m左右。

如果计算出的 H 值大于井点管长度则应降低井点管的埋置面（但以不低于地下水位为准）以适应降水深度的要求。在任何情况下，滤管必须埋在透水层内。为了充分利用抽吸能力，可事先挖槽，使总管的布置标高接近地下水位线。水泵轴心标高宜与总管平行或略低于总管。总管应具有0.25%~0.5%的坡度（坡向泵房）。各段总管和滤管最好分别设在同一水平面上，不宜高低悬殊。

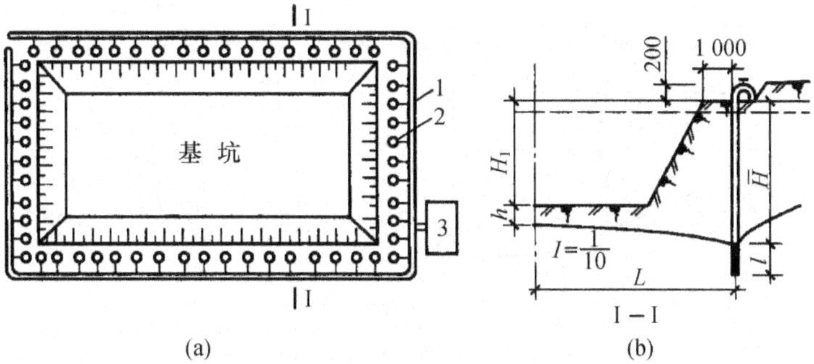

图 1-15　环形井点布置

（a）平面布置；（b）高程布置

1—总管；2—井点管；3—抽水设备

当一级井点达不到降水深度要求时，可视土质情况，采用其他方法：如果土质较好，先用明排水法去一层土再布置井点系统；采用二级轻型井点，即先挖去第一级井点所疏干的土，然后再布置第二级井点，使降水深度增加(见图 1-16)。

③ 轻型井点的计算。轻型井点的计算主要包括：涌水量计算、井点管数量与间距确定、抽水设备选择等。

井点系统的涌水量是以水井理论进行计算的。根据地下水有无压力，水井分为无压井和承压井，根据井底是否达到不透水层，水井又分为完整井和非完整井（如图 1-17)。因此，水井的类型可划分为四类。

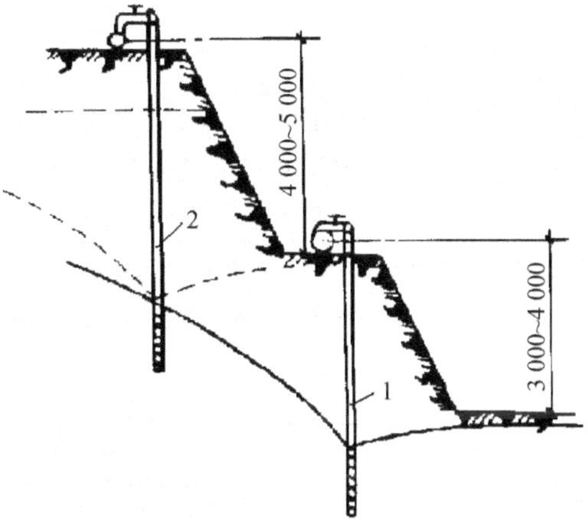

图 1-16　二级轻型井点

1—第二级井点管；2—第一级井点管

当水井布置在地下水上部为透水层，地下水具有自由水面的无压水，井底达到不透水层时（如图 1-17c）称为无压完整井；水井布置在地下水上部为透水层，地下水为无压水，井底未达到不透水层时（如图 1-17d）称为无压非完整井；水井布置在地下水面承受不透水层的压力，井底达到下层的不透水层时（如图 1-17a）称为承压完整井；水井布置在地下水面以下承受不透水性土层的压力，井底未达到下层的不透水层时（如图 1-17a）称为承压非完整井。水井的类型不同，其涌水量的计算方法则不同，其中以无压完整井的计算理论较为完善。

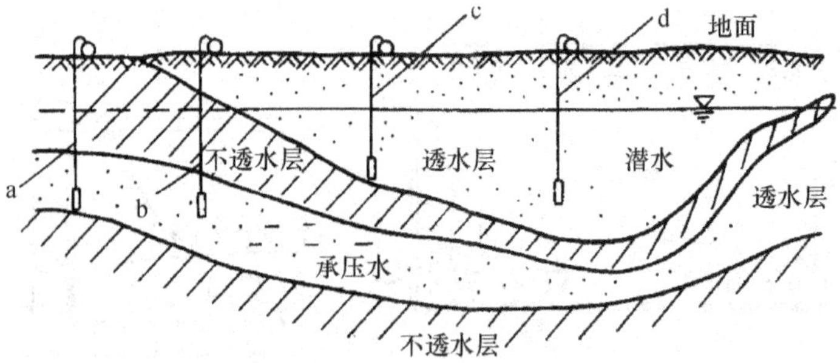

图 1-17 水井的分类

a—承压完整井；b—承压非完整井；c—无压完整井；d—无压非完整井

A. 涌水量计算。

对于无压完整井环状井点系统，其涌水量的计算公式为：

$$Q = 1.366K\frac{(2H - S)S}{\lg R - \lg x_0}$$

式中：Q——井点系统的涌水量（m^3/d）；

K——土壤的渗透系数（m/d），参考表 1-2；

H——含水层厚度（m）；

S——基坑中心降水深度（m）；

R——抽水影响半径（m），按下式计算：

$$R = 1.95S\sqrt{HK};$$

x_0——环状井点系统的假想半径（m），当矩形基坑的长宽比不大于 5 时，环形井点看成近似圆形布置，此假想圆的假想半径可按下式计算，其中 F 表示环状井点所包围的面积（m^2）：

$$x_0 = \sqrt{\frac{F}{\pi}}。$$

对于无压非完整井点系统，地下潜水不仅从井的侧面流入，还从井点底部渗入，因此涌水量较完整井大。为了简化计算，可采用无压完整井涌水量计算公式。但此时式中 H 应替换成有效抽水影响深度 H_0。H_0 值可按表 1-4 确定，当算得 H_0 大于实际含水层厚度 H 时，仍取 H 值。

表 1-4 有效抽水影响深度 H_0 值

$s'/(s'+l)$	0.2	0.3	0.5	0.8
H_0	$1.3(s'+l)$	$1.5(s'+l)$	$1.7(s'+l)$	$1.85(s'+l)$

注：s'为井点管中水位降落值，l 为滤管长度。

B. 井点管数量与井距的确定。

确定井点管数量需先确定单根井点管的抽水能力。单根井点管的最大出水量 q，取决于滤管的构造，尺寸和土的渗透系数，可按下式计算：

$$q = 65\pi dl \times \sqrt[3]{K}$$

式中：d——滤管内径（m）；

l——滤管长度（m）；

K——土的渗透系数（m/d）。

井点管的最少根数 n 可根据井点系统涌水量 Q 和单根井点管的最大出水量 q，按下式确定：

$$n = 1.1\frac{Q}{q}$$

式中：1.1——放大备用系数，考虑井点管堵塞等因素。

井点管的平均间距 D，按式（1-21）确定：

$$D = \frac{L}{n}$$

式中：L——总管长度（m）；

n——井点管根数。

井点管的间距除了按以上公式计算外，还应该根据实际情况调整：应与集水总管上的短接头的间距相适应（可按 0.8 m、1.2 m、1.6 m、2.0 m、2.4 m 5 种间距选用）；在渗透系数小的土中，井距不应完全按计算取值，还要考虑抽水时间，否则井距较大时水位降落时间长，井距宜取小些；在基坑周围四角和靠近地下水流方向一边的井点管应适当加密。

C. 轻型井点的安装使用。

井点管的安装程序是：先排放总管，再埋设井点管，用弯联管将井点管与总管连接，最后安装抽水设备。其中井点管的埋设是一个关键工作。

井点管的埋设一般用水冲法，水冲法分为冲孔与埋管两个过程（如图 1-18）。冲孔时先将高压水泵用起重设备吊起并插在井点的位置上，然后开动高压水泵将土冲松，同时将冲孔管上、下、左、右转到，冲管边冲边沉，从而逐渐在土中形成孔洞。冲孔的过程中，孔洞必须保持垂直，孔径一般为 300 m，并且上下一致。冲孔的深度宜比滤管底深 0.5 m 左右，以防止拔出冲管时，部分土颗粒沉于底部而触及滤管底部。井孔冲成后，立即拔出冲管，插入井点管，并在井点管与孔壁之间迅速填灌沙滤层，以防孔壁坍塌。沙滤层宜选用粗沙，以免堵塞滤管网眼，并填至滤管顶上 1.0～1.5 m，沙滤层灌好以后，距地面下 0.5～1.0 m 的深度内，应用黏土封口，以防漏气。

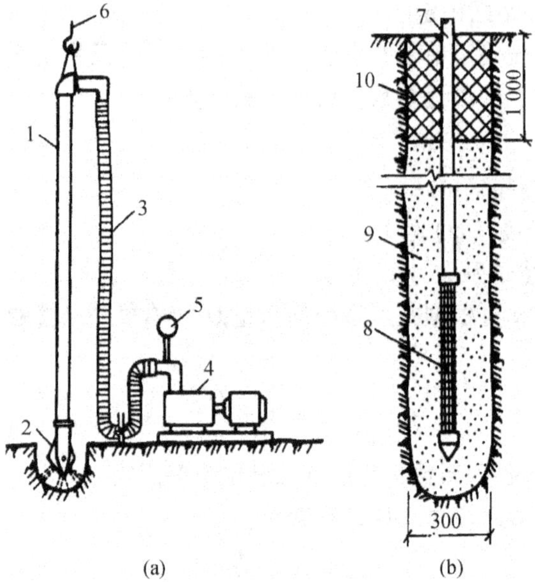

图 1-18 井点管的埋设

(a) 冲孔；(b) 埋管

1—冲管；2—冲嘴；3—胶皮管；4—高压水泵；5—压力表；
6—起重机吊钩；7—井点管；8—滤管；9—沙滤层；10—黏土封口

在井点系统安装完毕后，应立即进行试抽水，检查管路接头、井点管出水和抽水机运转情况，如果有漏水、漏气、不出水等情况，应检修好后方可使用。轻型井点使用时，一般应连续抽水（特别是开始阶段），时抽时停，滤管易于堵塞，出水浑浊容易引起邻近建筑物由于土颗粒流失而沉降、开裂。同时由于中途停抽，使地下水回升，也可能引起边坡塌方等事故。抽水过程中，应调节离心泵的出水阀以控制水量，使抽吸排水保持均匀，做到细水长流。正常的出水规律时“先大后小，先浊后清”。真空泵的真空度是判断井点系统工作情况是否良好的依据，应经常观察，造成真空度不足的原因有很多，但多是系统有漏气现象属于“死井”（工作正常的井管，用手触摸时，有冬暖夏凉的感觉），死井太多，则严重影响降水效果，应逐个用高压水反冲洗或拔出重埋。

井点降水工作结束后所留的井孔，必须用沙砾或黏土填实。

D. 轻型井点降水设计计算实例。

【例题 1-3】 某工程基坑开挖（见图 1-19），坑底面积尺寸为 19.8 m × 15.8 m，天然地面标高为 −0.5 m，基坑底标高为 −4.5 m，基坑边坡坡度为 1∶0.6，土质为：地面至 −2.0 m 为杂填土；−2.0 m 至 −7.3 m 为细沙层，细沙层以下为不透水层；地下水位标高为 −1.2 m，经扬水试验，细沙层渗透系数 $K = 18$ m/d，采用轻型井点降低地下水位。试求：(1) 轻型井点系统的布置；(2) 轻型井点的计算及抽水设备选用。

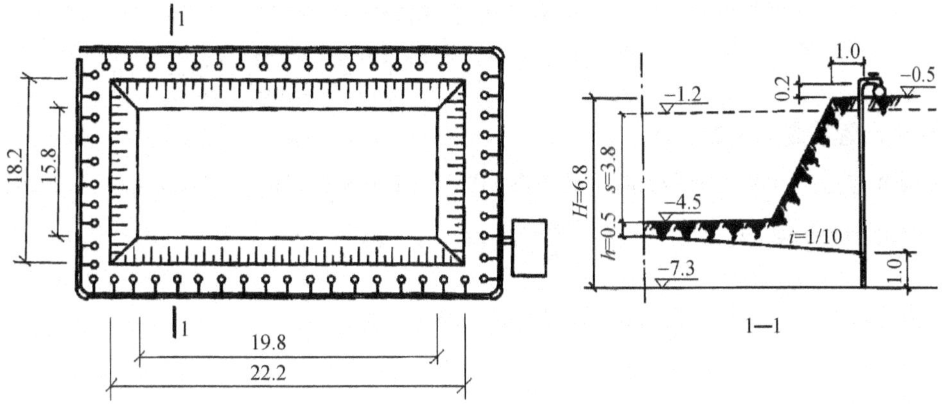

图 1-19　轻型井点系统布置

解： ① 轻型井点系统布置。总管的直径选用 127 mm，布置在 −0.5 m 标高上，基坑底面尺寸为 19.8 m × 15.8 m，基坑边坡坡度为 1∶0.6，则上口平面尺寸为 22.2 m × 18.2 m，井点管布置距离基坑壁距离为 1.0 m，采用环形井点布置，则总管平面尺寸为 24.2 m × 20.2 m，总管长度：

$$L = 2(24.2 + 20.2) = 88.8\ (\mathrm{m})$$

井点管长度选用 6 m，直径为 50 mm，滤管长为 1.0 m，井点管露出地面为 0.2 m，基坑中心要求降水深度：

$$S = 4.5 - 1.2 + 0.5 = 3.8\ (\mathrm{m})$$

采用单级轻型井点，井点管所需埋设深度：

$$H \geqslant H_1 + h + iL = 4.0 + 0.5 + 0.1 \times 10.1 = 5.5 < 6\ \mathrm{m}$$

符合埋深的要求。

上式中的 L 为基坑中心至井点管的水平距离：$L = 20.2 \div 2 = 10.1\ (\mathrm{m})$

井点管加滤管总长为 7 m，井管外露地面 0.2 m，则井管底部埋深在 −7.3 m 标高处，正好埋设至不透水层上。因此，可按无压完整井环形井点系统计算。

轻型井点系统布置如图 1-19 所示。

② 基坑涌水量计算。按无压完整井环形井点系统涌水量计算公式计算：

$$Q = 1.366K\frac{(2H - S)S}{\lg R - \lg x_0}$$

式中：含水层厚度　$H = 7.3 - 1.2 = 6.1\ (\mathrm{m})$

基坑中心降水深度　$S = 3.8\ \mathrm{m}$

抽水影响半径　$R = 1.95S\sqrt{HK} = 1.95 \times 3.8 \times \sqrt{6.1 \times 18} = 77.65\ (\mathrm{m})$

环形井点假想半径 $x_0=\sqrt{\dfrac{F}{\pi}}=\sqrt{\dfrac{24.2\times20.2}{3.1416}}=12.47\,(\text{m})$

$$Q=1.366\times18\times\frac{(2\times6.1-3.8)\times3.8}{\lg77.65-\lg12.47}=980.4\,(\text{m}^3/\text{d})$$

③ 井点管数量与间距计算。

单根井点出水量：$q=65dl\pi\times\sqrt[3]{K}=65\times0.05\times1.0\times3.1416\times\sqrt[3]{18}=26.7\,(\text{m}^3/\text{d})$

井点管数量：$n=1.1\dfrac{Q}{q}=1.1\times\dfrac{980.4}{26.7}=40.85$（根）

井点管间距：$D=\dfrac{L}{n}=\dfrac{88.8}{40.85}=2.17\,(\text{m})$，取 1.6 m

则实际井点管数量为：$\dfrac{88.8}{1.6}\approx56$（根）。

④ 抽水设备选用。根据总管长度为 88.8 m，井点管数量 56 根，选用 W5 型干式真空泵，可满足要求。水泵所需流量 $Q_1=1.1\times980.4=1\,078\,(\text{m}^3/\text{d})=44.9\,(\text{m}^3/\text{h})$。

水泵的系水扬程 $H_S=6.0+1.0=7.0\,(\text{m})$。

根据 Q_1 和 H_S 查表，选用 3B33 型离心泵。

（2）管井井点降水法。当渗透系数较大（如 20～100 m/d），地下水丰富的土层，轻型井点不易解决时，可采用管井井点的方法进行降水。

管井井点是沿基坑每隔一定距离设置一个管井，每隔管井单独用一台水泵不断地抽水，以降低地下水位。

管井井点的设备主要是由管井、吸水管、水泵组成（见图 1-20）。管井可用钢管管井和混凝土管井等。钢管管井的井身采用直径为150～250 mm 的钢管，其过滤部分采用钢筋焊接骨架外缠镀锌铁丝并包滤网（孔眼为 1～2 m），长度为 2～3 m。混凝土管管井的内径为 400 mm，分实管与过滤管两种，过滤管的空隙率为 20%～25%，吸水管可采用直径为 50～100 m 的钢管或胶管。

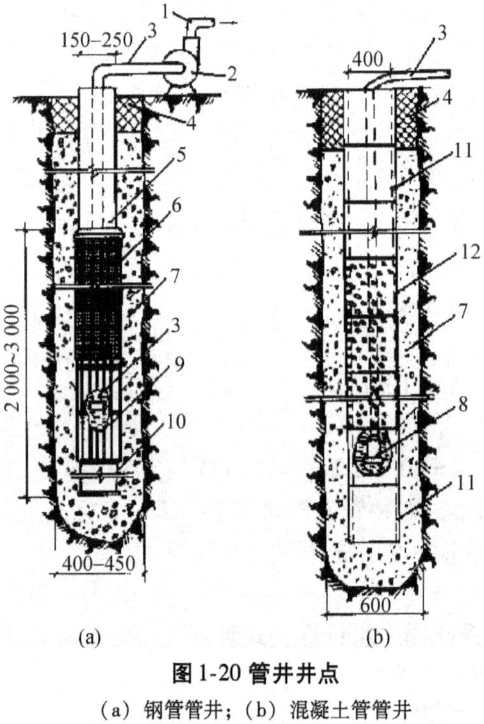

图 1-20 管井井点

（a）钢管管井；（b）混凝土管管井

1—出水管；2—离心泵；3—吸水管；4—黏土封口；5—管身；6—滤网；7—小砾石过滤层；8—潜水泵；9—钢筋焊接骨架；10—沉沙管；11—混凝土实管；12—混凝土过滤管

管井的间距一般为20～50 m，管井的深度为8～15 m。井内水位降低值可达6～10 m，两井中间则为3～5 m。管井井点计算可参照轻型井点进行。

井管的埋设，可采用泥浆护壁钻孔法成孔，孔径应比井管直径大200 mm以上。井管下沉前要进行清孔，以保持滤网的畅通。井管与土壁之间用粗沙或小砾石填灌作为滤层。地面以下0.5 m内用黏土填充夯实。

管井井点采用单级离心泵或潜水泵，前者泵体置于井上，吸水扬程一般为6～7 m，后者的泵体置于井内水中，最大扬程可达25 m。当要求降水深度大于6 m，而土的渗透系数又较小（$K=0.1\sim2$ m/d）时，如采用轻型井点就必须采用多层井点，这样不仅增加井点设备，而且增大基坑的挖土量，延长工期，这时可采用深井井点降水，它是利用深井泵放入井管内抽水，依靠水泵大的扬程，把深处的地下水抽到地面上来。降水深度可达到30 m。

(3) 电渗井点降水法。对于渗透系数很小的土（$K<0.1$ m/d），因土粒间微小孔隙的毛细作用，将水保持在孔隙内，单靠用真空吸力的井点降水方法效果不大，对这种情况需要电渗井点法降水。电渗井点是井点管作阴极，在其内侧相应的插入钢筋或钢管作阳极，通入电流后，使土中的水加速向阴极渗透，流向井点管。这种利用电渗现象和井点相结合的方法称为电渗井点。这种方法因耗电较多，只有在特殊情况下使用。

(4) 井点降水对邻近建筑的影响及防治措施。井点降水时，地下水位下降，土层中含水量减少，自重应力增加，使土体产生固结，因而会引起降水的周围地面产生不均匀沉降，使邻近建筑物基础或墙面开裂。因此，在建筑物附近进行井点降水时，为了避免对建筑物产生危害，就必须阻止建筑物下的地下水流失。一般可采取下列措施：

① 回灌井点法。回灌井点是在降水井点与需要保护的原建筑物之间设置一排回灌井点（如图1-21），在降水的同时，从回灌井点向土层内灌入适量的水，形成一道隔水幕，使原建筑物下的地下水位基本保持不变。这样可防止井点降水对邻近环境产生不良的影响。

回灌井点的间距应与降水井点相适应，回灌井点的布置、埋设方法、质量要求与降水井点相同，这里不再重复。回灌井点的埋设深度一般控制在稳定降水漏斗面以下1 m，选择渗透性较好的土层，滤管的长度应比降水井的滤管长度大。为了保证回灌效果，回灌井点和降水井点之间的距离，不小于6 m。

② 设置止水帷幕法。在降水的基坑周围与原有建筑物之间设置一道封闭的止水帷幕，使坑外四周地下水的渗透路径延长，渗透速度大大减小，从而使原有建筑物下的地下水位基本保持不变。止水帷幕的做法常用的有设置深层搅拌水泥土桩、压密注浆法成桩或制作地下连续墙等。

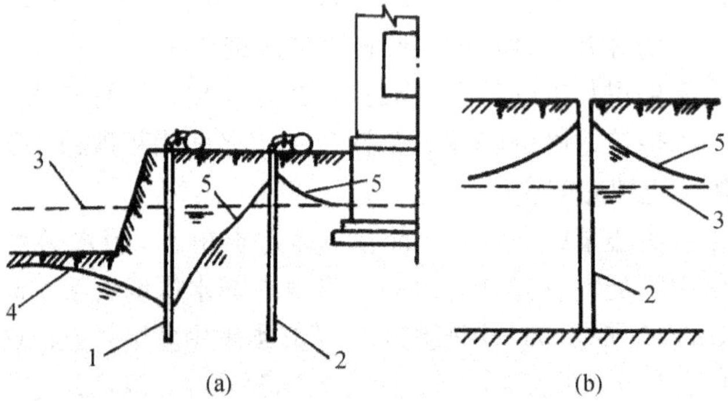

图1-21 回灌井点布置

(a) 回灌井点布置；(b) 回灌井点水位图

1—降水井点；2—回灌井点；3—原水位线；4—基坑内降低后的水位线；5—回灌后水位线

1.3.3 基坑边坡与支护

坑壁的稳定，主要是靠土体内颗粒间存在的内摩擦力和黏聚力来保持平衡稳定。一旦土体在外力作用下失去平衡，坑壁就会坍塌。坑壁坍塌不仅会妨碍基坑土方开挖或地下结构工程施工，有时还会危及邻近建筑物。

造成基坑塌方的原因主要有：① 边坡过陡，使土体的稳定性不足导致塌方，尤其是在土质差，开挖深度大的基坑中；② 雨水、地下水渗入土中泡软土体，从而增加土的自重同时降低土的抗剪强度，这是造成塌方的常见原因；③ 基坑上口边缘附近大量堆土或停放机具、材料，或由于行车等动荷载，使土体中的剪应力超过土体的抗剪强度；④ 土壁支撑强度破坏失效或刚度不足导致塌方。

为了防止土壁坍塌，确保施工安全，当挖土超过一定深度时，其边沿应该放出足够的边坡，当场地受限制不能放坡或为了减少挖方量而不能采用放坡时，则应设置基坑支护结构。

1. 放足边坡

基坑边坡的坡度是以其高度 h 与底宽 b 之比来表示的（见图1-22）。即

$$边坡坡度 = \frac{h}{b} = \frac{1}{\frac{b}{h}} = 1:m$$

式中：m——坡度系数，$m=\frac{b}{h}$。

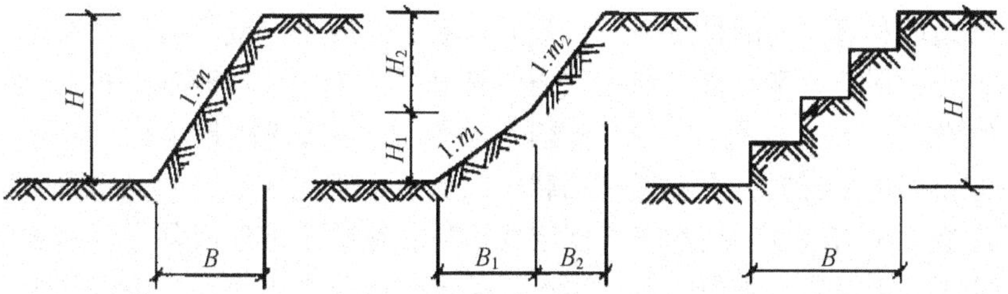

图 1-22　基坑边坡

(a) 直线形；(b) 折线形；(c) 跳步形

当边坡的高度 h 为已知时，边坡的宽度 b 则等于 mh。若坑壁高度较高，挖方又经过不同类别土层时，其边坡可作成折线形或台阶形，以减少土方量。

基坑边坡大小，应根据土质条件、开挖深度、地下水位、施工方法、开挖后边坡留置时间长短、坡顶有无荷载以及相邻建筑物情况等因素而定。

当土质均匀且地下水位低于基坑（槽）或管沟底面标高，其开挖深度不超过表 1-5 规定时，基坑坑壁可做成直立壁，不加支撑不放坡。

表 1-5　直立壁不加支撑挖方深度

土的类别	挖方深度（m）
密实、中密的沙土和碎石（填充物为沙土）	1.00
硬塑、可塑的粉土及粉质黏土	1.25
硬塑、可塑的粉土和碎石类土（填充物为黏性土）	1.50
坚硬的黏土	2.00

当地质条件良好、土质均匀且地下水位低于基坑（槽）或管沟底面标高时，挖方深度在 5 m 以内不加支撑的边坡最陡坡度应符合表 1-6 的规定。

表 1-6　深度在 5 m 内的基坑（槽）、管沟边坡的最陡坡度（不加支撑）

土的类别	边坡坡度（1:m）		
	坡顶无荷载	坡顶有静荷载	坡顶有动荷载
中密的沙土	1:100	1:1.25	1:1.50
中密的碎石类土（填充物为沙土）	1:0.75	1:1.00	1:1.25
硬塑的粉土	1:0.67	1:0.75	1:1.00
中密的碎石类土（填充物为黏性土）	1:0.50	1:0.67	1:0.75
硬塑的粉质黏土、黏土	1:0.33	1:0.50	1:0.67
老黄土	1:0.01	1:0.25	1:0.33
软土（经井点降水后）	1:1.00	—	—

注：静载指堆土或材料等，动载指机械挖土或汽车运输作业等。

为了保证边坡和直立壁的稳定性，在挖方边坡上侧堆土方或材料以及有施工机械行驶时，应与挖方边缘保持一定距离。当土质条件良好时，堆土或材料应距挖方边缘 0.8 m 以外，高度不宜超过 1.5 m。在软土地区开挖时，挖出的土方应随挖随运走，不得堆在边坡顶上，坡顶亦不得堆放材料，更不得有动载，以避免由于地面上加荷引起边坡塌方事故。

除保证边坡大小与坡顶上荷载符合规定要求外，在施工中还必须做好地面排水，并防止地表水、施工与生活用水等侵入基坑边坡。基坑内的降水工作，应持续到地下结构施工完成，坑内回填土完毕为止。雨季施工时，应注意检查基坑边坡的稳定性，必要时，可适当放缓边坡坡度或设置支护结构。

2. 基坑支护结构

（1）横撑式支撑。开挖较窄的沟槽多用横撑式支撑。横撑式支撑根据挡土板的不同，分为水平挡土板和垂直挡土板两类，见图 1-23，水平挡土板按挡土板的布置又分为断续式和连续式两种。

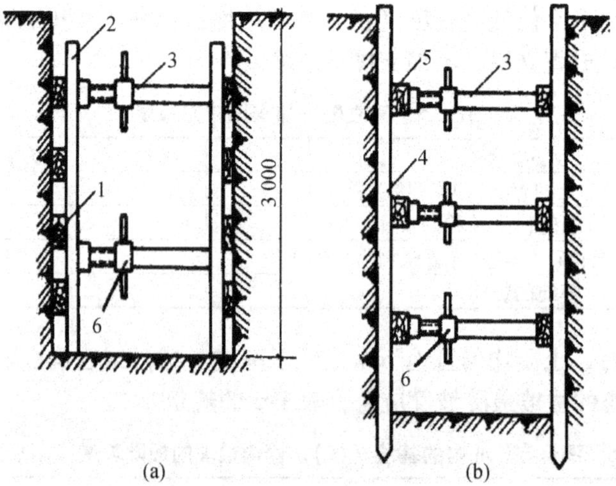

图 1-23　横撑式支撑

（a）断续式水平挡土板支撑；（b）垂直挡土板支撑

1—水平挡土板；2—立柱；3—工具式横撑；4—垂直挡土板；5—横楞木；6—调节螺栓

断续式水平支撑的挡土板水平放置，中间留出间隔，并在两侧同时对称安放立柱，再用工具式横撑或木横撑上下顶紧，它适用于能保持直立壁的干土或天然湿度的黏土类土，地下水很少，深度在 3 m 以内；连续式水平支撑的挡土板水平连续放置，不留间隙，然后两侧同时对称立垂直挡土板，上下各顶一根横楞木，端头加木楔顶紧，适于较松散的干土或天然湿度的黏土类土，地下水很少，深度为 3～5 m。

当基坑平面尺寸很大而开挖深度不大时，可采用斜撑（见图 1-24）。斜撑宜对称布置，水平间距不大于 6 m，斜撑与基坑底面之间的夹角一般不宜大于 35°，在地下水位较高的软土地区不宜大于 26°，并与基坑内预留土坡的稳定坡度相一致。

斜撑的基础与挡墙之间的水平距离应大于基坑的深度。当斜撑长度大于 15 m 时，宜在斜撑中部设置立柱。

斜撑底部的基础应具备可靠的水平力传递条件，一般有以下几种做法：在斜撑底部设计专用承台，或利用工程桩承台作为斜撑的基础，基坑两侧对应的斜撑基础之间填筑毛石混凝土或另设置压杆，以抵抗斜撑底的水平分力；允许利用地下室的钢筋混凝土底板或基坑底整体铺设的混凝土垫层作为斜撑基础。

(2) 锚杆式支护结构。它是沿坑外地层设置的，如图 1-25 所示，锚杆的一端与挡墙联结，另一端则为锚固体，锚固在坑外的稳定地层中。挡土墙所承受的荷载通过锚固体传递给周围土层，从而发挥地层的自承能力。

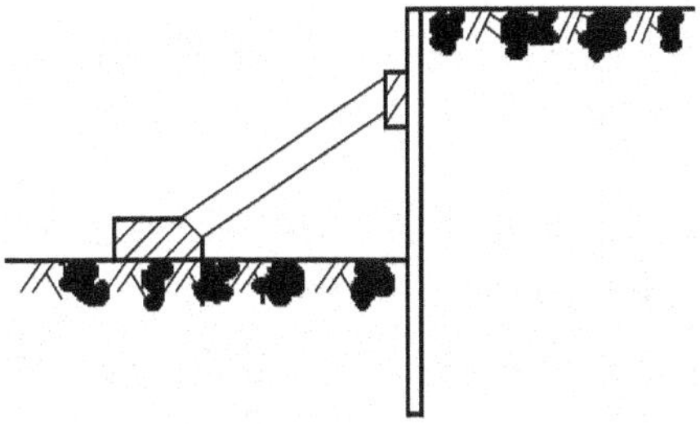

图 1-24　斜撑

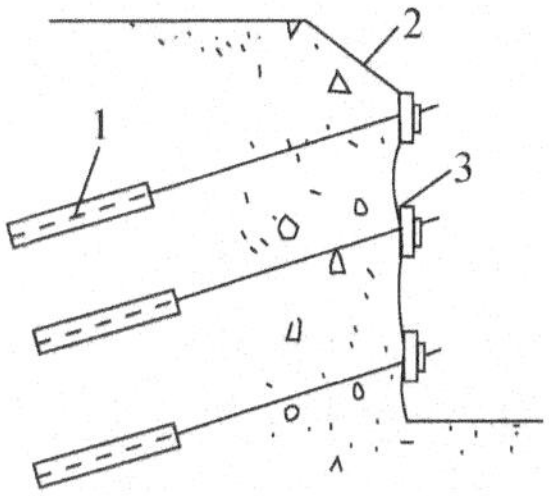

图 1-25　锚杆式支护结构

1—土层锚杆；2—土壁；
3—钢筋混凝土板（钢横撑）

对于深基坑支护采用锚杆代替支撑，施工时使坑内无支撑的障碍，从而改善了坑内工程的施工条件，大大提高了土方开挖和地下结构工程施工效率和质量。

土层锚杆适用于基坑开挖深度大，而地质条件为沙土或黏性土地层的深基坑支护，当地质条件太差或环境不允许时（建筑红线外的地下空间不允许侵占或锚杆范围内存在着深基础、管沟等障碍物）不宜采用。

(3) 挡墙支护结构。

① 地下连续墙。地下连续墙系沿拟建工程基坑周边，利用专门的挖槽设备，在泥浆护壁的条件下，每次开挖一定长度（一个单元槽段）的沟槽，在槽内放置钢筋笼，利用导管法浇筑水下混凝土，即完成一个单元槽段施工。施工时，每个单元槽段之间，通过接头管等方法处理后，形成一道连续的地下钢筋混凝土墙，称为地下连续墙（见图 1-26）。

地下连续墙多用于 -12 m 以下，地下水位高、软土地基深基坑的挡墙支护结构。尤其是与邻近建筑物、道路、地下设施距离很近时，地下连续墙是首选的支护结构形式，可以作为地下结构的外墙部分，或用于高层建筑的逆作法施工。

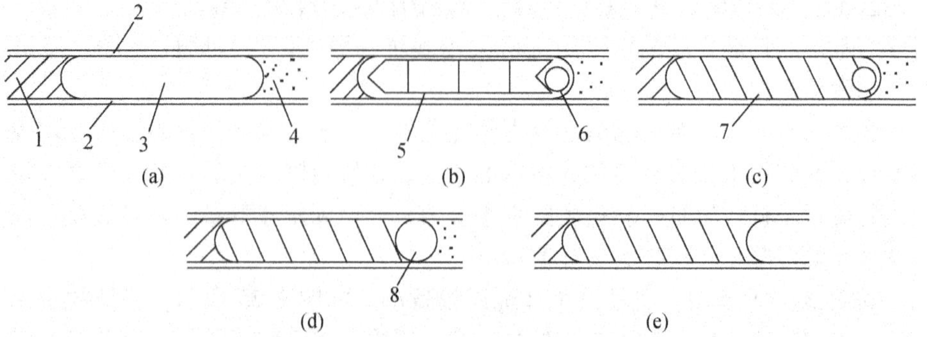

图 1-26　地下连续墙施工过程示意图

(a) 开挖槽段；(b) 吊放接头管和钢筋笼；(c) 浇筑混凝土；(d) 拔出接头管；(e) 形成接头

1—已浇筑混凝土的单元槽段；2—导墙；3—开挖的槽段；4—未开挖的槽段；

5—钢筋笼；6—接头管；7—正浇筑混凝土的单元槽段；8—接头管拔出的孔洞

地下连续墙结构刚度大，变形小，既能挡土又能挡水。如单纯用于临时性的支护结构，费用过高，如设计上考虑挡墙与承重结构合一功能，则较为理想。

② 深层搅拌水泥土桩。深层搅拌水泥土桩，采用水泥作为固化剂，通过深层搅拌机在地基中就地将原状土和固化剂强制拌和，利用土和固化剂之间所产生的一系列物理化学反应后，使软土硬化成水泥柱状体，称为深层搅拌水泥土桩。施工时将桩体相互搭接（通常搭接宽度为150～200 mm），形成具有一定强度和整体结构性的深层搅拌水泥土挡墙，简称水泥土墙。水泥土利用其自重挡土，维持支护结构在侧向土压力和水压力作用下的整体稳定性，同时由于桩体相互搭接形成连续整体，可兼作止水结构。

根据土质条件和支护要求，搅拌桩的平面布置可灵活采用壁式、块式或格栅式等（如图 1-27）。当采用格栅式布置时，水泥土与其包围的天然土共同形成重力式挡墙，维持坑壁稳定。在深度方面，桩长可采用长短结合的布置形式，以增加挡墙底部抗滑性和抗渗性，是目前常用的一种形式。

水泥土墙既可挡土又能形成隔水帷幕，施工时振动小噪音低，对周围环境影响小，施工速度快，成本低。但其抗拉强度低，墙宽大，尤其采用格栅式时墙宽可达 4～5 m，只用于较宽阔的施工场地。

水泥土墙宜用强度等级为 42. 5 级水泥，渗入量应不小于 10%，常用 12%～15% 为宜。横断面宜连续形成封闭的实体或格栅状结构。相邻桩的施工间歇时间不大于 10 h，并应在前桩水泥尚未固化时进行后序搭接桩施工。水泥土 28d 的抗压强度为 0. 8～1. 2 N/ mm^2。

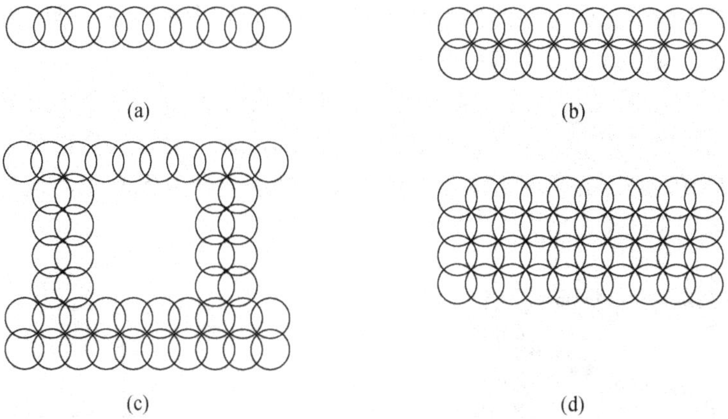

图 1-27　深层搅拌桩平面布置方式

(a)、(b) 壁式；(c) 格栅式；(d) 实体式

水泥土墙适用于基坑开挖深度不大于 6 m，土质承载能力不大于 150 N/mm^2 的淤泥、黄土含水量较高的软土地基。

③ 混凝土灌注排桩挡墙。混凝土灌注排桩是目前深基坑支护结构中应用较多的一种挡墙支护形式。混凝土灌注排桩常用直径为 600～1 000 mm，桩的平面布置比较灵活，根据有无挡水要求，通常可采用连续式排列、间隔式排列和交错相接排列等形式（见图 1-28）。

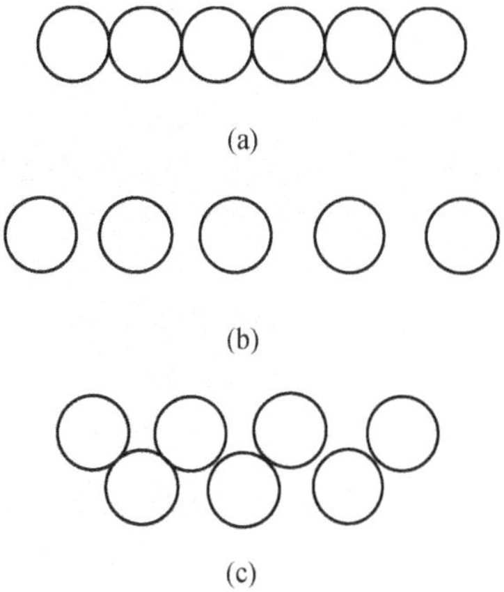

图 1-28　混凝土灌注排桩挡墙平面布置形式

(a) 连续式排列；(b) 间隔式排列；(c) 交错式排列

连续式排桩在目前施工中还难以做到相切，桩之间仍会有间隙，因而挡水效果较差。间隔式排列挡墙也只能挡土不能挡水。适用于已采取降水措施的基坑支护。当对挡墙有挡水要求，又没有采取降水措施的基坑支护可采用交错排列式或采用桩-水泥土复合体结构（如图 1-29），均可收到良好的挡水效果。

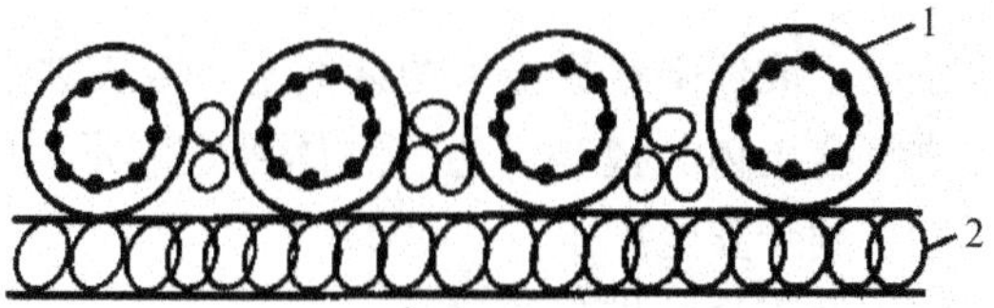

图 1-29　桩-水泥土复合体示意图

1—挡土桩；2—水泥土

排桩式挡墙多用于软弱土层的两层地下室及其以下深基坑支护。具有施工工艺简单，无噪音、无挤土、成本低，对周围环境影响小等优点。

④ 土钉墙。土钉墙是近年发展起来的一种新型挡土结构，现已在全国范围内广泛采用。它是在基坑开挖的坡面上，采用机械钻孔，孔内设置一定长度的钢筋或型钢，然后注浆，在坡面上安装钢筋网并喷射混凝土，使土体、钢筋与喷射混凝土面板结合为一体，从而起到挡土作用（见图 1-30）。

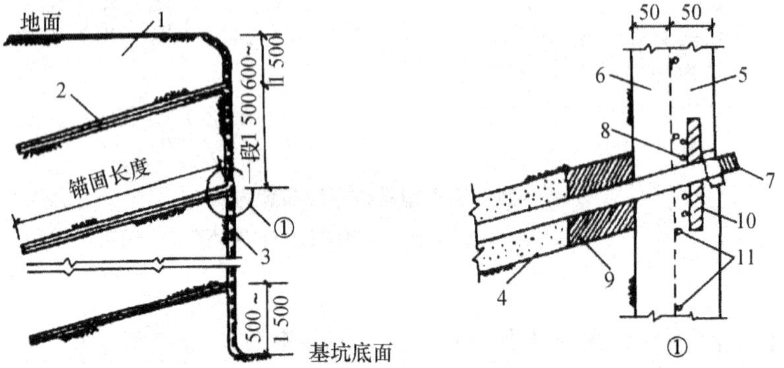

图 1-30 土钉墙构造示意图

1—被加固土体；2—土钉（钢筋）；3—喷射混凝土面板；4—水泥砂浆；5—第二层喷射混凝土；6—第一层喷射混凝土；7—钢筋（土钉）8—增强筋；9—塞入填土；10—钢垫板；11—钢筋网

A. 土钉墙的构造要求。

- 土钉采用直径为 16～32 mm 的Ⅱ级以上的螺纹钢筋，长度为开挖深度的 0.5～1.2 倍，间距为 1～2 m，与水平夹角一般为 5°～20°。
- 钢筋网采用直径为 6～10 mm 的Ⅰ级钢筋，间距 150～300 mm。
- 混凝土面板采用喷射混凝土，强度等级不低于 C20，厚度常用 100 mm。
- 注浆采用强度不低于 20 MPa 的水泥砂浆。
- 承压板采用螺栓将土钉和混凝土面层有效的连接成整体。

B. 土钉支护的特点。

- 设备简单，易于推广。
- 适用于地下水位以上或经降水措施后的杂填土、普通黏土、非松散性沙土。
- 土钉与土体形成复合土体，提高了边坡整体稳定和承受坡顶荷载能力，增强了土体破坏的延性，利于安全施工。
- 经济效益好，成本低于灌注桩支护。
- 土钉支护位移小，约 20 mm，对相邻建筑物影响小。

C. 土钉支护的施工。

土钉支护施工的工序为定位、成孔、插钢筋、注浆、喷射混凝土、

- 成孔　采用螺旋钻机、冲击钻机等机械成孔，钻孔直径为 70～120 mm。成孔时必须按设计图纸的纵向、横向尺寸及水平面夹角的规定进行钻孔施工。
- 插钢筋　将直径为 16～32 mm 的Ⅱ级以上螺纹钢筋插入钻孔的土层中，钢筋应平直，必须除锈、除油、与水平面夹角控制在 5°～20°范围内。
- 注浆　注浆采用水泥浆或水泥砂浆，水灰比为 0.38～0.5，水泥砂浆配合比为 1∶0.8 或 1∶1.5。利用注浆泵注浆，注浆管插入到距孔底 150～250 mm 处，孔口设置止浆塞，以保证注浆饱满。
- 喷射混凝土　喷射注浆用的混凝土应满足如下技术性能指标：混凝土的强度等级不低于 C20，其水泥强度等级宜用 32.5 级，水泥与沙石的质量比为 1∶4～1∶4.5，沙率为 45%～55%，水灰比为 0.4～0.45，粗骨料碎石或卵石粒径不宜大于15 mm。混凝土的喷射分两次进行。第一次喷射后铺设钢筋网，并使钢筋网与土钉牢固连接。在此之后再喷射第二层混凝土，并要求表面平整、湿润，具有光泽，无干斑或滑移流淌现象。喷射混凝土面层厚度为 80～200 mm，钢筋与坡面的间隙应大于 20 mm。喷射完成后终凝 2 h 后进行洒水养护 3～7 d。

应该注意的是土钉墙是随工作面开挖而分层分段施工的，上层土钉砂浆及喷射混凝土面层达到设计强度的 70% 后，方可开挖下层土方，进行下层土钉施工。每层的最大开挖高度取决于该土体可以直立而不坍塌的能力，一般取与土钉竖向间距相同，便于土钉施工。纵向分段开挖长度取决于施工流程的相互衔接，一般为 10 m 左右。

1.4　土方机械化施工

1.4.1　常用土方施工机械的类型与施工特点

1. 推土机施工

推土机是土方工程施工的主要机械之一，是在履带式拖拉机上安装推土铲刀等工件装置而成的机械。按铲刀的操纵机构不同，推土机分为索式和液压式两种。索式推土机的铲刀借本身的自重切入土中，在硬土中切土深度较小。液压式推土机由于用液压操纵，能使铲刀强制切入土中，切入深度较大。同时，液压式推土机铲刀还可以调整角度，具有较大的灵活性，是目前常用的一种推土机。

推土机集铲、运、平、填于一身，由于操纵灵活，运转方便，所需工作面较小、行驶速度快、易于转移，能爬30°左右的缓坡，因此应用较广。多用于场地清理和平整、开挖深度在1.5 m内的基坑，填平沟坑，以及配合铲运机、挖土机工作等。推土机可以推挖1～3类土，经济运距100 m以内，效率最高为60 m。

推土机的生产效率主要取决于推土机推移土的体积及切土、推土、回程等工作的循环时间。为了提高推土机的生产效率，可采取下坡推土、并列推土、多刀送土和利用前次推土的槽推土等方法来提高推土效率，缩短推土时间和减少土的散失。

（1）下坡推土。推土机顺地面坡势沿下坡方向推土（见图1-31），借助机械往下的重力作用，可增大铲刀切土深度和运土数量，可提高推土机能力和缩短推土时间，提高生产效率，但坡度不宜超过15°，以免后退时爬坡困难。下坡推土也可与其他推土方法结合使用。

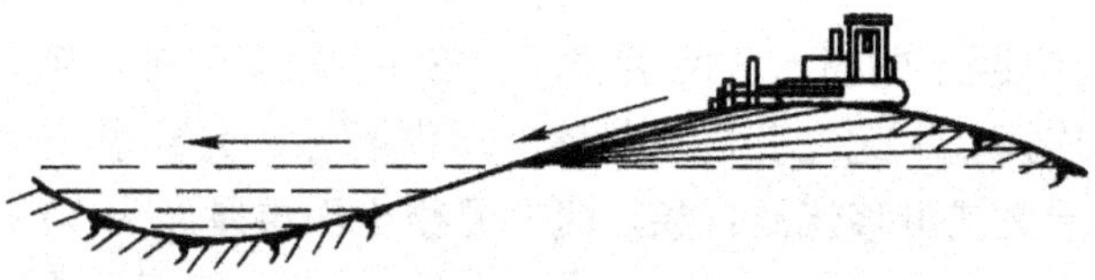

图1-31　下坡推土法

（2）槽型推土。当运距较远，挖土层较厚时，利用已推过的土槽再次推土（见图1-32），可以较少铲刀两侧土的散失，可增加10%～30%的推运土量。槽的深度在1 m左右为宜，土埂宽约50 cm。当推出多条槽后，再将土埂推入槽中运出。

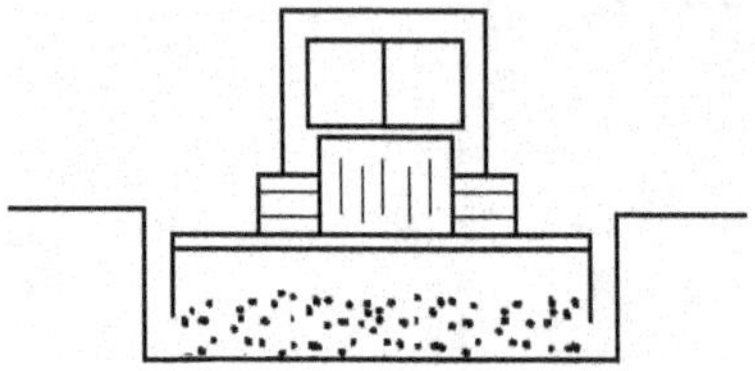

图1-32　槽型推土

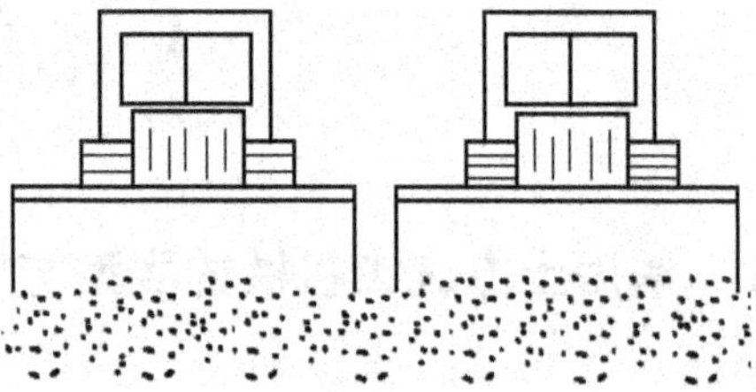

图1-33　并列推土

（3）并列推土。对于大面积的施工区，可用2～3台推土机并列推土（见图1-33）。推土时两铲刀相距15～30 cm，可减少土的散失而增大推土量。一般采用两机并列推土可增加推土量15%～30%，采用3机并列可增大推土量30%～40%。平均运距不宜超过50～75 m，也不宜小于20 m，且推土机数量不宜超过3台，否则倒车不便，行驶不一致，反而影响生产率的提高。

（4）分批集中，一次推送。若运距较远而土质又比较硬时，由于切土的深度不大，可采用多次铲土，先堆积在一处，然后集中推送到卸土区，使铲刀前保持满载，这样可以有效地提高推土的效率。

2. 铲运机施工

铲运机是一种能综合完成挖、装、运、填的机械，对行驶道路要求较低，操纵灵活，生产率较高。可在 1～3 类土中直接挖、运土，常用于坡度在 20°以内的大面积土方挖、填、平整和压实，大型基坑、沟槽的开挖，路基和堤坝的填筑，不适于砾石层、冻土地带及沼泽地区使用。坚硬土开挖时要用推土机助铲或用松土机配合。按行走机构可将铲运机分为拖拉机式铲运机和自行式铲运机两种；按铲斗操纵方式，又可将铲运机分为钢索式和液压式两种。

在土方工程中，常用的铲运机的铲斗容量为 2.5～8 m^3；自行式铲运机适用于运距 800～3 500 m 的大型土方工程施工，以运距在 800～1 500 m 的范围内的生产效率最高；拖式铲运机适用于运距为 80～800 m 的土方工程施工，而运距在 200～350 m 时，效率最高。如果采用双联铲运或挂大斗铲运时，其运距可增加到 1 000 m。为了提高生产率，可采用以下方法：

（1）合理选择开行路线。运距越长，生产率越低，因此在规划铲运机的运行路线时，应力求符合经济运距的要求。

① 环形路线。当地形起伏不大，施工地段较短时，多采用环形路线（见图 1-34）。环形路线每一循环只完成一次铲土和卸土，挖土和填土交替。挖填之间距离较短时，则可采用大循环路线，一个循环能完成多次铲土和卸土，这样可减少铲运机的转弯次数，提高工作效率。

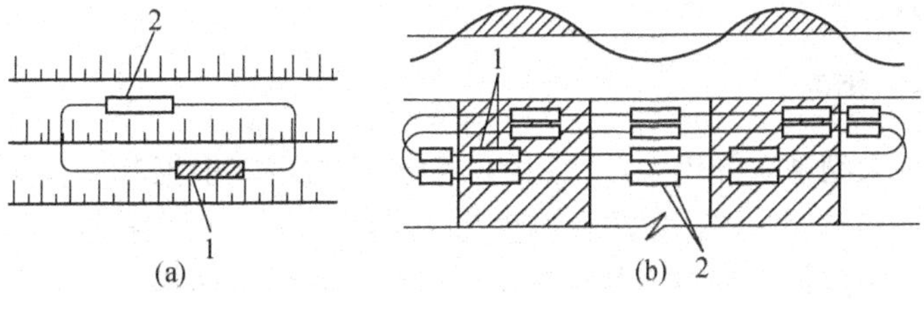

图 1-34　环形路线

（a）环形路线；（b）大循环路线

1—铲土；2—卸土

②“8”字形路线。施工场地地形起伏较大或较长时，多采用“8”字形开行路线（见图1-35）。“8”字形路线，在一个循环中两次转弯方向不同，可避免机械行驶时的单侧磨损，铲运机在上下坡时是斜向行驶，受地形坡度限制小，一个循环完成两次铲土和卸土，减少了转弯次数及空车行驶距离，从而亦可缩短运行时间，提高生产率。

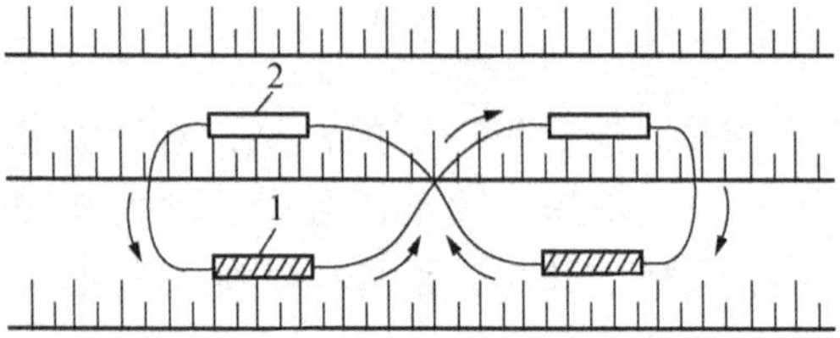

图1-35 “8”字形路线

1—铲土；2—卸土

（2）下坡铲土。铲运机利用地形进行下坡铲土，借助铲运机的重力，加深铲斗切土深度。但铲运机不能在陡坡上急转弯，以免翻车。

（3）推土机助铲。地势平坦、土质较坚硬时，可用推土机在铲运机后面顶推，以加大铲刀切土能力。

（4）双联铲运法。当拖拉式铲运机的牵引力有富裕时，可在拖拉机后面串联两个铲斗进行双联铲运。如果土质较硬，可用双联单铲操作，即先将一个土斗铲满，再铲第二个土斗；对于松软的土，则用双联双铲，即两个土斗同时推土。

（5）挂大斗铲运。在土质松软地区，可改挂大型铲土斗，以充分利用拖拉机的牵引力。

（6）跨铲法。铲运机间隔铲土，预留土埂。这样，在间隔铲土时由于形成一个土槽，减少向外散土量，且铲土埂时，铲土阻力减小。一般土埂高度不超过300 mm，宽度不大于拖拉机两履带间的净距。

3. 单斗挖土机施工

单斗挖土机是大型基坑开挖中最常用的一种土方机械。根据其工作装置的不同，分为正铲、反铲、抓铲和拉铲4种，常用斗容量为0.5～2.0 m^3。根据操纵方式，分为液压传动和机械传动两种。在建筑工程中，单斗挖土机可挖掘基坑、沟槽，清理和平整场地，更换工作装置后还可以进行装卸、起重、打桩等作业，是建筑工程土方施工中不可缺少的机械设备。

（1）正铲挖土机。正铲挖土机的挖土特点是：前进向上，强制切土（见图1-36）。它适用于开挖停机面以上的1～4类土，且需与运土汽车配合完成整个挖土任务，其挖掘能力大，生产效率高。开挖大型基坑时需设坡道，挖土机在坑内作业时，基坑底的土质应该较好、无地下水，当地下水位较高时，应采取降低地下水位的措施，把基坑土疏干再来开挖。

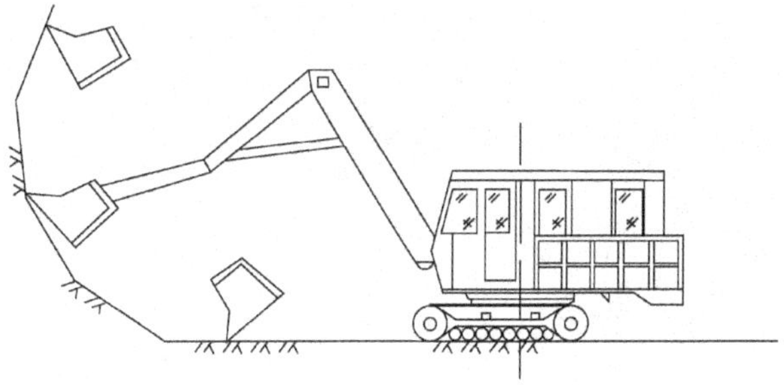

图 1-36　履带式正铲挖土机外形与工作示意图

正铲挖土机的作业方式有正向挖土，侧向卸土和正向挖土，后方卸土两种。前者挖土机卸土时动臂转角小，运输车辆行驶方便，故生产效率高，应用较广；后者挖土机动臂转角大，生产率低，运输车辆要倒车进入，一般在基坑窄而深的情况下采用。

（2）反铲挖土机。反铲挖土机的挖土特点是：后退向下，强制切土（见图 1-37）。其挖掘力比正铲小，能开挖停机面以下的 1～3 类土（机械传动反铲只宜挖 1、2 类土）。不需设置进出口通道。适用于挖基坑、基槽和管沟、有地下水的土壤或泥泞土壤。对于地下水位较高的深基坑，配合降水工作可分层开挖，但要保证停机面土层干燥，不致机械沉陷。需要时，也可用于水下挖土。

反铲挖土机的作业方式可分为沟端开挖和沟侧开挖两种。后端开挖挖土机停在基坑（槽）的端部，向后倒退挖土，汽车停在基槽两侧装上，其优点是挖土机停放平稳，装土或甩土时回转角度小，挖的深度和宽度也较大；沟侧开挖挖土机沿基槽的一侧移动挖土，装土的回转角度大，且开挖方向与挖土机移动方向相垂直，所以稳定性较差，挖的深度和宽度均较小，一般只在无法采用沟端开挖或挖土不需运走时采用。

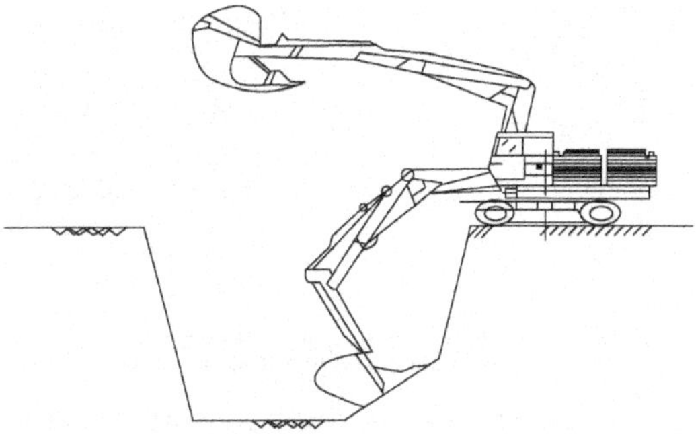

图 1-37　反铲挖土机外形与工作示意图

（3）抓铲挖土机。抓铲挖土机的挖土特点是：直上直下，自重切土（见图 1-38）。其挖掘力较小，能开挖停机面以下的 1、2 类土。对施工面狭窄而深的基坑、深槽、深井采用抓铲可取得理想效果，也可用于场地平整中的 1、2 类土堆与土丘的挖掘。抓铲还可用于挖取水中淤泥、装卸碎石、矿渣等松散材料。抓铲也有采用液压传动操纵抓斗作业的。

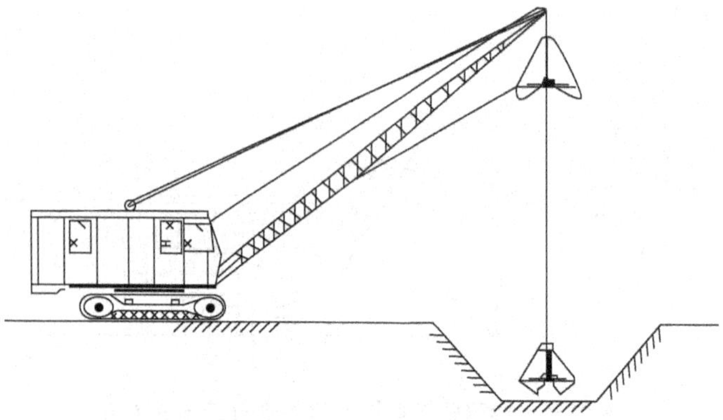

图 1-38 抓铲挖土机外形与工作示意图

（4）拉铲挖土机。拉铲挖土机的挖土特点是：后退向下，自重切土（见图 1-39）。其挖土深度和挖土半径均较大，能开挖停机面以下的 1、2 类土，但不如反铲灵活准确。可开挖较大基坑（槽）和沟渠，挖取水下泥土，也可用于大型场地平整、填筑路基、堤坝等。

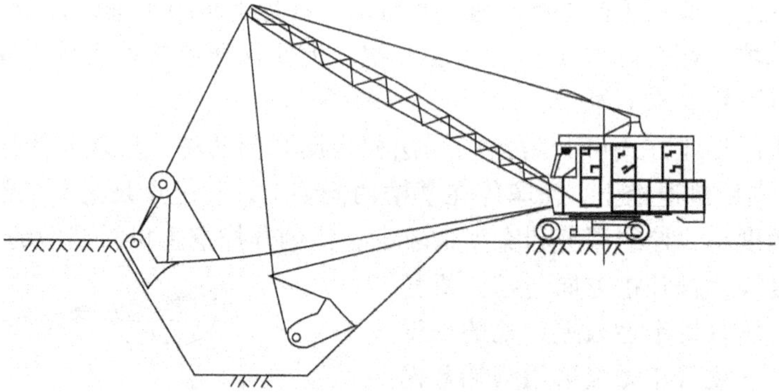

图 1-39 拉铲挖土机外形与工作示意图

1.4.2 土方挖运机械的选择

土方机械的选择，通常先根据工程特点和技术条件提出几种可行方案，然后进行技术经济比较，选择效率高、费用低的机械进行施工，一般可选用土方单价最小的机械。

当场地不大，平均运距在 100 m 内时，可采用推土机进行平整。

当地形起伏不大、坡度在 20°以内的场地平整，挖填平整土方的面积较大，土的含水量适当，平均运距短（一般在 1 km 以内）时，采用铲运机较为合适。如果土质坚硬或冬季冻土层厚度超过 0.1～0.15 m 时，必须用其他机械辅助翻松再用铲运机施工；当一般土的含水量大于 25%，或黏土含水量超过 30% 时，必须使水疏干后再施工，否则铲运机要陷车。

对于地形较大的丘陵地带，一般挖土高度在 3 m 以上，运输距离超过 1 km，工程量较大且又集中时，可采用以下 3 种方式进行挖土和运土：①正铲挖土机配合自卸汽车进行施工，并在弃土区配备推土机平整土堆。选择铲斗容量时，要考虑土质情况、工程量和工作面高度。当开挖普通土，集中工程量在 1.5 万 m^3 以下时，可采用 0.5 m^3 的铲斗，当开挖集中工程量为 1.5～5 万 m^3 时，以选用 1.0 m^3 的铲斗为宜，此时，普通土和硬土都能开挖。②也可用推土机将土推入漏斗，并用自卸汽车在漏斗下承土并运走。该法适用于挖土层厚度在 5～6 m 以上的地段。漏斗上口尺寸为 3 m 左右，宽 3.5 m 的框架支承。其位置应选择在挖土段的较低处，并先挖平。③还可用推土机预先把土推成一堆，用装载机把土装到汽车上运走，效率也很高。

开挖基坑时，如土的含水量较小，可结合运距长短，挖掘深度，分别选用推土机、铲运机或正铲（反铲）挖土机配自卸汽车进行施工。当基坑深度在 1～2 m，基坑不太长时，可采用推土机；长度较大、深度在 2 m 以内的线状基坑，可用铲运机；当基坑较大，工程量集中时，可选用正铲挖土机。如地下水位较高，又不采用降水措施，或土质松软，可能造成机械陷车时，则采用反铲、拉铲或抓铲配自卸汽车施工较为合适。

1.4.3　基坑土方开挖的方式

1. 分段分块开挖

当基坑平面不规则、开挖深浅不一、土质又较差时，为了加快支撑的形成，减少时效影响，可采用分段分块开挖方式。

分块开挖时，对基坑土质条件好的，在开挖完一块土方后就立即施工一块混凝土垫层和基础；对土质较差的，分块开挖时，不能一次挖到底，应先撑再挖。

2. 分层开挖

当基坑较深、土质较软、又不允许分段分块施工混凝土垫层和基础时，可采用分层开挖方式。

进行两层或多层开挖时，可使挖土机和运土汽车同时下到坑内施工，这需要在基坑中留设坡道，也可采用阶梯式分层开挖的方式，每个阶梯台阶上都有挖土机作业，运土汽车停于地面，每一层挖出的土都被抛到上一台阶，最后由地面上的挖土机将土装入载重汽车。

3. 盆式开挖

盆式开挖是先挖去基坑中心的土，而周边一定范围内的土暂不开挖，以平衡支护结构外面产生的侧压力，待中心部位挖土结束，浇筑好混凝土垫层或施工完地下结构后，在支护结构与盆式部位之间设置临时性斜撑或对撑。然后再进行支护结构内四周土方的开挖和结构施工。

4. “中心岛”式开挖

“中心岛”式开挖的开挖顺序刚好和盆式开挖相反，它是先开挖基坑四周或两侧的土，并进行周边支撑，浇筑混凝土垫层或地下结构施工，然后进行中间余留土的开挖和结构施工。

这两种开挖法方式适用于土质较好的黏性土和沙土。对于特别大型的基坑，其内支撑体系设置有困难时，采用这种方式，可以节省投资，加快施工进度。

1.5 土方填筑与压实

1.5.1 土料选择与填筑要求

为保证填土工程的质量，必须正确选择土料和填筑方法。对填方土料应按设计要求验收后方可填入。如设计无要求，一般按下述原则进行：

（1）碎石类土、沙土（使用细、粉沙时应取得设计单位同意）和爆破石碴，可作表层以下的填料。

（2）黏性土可用于各层的填料，但填筑前应检查其含水量是否在控制范围内。含水量大的黏土不宜作为填土用。

（3）碎块草皮和有机含量大于8%的土，吸水后容易变形，承载能力降低；含水溶性硫酸盐大于5%的土，在地下水的作用下，硫酸盐会逐渐溶解消失，形成孔洞，影响土的密实性，所以仅限用于无压实要求的填方。

（4）人工杂填土应视土质情况取舍决定，原则上不用于地基回填土，若成分复杂、稳定性差的土则弃之勿用。

(5) 淤泥、淤泥质土、冻土和膨胀土等均不能用于回填土料。回填土宜优先利用基槽中挖出的优质土，一是较为经济，二是回填压实后与坑底、坑壁的原土亲和力较强。

回填以前，应清除填方区的积水和杂物，如遇软土、淤泥，必须进行换土回填。在回填时，应防止地面水流入，并预留一定的下沉高度。

填土应分层进行，并尽量采用同类土填筑。如采用不同土填筑时，应将透水性较大的土层置于透水性较小的土层之下，不能将各种土混杂在一起使用，以免填方内形成水囊。

碎石类土或爆破石碴作填料时，其最大粒径不得超过每层铺土厚度的三分之二，使用振动碾时，不得超过每层铺土厚度的四分之三。铺填时，大块料不应集中，且不得填在分段接头或填方与山坡连接处。

当填方位于倾斜的山坡上时，应将斜坡挖成阶梯状，以防填土横向移动。

回填基坑和管沟时，应从四周或两侧均匀地分层进行，以防基础和管道在土压力作用下产生偏移或变形。

1.5.2　填土压实方法

填土的压实方法一般有碾压、夯实、振动压实以及利用运土工具压实。对于小面积的填土工程，宜用夯实机具压实。对于大面积填土工程，多采用碾压和利用运土工具压实。

1. 碾压法

碾压法是利用机械滚轮的压力压实土壤，使之达到所需的密实度，此法多用于大面积填土工程。碾压机械有平碾、羊足碾和气胎碾。平碾对沙土、黏性土均可压实；羊足碾（如图 1-40）需要靠拖拉机来牵引，且只宜压实黏性土，因在沙土中使用羊足碾会使土粒受到羊足较大的单位压力后向四周移动，从而使土的结构遭到破坏；气胎碾在工作时是弹性体，其压力均匀，填土压实的质量较好。碾压填方时，机械的行驶速度不宜过快，一般平碾控制在 2 km/h，羊足碾控制在 3 km/h，否则会影响压实效果。

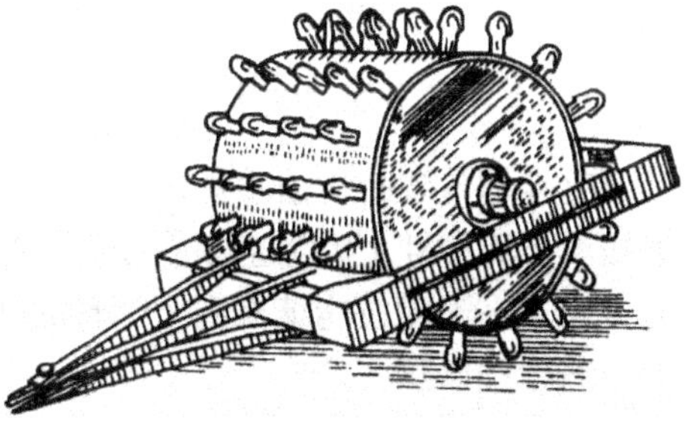

图 1-40　羊足碾

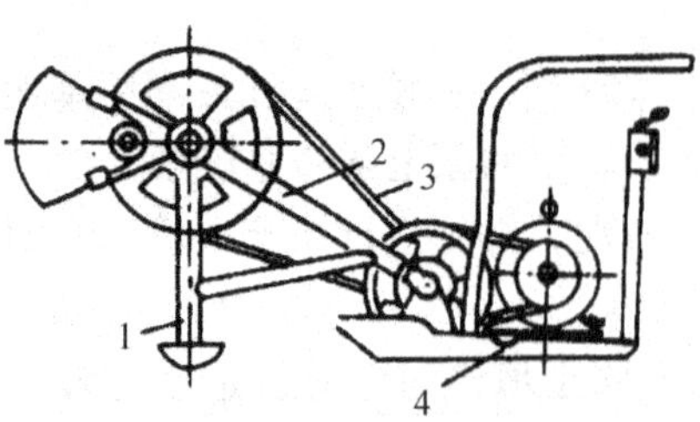

图 1-41　蛙式打夯机

1—夯头；2—夯架；
3—三角胶带；4—盘底

2. 夯实法

夯实法是利用夯锤自由下落的冲击力来夯实土壤，主要用于小面积回填土或作业面受到限制的环境下。常用的夯实机械有夯锤、内燃夯土机、蛙式打夯机或起重机装上夯板后的夯土机等，其中夯锤是借助起重机悬持一重锤进行夯土的夯实机械，适用于夯实沙性土、湿陷性黄土、杂填土以及含有石块的填土。蛙式打夯机（见图 1-41）轻巧灵活，构造简单，在小型土方工程中应用最广。

3. 振动压实法

振动压实法是将振动压实机放在土层表面，借助振动机构使压实机振动土颗粒，使土颗粒发生相对位移而达到紧密状态。用这种方法振实非黏性土效果较好。近来又将碾压和振动结合起来而设计制造了振动平碾、振动凸块碾等新型压实机械，振动平碾适用于填料为爆破碎石碴、碎石类土、杂填土或轻亚黏土的大型填方，振动凸块碾则适用于亚黏土或黏土的大型填方。如使用振动碾进行碾压，可使土受振动和碾压两种作用，碾压效率高。

1.5.3　影响填土压实的因素

填土压实的影响因素较多，主要有土料的种类和颗粒级配、压实机械所做的功（即压实功）、土的含水量以及每层铺土厚度与压实遍数。

1. 土料的种类和颗粒级配

黏性土压实时，由于排水较困难，因此土体变形速度较慢，故需要更多的压实遍数才能压实；无黏性土因为土颗粒较粗，排水的速度较快，故较容易压实。当土颗粒级配较好时，由于小土颗粒能填充到大颗粒的孔隙中去，压实较易。颗粒级配单一（即级配均匀）的土料则难以压实。

2. 压实功的影响

填土压实后的密度与压实机械对填土所施加的功有一定的关系。土的干密度与所耗的功的关系如图 1-42 所示，从图中可以看出二者并不成正比关系，当土的含水量一定，在开始压实时，土的干密度急剧增加，待到接近土的最大密度时，压实功虽然增加许多，而土的重度则几乎没有变化。在实际施工中，若对松土一开始就用重型碾压机械碾压，土层会有强烈起伏现象，压实效果不大。如先用轻碾压实，再用重碾碾压，就会取得较好压实效果。并且碾压的遍数不宜过多，如沙土只需碾压夯击 2～3 遍，对于粉土只需 3～4 遍，对粉质黏土只需 5～6 遍。

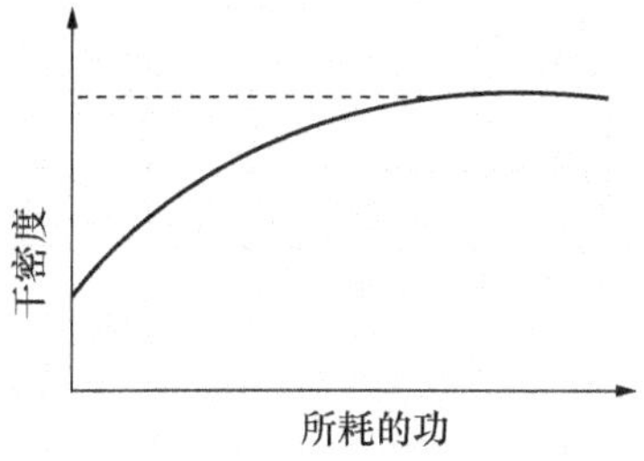

图 1-42　干密度与压实功的关系示意图

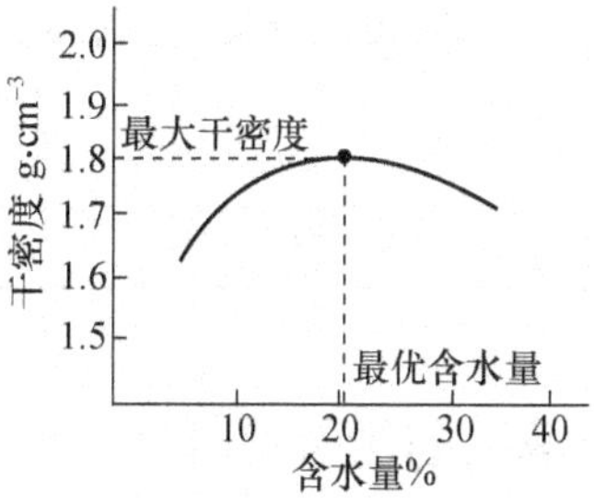

图 1-43　干密度与含水量的关系

3. 含水量的影响

在同一压实功条件下，填土的含水量对压实质量有直接影响（见图 1-43）。用同样的压实方法，压实不同含水量的同类土，所得的密实度各不相同。较为干燥的土料，由于土颗粒间的摩阻力较大，因而不易压实。当含水量超过一定限度时，土颗粒之间孔隙由水填充而呈饱和状态，压实机械所施加的外力有一部分为水所承受，因此也不能压实。只有当含水量适当时，水起了润滑作用，土颗粒之间的摩阻力减少，压实效果最好。各种土的最佳含水量和最大干密度可参考表 1-7。为了保证黏性土填料在压实过程中具有最优含水量，当填料的含水量偏高时，应掺入同类干土或吸水性土料，也可翻松晾干；当含水量偏低（土过干时），则应预先洒水润湿。

表 1-7　各种土的最佳含水量和最大干密度参考值

土的类别	最佳含水量（%）	最大干密度（g/cm^3）
沙土	8～12	1.80～1.88
粉土	16～22	1.61～1.80
粉质黏土	12～15	1.85～1.95
黏土	19～23	1.58～1.70

4. 铺土厚度的影响

在压实土料时，如果土层铺得过厚，要压很多遍才能达到规定的密实度，铺得过薄，则容易起皮且影响施工进度，费工费时，最优的铺土厚度应能使土方压实而机械功耗费最少。一般应在施工现场进行碾压试验来确定。也可参照表1-8选用，在表中规定压实遍数范围中，轻型压实机械取大值，重型压实机械取小值。

表1-8 填方每层的铺土厚度和压实遍数

压实机具	每层铺土高度(mm)	每层压实遍数(遍)	压实机具	每层铺土高度(mm)	每层压实遍数(遍)
平碾	250~300	6~8	柴油打夯机	200~250	3~4
振动压实机	250~350	3~4	人工打夯	不大于200	3~4

1.5.4 填土的质量检验

在压实之后，填土必须具有一定的密实度。填土密实度以设计规定的控制干密度ρ_d作为检查标准。土的控制干密度与最大干密度之比称为压实系数λ_c。

$$\lambda_c = \frac{土的控制干密度(\rho_d)}{最大干密度(\rho_{d\max})}$$

利用填土作为地基时，设计规范规定了各种结构类型、各种填土部位的压实系数值。如砖石承重结构和框架结构在地基的主要持力范围内的填土压实系数λ_c应大于0.96，而在地基主要持力范围以下，则为0.93~0.96。

土的最大密度一般在实验室由击实试验确定。土的最大干密度乘以规范规定的压实系数，即可算出填土控制干密度ρ_d的值。在填土施工时，土的实际干密度大于或等于ρ_d时，则符合质量要求。土的实际干密度可用“环刀法”测定。

思考与练习题

1. 土的可松性对土方施工有何影响?
2. 土按开挖的难易程度分几类? 各类的特征是什么?
3. 试述基坑和基槽土方量的计算方法。
4. 为什么要对场地设计标高H进行调整?
5. 试述场地平整土方量计算的步骤和方法。
6. 试述流沙形成的原因以及因地制宜防止流沙的方法。
7. 试述人工降低地下水位的方法及适用范围，轻型井点系统的布置方案和设计步骤。
8. 简述井点降水对周围环境的影响和防治措施。
9. 试分析土壁塌方的原因和预防塌方的措施。
10. 试述推土机、铲运机的工作特点、使用范围及提高生产率的措施。

11. 单斗挖土机有哪几种类型？各有什么特点？

12. 试述正铲、反铲挖土机开挖方式有哪几种？

13. 土方挖运机械如何选择？土方开挖注意事项有哪些？

14. 回填土料有哪些质量要求？

15. 填土压实有哪些方法？哪些因素是影响填土压实的主要因素？如何影响的？怎样检查填土压实的质量？

16. 试述土的最优含水量的概念。土的含水量和控制干密度对填土质量有何影响？

17. 某地下室平面尺寸为 50 m × 40 m，采用板桩围护，基坑开挖尺寸为 52 × 42 m，挖深 5 m，土的最初可松性系数为 1.3，最终可松性系数为 1.05。试计算（土方均用松土方量表示）：

（1）土的挖方量；

（2）预留回填土量和弃土量。

18. 某场地如图，方格边长为 10 m，试按填挖方平衡的原则确定场地平整的设计标高 H_o，并计算出其填、挖方量（泄水坡度图如下）。

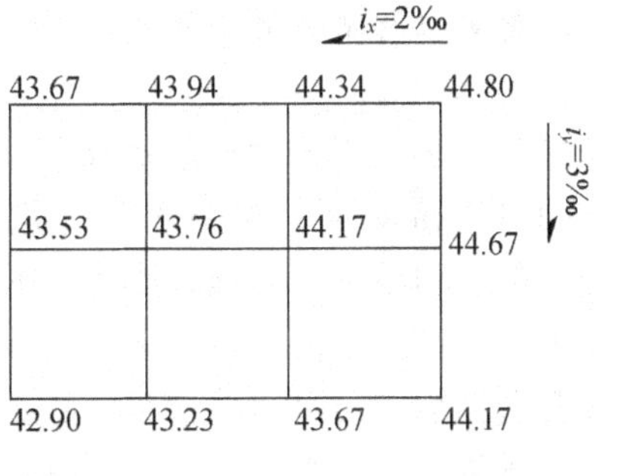

19. 某建筑基坑底面积尺寸为 40 m × 20 m，基坑边坡坡度为 1∶0.5，天然地面相对标高为 ± 0.00，基坑底标高为 − 5.0 m；土质为：地面至 − 1.0 m 为杂填土， − 1.0 m ~ − 9.0 m为沙砾层，沙砾层以下为不透水层；地下水位标高为 − 1.5 m，经扬水试验，细沙层渗透系数 K = 18 m/d，采用轻型井点降水地下水位。

试求：（1）轻型井点系统布置；

（2）轻型井点的计算。

第 2 章　桩 基 工 程

主要内容

桩基工程、桩基础材料、桩基施工工艺及施工时应注意的事项。

学习重点

各种桩基的分类及各种桩的施工工艺及施工方法。

学习要求

了解桩的作用、桩基的分类；了解桩基的施工工艺；掌握混凝土预制桩和灌注桩的施工工艺；掌握桩基施工工艺、质量要求及常见质量问题。

一般多层建筑物当地基较好时，多采用天然浅基础或人工基础。但是，当深部土层也较弱，或者上部荷载比较大，而且对沉降有严格要求时，需要使用深基础。多采用桩基础。桩基础是广义深基础中的一种，利用承台和基础梁将深入土中的桩联系起来，以便承受整个上部结构重量，桩基础中桩的作用是借其自身穿过松软的压缩性土层，将来自上部结构的荷载传递至地下深处具有适当承载力且压缩性较小的土层或岩石上，或者将软弱土层挤压密实，从而提高地基土的承载力，以减少基础的沉降。承台的作用则是将各单桩连成整体，承受并传递上部结构的荷载给群桩。

2.1　桩的作用和分类

2.1.1　作用

桩基一般由设置于土中的桩和承接上部结构的承台组成（如图 2-1 所示）。桩的作用在于将上部建筑物的荷载传递到深处承载力较大的土层上；保证建筑物的稳定性和减少地基沉降。

2.1.2　分类

1. 按承载性质分

（1）摩擦型桩。摩擦桩，指桩顶荷载全部或主要由桩侧阻力承担的桩。

（2）端承型桩。端承桩，指桩顶荷载全部或主要由桩端阻力承担的桩。

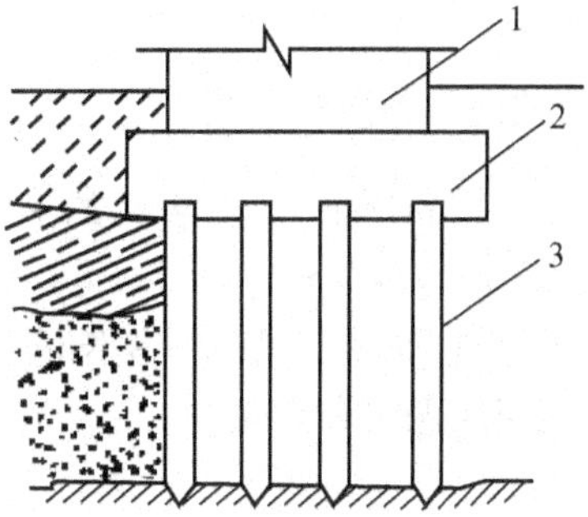

图 2-1　桩基础示意图

1—上部结构；2—承台；3—桩

2. 按桩身材料分

（1）混凝土桩；（2）钢桩；（3）组合材料桩。

3. 按成桩方法分

（1）非挤土桩，如干作业法桩、泥浆护壁法桩、套管护壁法桩、人工挖孔桩；

（2）部分挤土桩，如部分挤土灌注桩，预钻孔打入式预制桩、打入式开口钢管桩，H型钢桩，螺旋成孔桩等；

（3）挤土桩，如挤土灌注桩、挤土预制混凝土桩（打入式桩、振入式桩、压入式桩）。

4. 按桩制作工艺分

按制作工艺分有预制桩和现场灌注桩，现在使用较多的是现场灌注桩。

2.2　混凝土预制桩工程

混凝土预制桩是在地面预先制作成形并通过锤击或静压的方法沉至设计标高而形成的桩。它坚固耐用，施工速度快，但是其施工对周围环境影响较大。

2.2.1　分类

混凝土预制桩可分为普通钢筋混凝土方桩、预应力混凝土方桩、预应力混凝土管桩、普通钢筋混凝土三角桩等。普通钢筋混凝土预制方桩应用较多。

2.2.2　适用范围

混凝土预制桩一般适合淤泥和淤泥质土、黏性土、填土、粉土、黄土等地层，不适合穿越较厚沙层、碎石层等地层。

2.2.3 设计要求

桩的断面尺寸常见的有 250 mm × 250 mm，300 mm × 300 mm，350 mm × 350 mm，400 mm × 400 mm，450 mm × 450 mm，500 mm × 500 mm 等多种，单节长一般十余米，最长不超过 18 米。桩基需要长桩时，可进行接桩将单桩连接成所需桩长。最常用接桩方法为硫黄胶泥法和焊接法。

2.2.4 起吊、运输和堆放方法

当桩的混凝土达到设计强度标准值的 70% 后方可起吊，吊点应系于设计规定之处，如无吊环，可按图 2-2 所示位置设置吊点起吊。在吊索与桩间应加衬垫，起吊应平稳提升，采取措施保护桩身质量，防止撞击和受振动。

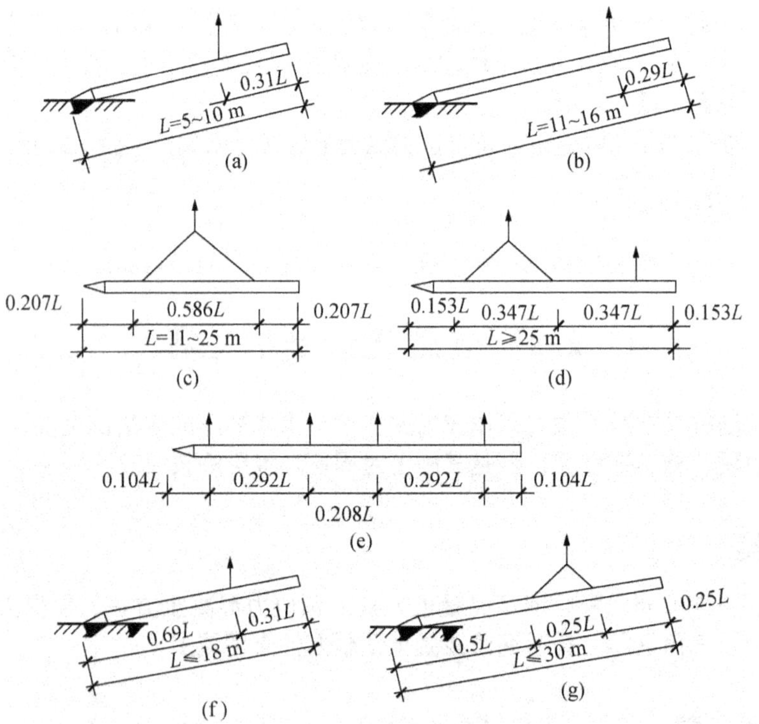

图 2-2 预制桩吊点位置

(a)、(b) 一点吊法；(c) 二点吊法；(d) 三点吊法；(e) 四点吊法；(f) 预应力管桩一点吊法；(g) 预应力管桩两点吊法

桩运输时的强度应达到设计强度标准值的 100%。长桩运输可采用平板拖车、平台挂车或汽车后挂小炮车运输；短桩运输亦可采用载重汽车，现场运距较近，亦可采用轻轨平板车运输。装载时桩支承应按设计吊钩位置或接近设计吊钩位置叠放平稳并垫实，支撑或绑扎牢固，以防运输中晃动或滑动；长桩采用挂车或炮车运输时，桩不宜设活动支座，行车应平稳，并掌握好行驶速度，防止任何碰撞和冲击。严禁在现场以直接拖拉桩体方式代替装车运输。

堆放场地应平整坚实，排水良好。桩应按规格、桩号分层叠置，支承点应设在吊点或近旁处保持在同一横断平面上，各层垫木应上下对齐，并支承平稳，堆放层数不宜超过 4 层。运到打桩位置堆放，应布置在打桩架附设的起重钩工作半径范围内，并考虑到起吊方向，避免转向。

2.2.5　施工步骤和方法

1. 施工准备

（1）整平场地，清除桩基范围内的高空、地面、地下障碍物；架空高压线距打桩架不得小于 10 m；修设桩机进出、行走道路，做好排水措施。

（2）按图纸布置进行测量放线，定出桩基轴线，先定出中心，再引出两侧，并将桩的准确位置测设到地面，每一个桩位打一个小木桩；并测出每个桩位的实际标高，场地外设 2～3 个水准点，以便随时检查之用。

（3）检查桩的质量，将需用的桩按平面布置图堆放在打桩机附近，不合格的桩不能运至打桩现场。

（4）检查打桩机设备及起重工具；铺设水电管网，进行设备架立组装和试打桩。在桩架上设置标尺或在桩的侧面画上标尺，以便能观测桩身入土深度。

（5）打桩场地建（构）筑物有防震要求时，应采取必要的防护措施。

（6）学习、熟悉桩基施工图纸，并进行会审；做好技术交底，特别是地质情况、设计要求、操作规程和安全措施的交底。

（7）准备好桩基工程沉桩记录和隐蔽工程验收记录表格，并安排好记录和监理人员等。

2. 打（沉）桩程序

（1）根据地基土质情况，桩基平面布置，桩的尺寸、密集程度、深度，桩移动方便以及施工现场实际情况等因素确定，如图 2-3 中图（a）、（b）、（c）、（d）所示为几种打桩顺序对土体的挤密情况。当基坑不大时，打桩应逐排打设或从中间开始分头向周边或两边进行。

对于密集群桩，自中间向两个方向或向四周对称施打，当一侧毗邻建筑物时，由毗邻建筑物处向另一方向施打。当基坑较大时，应将基坑分为数段，而后在各段范围内分别进行如图 2-3 中图 e、f、g 所示，但打桩应避免自外向内，或从周边向中间进行，以避免中间土体被挤密，桩难以打入，或虽勉强打入，但使邻桩侧移或上冒。

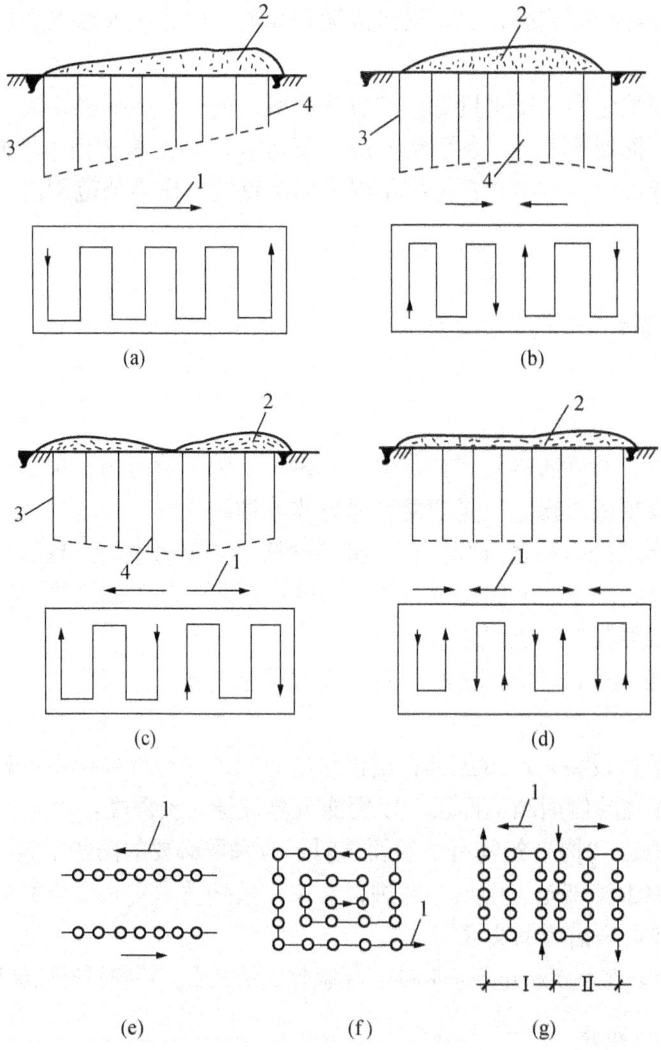

图 2-3 打桩顺序和土体挤密情况

(a) 逐排单向打设；(b) 两侧向中心打设；(c) 中部向两侧打设；

(d) 分段相对打设；(e) 逐排打设；(f) 自中部向边沿打设；(g) 分段打设

1—打设方向；2—土的挤密情况；3—沉降量大；4—沉降量小

（2）对基础标高不一的桩，宜先深后浅，对不同规格的桩，宜先大后小，先长后短，可使土层挤密均匀，以防止位移或偏斜；在粉质黏土及黏土地区，应避免按着一个方向进行，使土体一边挤压，造成入土深度不一，土体挤密程度不均，导致不均匀沉降。若桩距大于或等于 4 倍桩直径，则与打桩顺序无关。

3. 打（沉）桩方法

（1）打桩方法有锤击法、振动法及静力压桩法等，以锤击法应用最普遍。打桩时，应用导板夹具，或桩箍将桩嵌固在桩架两导柱中，桩位置及垂直度经校正后，始可将锤连同桩帽压在桩顶，开始沉桩。桩锤、桩帽与桩身中心线要一致，桩顶不平，应用厚纸板垫平或用环氧树脂砂浆补抹平整。

（2）开始沉桩应起锤轻压并轻击数锤，观察桩身、桩架、桩锤等垂直一致，始可转入正常。桩插入时的垂直度偏差不得超过 0. 5%。

4. 接桩形式和方法

混凝土预制长桩，受运输条件和打（沉）桩架高度限制，一般分成数节制作，分节打入，在现场接桩。常用接头方式有焊接、法兰接及硫黄胶泥锚接等几种（见图 2-4）。前两种可用于各类土层；硫黄胶泥锚接适用于软土层。焊接接桩，钢板宜用低碳钢，焊条宜用 E43，焊接时应先将四角点焊固定，然后对称焊接，并确保焊缝质量和设计尺寸。法兰接桩，钢板和螺栓亦宜用低碳钢并紧固牢靠；硫黄胶泥锚接方法是将熔化的硫黄胶泥注满锚筋孔内并溢出桩面，然后迅速将上段桩对准落下，胶泥冷硬后，即可继续施打，比前几种接头形式接桩简便快速。锚接时应注意以下几点：① 锚筋应刷清并调直；② 锚筋孔内应有完好螺纹，无积水、杂物和油污；③ 接桩时接点的平面和锚筋孔内应灌满胶泥；灌注时间不得超过 2 min；④ 胶泥试块每班不得少于一组。

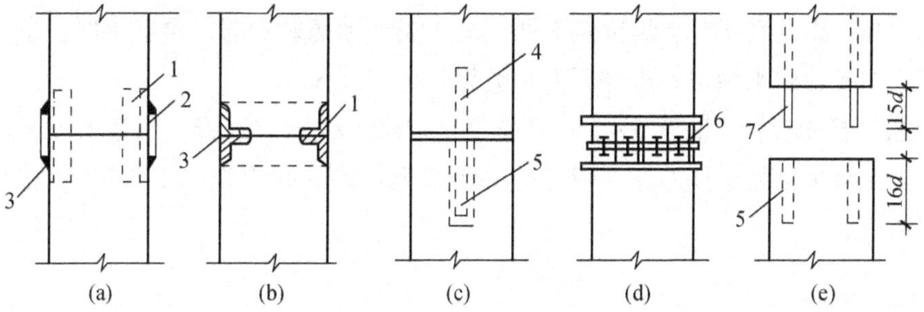

图 2-4　桩的接头形式

（a）、（b）焊接接合；（c）管式接合；（d）管桩螺栓接合；（e）硫黄砂浆锚筋接合

1—角钢与主筋焊接；2—钢板；3—焊缝；4—预埋钢管；5—浆锚孔；6—预埋法兰；7—预埋锚筋；d—锚栓直径

5. 拔桩方法

当已打入的桩由于某种原因需拔出时，长桩可用拔桩机进行。一般桩可用人字桅杆借卷扬机拔起或钢丝绳捆紧桩头部，借横梁用液压千斤顶抬起；采用汽锤打桩可直接用蒸汽锤拔桩，将汽锤倒连在桩上，当锤的动程向上，桩受到一个向上的力，即可将桩拔出。

2.2.6 施工工艺方法及适用范围

1. 水冲法沉桩

水冲法沉桩大多与锤击或振动相辅使用，视土质情况可采取先用射水管冲桩孔，然后将桩身随之插入（锤可置于桩顶，以增加下沉的重量）；或一面射水，一面锤击（或振动）；或射水锤击交替进行或以锤击或振动为主，射水为辅等方式。一般多采取射水与锤击联合使用的方式，以加速下沉；亦可采取用射水管冲孔至离桩设计深度约1 m左右，再将桩吊入孔内，用锤击打入到设计深度。

（1）工艺方法及特点。沉桩时，先将射水管装好使喷射管嘴离地面约0.5 m，当桩插正立稳后，压上桩帽、桩锤，开启水泵阀门送水，射水管便冲开桩尖下的土体，慢慢沉入土中，射水管一面下沉，一面不断的上下抽动，以使土体松动，水流畅通，此时桩即依靠其自重及配合桩锤冲击沉入土中。最初可使用较小水压，以后逐步加大水压，不能下沉过猛，下沉渐趋缓慢时，可开锤轻击，下沉转快时停止锤击。

（2）下沉时应使射水管末端经常处于桩尖以下约0.3～0.4 m处。射水进行中放水阀不可骤然大开，以免水压、水量突然降低，涌入泥沙堵塞射水嘴；再射水时，射水管和桩必须垂直，并要求射水均匀，水冲压力一般为0.5～1.6 MPa。

（3）当沉至距设计标高0.5～2 m时应停止射水，拔出射水管，用锤击或振动打至设计标高，以免将桩尖处土体冲坏，降低桩的承载力。桩的间距应大于0.9 m，以免冲松邻近已打好的桩。

2. 植桩法沉桩

植桩法沉桩又称钻孔植桩法，它是为防止在软土地区打长桩对邻近建筑物和地下管线造成隆起和位移等危害的一种有效方法，已在工程上广泛地采用。

(1) 工艺方法及特点。植桩法沉桩系在沉桩部位，按设计要求的孔径和孔深先用钻机钻孔，钻出的土体通过湿法或干法排出地面外运，在孔内再插入预制钢筋混凝土桩，然后采用锤击或振动锤打入法，将桩打入设计持力层标高，即先钻孔，后植桩，见图2-5。一般钻孔深度为桩总长的 1/3 左右，使保持一定的锚固长度和击入深度，确保单桩承载力。

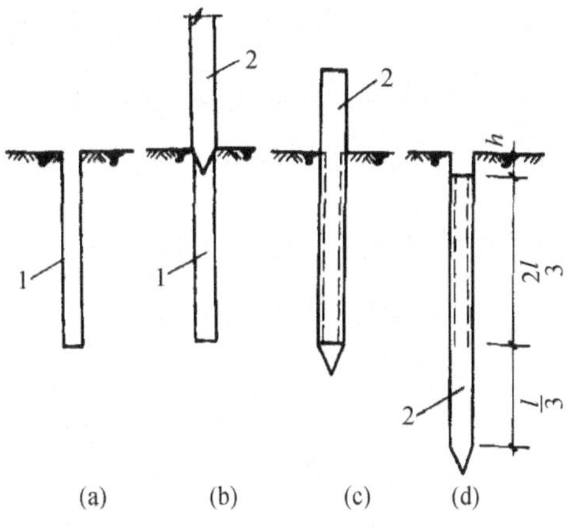

图 2-5　钻孔植桩法工艺流程

(a) 钻孔；(b) 插桩；(c) 沉桩；(d) 成桩

1—钻孔；2—混凝土预制桩；

l—桩长；h—桩基深度

植桩法沉桩的特点是：把排挤土桩改良为低排挤土桩，大大减少了土的排挤量，能有效地防止土体隆起和位移，以及超孔隙水压力的上升，可保证邻近建（构）筑物、地下管线、道路交通的安全，节省防护或加固费用；同时可减少锤击噪声、振动等危害，减小锤击沉桩阻力，现场施工文明；但需两套沉桩机具设备，增加一道工序。

(2) 适用范围。在软土地区，城市闹市密集建筑群、邻近马路、邻近地下管线交叉繁多的部位，用锤击法或振动锤沉桩，会使土体产生大量的隆起和水平位移而严重影响建筑物、地面交通道路和地下管线的安全，此时可采用植桩法。

3. 静力压桩施工

(1) 静压法沉桩机理。静压预制桩主要应用于软土，一般黏性土地基。在桩压入过程中，系以桩机本身的重量（包括配重）作为反作用力，以克服压桩过程中的桩侧摩阻力和桩端阻力。当预制桩在竖向静压力作用下沉入土中时，桩周土体发生急速而激烈的挤压，土中孔隙水压力急剧上升，土的抗剪强度大大降低，从而使桩身很快下沉。

(2) 施工工艺方法要点。静压预制桩的施工，一般都采取分段压入，逐段接长的方法。其施工程序为：定位→压桩机就位→吊桩、插桩→垂直度确定→静压沉桩→接桩→再静压沉桩→送桩→终止压桩→切割桩头。

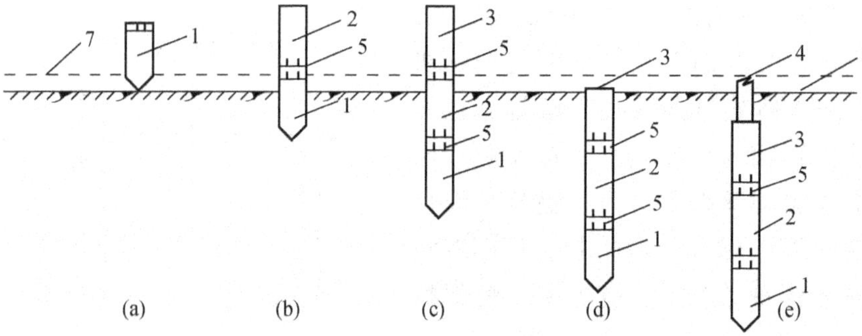

图 2-6 压桩工艺程序示意图

（a）准备压第 1 段桩；（b）接第 2 段桩；（c）接第 3 段桩；（d）整根桩压平至地面；（e）采用送接压桩完毕

1—第 1 段桩；2—第 2 段桩；3—第 3 段桩；4—送桩；5—桩接头处；6—地面线；7—压桩架操作平台线

2.2.8 沉（打）桩常遇问题及预防、处理方法

1. 桩顶位移或涌起

（1）产生原因。

① 桩入土后，遇到大块孤石或坚硬障碍物，把桩尖挤向一侧。

② 桩身不正直；或两节桩或多节桩施工，相接的两节桩不在同一轴线上，造成歪斜。

③ 采用钻孔、插桩施工时，钻孔倾斜过大，在沉桩过程中桩顺钻孔倾斜而产生位移。

④ 在软土地基施工较密集的群桩时，如沉桩次序不当，由一侧向另一侧施打，常会使桩向一侧挤压造成位移或涌起。

⑤ 遇流沙或当桩数较多，土体饱和密实，桩间距较小，在沉桩时土被挤过密而向上隆起时，有时会使相邻的桩随同一起涌起。

（2）预防措施及处理方法。施工前用钎或洛阳铲探明地下障碍物，较浅的挖除，深的用钻钻透或爆碎；对桩要吊线检查；桩不正直，桩尖不在桩纵轴线上时不宜使用，一节桩的细长比不宜超过 40；钻孔插桩，钻孔必须垂直，垂直偏差应在 1% 以内；插桩时，桩应顺孔插入，不得歪斜；打桩应注意打桩顺序，同时避免打桩期间同时开挖基坑，一般宜间隔 14 d，以消散孔隙压力，避免桩位移或涌起；在饱和土中沉桩，采用井点降水、沙井或挖沟降水或排水措施；采用“插桩法”减少土的挤密及孔隙水压力的上升，桩的间距应不少于 3.5 倍桩直径，位移过大，应拔出，移位再打，位移不大，可用木架顶正，再慢锤打入；障碍物不深，可挖去回填后再打；浮起量大的桩应重新打入。

2. 桩身倾斜

（1）产生原因。

① 场地不平，打桩和导杆不直，引起桩身倾斜。

② 稳桩时桩不垂直，桩顶不平，桩帽、桩锤及桩不在同一直线上。

③ 桩制作时桩身弯曲超过规定，桩尖偏离桩的纵轴线较大，桩顶、桩帽倾斜，致使沉入时发生倾斜。

④ 同“桩顶位移或涌起”原因①、②、③。

（2）预防措施及处理方法。安设桩架场地应整平，打桩机底盘应保持水平，导杆应吊线保持垂直；稳桩时桩应垂直，桩帽、桩锤和桩三者应在同一垂线上；桩制作时应控制使桩身弯曲度不大于1%；桩顶应使与桩纵轴线保持垂直；桩尖偏离桩纵轴线过大时不宜应用；产生原因④的防治措施同“桩顶位移或涌起”的防治措施。

3. 桩头击碎

（1）产生原因。

① 桩设计未考虑工程地质条件或机具性能，桩顶的混凝土强度等级设计偏低，钢筋网片不足，造成强度不够。

② 桩预制时，混凝土配合比不准确，振捣不密实，养护不良，未达到设计要求而被打碎。

③ 桩制作外形不合要求，如桩顶面倾斜或不平，桩顶保护层过厚。

④ 施工机具选择不当，桩锤选用过大或过小，锤击次数过多，使桩顶混凝土疲劳损坏。

⑤ 桩顶与桩帽接触不平，桩帽变形倾斜或桩沉入土中不垂直，造成桩顶局部应力集中而将桩头破碎打坏。

⑥ 沉桩时未加缓冲桩或桩垫不合要求，失去缓冲作用，使桩直接承受冲击荷载。

⑦ 施工中落锤过高或遇坚硬沙土夹层、大块石等。

（2）预防措施及处理方法。桩设计时应根据工程地质条件和施工机具性能合理设计桩头，保证有足够的强度；桩制作时混凝土配合比要正确，振捣密实，主筋不得超过第一层钢筋网片，浇筑后应有1~3个月的自然养护过程，使其充分硬化和排除水分，以增强抗冲击能力；沉桩前，应对桩构件进行检查，如桩顶不平或不垂直于桩轴线，应修补后才能使用，检查桩帽与桩的接触面处及桩帽垫木是否平整等，如不平整应进行处理后方能开打；沉桩时，稳桩要垂直；桩顶应加草垫、纸袋或胶皮等缓冲垫，如发现损坏，应及时更换；如桩顶已破碎，应更换或加垫桩垫，如破碎严重，可把桩顶剔平补强，必要时加钢板箍，再重新沉桩；遇沙夹层或大块石，可采用小钻孔再插预制桩的办法施打。

4. 桩身断裂

（1）产生原因。

① 桩制作弯曲度过大，桩尖偏离轴线，或沉桩时，桩细长比过大，遇到较坚硬土层，或障碍物，或其他原因出现弯曲，在反复集中荷载作用下，当桩身承受的抗弯强度超过混凝土抗弯强度时，即产生断裂。

② 桩在反复施打时，桩身受到拉压，大于混凝土的抗拉强度时，产生裂缝，剥落而导致断裂。

③ 桩制作质量差，局部强度低或不密实；或桩在堆放，起吊、运输过程中产生裂缝或断裂。

④ 桩身打断，接头断裂或桩身劈裂。

（2）预防措施及处理方法。施工前查清地下障碍物并清除，检查桩外形尺寸，发现弯曲超过规定或桩尖不在桩纵轴线上时，不得使用；桩细长比应控制不大于40；沉桩过程中，发现桩不垂直，应及时纠正，或拔出重新沉桩；接桩要保持上下节桩在同一轴线上；桩制作时，应保证混凝土配合比正确，振捣密实，强度均匀；桩在堆放、起吊、运输过程中，应严格按操作规程，发现桩超过有关验收规定不得使用；普通桩在蒸养后，宜在自然条件下再养护一个半月，以提高后期强度；已断桩，可采取在一旁补桩的办法处理。

5. 桩急剧下沉

（1）产生原因。

① 遇软土层或土洞。

② 桩身弯曲或有严重的横向裂缝；接头破裂或桩尖劈裂。

③ 落锤过高或接桩不垂直。

（2）预防措施及处理方法。遇软土层或土洞应进行补桩或填洞处理；沉桩前检查桩垂直度和有无裂缝情况，发现弯曲或裂缝，处理后再沉桩；落锤不要过高，将桩拔起检查，改正后重打，或靠近原桩位作补桩处理。

2.3 混凝土灌注桩工程

混凝土灌注桩是直接在桩位上就地成孔，然后在孔内安放钢筋笼，灌注混凝土而成。

2.3.1　混凝土灌注桩的分类和使用条件

1. 分类

混凝土灌注桩按成孔方法不同可分为冲击成孔灌注桩、钻孔灌注桩、沉管灌注桩、人工挖孔灌注桩、螺旋成孔灌注桩和旋挖成孔灌注桩。根据各工艺不同，钻孔桩有正、反循环成孔；沉管桩有锤击沉管、振动沉管和夯扩沉管。

2. 混凝土灌注桩的使用条件

(1) 泥浆护壁钻孔灌注桩适用于黏性土、粉土、沙土、填土、碎石土及风化岩层，以及地质情况复杂，夹层多，风化不均，软硬变化大的岩层。

(2) 沉管灌注桩适用于黏性土、粉土、淤泥质土、沙土及填土；在厚度较大、灵敏度较高的淤泥和流塑状态的黏性土等软弱土层中采用时，应制定质量保证措施，并经工艺试验成功后，方可实施。

(3) 干作业成孔（人工挖孔、螺旋成孔）灌注桩适用于地下水位以上的黏性土、粉土、填土、中等密实以上的沙土、风化岩层。

2.3.2　冲击成孔灌注桩

冲击成孔灌注桩系用冲击式钻机或卷扬机悬吊冲击钻头上下往复冲击，将硬质土或岩层破碎成孔，部分碎渣和泥浆挤入孔壁中，大部分成为泥渣，用掏渣筒掏出成孔，然后再灌注混凝土成桩。其特点是：设备构造简单，适用范围广，操作方便，所成孔壁较坚实、稳定，塌孔少，不受施工场地限制，无噪声和振动影响等，因此被广泛地采用。但存在掏泥渣较费工费时，不能连接作业，成孔速度较慢，泥渣污染环境，孔底泥渣难以掏尽，使桩承载力不够稳定等问题。适用于黄土、黏性土或粉质黏土和人工杂填土层，特别适合有孤石的沙砾石层、漂石层、坚硬土层、岩层中使用，对流沙层亦可克服，但对淤泥及淤泥质土，则要十分慎重，对地下水大的土层，会使桩端承载力和摩阻力大幅度降低，不宜使用。

冲击成孔灌注桩施工工艺方法要点如下：

(1) 冲击成孔灌注桩施工工艺程序是：场地平整→桩位放线、开挖浆池、浆沟→护筒埋设→钻机就位、孔位校正→冲击造孔、泥浆循环、清除废浆、泥渣→清孔换浆→终孔验收→下钢筋笼和钢导管→灌注水下混凝土→成桩养护。

(2) 成孔时应先在孔口设圆形 6～8 mm 钢板护筒或砌砖护筒，它的作用是保护孔口、定位导向，维护泥浆面，防止塌方。护筒（圈）内径应比钻头直径大 200 mm，深一般为

1.2～1.5 m，如上部松土较厚，宜穿过松土层，以保护孔口和防止塌孔。

（3）冲击钻成孔。冲击钻头的重量，一般按其冲孔直径每100 mm取100～140 kg为宜，一般正常悬距可取0.5～0.8 m；冲击行程一般为0.78～1.5 m，冲击频率为40～48次/min为宜。

（4）冲孔时应随时测定和控制泥浆密度。如遇较好的黏土层，亦可采取自成泥浆护壁，方法在孔内注满清水，通过上下冲击使生成泥浆护壁。排渣方法有泥浆循环法和抽渣筒法两种。前者是将输浆管插入孔底，泥浆在孔内向上流动，将残渣带出孔外，本法造孔工效高，护壁效果好，泥浆较易处理，但对孔深时，循环泥浆的压力和流量要求高，较难实施，故只适合在浅孔应用。抽渣筒法，是用一个下部带活门的钢筒，将其放到孔底，作上下来回活动，提升高度在2 m左右，当抽筒向下活动时，活门打开，残渣进入筒内；向上运动时，活门关闭，可将孔内残渣抽出孔外。

（5）在钻进过程中每1～2 m要检查一次成孔的垂直度情况。如发现偏斜应立即停止钻进，采取措施进行纠偏。对于变层处和易于发生偏斜的部位，应采用低锤轻击、间断冲击的办法穿过，以保持孔形良好。

（6）在冲击钻进阶段应注意始终保持孔内水位高过护筒底口0.5 m以上，以免水位升降波动造成对护筒底口处的冲刷，同时孔内水位高度应大于地下水位1 m以上。

（7）成孔后，应用测绳下挂0.5 kg重铁碗测量检查孔深。

（8）清孔后应立即放入钢筋笼，并固定在孔口钢护筒上，使其在浇筑混凝土过程中不向上浮起，也不下沉。

2.3.3 潜水电钻成孔灌注桩

潜水电钻成孔灌注桩系利用潜水电钻机构中的密封的电动机、变速机构，直接带动钻头在泥浆中旋转削土，同时用泥浆泵压送高压泥浆（或用水泵压送清水），使从钻头底端射出，与切碎的土颗粒混合，以正循环方式不断由孔底向孔口溢出，将泥渣排出，或用沙石泵或空气吸泥机用反循环方式排除泥渣，如此连续钻进，直至形成需要深度的桩孔，浇筑混凝土成桩。

潜水电钻成孔灌注桩施工工艺方法要点如下：

（1）潜水电钻成孔灌注桩施工工艺如图2-7。

（2）钻孔应采用泥浆护壁，泥浆密度在沙土和较厚的夹沙层中应控制在1.1～1.3 t/m^3；在穿过沙夹卵石层或容易塌孔的土层中应控制在1.3～1.5 t/m^3；在黏土和粉质黏土中成孔时，可注入清水，以原土造浆护壁，排渣时泥浆密度控制在1.1～1.2 t/m^3。泥浆可就地选择塑性指数IP≥17的黏土调制，质量指标为黏度18～22 s，含沙率不大于4%～8%，胶体

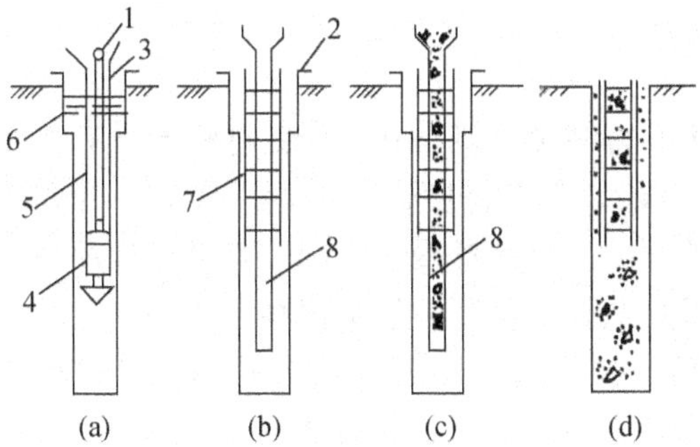

图 2-7　潜水电钻成孔灌注桩施工工艺

(a) 潜水电钻水下成孔；(b) 下钢筋笼、导管；(c) 浇筑水下混凝土；(d) 成桩

1—钻杆（或吊挂绳）；2—护筒；3—电缆；4—潜水电钻；

5—输水胶管；6—泥浆；7—钢筋骨架；8—导管

率不小于 90%，施工过程中应经常测定泥浆密度，并定期测定黏度、含沙率和胶体率。

(3) 钻孔前，孔口应埋设钢板护筒，用以固定桩位，防止孔口坍塌，护筒与孔壁间的缝隙用黏土填实，以防止漏水。护筒内径应比钻头直径大 200 mm；埋入土中深度：在沙土中不宜小于 1.5 m；黏土中不宜大于 1.0 m。上口高出地面 30～40 cm 或高出地下水位 1.5 m 以上，使保持孔内泥浆面高出地下水位 1.0 m 以上。

(4) 将电钻吊入护筒内，应关好钻架底层的铁门。启动沙石泵，使电钻空转，待泥浆输入钻孔后，开始钻进。钻进中应根据钻速进尺情况及时放松电缆线及进浆胶管，并使电缆、胶管和钻杆下放速度同步进行。

(5) 启动、下钻及钻进时须有专人收、放电缆和进浆胶管，钻进时，电流值不得超过规定数值，应设有过载保护装置，使在钻进阻力过大时能自动切断电源。

(6) 钻进速度应根据土质情况、孔径、孔深和供水、供浆量的大小确定，在淤泥和淤泥质黏土中不宜大于 1 m/min，在较硬的土层中以钻机无跳动、电机不超荷为准。

(7) 钻孔达设计深度后，应立即进行清孔放置钢筋笼，清孔可采用循环换浆法，即让钻头继续在原位旋转，继续注水，用清水换浆（系原土造浆），使泥浆密度控制在 1.1 t/m^3 左右；如孔壁土质较差时，则宜用泥浆循环清孔，使泥浆密度控制在 1.15～1.25 t/m^3，清孔过程中，必须及时补给足够的泥浆，并保持浆面稳定；如孔壁土质较好不易塌孔时，则可用空气吸泥机清孔。

2.3.4 钻孔压浆灌注桩

钻孔压浆灌注桩系用长臂螺旋钻机钻孔，在钻杆纵向设有一个从上到下的高压灌注水泥浆系统（压力 10～30 MPa），钻孔深度达到设计深度后，开动压浆泵，使水泥浆从钻头底部喷出，借助水泥浆的压力，将钻杆慢慢提起，直至出地面后，移开钻杆，在孔内放置钢筋笼，再另外放入一根直通孔底的压力注浆塑料管或钢管，与高压浆管接通，同时向桩孔内投放粒径 2～4 cm 碎石或卵石直至桩顶，再向孔内胶管进行二次补浆，把带浆的泥浆挤压干净，至浆液溢出孔口，不再下降，桩即告全部完成。这种桩的特点是：桩体致密，局部能膨胀扩径，单桩承载能力高，沉降量小，比普通灌注桩的抗压、抗拔、抗水平荷载能力提高 1 倍以上；施工无噪声、无振动、无排污，没有大量泥浆制配和处理带来的环境污染；施工速度快，比普通打预制桩工期缩短 1～2 倍，费用降低 10%～15%。适用于一般黏性土、湿陷性黄土、淤泥质土、中细沙、砂卵石等地层，还可用于有地下水的流沙层。可作支承桩、护壁桩和防水帷幕桩等。

钻孔压浆灌注桩施工工艺方法要点如下：

（1）施工工艺流程如图 2-8 所示。

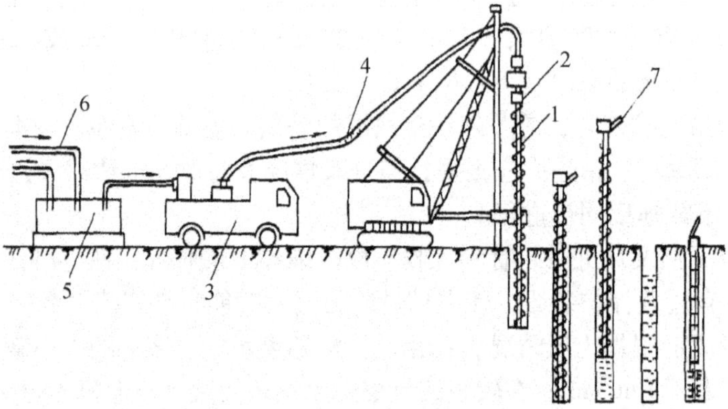

图 2-8　钻孔压浆灌注桩工艺流程

（a）钻机就位；（b）钻进；（c）一次压浆；（d）提出钻杆；（e）下钢筋笼

1—长螺旋钻机；2—导流器；3—高压泵车；4—高压输浆管；

5—灰浆过滤池；6—接水泥浆搅拌桶；7—注浆管

（2）钻机就位。按常规方法对准桩位钻进，随时注意并校正钻杆的垂直度；钻孔时应随钻随清理钻进排出的土方；钻至设计深度后空钻清底。

（3）第一次注浆，提钻。将高压胶管一端接在钻杆顶部的导流器预留管口处，另一端接在注浆泵上，将配制好的水泥浆由下而上在提钻同时在高压作用下喷入孔内。提钻压浆应慢走进行，一般控制在0.5～1.0 m/min，过快易塌孔或缩孔。

（4）放钢筋笼和注浆管。

（5）填放碎（卵）石。碎（卵）石系通过孔口漏斗倒入孔内，用钢钎捣实。

（6）为控制混凝土质量，在同一水灰比的情况下，每班做2组试块。

2.3.5 挤扩多分支承力盘（或多支盘）灌注桩

挤扩多分支承力盘（或多支盘）灌注桩，为一种新型变截面桩，是在普通灌注桩基础上，按承载力要求和工程地质条件的不同，在桩身不同部位设置分支和承力盘，或仅设置承力盘而成。这种桩由主桩、分支、承力盘和在它周围被挤扩密实的固结料组成，类似树根系，但施工工艺方法及受力性能又不同于一般树根桩和普通直线形混凝土灌注桩，而是一种介于摩擦桩和端承桩之间的变截面桩型。其特点是：单桩承载力高，其每立方米混凝土承载力大于350 kN，为普通混凝土灌注桩的2～3倍；节约原材料，在同等承载力情况下桩长仅为普通灌注桩的1/2～1/3，可省30%左右材料；施工快速，成本低，可缩短工期30%，节省资金25%；提高地基强度，适应性强，可在多种土层成桩，不受地下水限制；施工机械化程度高，低噪声，低振动，劳动强度低，工效高，操作维修方便。但施工需多一套专用分支成型机具设备，多一道挤扩工序。适用于一般多层和高层建筑物作桩基，可在黏性土、粉土、细沙土、含少量姜结石的沙土及软土等多种土层应用；但不适合于在淤泥质土、中粗沙层、砾石层以及液化土层中挤扩分支和成盘。

挤扩多分支承力盘（或多支盘）灌注桩施工工艺方法要点如下：

（1）多支盘桩施工工艺程序为：桩定位放线→挖桩坑、设钢板护套→钻孔机就位→钻孔至设计深度→钻机移位至下一桩位钻孔→第一次清孔→将支盘成型器吊入已钻孔内→在设计位置压分支、承力盘→下钢筋笼→下导管→二次清孔→水下灌注混凝土→清理桩头→拆除导管、护筒。如图2-9。

（2）成孔可采用干作业或泥浆护壁，一般多采用后者成孔，采用潜水钻机。对软黏土地基可采用自成泥浆护壁；对沙土地基宜采用红黏土泥浆护壁，泥浆密度为1.3 t/m^3。施工期间护筒内的泥浆面应高出地下水位1.0 m以上，在受水位涨落影响时，泥浆面应高出最高水位1.5 m以上，成孔工艺方法同一般潜水电钻和回转钻。

（3）当成孔达到要求深度后，将钻机移至下一桩位继续钻进。清孔后用吊车将支盘成型器吊起对准桩孔中心徐徐放入孔内，由上而下，按多支盘桩设计要求深度在分支或成盘位置，通过高压油泵加压使支盘成型器下端弓压或挤扩臂向外舒张成伞状，对局部孔壁的土体实施挤压形成分支，挤扩完毕后，收回挤扩臂，再转动一个角度重复前面的动作，在同一个分支标高处，挤扩两次即形成十字分支，挤扩 3 次即形成贫分支，挤扩 8 次即形成一个类似竹节状的承力支盘，每完成一组对称分支，或一个承力盘，即可将支盘成型器自上而下地下落至下一组分支或成盘部位继续压分支或承力盘，一般每压一根 8 盘 18 分支桩约需 30～40 min。

（4）压分支成盘时要控制油压，对一般黏性土应控制在 6～7 MPa，对密实粉土、沙土为 15～17 MPa，对坚硬密实沙土为 20～25 MPa。

（5）每一承力盘挤扩完后，在不收回挤扩臂情况下，应将成型器转动 2 周扫平渣土，以使扩盘均匀、对称。

（6）分支、成盘完成后，将支盘成型器吊出，即可将稀泥浆注入孔内置换浓泥浆至密度为 1.1～1.15 t/m^3 为止。

（7）清孔后应在 0.5 h 内进行下道工序，吊入钢筋笼，即短钢管吊挂在孔口上，下导管，安浇灌架，用起重机吊混凝土料斗进行水下混凝土浇筑，采用坍落度为 16～18 cm 的 C20（或 C25）混凝土，设钢管三木搭，利用卷扬机吊导管不断上下翻插窜动使达到密实，特别是在浇筑至扩盘部位时，应集中多次冲捣上下窜动反插，使扩盘处混凝土密实。灌注方法与普通混凝土灌注桩导管法，水中灌注混凝土方法相同。

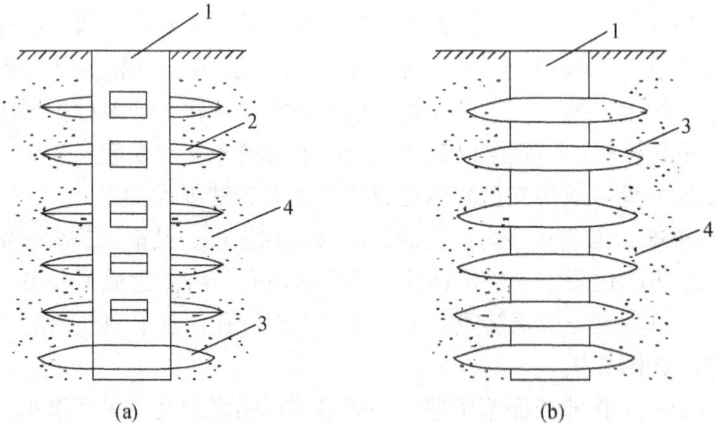

图 2-9　挤扩多分支承力盘或多支盘桩

（a）挤扩多分支承力盘桩；（b）挤扩多承力盘桩

1—主桩；2—分支；3—承力盘；4—压实（挤密）土料

2.3.6　振动沉管灌注桩

振动沉管灌注桩是采用激振器或振动冲击锤将钢套管沉入土中成孔而成的灌注桩，其沉管原理与振动沉桩完全相同。施工工艺方法要点：

先安装好桩机，将管桩下端活瓣合起来，对准桩位，慢慢放下桩管，压入土中，保持垂直，即可开动激振器沉管。当桩管下沉到设计要求的深度后，便停止振动，立即利用吊斗向管内灌满混凝土，并再次开动激振器，进行边振动边拔管，同时在拔管过程中继续向管内浇筑混凝土。振动灌注桩施工可采用单振法、反插法和复振法。

（1）单振法，即一次拔管。拔管时，先振动 5～10 s，再开始拔桩管，应边振边拔，每提升 0.5 m 停拔，振 5～10 s 后再拔管 0.5 m，再振 5～10 s，如此反复进行直至地面。

（2）复振法。在同一桩孔内进行两次单打，或根据需要进行局部复打。成桩后的桩身混凝土顶面标高应不低于设计标高 500 mm。全长复打桩的入土深度宜接近原桩长，局部复打应超过断桩或缩颈区 1 m 以上。全长复打时，第一次浇筑混凝土应达到自然地面。复打施工必须在第一次浇筑的混凝土初凝之前完成，应随拔管随清除粘在管壁上和散落在地面上的泥土，同时前后两次沉管的轴线必须重合。

（3）反插法。先振动再拔管，每提升 0.5～1.0 m，再把桩管下沉 0.3～0.5 m（且不宜大于活瓣桩尖长度的 2/3），在拔管过程中分段添加混凝土，使管内混凝土面始终不低于地表面，或高于地下水位 1.0～1.5 m 以上，如此反复进行直至地面。反插次数按设计要求进行，并应严格控制拔管速度不得大于 0.5 m/min。在桩尖的 1.5 m 范围内，宜多次反插以扩大端部截面。在淤泥层中，清除混凝土缩颈，或混凝土浇筑量不足，以及设计有特殊要求时，宜用此法；但在坚硬土层中易损坏桩尖，不宜采用。

2.3.7　锤击沉管灌注桩

锤击沉管灌注桩系用锤击打桩机，将带活瓣桩尖或设置钢筋混凝土预制桩尖的钢管锤击沉入土中，然后边浇筑混凝土边用卷扬机拔桩管成桩。其工艺特点是：可用小桩管打较大截面桩，承载力大；可避免塌孔、瓶颈、断桩、移位、脱空等缺陷；可采用普通锤击打桩机施工，机具设备和操作简便，沉桩速度快。

锤击沉管灌注桩施工工艺方法要点如下：

（1）锤击沉管灌注桩成桩，锤击成桩过程为：桩机就位→沉管→上料→拔管→当混凝土灌至钢筋笼底标高时，放入钢筋骨架，继续浇筑混凝土及拔管，直到全管拔完为止。

（2）锤击沉管成桩宜按桩基施工顺序依次退打，桩中心距在 4 倍桩管外径以内或小于2 m时均应跳打，中间空出的桩，须待邻桩混凝土达到设计强度的50%以后，方可施打。

(3) 当为扩大桩径，提高承载力或补救缺陷，可采用复打法。复打方法和要求同振动沉管灌注桩，但以扩大一次为宜。当作为补救措施时，常采用半复打法或局部复打法。

2.3.8 套管夯扩成孔灌注桩

套管夯扩成孔灌注桩又称夯扩桩，是在普通锤击沉管灌注桩的基础上加以改进发展起来的一种新型桩，由于其扩底作用，增大了桩端支撑面积，能够充分发挥桩端持力层的承载潜力，具有较好的技术经济指标，在国内许多地区得到广泛地应用。特点是：在桩管内增加了一根与外桩管长度基本相同的内夯管，以代替钢筋混凝土预制桩靴，与外管同步打入设计深度，并作为传力杆将桩锤击力传至桩端夯扩成大头形，并且增大了地基的密实度，同时利用内管和桩锤的自重将外管内的现浇桩身混凝土压密成型，使水泥浆压入桩侧土体并挤密桩侧的土，使桩的承载力大幅度提高，同时设备简单，起用快，操作方便，可消除一般灌注桩易出现缩颈、裂缝、混凝土不密实、回淤等弊病，保证工程质量；而且技术可靠，工艺合理，经济实用，单桩承载力可达1 100 kN，工程造价比一般混凝土灌注桩基降低30%~40%。适用于一般黏性土、淤泥、淤泥质土、黄土、硬黏性土；亦可用于有地下水的情况；可在20层以下的高层建筑基础中应用。

套管夯扩成孔灌注桩施工工艺方法要点如下：

(1) 夯扩桩的施工工艺程序：

① 按基础平面图测放出各桩的中心位置，并用套板或撒石灰标出桩位；

② 机架就位，在桩位垫一层150~200 mm厚与灌注桩同强度等级的干硬性混凝土，放下桩管，紧压在其上面，以防回淤；

③ 将外桩管和内套管套叠同步打入设计深度；

④ 拔出内夯管并在外桩管内灌入第一批混凝土，高度为H，混凝土量一般为0.1~0.3 m^3；

⑤ 将内夯管放回外桩管中压在混凝土面上，并将外桩管拔起h高度（$h<H$），一般为0.6~1.0 m；

⑥ 用桩锤通过内夯管将外桩管中灌入的混凝土挤出外管；

⑦ 将内外管再同时打至设计要求的深度（h深处），迫使其内混凝土向下部和四周基土挤压，形成扩大的端部，完成一次夯扩。

(2) 套管夯扩沉管灌注桩亦可应用以下两种方法形成：

① 沉管由桩管和内击锤组成，沉管在振动力及机械自重作用下，到达设计位置后，

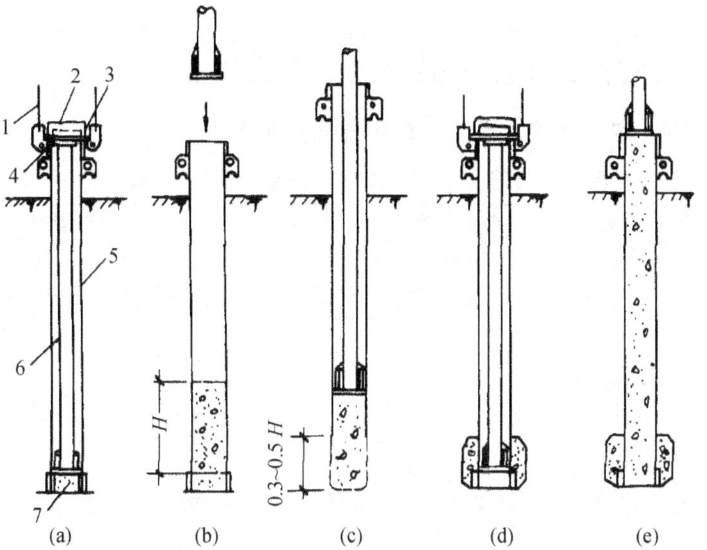

图 2-10　套管夯扩灌注桩施工工艺流程

（a）内外管同步夯入土中；（b）提升内夯管；（c）插入内夯管，提升外管；（d）夯扩；
（e）提升内夯管，浇筑第二批混凝土，向内夯管加压，拔起外管

1—钢丝绳；2—原有桩帽；3—特制桩帽；4—防淤套管；5—外管；6—内夯管；7—干混凝土

灌入混凝土，用内击锤夯击管内混凝土使其形成扩大头；

② 采用单管，用振动加压将其沉到设计要求的深度，往管内灌入一定高度的扩底混凝土后向上提管，此时桩尖活瓣张开，混凝土进入孔底，由于桩尖受自重和外侧阻力关闭，再将桩管加压振动复打，迫使扩底混凝土向下部和四周挤压，形成扩大头。

（3）如有地下水或渗水，沉管过程、外管封底可采用干硬性混凝土或无水混凝土，经夯实形成阻水、阻泥管塞，其高度一般为 100 mm。

（4）桩的长度较大或需配置钢筋笼时，桩身混凝土宜分段浇筑；拔管时，内夯管和桩锤应施压于外管中的混凝土顶面，边压边拔。

（5）工程施工前宜进行试沉桩，应详细记录混凝土的分次灌入量、外管上拔高度、内管夯击次数、双管同步沉入深度，并检查外管的封底情况，有无进水、涌泥等，经核实后作为施工控制的依据。

（6）桩端扩大头进入持力层的深度不小于 3 m；当采用 2.5 t 锤施工时，要保证每根桩的夯扩锤击数不少于 50 锤，当不能满足此锤击数时，须再投料一次，扩大头采用干硬性混凝土，坍落度应在 1～3 cm 左右。

2.3.9 沉管灌注桩施工常遇问题及预防、处理方法

沉管灌注桩施工常遇问题及预防、处理方法如表2-1。

表2-1 沉管灌注桩施工常遇问题及预防、处理方法

名称、现象	产生原因	预防措施与处理方法
缩颈（瓶颈）（浇筑混凝土后的桩身局部直径小于设计尺寸）	1. 在地下水位以下或饱和淤泥或淤泥质土中沉桩管时，土受强制扰动挤压，土中水和空气未能很快扩散，局部产生孔隙压力，当套管拔出时，混凝土强度尚低，把部分桩体挤成缩颈 2. 在流塑淤泥质土中，由于下套管产生的振动作用，使混凝土不能顺利地灌入，被淤泥质土填充进来，而造成缩颈 3. 桩身间距过小，施工时受邻桩挤压 4. 拔管速度过快，混凝土来不及下落，而被泥土填充 5. 混凝土过于干硬或和易性差，拔管时对混凝土产生摩擦力或管内混凝土量过少，混凝土出管的扩散性差，而造成缩颈	施工时每次向桩管内尽量多装混凝土，借其自重抵消桩身所受的孔隙水压力，一般使管内混凝土高于地面或地下水位1.0～1.5m，使之有一定的扩散力；桩间距过小，宜用跳打法施工；沉桩应采取"慢抽密击（振）"；桩拔管速度不得大于0.8～1.0m/min；桩身混凝土应用和易性好的低流动性混凝土浇筑 桩轻度缩颈，可采用反插法，每次拔管高度以1.0m为宜；局部缩颈宜采用半复打法；桩身多段缩颈宜采用复打法施工
断桩、桩身混凝土坍塌（桩身局部残缺夹有泥土，或桩身的某一部位混凝土坍塌，上部被土填充）	1. 桩下部遇软弱土层，桩成型后，还未达到初凝强度时，在软硬不同的两层土中振动下沉套管，由于振动对两层土的波速不一样，产生了剪切力把桩剪断 2. 拔管时速度过快，混凝土尚未流出套管，周围的土迅速回缩，形成断桩 3. 在流态的淤泥质土中，孔壁不能自立，浇筑混凝土时，混凝土密度大于流态淤泥质土，造成混凝土在该层中坍塌 4. 桩中心距过近，打邻桩时受挤压（水平力及抽管上拔力）断裂，混凝土终凝不久，受振动和外力扰动	采用跳打法施工，跳打应在相邻成型的桩达到设计强度的60%以上进行；认真控制拔管速度，一般以1.2～1.5m/min为宜；对于松散性和流态淤泥质土，不宜多振，以边振边拔为宜 已出现断桩，采用复打法解决；在流态的淤泥质土中出现桩身混凝土坍塌时，尽可能不采用套管护壁灌注桩；控制桩中心距大于3.5倍桩直径；混凝土终凝不久避免振动和扰动；桩中心过近，可采用跳打或控制时间的方法
拒落（灌完混凝土后拔管时，混凝土不从管底部流出，拔至一定高度后，才流出管外，造成桩的下部无混凝土或混凝土不密实）	1. 在低压缩性粉质黏土层中打拔管桩，灌完混凝土开始拔管时，活瓣桩尖被周围的土包围压住而打不开，使混凝土无法流出而造成拒落 2. 在有地下水的情况下，封底混凝土过干，套管下沉时间较长，在管底形成"塞子"堵住管口，使混凝土无法流出 3. 预制桩头混凝土质量较差，强度不够，沉管时桩头被挤入套管内阻塞混凝土下落	根据工程和地质条件，合理选择桩长，尽量使桩不进入低压缩性土层；严格检查预制桩头的强度和规格，防止桩尖在施工时压入桩管；在有地下水的情况下，混凝土封底不要过干，套管下沉不要过长，套管沉至设计要求后，应用浮标测量预制桩尖是否进入桩管，如桩尖进入桩管，应拔出处理，浇筑混凝土后，拔管时应用浮标经常观测测量，检查混凝土是否有阻塞情况；已出现拒落，可在拒落部位采用翻插法处理

（续表）

名称、现象	产生原因	预防措施与处理方法
桩身夹泥（桩身混凝土内存在泥夹层，使桩身截面减小或隔断）	1. 在饱和淤泥质土层中施工，拔管速度过快，混凝土骨料粒径过大，坍落度过小，混凝土还未流出管外，土即涌入桩身，造成桩身夹泥 2. 采用翻插法时，翻插深度太大，翻插时活瓣向外张开，使孔壁周围的泥挤进桩身，造成桩身夹泥 3. 采用复打法时，套管上的泥土未清理干净，而带入桩身混凝土内	在饱和淤泥质土层中施工，注意控制拔管速度和混凝土骨料粒径（＜30 mm）、坍落度（≯5~7 cm），拔管速度以0.8~1.0 m/min较合适；混凝土应搅拌均匀，和易性要好，拔管时随时用浮标测量，观察桩身混凝土灌入量，发现桩径减小时，应采取措施；采用翻插法时，翻插深度不宜超过活瓣长度的2/3；复打时，在复打前应把套管上的泥土清除干净
桩身下沉（桩成形后，在相邻桩位下沉套管时，桩顶的混凝土，钢筋或钢筋笼下沉）	1. 新浇筑的混凝土处于流塑状态，由于相邻桩沉入套管时的振动影响，混凝土骨料自重沉实，造成桩顶混凝土下沉，土塌入混凝土内 2. 钢筋的密度比混凝土大，受振动作用，使钢筋或钢筋笼沉入混凝土	在桩顶部分采用较干硬性混凝土；钢筋或钢筋笼放入混凝土后，上部用钢管将钢筋或钢筋笼架起，支在孔壁上，可防止相邻桩振动时下沉；指定专人铲去桩顶杂物、浮浆，重新补足混凝土
超量（浇筑混凝土时，混凝土的用量比正常情况下大一倍以上）	1. 在饱和淤泥质软土中成桩，土受到扰动，强度大大降低，由于混凝土对土壁侧压力作用，而使土壁压缩，桩身扩大 2. 地下遇有土洞、坟坑、溶洞、下水道、枯井、防空洞等洞穴	在饱和淤泥质软土层中沉桩；宜先打试验桩，如发现混凝土用量过大，应与设计单位研究改用其他桩型；施工前应通过钎探了解工程范围内的地下洞穴情况，如发现洞穴，预先挖开或钻孔，进行填塞处理，再行施工
桩达不到最终控制要求（桩管下沉沉不到设计要求的深度）	1. 遇有较厚的硬夹层或大块孤石、混凝土块等地下障碍物 2. 实际持力层标高起伏较大，超过施工机械能力，桩锤选择太小或太大，使桩沉不到或沉过要求的控制标高 3. 振动沉桩机的振动参数（如激振力、振幅、频率等）选择不合适，或因振动压力不够而使套管沉不下去 4. 套管细长比过大，刚度较差，在沉管过程中，产生弹性弯曲而使锤击或振动能量减弱，不能传至桩尖处	认真勘察工程范围内的地下硬夹层及埋设物情况，遇有难以穿透的硬夹层，应用钻机钻透，或将地下障碍物清除干净；根据工程地质条件，选用合适的沉桩机械和振动参数，沉桩时，如因正压力不够而沉不下去时。可用加配重或加压的办法来增加正压力；锤击沉管时，如锤击能力不够，可更换大一级的锤；套管应有一定的刚度，细长比不宜大于40
桩尖进水、进泥沙（套管活瓣处涌水或泥沙进入桩管内）	1. 地下涌水量大，水压大 2. 沉桩时间过长 3. 桩尖活瓣缝隙大或桩尖被打坏	地下涌水量大时，桩管应用0.5 m高水泥砂浆封底，再灌1 m高混凝土，然后沉入；少量进水（＜20 cm）可在灌第一槽混凝土酌减用水量处理；沉桩时间不要过长；桩尖损坏，不密合，可将桩管拔出，桩尖活瓣修复改正后，将孔回填，重新沉入

（续表）

名称、现象	产生原因	预防措施与处理方法
吊脚桩（桩下部混凝土不密实或脱空，形成空腔）	1. 桩尖活瓣受土压实，抽管至一定高度才张开 2. 混凝土干硬，和易性差，下落不密实，形成空隙 3. 预制桩尖被打碎缩入桩管内，泥沙与水挤入管中	为防止活瓣不张开，可采取“密振慢抽”方法，开始拔管 50 cm，可将桩管反播几下，然后再正常拔管；混凝土应保持良好和易性，坍落度应不小于 5～7 cm；严格检查预制桩尖的强度和规格，防止桩尖打碎或压入桩管

2. 3. 10　人工挖孔及挖孔扩底灌注桩

人工挖孔灌注桩系用人工挖土成孔，浇筑混凝土成桩；挖孔扩底灌注桩，系在挖孔灌注桩的基础上，扩大桩底尺寸而成。这类桩由于其受力性能可靠，不需大型机具设备，施工操作工艺简单，在各地应用较为普遍，已成为大直径灌注桩施工的一种主要工艺方式（如图 2-11 所示）。

人工挖孔灌注桩及挖孔扩底灌注桩施工工艺方法要点如下：

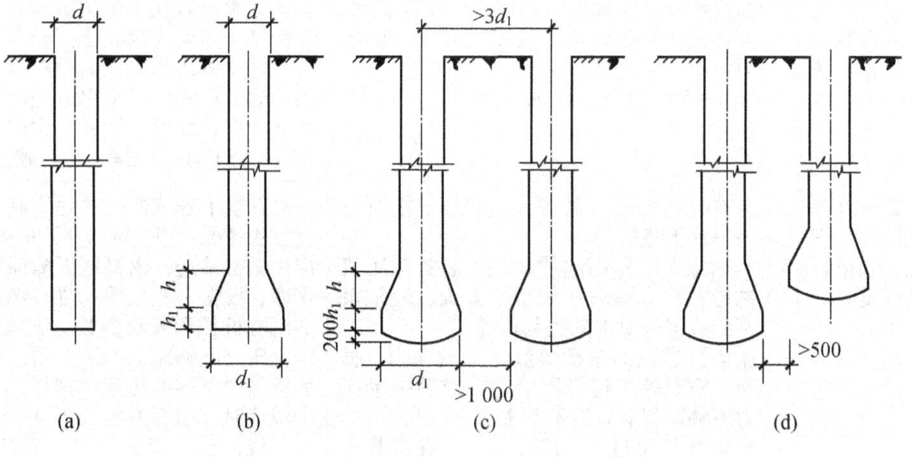

图 2-11　人工挖孔和挖孔扩底灌注桩

（a）圆柱桩；（b）扩底桩；（c）、（d）扩底桩群布置

（1）挖孔灌注桩的施工程序是：场地整平→放线、定桩位→挖第一节桩孔土方→支模浇筑第一节混凝土护壁→在护壁上二次投测标高及桩位十字轴线→安装活动井盖、垂直运输架、起重电动葫芦或卷扬机、活底吊土桶、排水，通风、照明设施等→第二节桩身挖土→清理桩孔四壁、校核桩孔垂直度和直径→拆上节模板，支第二节模板，浇筑第二节混凝土护壁→重复第二节挖土、支模、浇筑混凝土护壁工序，循环作业直至设计深度→检查

持力层后进行扩底→清理虚土、排除积水、检查尺寸和持力层→吊放钢筋笼就位→浇筑桩身混凝土。当桩孔不设支护和不扩底时，则无此两道工序。

（2）为防止塌孔和保证操作安全，直径1.2 m以上桩孔多设混凝土支护，每节高0.9～1.0 m，厚8～15 cm，或加配适量直径6～9 mm光圆钢筋，混凝土用C20或C25；直径1.2 m以下桩孔，井口1/4砖或1/2砖护圈高1.2 m，下部遇有不良土体用半砖护砌。

（3）护壁施工采取一节组合式钢模板拼装而成，拆上节支下节，循环周转使用，模板用U形卡连接，上下设两半圆组成的钢圈顶紧，不另设支撑，混凝土用吊桶运输人工浇筑，上部留100 mm高，拆模后用砌砖或混凝土堵塞，混凝土强度达1 MPa即可拆模。

（4）挖孔由人工从自上而下逐层用镐、锹进行，遇坚硬土层用锤、钎破碎；挖土次序为先挖中间部分后挖周边，允许尺寸误差为+5 cm，扩底部分采取先挖桩身圆柱体，再按扩底尺寸从上到下削土修成扩底形。弃土装入活底吊桶或箩筐内。垂直运输，在孔上口安支架、工字轨道、电葫芦或搭三木搭，用1～2 t慢速卷扬机提升，吊至地面上后，用机动翻斗车或手推车运出。

（5）桩中线控制是在第一节混凝土护壁上设十字控制点，每一节设横杆吊大线坠作中心线，用水平尺杆找圆周。

（6）直径1.2 m内的桩，钢筋笼的制作与一般灌注桩的方法相同，对直径和长度大的钢筋笼，一般在主筋内侧每隔2.5 m加设一道直径25～30 mm的加强箍，每隔一箍在箍内设一井字加强支撑，与主筋焊接牢固组成骨架，为便于吊运，一般分两节制作，钢筋笼的主筋为通长钢筋，其接头采用对焊，主筋与箍筋间隔点焊固定，控制平整度误差不大于5 cm，钢筋笼4侧主筋上每隔5 m设置耳环，控制保护层为5～7 cm，钢筋笼外形尺寸比孔小11～12 cm。

（7）混凝土用粒径小于50 mm石子，水泥用强度等级32.5普通水泥或矿渣水泥，坍落度4～8 cm，用机械拌制。混凝土用翻斗汽车、机动车或手推车向桩孔内浇筑。混凝土下料采用串桶，深桩孔用混凝土溜管；如地下水大（孔中水位上升速度大于6 mm/min），应采用混凝土导管水中浇筑混凝土工艺（图2-12），混凝土要垂直灌入桩孔内，并应连续分层浇筑，每层厚不超过1.5 m。小直径

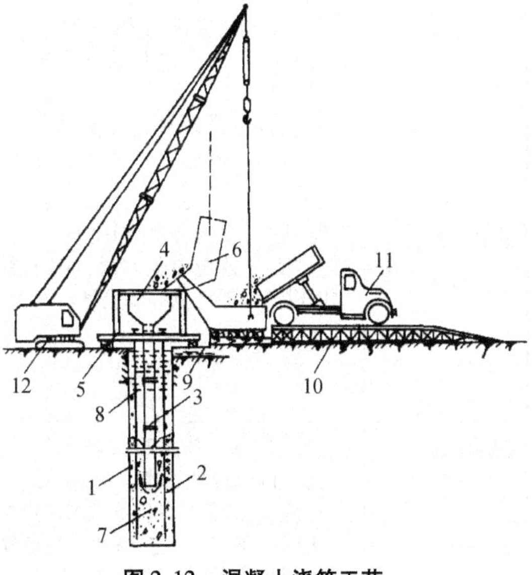

图2-12　混凝土浇筑工艺

1—大直径桩孔；2—钢筋笼；3—导管；4—下料漏斗；5—浇筑台架；6—卸料槽；7—混凝土；8—泥浆水；9—泥浆溢流槽；10—钢承台；11—翻斗汽车；12—履带式起重机

桩孔，6 m 以下利用混凝土的大坍落度和下冲力使密实；6 m 以内分层捣实。大直径桩应分层捣实，或用卷扬机吊导管上下插捣。对直径小、深度大的桩，人工下井振捣有困难时，可在混凝土中掺水泥用量 0.25% 的木钙减水剂，使混凝土坍落度增至 13 ~ 18 cm，利用混凝土大坍落度下沉力使之密实，但桩上部钢筋部位仍应用振捣器振捣密实。

（8）桩混凝土的养护：当桩顶标高比自然场地标高低时，在混凝土浇筑 12 h 后进行湿水养护，当桩顶标高比场地标高高时，混凝土浇筑 12 h 后应覆盖草袋，并湿水养护，养护时间不少于 7 d。

2.3.11 人工挖孔及挖孔扩底桩常遇问题及预防、处理方法

人工挖孔及挖孔扩底桩常遇问题及预防、处理方法如表 2-2 所示。

表 2-2 人工挖孔及挖孔扩底桩常遇问题及预防、处理方法

常遇问题	产生原因	预防措施及处理方法
塌孔	1. 地下水渗流比较严重； 2. 混凝土护壁养护期内，孔底积水，抽水后，孔壁周围土层内产生较大水压差，从而易于使孔壁土体失稳； 3. 土层变化部位挖孔深度大于土体稳定极限高度； 4. 孔底偏位或超挖，孔壁原状土体结构受到扰动、破坏或松软土层挖孔，未及时支护。	有选择地先挖几个桩孔进行连续降水，使孔底不积水，周围桩土体黏聚力增强，并保持稳定；尽可能避免桩孔内产生较大水压差；挖孔深度控制不大于稳定极限高度；并防止偏位或超挖；在松软土层挖孔，及时进行支护。 对塌方严重孔壁，用沙、石子填塞，并在护壁的相应部位设泄水孔，用以排除孔洞内积水。
井涌（流泥）	遇残积土、粉土、特别是均匀的粉细沙土层，当地下水位差很大时，使土颗粒悬浮在水中成流态泥土从井底上涌。	遇有局部或厚度大于 1.5 m 的流动性淤泥和可能出现涌土、涌沙时，可采取将每节护壁高度减小到 300 ~ 500 mm 并随挖随验，随浇筑混凝土，或采用钢护筒作护壁，或采用有效的降水措施以减轻动水压力。
护壁裂缝	1. 护壁过厚，其自重大于土体的极限摩阻力，因而导致下滑，引起裂缝； 2. 过度抽水后，在桩孔周围造成地下水位大幅度下降，在护壁外产生负摩擦力； 3. 由于塌方使护壁失去部分支撑的土体下滑，使护壁某一部分受拉而产生环向水平裂缝，同时由于下滑不均匀和护壁四周压力不均，造成较大的弯矩和剪力作用，而导致垂直和斜向裂缝。	护壁厚度不宜太大，尽量减轻自重，在护壁内适当配 ϕ10@ 200 mm 竖向钢筋，上下节竖钢筋要连接牢靠，以减少环向拉力；桩孔口的护壁导槽要有良好的土体支撑，以保证其强度和稳固裂缝一般可不处理，但要加强施工监视、观测，一旦发现问题要及时处理。

（续表）

常遇问题	产生原因	预防措施及处理方法
淹井	1. 井孔内遇较大泉眼或土渗透系数大的沙砾层； 2. 附近地下水在井孔集中。	可在群桩孔中间钻孔，设量深井，用潜水泵降低水位，至桩孔挖完成，再停止抽水，填沙砾封堵深井。
截面大小不一或扭曲	1. 挖孔时未每节对中量测桩中心轴线及半径； 2. 土质松软或遇粉细沙层难以控制半径； 3. 孔壁支护未严格控制尺寸。	挖孔时应按每节支护量测桩中心轴线及半径遇松软土层或粉细沙层加强支护严格认真控制支护尺寸。
超量	1. 挖孔时未每层控制截面，出现超挖； 2. 遇有地下土洞、落水洞，下水道或古墓、坑穴； 3. 孔壁坍落，或成孔后间歇时间过长，孔壁风干或浸水剥落。	挖孔时每层每节严格控制截面尺寸，不使超挖；遇地下洞穴，用 3:7 灰土填补、夯实；按塌孔一项防止孔壁坍落；成孔后在 48 h 内浇筑桩混凝土，避免长期搁置。

小　　结

学完本章后，应该对各种桩的工艺流程非常熟悉，并掌握它们的一些技术要求和技术细节，对于地下连续墙及逆作法，要在了解的基础上，通过各种渠道，拓展和加深对它们的认识，关注这些新技术的最新动态。

思考与练习题

1. 试述桩基的作用及分类。
2. 预制桩的沉设有哪些施工方法？
3. 静压力桩基有何特点？适用范围如何？施工时应注意哪些问题？
4. 现浇混凝土桩的成孔方法有几种？各种方法的特点及适用范围如何？
5. 试述振动冲击锤的工作原理。
6. 简述人工挖孔桩的施工要点。
7. 干作业成孔灌注桩适用于什么样的地质条件？螺旋钻孔压浆成桩有何特点？试述施工过程。

第3章　砌筑工程

主要内容

脚手架工程、砌筑材料、砖砌体施工、石砌体施工、中小型砌块施工及砌筑工程的冬期施工。

学习重点

砖砌体对砌筑材料的要求、组砌工艺、质量要求以及常见质量问题。

学习要求

了解脚手架的种类、搭设要求；了解石砌体的施工工艺；熟悉砌体对材料的要求；掌握小型混凝土空心砌块的施工工艺；掌握砖砌体的施工工艺、质量要求及常见质量问题。

砌筑工程是指普通黏土砖、硅酸盐类砖、石块和各种砌块的施工。砖、石砌体在我国有悠久历史，这种结构取材方便，成本低廉，施工简单，目前在中小城市、农村仍为建筑施工中的主要工种工程之一。缺点是自重大，劳动强度高，生产效率低，且烧制黏土砖占用大量农田，砌筑工程的施工仍以手工操作为主，难以适应现代建筑工业化的需要，因而采用新型墙体材料，改善砌体施工工艺是砌筑工程改革的重点。

3.1　砌筑用脚手架

脚手架是建筑施工中不可缺少的临时设施。它是为保证高处作业安全，顺利进行施工而搭设的工作平台或作业通道。脚手架在砌筑工程、混凝土工程、装修工程中有着广泛的应用。

过去我国的脚手架主要利用竹、木材料。后来发展出现了钢管扣件式脚手架以及各种钢制工具式脚手架。20 世纪 80 年代以后，随着土木工程的发展，又开发出一系列新型脚手架，如升降式脚手架等。目前脚手架的发展趋势是采用金属制作的、具有多种功用的组合式脚手架，可以适用不同情况作业的要求。

1. 脚手架在使用时应满足的基本要求

（1）满足使用要求。脚手架的宽度应满足工人操作、材料堆放及运输的要求。脚手架的宽度一般为2 m左右，最小不得小于1.5 m。

（2）有足够的强度、刚度及稳定性。施工期间，在各种荷载作用下，脚手架要不变形、不摇晃、不倾斜。脚手架的标准荷载值，取脚手架上实际作用荷载，其控制值为3 kN/m^2（砌筑用脚手架）。在脚手架上堆砖，只许单行摆三层。脚手架所用材料的规格、质量应经过严格检查，符合有关规定；脚手架的构造应符合规定，搭设要牢固，有可靠的安全防护措施并在使用过程中经常检查。

（3）搭拆简单，搬运方便，能多次周转使用。

（4）因地制宜，就地取材，尽量节约用料。

2. 脚手架的分类

脚手架可根据与施工对象的位置关系、支承特点、结构形式以及使用的材料等划分为多种类型。

（1）按其搭设位置划分为外脚手架和里脚手架两大类；

（2）按其所用材料划分为木脚手架、竹脚手架和金属脚手架；

（3）按其构造形式划分为多立杆式、框式、桥式、吊式、升降式等。

3.1.1 外脚手架

外脚手架是在建筑物的外侧（沿建筑物周边）搭设的一种脚手架，既可用于外墙砌筑，又可用于外装修施工。其主要结构形式有钢管扣件式、碗扣式、门式、方塔式、附着式升降脚手架和悬吊脚手架等。下面介绍几种常见的外脚手架。

1. 扣件式钢管脚手架

扣件式钢管脚手架属于多立杆式外脚手架中的一种，是目前常用的一种脚手架，由立杆、大横杆（纵向水平杆）、小横杆（横向水平杆）、斜撑（紧贴脚手架外侧与地面约成45°角的斜杆，上下连续设置呈之字形）、剪刀撑（设在脚手架外侧交叉成十字的双支斜，与地面成45°~60°的夹角）、抛撑（在脚手架立面之外设置的斜撑）、脚手板等组成。其特点是：通用性强；装卸方便，利于施工操作；搭设灵活，搭设高度大；坚固耐用，使用方便。虽然其

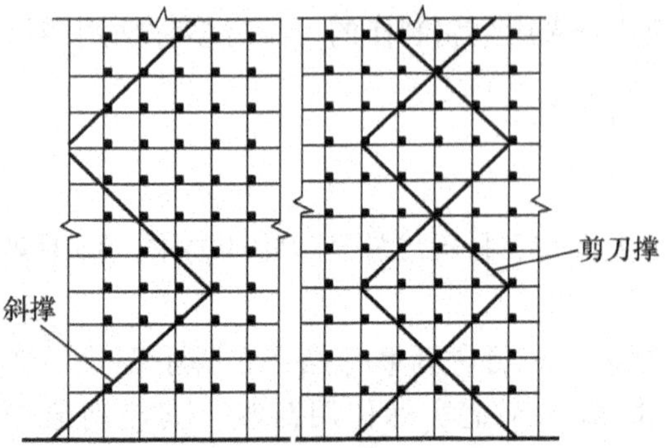

图 3-1　斜撑、剪刀撑示意图

一次投资较大，但其周转次数多，摊销费用低。斜撑、剪刀撑如图 3-1。

多立杆式脚手架分为双排式和单排式两种形式（见图 3-2）。双排式沿外墙侧设两排立杆，小横杆两端支承在内外二排立杆上，多、高层房屋施工均可采用。单排式沿墙外侧仅设一排立杆，其小横杆一端与大横杆（或立杆）连接，另一端承在墙上，仅适用于荷载较小，高度较低，墙体有一定强度的多层房屋。

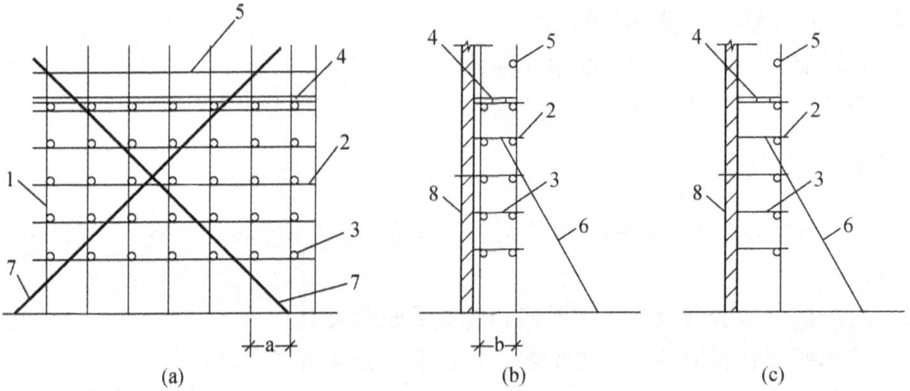

图 3-2　多立杆式脚手架

(a) 立面；(b) 侧面（双排）；(c) 侧面（单排）

1—立杆；2—大横杆；3—小横杆；4—脚手板；5—栏杆；6—抛撑；7—斜撑（剪刀撑）；8—墙体

(1) 基本构造。扣件式脚手架是由标准钢管杆件（立杆、横杆、斜杆）和特制扣件组成的脚手架骨架与脚手板、防护构件、连墙杆等组成的。

① 钢管杆件。钢管杆件一般采用外径 48 mm、壁厚 3. 5 mm 的焊接钢管或无缝钢管，也有外径 50～51 mm，壁厚 3～4 mm 的焊接钢管或其他钢管。用于立杆、大横杆、剪刀撑和斜杆的钢管最大长度不宜超过 6. 5 m，最大重量不宜超过 250 N，以便适合人工操作。用于小横杆的钢管长度宜在 1. 8～2. 2 m，以适应脚手板宽度的需要。

② 扣件。扣件为杆件的连接件。有可锻铸铁铸造扣件和钢板压制扣件两种。扣件的基本形式有 3 种，如图 3-3 所示：

对接扣件：也叫一字扣件，用于两根钢管的对接连接；

旋转扣件：用于两根钢管呈任意角度交叉的连接；

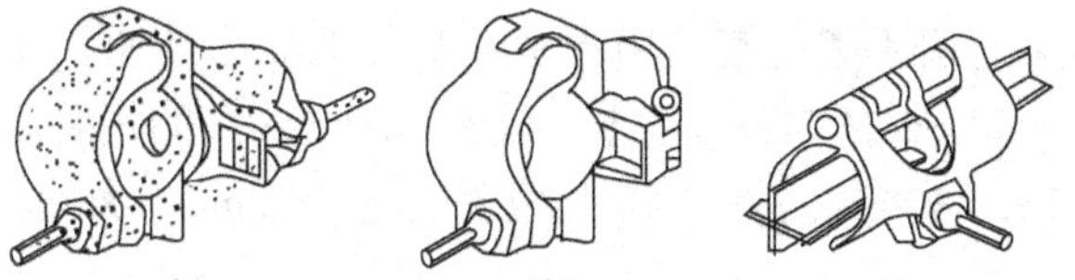

图 3-3 扣件形式

（a）直角扣件；（b）旋转扣件；（c）对接扣件

直角扣件：十字扣件，用于两根钢管呈垂直交叉的连接。

在使用中，虽然回转扣件可连接任意角度的相交钢管，但对直角相交的钢管应用直角扣件连接，而不应用回转扣件连接。

③ 脚手板。脚手板一般用厚 2 mm 的钢板压制而成，长度 2～4 m，宽度 250 mm，表面设有防滑措施。也可采用厚度不小于 50 mm 的杉木板或松木板，长度 3～5 m，宽度 200～250 mm；或者采用竹脚手板，有竹笆板和竹串片板两种形式。脚手板的材质应符合规定，且脚手板不得有超过允许的变形和缺陷。

④ 连墙杆。当扣件式钢管脚手架用于外脚手架时，必须设置连墙杆。连墙杆将立杆与主体连接在一起，可有效防止脚手架的失稳与倾覆。连墙杆的构造必须同时满足承受拉力和压力的要求，如图 3-4 所示。

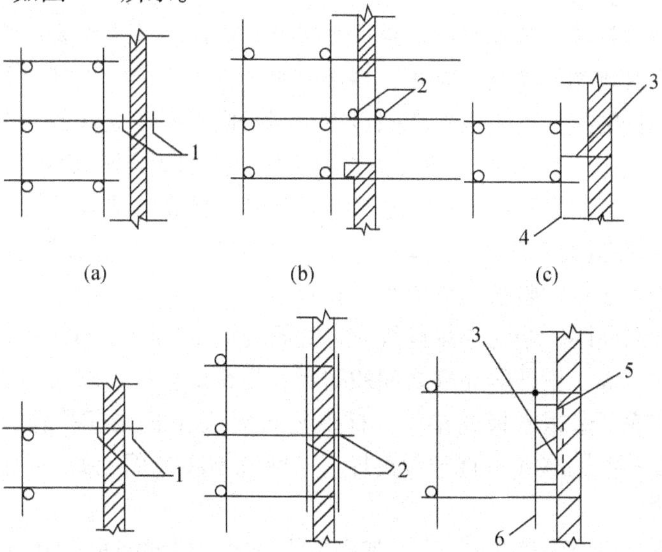

图 3-4 连墙杆的做法

（a）、（b）、（c）双排；（d）单排（剖面）；（e）、（f）单排

1—扣件；2—短钢管；3—铅丝与墙内埋设的钢筋环拉住；4—顶墙横杆；5—木楔；6—短钢管

⑤ 底座。扣件式钢管脚手架的底座用于承受脚手架立柱传递下来的荷载，底座一般采用厚 8 mm，边长 150～200 mm 的钢板作底板，上焊 150 mm 高的钢管。底座形式有内插式和外套式两种（如图 3-5），内插式的外径 D_1 比立杆内径小 2 mm，外套式的内径 D_2 比立杆外径大 2 mm。

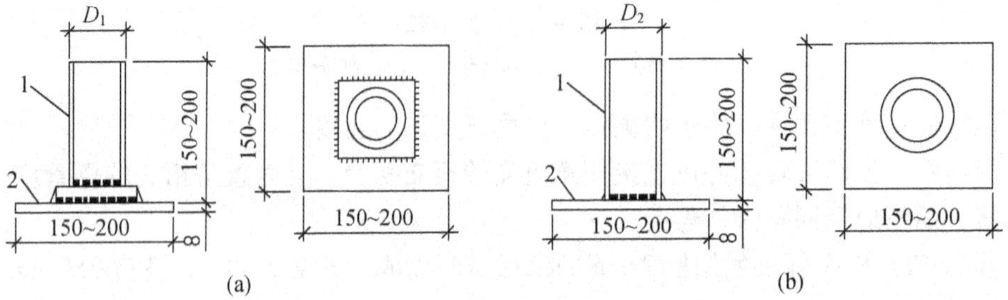

图 3-5　扣件式钢管脚手架底座

（a）内插式底座；（b）外套式底座

1—承插钢管；2—钢板底座

（2）搭设要求。扣件式钢管脚手架底座底面标高宜高于自然地坪 50 mm，搭设范围内的地基要夯实找平，并有可靠的排水措施，防止积水浸泡地基。

立杆必须用连墙杆与建筑物可靠连接。立杆接长除顶层顶步可采用搭接外，其余各层各步接头必须采用对接扣件连接。对接、搭接应符合下列规定：立杆上的对接扣件应交错布置；两根相邻立杆的接头不应设置在同步内，同步内隔一根立杆的两个相隔接头在高度方向错开的距离不宜小于 500 mm；各接头中心至主节点的距离不宜大于步距的 1/3；搭接长度不应小于 1 m，应采用不少于 2 个旋转扣件固定，端部扣件盖板的边缘至杆端距离不应小于 100 mm。立杆顶端宜高出女儿墙上皮 1 m，高出檐口上皮 1.5 m。双管立杆中副立杆的高度不应低于 3 步，钢管长度不应小于 6 m。

立杆之间的纵向间距，当为单排设置时，立杆离墙 1.2～1.4 m；当为双排设置时，里排立杆离墙 0.4～0.5 m，里外排立杆之间的间距为 1.5 m 左右。

立杆底座须在底下垫以木板或垫块。杆件搭设时应注意立杆垂直，竖立第一节立柱时，每 6 跨应暂设一根抛撑（垂直于大横杆，一端支承在地面上），直至固定件架设好后方可根据情况拆除。

脚手架底层步距不应大于 2 m。脚手架必须设置纵、横向扫地杆（如图 3-6）。纵向扫地杆应采用直角扣件固定在距底座上皮不大于 200 nm 处的立杆上。横向扫地杆亦应采用直角扣件固定在紧靠纵向扫地杆下方的立杆上。当立杆基础不在同一高度上时，必须将高处的纵向扫地杆向低处延长两跨与立杆固定，高低差不应大于 1 m。靠边坡上方的立杆轴线到边坡的距离不应小于 500 mm。

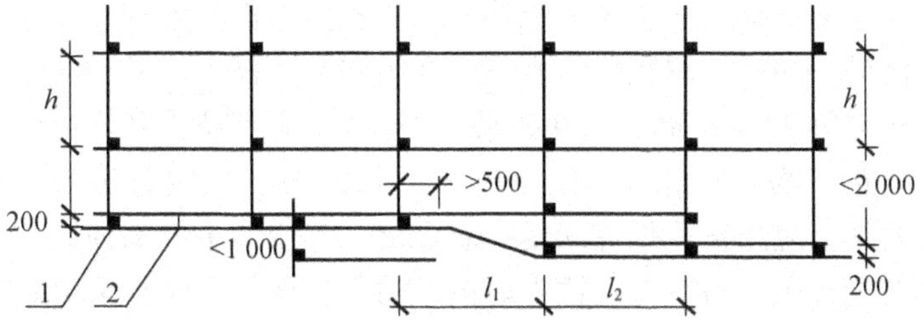

图 3-6　纵、横向扫地杆构造

1—横向扫地杆；2—纵向扫地杆

大横杆宜设置在立杆内侧，其长度不宜小于 3 跨；上下两层相邻大横杆之间的间距（步架高）为 1.8 m 左右。大横杆接长宜采用对接扣件连接，也可采用搭接。对接、搭接应符合下列规定：对接扣件应交错布置，两根相邻纵向水平杆的接头不宜设置在同步或同跨内，不同步或不同跨两个相邻接头在水平方向错开的距离不应小于 500 mm；各接头中心至最近主节点的距离不宜大于纵距的 1/3（如图 3-7）；搭接长度不应小于 1 m，应等间距设置 3 个旋转扣件固定，与立杆之间应用直角扣件连接，纵向水平高差不应大于 50 mm。当使用冲压钢脚手板、木脚手板、竹串片脚手板时，纵向水平杆应作为横向水平杆的支座，用直角扣件固定在立杆上；当使用竹笆脚手板时，纵向水平杆应采用直角扣件固定在横向水平杆上，并应等间距布置，间距不应大于 400 mm（如图 3-8）。

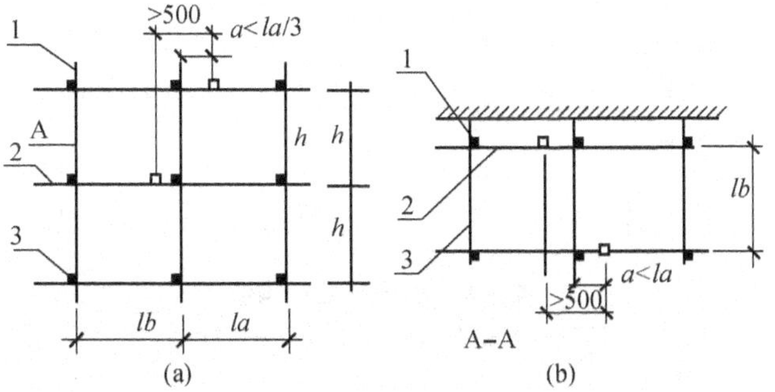

图 3-7　大、小横杆节点构造

1—纵杆；2—大横杆；3—小横杆

主节点处必须设置一根小横杆，用直角扣件扣接且严禁拆除。主节点处两个直角扣件的中心距不应大于 150 mm。在双排脚手架中，靠墙一端的外伸长度 a（图 3-9）不应大于 0.4lb，且不应大于 500 mm。作业层上非主节点处的横向水平杆，宜根据支撑脚手板的需要等间距设置，最大间距不应大于纵距的1/2。当使用冲压钢脚手板、木脚手板、竹串片脚手板时，双排脚手架的横向水平杆两端均应采用直角扣件固定在纵向水平杆上；单排脚手架的横向水平杆的一端，应用直角扣件固定在纵向水平杆上，另一端应插入墙内（不宜用于墙体厚度小于或等于180 mm、空斗砖墙、加气块 墙等轻质墙体及砌筑砂浆强度等级小于或等于 M 1.0 的砖墙。)，插入长度不应小于180 mm。使用竹笆脚手板时，双排脚手架的横向水平杆两端，应用直角扣件固定在立杆上；单排脚手架的横向水平杆的一端，应用直角扣件固定在立杆上，另一端应插入墙内，插入长度亦不应小于180 mm。

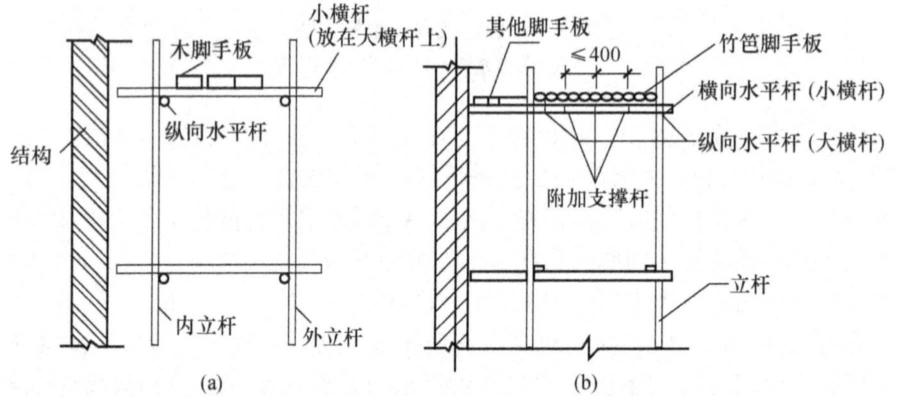

图3-8 双排式多立杆脚手架钢管的构造

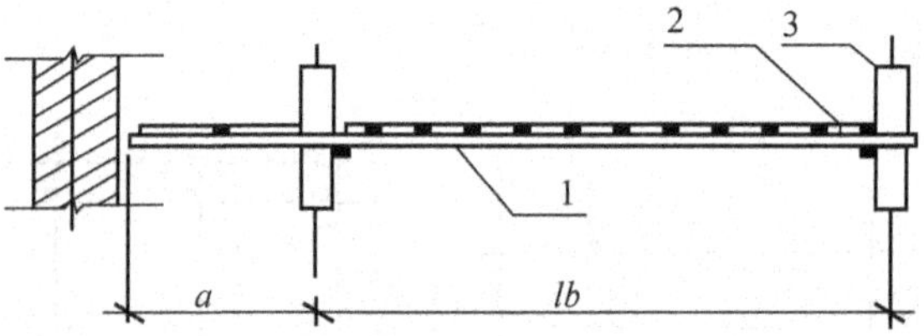

图3-9 小横杆处伸构造

1—小横杆；2—大横杆；3—纵杆

脚手板的设置应符合下列规定：作业层脚手板应铺满、铺稳，离开墙面120～150 mm；冲压钢脚手板、木脚手板、竹串片脚手板等，应设置在3根横向水平杆上。当脚手板长度小于2 m时，可采用两根横向水平杆支承，但应将脚手板两端与其可靠固定，严防倾翻。此3种脚手板的铺设可采用对接平铺，亦可采用搭接铺设。脚手板对接平铺时，接头处必须设两根横向水平杆，脚手板外伸长应取130～150 mm，两块脚手板外伸长度的和不应大于300 mm（如图3-10a)；脚手板搭接铺设时，接头必须支在横向水平杆上，搭接长度应大于 200 mm，其伸出横向水平杆的长度不应小于 100 mm（如图 3-10b）。竹笆脚手板应按其主竹筋垂直于纵向水平杆方向铺设，且采用对接平铺，四个角应用直径 1.2 mm 的镀锌钢丝固定在纵向水平杆上。作业层端部脚手板探头长度应取 150 mm，其板长两端均应与支承杆可靠地固定。

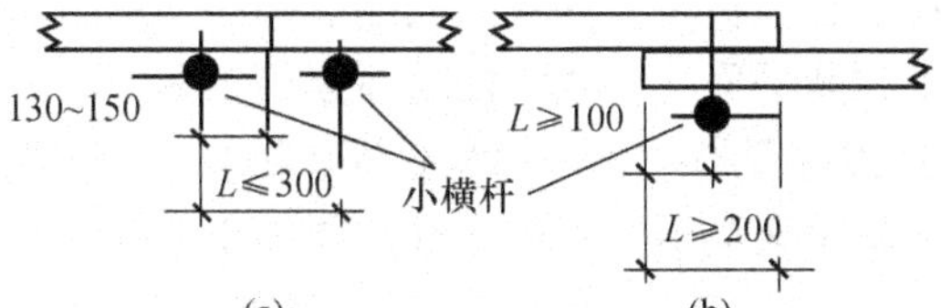

图 3-10　脚手板对接、搭接构造

（a）脚手板对接；（b）脚手板对接搭接

剪刀撑设置在脚手架两端的双跨内和中间每隔 30 m 净距的双跨内，仅在架子外侧与地面呈 45°~60°的夹角布置。交叉的两根斜撑分别通过回转扣件扣在立杆及小横杆的伸出部分上，以避免两根斜撑相交时把钢管别弯。斜撑的长度较大，因此除两端扣紧外，中间尚需增加 2~4 个扣节点。

连墙杆设置需从底部第一根纵向水平杆处开始，布置应均匀。宜优先采用菱形布置，也可采用方形、矩形布置；设置位置应靠近脚手架杆件节点处，与结构的连接应牢固。每个连墙杆的布置间距可参考表 3-1。在搭设时，必须配合施工进度，使一次搭设的高度不应超过相邻连墙杆以上 2 步。

表 3-1　连墙杆布置最大间距

脚手架的高度		竖向间距（h）	水平间距（l_a）	每根连墙杆覆盖面积
双排	≤50 m	$3h$	$3l_a$	≤40
	≤50 m	$2h$	$3l_a$	≤27
单排	≤24 m	$3h$	$3l_a$	≤40

注：h—脚手架的步距（m）；l_a—脚手架的纵距（m）

脚手架的拆除按由上而下逐层向下的顺序进行，严禁上下同时作业。连墙杆必须随脚手架逐层拆除，严禁先将连墙杆整层或数层拆除后再拆脚手架；分段拆除高差不应大于 2 步，如高差大于 2 步，应增设连墙杆加固；当脚手架拆至下部最后一根长立杆的高度（约 6.5 m）时，应先在适当位置搭设临时抛撑加固后，再拆除连墙杆。严禁抛扔，卸下的材料应集中。严禁行人进入施工现场，要统一指挥，上下呼应，保证安全。

2. 碗扣式钢管脚手架

碗扣式钢管脚手架是我国参考国外经验自行研制的一种多功能脚手架，其杆件节点处采用碗扣连接，由于碗扣是固定在钢管上的，构件全部轴向连接，力学性能好，其连接可靠，组成的脚手架整体性好，不存在扣件丢失问题。碗扣式钢管脚手架特别适合于搭设扇形表面，常用于立交桥工程和平面变化较大的房屋建筑工程。

(1) 基本构造。碗扣式钢管脚手架由钢管立杆、横杆、碗扣接头等组成。其基本构造和搭设要求与扣件式钢管脚手架类似，不同之处主要在于碗扣接头。

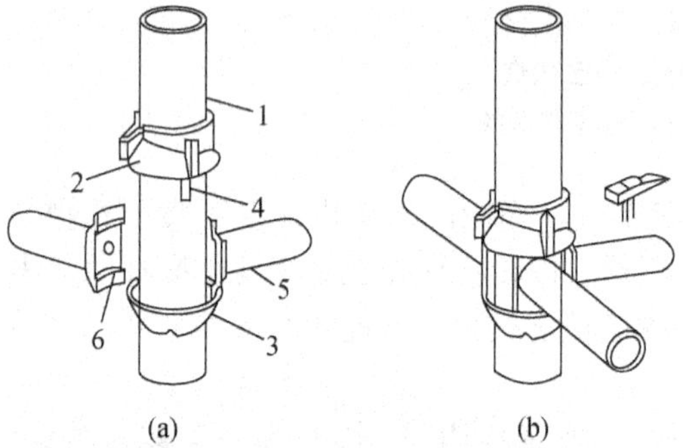

图 3-11 碗扣接头

a) 连接前；b) 连接后

1—立杆；2—上碗扣；3—下碗扣；4—限位销；5—横杆；6—横杆接头

碗扣接头是该脚手架系统的核心部件，由上碗扣、下碗扣、横杆接头和上碗扣的限位销等组成。在立杆上焊接下碗扣和上碗扣的限位销，将上碗扣套入立杆内。在横杆和斜杆上焊接插头。组装时，将横杆和斜杆插入下碗扣内，压紧和旋转上碗扣，利用限位销固定上碗扣（如图 3-11）。碗口间距 600 mm，碗扣处可同时连接 4 根横杆，可以互相垂直或偏转一定角度。可组成直线形、曲线形、直角交叉形等多种形式。

(2) 搭设要求。碗扣式钢管脚手架立柱横距为 1.2 m，纵距根据脚手架荷载可为 1.2 m、1.5 m、1.8 m、2.4 m，步距为 1.8 m、2.4 m。搭设时立杆的接长缝应错开，第一层立杆应用长 1.8 m 和 3.0 m 的立杆错开布置，往上均用 3.0 m 长杆，至顶层再用 1.8 m 和 3.0 m 两种长度找平。高 30 m 以下脚手架垂直度应在 1/200 以内，高 30 m 以上脚手架垂直度应控制在 1/400～1/600，总高垂直度偏差应不大于 100 mm。

碗扣式脚手架的连墙杆应均匀布置。对高度在 30 m 以下的脚手架，脚手架每 40 m^2 竖向面积应设置 1 个；对高层或荷载较大的脚手架每 20～25 m^2 竖向面积应设置 1 个。连墙杆应尽量设置在碗口接头内。

3. 门式脚手架

门式脚手架又称多功能门式脚手架，是一种工厂生产、现场组拼的脚手架，是目前国际上应用最普遍的脚手架之一。不仅可作为外脚手架，也可作为移动式里脚手架或满堂脚手架。门式脚手架因其几何尺寸标准化，结构合理，受力性能好，施工中装拆容易，安全可靠、经济实用等特点，广泛应用于建筑、桥梁、隧道、地铁等工程施工。

（1）基本构造。门式脚手架由 2 个门式框架、2 个剪刀撑和 1 个水平梁架和 4 个连接器构成基本单元（如图 3-12）。若干个基本单元通过连接器在竖向叠加，组成一个多层框架。在水平方向，用加固杆和水平梁使相邻单元连成整体，加上斜梯、栏杆柱和横杆组成上下步相通的外脚手架，图 3-13 为整片门式脚手架。门式脚手架的主要部件如图 3-14 所示。

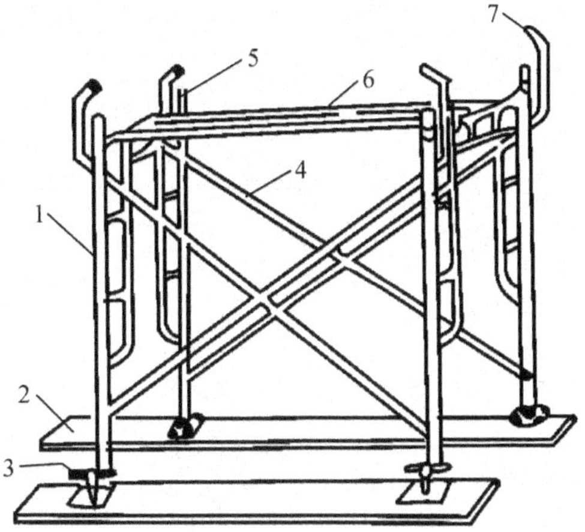

图 3-12　门式脚手架的基本单元

1—门架；2—平板；3—螺旋基脚；4—剪刀撑；
5—连接棒；6—水平梁架；7—锁臂

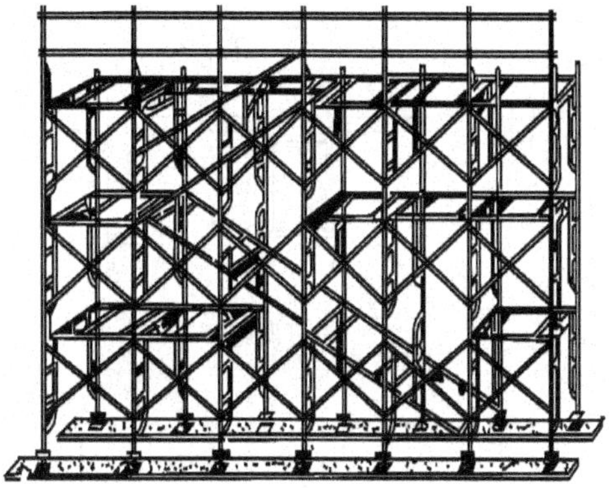

图 3-13　整片门式脚手架

（2）搭设要求。门式脚手架一般按以下程序搭设：铺放垫木（板）→拉线、放底座→自一端起立门架并随即装剪刀撑→安放水平梁架（或脚手板）→安装梯子→需要时，装设通常的纵向水平杆→装设连墙杆→照上述步骤，逐层向上安装→装加强整体刚度的长剪刀撑→装设顶部栏杆。

搭设门式脚手架时，基底必须先平整夯实。门式脚手架高度一般不超过 45 m，每 5 层至少应架设水平架一道，垂直和水平方向每隔 4～6 m 应设一个连墙杆，脚手架的转角应用钢管通过扣件扣紧在相邻两个门框上（如图 3-15）。

脚手架架设后，应用水平加固杆加强，通过扣件将水平加固杆扣在门式框架上，形成水平闭合圈。一般在 10 层框架以下，每 3 层设一道；在 10 层框架以上，每 5 层设一道。最高层顶部和最底层底部应各加设一道，同时还应设置交叉斜撑。

门式脚手架架设超过 10 层时，应加设辅助支撑，一般在高 8～11 层门式框架之间，宽在 5 个门式框架之间，加设一组，使脚手架与墙可靠连接，部分荷载由墙体承受（如图 3-15）。

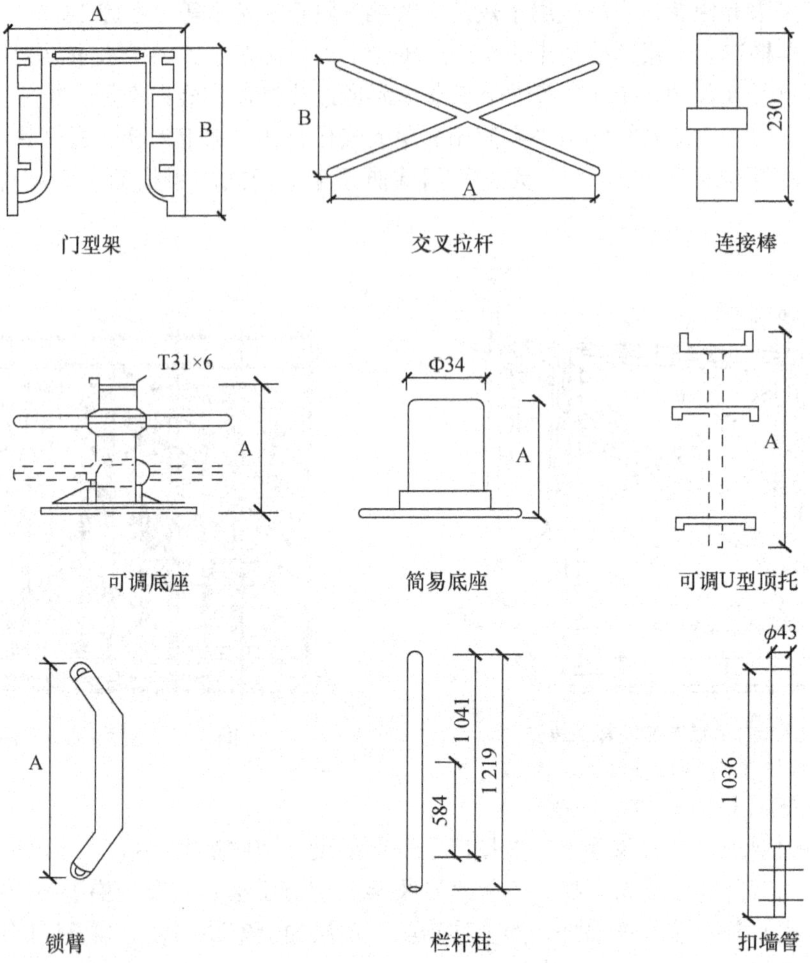

图 3-14　门式脚手架主要部件

4. 升降式脚手架

升降式脚手架是沿结构外表面满搭的脚手架，在结构和装修工程施工中应用较为方便，但费料耗工，一次性投资大，工期亦长。因此，近年来在高层建筑及筒仓、竖井、桥墩等施工中发展了多种形式的外挂脚手架，其中应用较为广泛的是升降式脚手架，包括自升降式、互升降式、整体升降式 3 种类型。

升降式脚手架主要特点是：脚手架不需满搭，只搭设满足施工操作及安全各项要求的高度；地面不需做支承脚手架的坚实地基，也不占施工场地；脚手架及其上承担的荷载传给与之相连的结构，对这部分结构的强度有一定要求；随施工进程，脚手架可随之沿外墙升降，结构施工时由下往上逐层提升，装修施工时由上往下逐层下降。

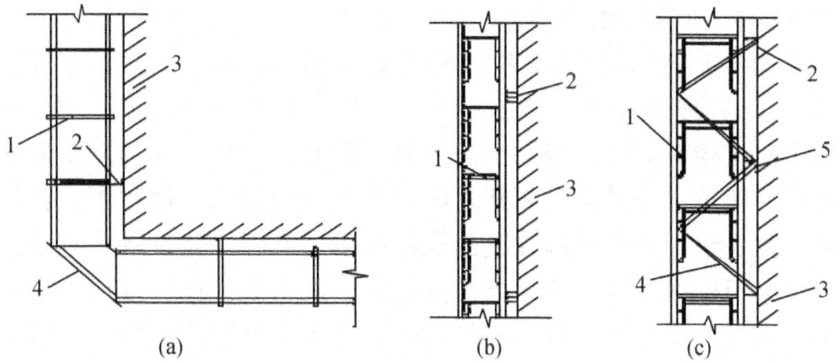

图 3-15　门式钢管脚手架的加固处理

（a）转角用钢管扣紧；（b）用附墙管与墙体锚固；（c）用钢管与墙撑紧

1—门式脚手架；2—附墙管；3—墙体；4—钢管；5—混凝土板

（1）自升降式脚手架。自升降脚手架的升降运动是通过手动或电动倒链交替对活动架和固定架进行升降来实现的。从升降架的构造来看，活动架和固定架之间能够进行上下相对运动。当脚手架工作时，活动架和固定架均用附墙螺栓与墙体锚固，两架之间无相对运动；当脚手架需要升降时，活动架与固定架中的一个架子仍然锚固在墙体上，使用倒链对另一个架子进行升降，两架之间便产生相对运动。通过活动架和固定架交替附墙，互相升降，脚手架即可沿着墙体上的预留孔逐层升降（如图 3-16）。

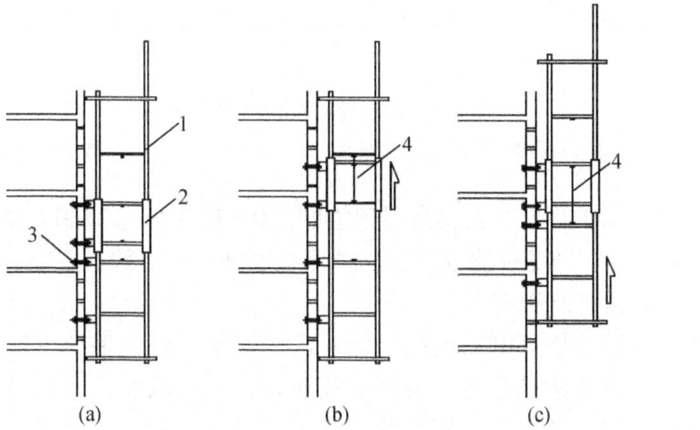

图 3-16　自升降式脚手架爬升过程

（a）爬升前的位置；（b）活动架爬升（半个层高）；（c）固定架爬升（半个层高）

1—活动架；2—固定架；3—附墙螺栓；4—倒链

自升降式脚手架的优点是脚手架可单片独立升降，可用于局部结构的施工。但其刚度较小，提升活动架时固定架上端悬臂高度较大，稳定性较差；此外，在升降过程中操作人员位于被升降的架体上，安全性较差。

（2）互升降式脚手架。互升降式脚手架将脚手架分为甲、乙两种单元，通过倒链交替对甲、乙两单元进行升降。当脚手架需要工作时，甲单元与乙单元均用附墙螺栓与墙体锚固，两架之间无相对运动；当脚手架需要升降时，一个单元仍然锚固在墙体上，使用倒链对相邻一个架子进行升降，两架之间便产生相对运动。通过甲、乙两单元交替附墙，相互升降，脚手架即可沿着墙体上的预留孔逐层升降。互升降式脚手架的性能特点是：结构简单，易于操作控制；架子搭设高度低，用料省；操作人员不在被升降的架体上，增加了操作人员的安全性；脚手架结构刚度较大，附墙的跨度大。但其使用必须沿结构四周全部布置，对局部的结构部位无法使用。它适用于框架剪力墙结构的高层建筑、水坝、筒体等施工（如图 3-17）。

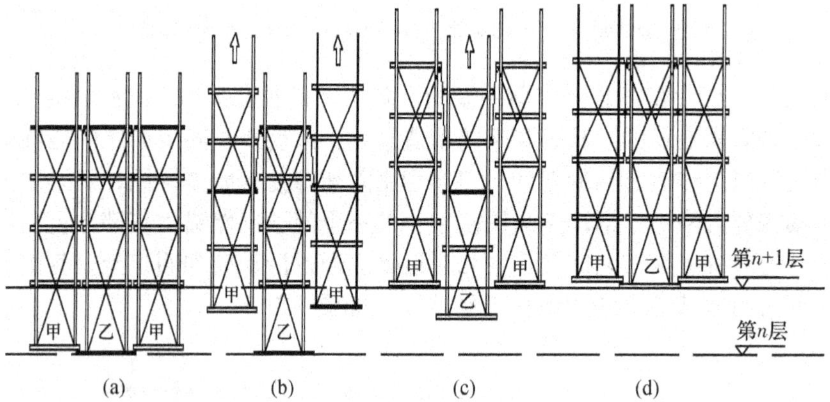

图 3-17 互升降式脚手架爬升过程

（a）第 n 层作业；（b）提升甲单元；（c）提升乙单元；（d）第 $n+1$ 层作业

（3）整体升降式脚手架。在超高层建筑的主体施工中，整体升降式脚手架有明显的优越性，它结构整体好、升降快捷方便、机械化程度高、经济效益显著，是一种很有使用价值的超高建（构）筑外脚手架。

整体升降式外脚手架以电动倒链为提升机，使整个外脚手架沿建筑物外墙或柱整体向上爬升。搭设高度依建筑物施工层的层高而定，一般取建筑物标准层 4 个层高加 1 步安全栏的高度为架体的总高度。脚手架为双排，宽以 0.8～1 m 为宜，里排杆离建筑物净距 0.4～0.6 m。脚手架的横杆和立杆间距都不宜超过 1.8 m，可将 1 个标准层高分为 2 步架，以此步距为基数确定架体横、立杆的间距。

架体设计时可将架子沿建筑物外围分成若干单元，每个单元的宽度参考建筑物的开间而定，一般在5～9 m之间。

具体操作如下：

① 施工前的准备。按平面图先确定承力架及电动倒链挑梁安装的位置和个数，在相应位置上的混凝土墙或梁内预埋螺栓或预留螺栓孔。各层的预留螺栓或预留孔位置要求上下相一致，误差不超过10 mm。

加工制作型钢承力架、挑梁、斜拉杆。准备电动倒链、钢丝绳、脚手管、扣件、安全网、木板等材料。

因整体升降式脚手架的高度一般为4个施工层层高，在建筑物施工时，由于建筑物的最下几层层高往往与标准层不一致，且平面形状也往往与标准层不同，所以一般在建筑物主体施工到3～5层时开始安装整体脚手架。下面几层施工时往往要先搭设落地外脚手架。

② 安装。先安装承力架，承力架内侧用M25～M30的螺栓与混凝土边梁固定，承力架外侧用斜拉杆与上层边梁拉结固定，用斜拉杆中部的花篮螺栓将承力架调平；再在承力架上面搭设架子，安装承力架上的立杆；然后搭设下面的承力桁架。再逐步搭设整个架体，随搭随设置拉结点，并设斜撑。在比承力架高2层的位置安装工字钢挑梁，挑梁与混凝土边梁的连接方法与承力架相同。电动倒链挂在挑梁下，并将电动倒链的吊钩挂在承力架的花篮挑梁上。在架体上每个层高满铺厚木板，架体外面挂安全网。

③ 爬升。短暂开动电动倒链，将电动倒链与承力架之间的吊链拉紧，使其处在初始受力状态。松开架体与建筑物的固定拉结点。松开承力架与建筑物相连的螺栓和斜拉杆，开动电动倒链开始爬升，爬升过程中应随时观察架子的同步情况，如发现不同步应及时停机进行调整。爬升到位后，先安装承力架与混凝土边梁的紧固螺栓，并将承力架的斜拉杆与上层边梁固定，然后安装架体上部与建筑物的各拉结点。待检查符合安全要求后，脚手架可开始使用，进行上一层的主体施工。在新一层主体施工期间，将电动倒链及其挑梁摘下，用滑轮或手动倒链转至上一层重新安装，为下一层爬升做准备（如图3-18）。

④ 下降。利用电动倒链顺着爬升用的墙体预留孔倒行，脚手架即可逐层下降，同时把留在墙面上的预留孔修补完毕，最后脚手架返回地面。

⑤ 拆除。爬架拆除前应清理脚手架上的杂物。拆除爬架有两种方式：一种和常规脚手架拆除方式相同，采用自上而下的顺序，逐步拆除；另一种是用起重设备将脚手架整体吊至地面拆除。

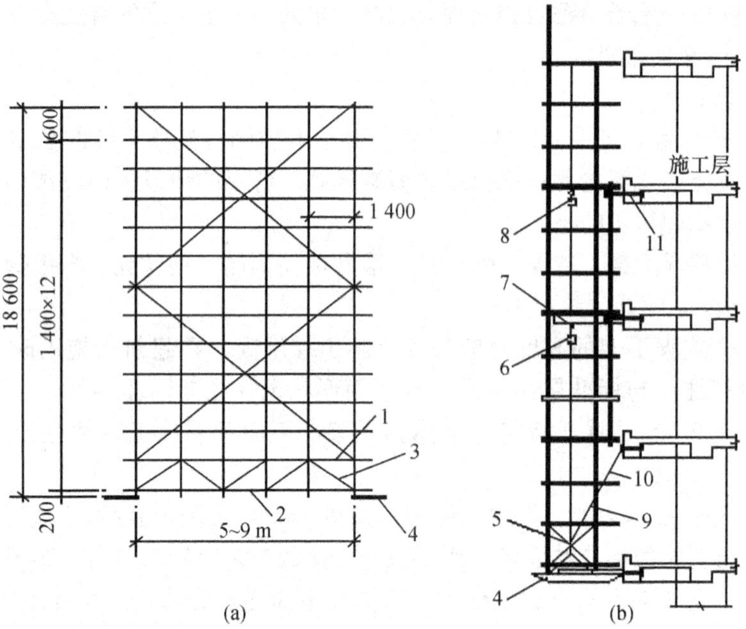

图 3-18 整体升降式脚手架

(a) 立面图；(b) 侧面图

1—上弦杆；2—下弦杆；3—承力桁架；4—承力架；5—斜撑；6—电动倒链；7—挑梁；8—倒链；9—花篮螺栓；10—拉杆；11—螺栓

3.1.2 里脚手架

里脚手架常用于楼层上砌砖、内粉刷等工程施工。由于使用过程中不断转移施工地点，装拆较频繁，故其结构形式和尺寸应力求轻便灵活和装拆方便。

里脚手架的形式很多，按其结构形式有折叠式、支柱式和门架式里脚手架。

1. 折叠式

折叠式里脚手架适用于民用建筑的内墙砌筑和内粉刷（如图 3-19）。根据材料不同，分为角钢、钢管和钢筋折叠式里脚手架，角钢折叠式里脚手架的架设间距，砌墙时不超过 2 m，粉刷时不超过 2.5 m。可以搭设两步脚手，第一步高约根据施工层高，沿高度可以搭设两步脚手，第一步高约 1 m，第二步高约 1.65 m。钢管和钢筋折叠式里脚手的架设间距，砌墙时不超过 1.8 m，粉刷时不超过 2.2 m。

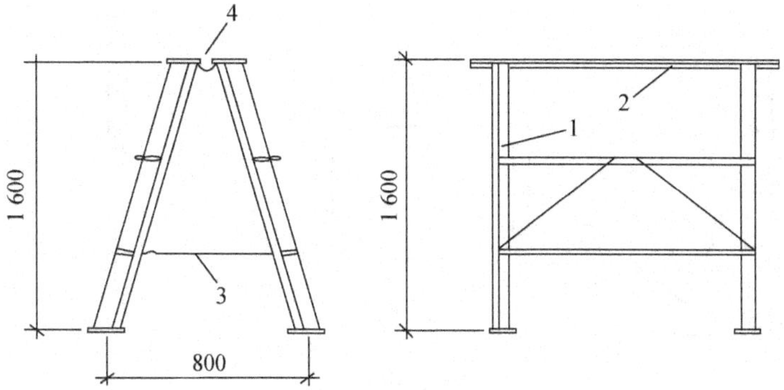

图3-19 折叠式里脚手架

1—立柱；2—横楞；3—挂钩；4—铰链

2. 支柱式

支柱式里脚手架由若干支柱和横杆组成。适用于砌墙和内粉刷。其搭设间距，砌墙时不超过2 m，粉刷时不超过2.5 m。支柱式里脚手架的支柱有套管式和承插式两种形式。套管式支柱（如图3-20所示），它是将插管插入立管中，以销孔间距调节高度，在插管顶端的凹形支托内搁置方木横杆，横杆上铺设脚手架。架设高度为1.5～2.1 m。

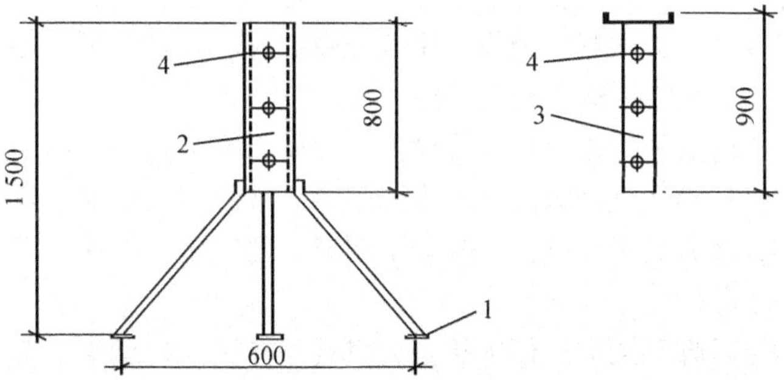

图3-20 套管式支柱

1—支脚；2—立管；3—插管；4—销孔

3. 门架式

门架式里脚手架由两片A形支架与门架组成（如图3-21所示），适用于砌墙和粉刷。支架间距，砌墙时不超过2.2 m，粉刷时不超过2.5 m，其架设高度为1.5～2.4 m。

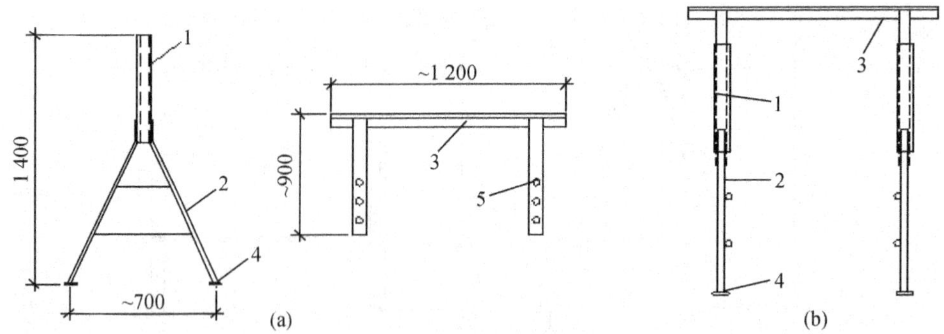

图 3-21 门架式里脚手架

（a）A 形支架与门架；（b）安装示意

1—立管；2—支脚；3—门架；4—垫板；5—销孔

3.1.3 脚手架工程的安全要求

（1）具有足够的强度、刚度和稳定性，确保施工期间在规定荷载作用下不发生破坏。

（2）具有良好的结构整体性和稳定性，保证使用过程中不发生晃动、倾斜、变形，以保障使用者的人身安全和操作的可靠性。

（3）应设置防止操作者高空坠落和零散材料掉落的防护措施。

（4）架子工作业时，必须戴安全帽、系安全带、穿软底鞋。脚手材料应堆放平稳，工具应放入工具袋内，上下传递物件不得抛掷。

（5）使用脚手架时必须沿外墙设置安全网，以防材料下落伤人和高空操作人员坠落。

（6）不得使用腐朽和严重开裂的竹、木脚手板，或虫蛀、枯脆、劈裂的材料。

（7）在雨、雪、冰冻的天气施工，架子上要有防滑措施，并在施工前将积雪、冰碴清除干净。

（8）复工工程应对脚手架进行仔细检查，发现立杆沉陷、悬空、节点松动、架子歪斜等情况，应及时处理。

（9）脚手架应有良好的防电避雷装置。

（10）电动机具必须与钢脚手架接触时，要有良好的绝缘性。

3.2 砌筑材料

砌筑工程所用材料主要是砖、石或砌块以及砌筑砂浆。

3.2.1　砌筑用砖

1. 砖的种类、规格

砌筑工程一般采用的砖按所用原材料可分为黏土砖、页岩砖、煤矸石砖、粉煤灰砖、灰沙砖和炉渣砖等；按生产工艺可分为烧结砖和非烧结砖，其中非烧结砖又可分为压制砖、蒸养砖和蒸压砖等；按有无孔洞可分为空心砖和实心砖。

（1）普通黏土砖、灰沙砖、粉煤灰砖。砖的尺寸：240 mm × 115 mm × 53 mm；砖的等级：普通黏土砖的强度等级根据 10 块砖的抗压强度平均值、标准值或最小值划分，共分为 MU30、MU25、MU20、MU15、MU10 5 个等级；根据尺寸偏差和外观质量分为优等品、一等品和合格品 3 个等级。

（2）烧结多孔砖（承重）。砖的尺寸：P 型：240 mm × 115 mm × 90 mm；M 型：190 mm × 190 mm × 90 mm；多孔砖根据抗压强度平均值和抗压强度标准值或抗压强度最小值分为 MU30、MU25、MU20、MU15、MU10 共 5 个强度等级。

（3）烧结空心砖（非承重）。砖的尺寸：240 mm × 240 mm × 115 mm，300 mm × 240 mm × 115 mm；空心砖根据大面和条面抗压强度分为 MU5.0、MU3.0、MU2.0 3 个强度等级，砌筑时有时要砍砖，按尺寸不同分为“七分头”（也称七分找）、“半砖”、“二寸条”和“二寸头”（也称二分找），（如图 3-22 所示）。

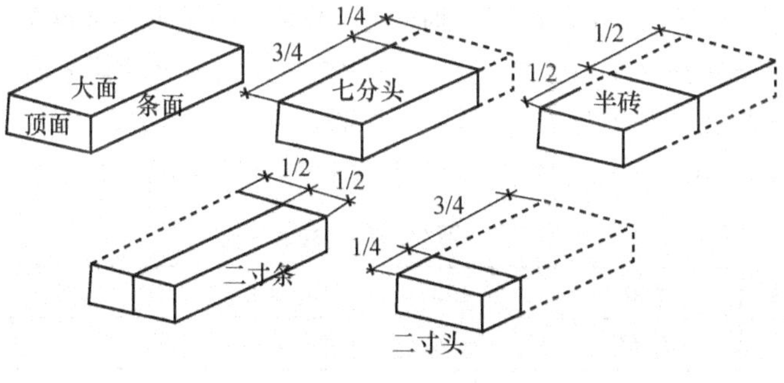

图 3-22　砖的名称

2. 质量要求

砖的品种、强度等级必须符合设计要求，并应有产品合格证书和性能检测报告，进场后应进行复验，复验抽样数量为同一生产厂家同一品种同一强度等级的普通砖 15 万块、多孔砖 5 万块、灰沙砖或粉煤灰砖 10 万块各抽查 1 组。

砌筑时蒸压（养）砖的产品龄期不得少于28d。

用于清水墙、柱表面的砖，应边角整齐，色泽均匀。品质为优等品的砖适用于清水墙和墙体装修；一等品、合格品砖可用于混水墙。中等泛霜的砖不得用于潮湿部位。冻胀地区的地面或防潮层以下的砌体不宜采用多孔砖；水池、化粪池、窨井等不得采用多孔砖。蒸压粉煤灰砖用于基础或受冻融和干湿交替作用的建筑部位时，必须使用一等砖或优等砖。

多雨地区砌筑外墙时，不宜将有裂缝的砖面砌在室外表面。

用于砌体工程的钢筋品种、强度等级必须符合设计要求，并应有产品合格证书和性能检测报告，进场后应进行复验。

设置在潮湿环境或有化学侵蚀性介质的环境中的砌体灰缝内的钢筋应采取防腐措施。

为避免砖吸收砂浆中过多的水分而影响黏结力，砖应提前1~2 d浇水湿润，并可除去砖面上的粉末。烧结普通砖含水率宜为10%~15%，但浇水过多会产生砌体走样或滑动。气候干燥时，石料亦应先洒水润湿。但灰沙砖、粉煤灰砖不宜浇水过多，其含水率控制在8%~10%为宜。

3.2.2 砌筑用石

石材按其加工后的外形规则制度，可分为料石和毛石。毛石，形状不规则，中部厚度不应小于200 mm。料石又分为：细料石、半细料石、粗料石、毛料石。毛料石，表面不经加工或稍加修整的料石；粗料石，表面加工成凹凸深度不大于20 mm的料石；半细料石，表面加工成凹凸深度不大于10 mm的料石；细料石，表面加工成凹凸深度不大于2 mm的料石。

砌筑用石材的抗压强度是以边长为70 mm的立方体抗压强度值来表示，根据抗压强度值的大小，天然石材强度等级分为MU100、MU80、MU60、MU50、MU40、MU30、MU20、MU15、MU10等9个等级，不同尺寸的石材尺寸换算系数见表3-1。

表3-1 石材的尺寸换算系数

立方体边长（mm）	200	150	100	70	50
换算系数	1.43	1.28	1.14	1	0.86

3.2.3 砌筑用砌块

1. 砌块的种类、强度等级

块材尺寸较大时，称为砌块。砌块外形尺寸可达标准砖的6~60倍。砌块代替黏土砖作为墙体材料，是墙体改革的一个重要途径。砌块按形状来分有实心砌块和空心砌块两种；按制作原料分为粉煤灰、加气混凝土、混凝土、石膏砌块等数种；按规格来分有小型砌块、中型砌块和大型砌块。

粉煤灰砌块（粉煤灰硅酸盐砌块）是以粉煤灰、石灰、石膏和骨料，经加水搅拌、振动成型、蒸汽养护而制成的实心砌块，主规格尺寸为 880 mm×380 mm×240 mm，880 mm×430 mm×240 mm，粉煤灰小型空心砌块按平均强度和最小强度可分 2.5、3.5、5.0、7.5、10.0、15.0 6 个强度等级；蒸压加气混凝土砌块规格尺寸为、长度一般为 600 mm，宽度有 100、125、150、200、250、300、及 120、180、240 mm 等 9 种规格，高度有 200、250、300 3 种规格。以平均抗压强度划分为 A1.0、A2.0、A2.5、A3.5、A5.0、A7.5、A10.0 共 7 个强度等级；普通混凝土小砌块是以碎石或卵石为粗骨料制作的混凝土，主规格尺寸为 390 mm×190 mm×190 mm，空心率为 25% 至 50% 的小型空心砌块，混凝土小型空心砌块根据抗压强度值划分为 MU3.5、MU5.0、MU7.5、MU10.0、MU15.0、MU20.0 共 6 个强度等级。

2. 质量要求

小型砌块的品种、强度等级必须符合设计要求，并应有产品合格证书和性能检测报告，进场后应进行复验。复验抽样为同一生产厂家同一品种同一强度等级的小型砌块每 1 万块为一验收批，每一验收批应抽查 1 组（其中 4 层以上建筑的基础和底层的小型砌块每一万块抽查 2 组）。

砌筑时小型砌块的产品龄期不得少于 28 天。

承重墙体严禁使用断裂小型砌块。

用于清水墙的砌块，其抗渗性指标应满足产品标准规定，并宜选用优等等品小型砌块。

小型砌块堆放、运输时应有防雨措施；装卸时应轻拿轻放，严禁抛掷、倾倒。

混凝土小型砌块，其表面有浮水时不得施工；混凝土砌块的含水率宜控制在其自然含水率；当气候干燥时，混凝土砌块亦可先喷水湿润。

3.2.4　砌筑用砂浆

1. 砌筑砂浆的种类、强度等级

砂浆一般采用水泥砂浆和混合砂浆。水泥砂浆的塑性和保水性较差，但能够在潮湿环境中硬化，一般多用于含水量较大的地基土中的地下砌体；混合砂浆则常用于地上砌体。使用时砂浆必须满足设计要求的种类和强度等级，砂浆的强度等级有：M20、M15、M10、M7.5、M5 和 M2.5 6 个等级。

2. 砂浆的制备要求

水泥进场使用前，应分批对其强度、安定性进行复验。检验批应以同一生产厂家、同一编号为一批。当在使用中对水泥质量有怀疑或水泥出厂超过 3 个月（快硬硅酸盐水泥超过 1 个月）时，应复查试验，并按其结果使用。不同品种的水泥，不得混合使用。

砂浆用沙不得含有有害杂物。砂浆用沙的含泥量应满足下列要求：对水泥砂浆和强度等级不小于 M5 的水泥混合砂浆，不应超过 5%；对强度等级小于 M5 的水泥混合砂浆，不应超过 10%；人工沙、山沙及特细沙，应经试配能满足砌筑砂浆技术条件要求。

配制水泥石灰砂浆时，不得采用脱水硬化的石灰膏；消石灰粉不得直接使用于砌筑砂浆中。

拌制砂浆用水，水质应符合国家现行标准《混凝土拌和用水标准》JGJ 63 的规定。使用饮用水搅拌砂浆时，可不对水质进行检验。否则应对水质进行检验。

砌筑砂浆应采用机械搅拌，自投料完算起，搅拌时间应符合下列规定：水泥砂浆和水泥混合砂浆不得少于 2 min；水泥粉煤灰砂浆和掺用外加剂的砂浆不得少于 3 min；掺用有机塑化剂的砂浆，应为 3～5 min。

3. 质量要求

（1）砂浆应随拌随用，水泥砂浆和水泥混合砂浆应分别在 3 h 和 4 h 内使用完毕；当施工期间最高气温超过 30℃时，应分别在拌成后 2 h 和 3 h 内使用完毕。

注：对掺用缓凝剂的砂浆，其使用时间可根据具体情况延长。

（2）砌筑砂浆试块强度验收时其强度合格标准必须符合以下规定：

同一验收批砂浆试块抗压强度平均值必须大于或等于设计强度等级所对应的立方体抗压强度，同一验收批砂浆试块抗压强度的最小一组平均值必须大于或等于设计强度等级所对应的立方体抗压强度的 0.75 倍。

注：砌筑砂浆的验收批，同一类型、强度等级的砂浆试块应不少于 3 组。当同一验收批只有 1 组试块时，该组试块抗压强度的平均值必须大于或等于设计强度等级所对应的立方体抗压强度。

砂浆强度应以标准养护，龄期为 28 d 的试块抗压试验结果为准。

抽查数量：每一检验批且不超过 250 m^3 砌体的各种类型及强度等级的砌筑砂浆，每台搅拌机应至少抽检一次。

检验方法：在砂浆搅拌机出料口随机取样制作砂浆试块（同盘砂浆只应制作 1 组试块），最后检查试块强度试验报告单。

砂浆试块 6 块为一组，试块制作见证取样，建设单位委托的见证人应旁站，并对试块作出标记以保证试块的真实性。

水泥砂浆的标准养护条件为温度 200 ±30℃，相对湿度≥90%；混合砂浆标准养护条件为温度 200 ±30℃，相对湿度为 60%~80%。

（3）当施工中或验收时出现下列情况，可采用现场检验方法对砂浆和砌体强度进行原位检测或取样检测，并判定其强度：砂浆试块缺乏代表性或试块数量不足；对砂浆试块的试验结果有怀疑或有争议；砂浆试块的试验结果，不能满足设计要求。

现场检测应由有资质的试验检测单位进行，其检测方法由委托方和试验检测单位确定，检测后出具正规检测报告。

3.3　砖墙砌体施工

3.3.1　砖墙砌体的组砌形式

用普通砖砌筑的砖墙，依其墙面组砌形式不同，常用一顺一丁、三顺一丁、梅花丁、三三一、全顺、全丁、两平一侧、空斗墙等砌法。

1. “一顺一丁”砌法

“一顺一丁”砌法是一皮中全部顺砖与一皮中全部丁砖相互间隔砌成，上下皮间的竖缝相互错开 1/4 砖长（如图 3-23 所示）。这种砌法各皮间错缝搭接牢靠，墙体整体性较好，操作中变化小，易于掌握，砌筑时墙面也容易控制平直。但竖缝不易对齐，在墙的转角，丁字接头，门窗洞口等处都要砍砖，因此砌筑效率受到一定限制。当砌筑 24 墙时，丁砖层的砖有两个面露出墙面，故对砖的质量要求较高。这种砌法在砌筑中采用较多，它的墙面形式有两种：一种是顺砖层上下对齐（称十字缝），一种是顺砖层上下相错半砖（称骑马缝）。

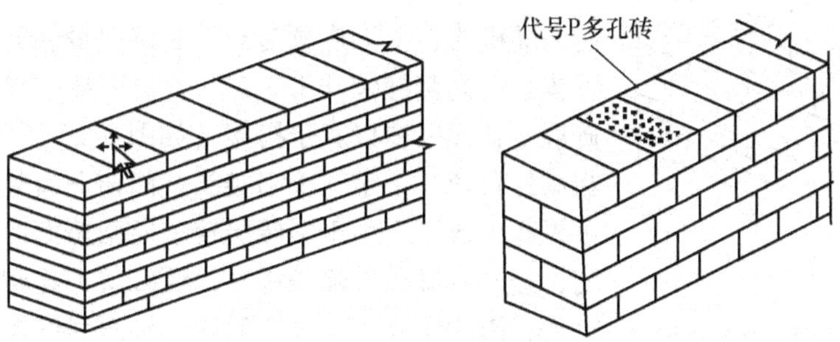

图 3-23　一顺一丁砌法

砖墙的转角处采用“一顺一丁”法组砌时，七分头的顺面方向依次砌顺砖，丁面方向依次砌丁砖（如图3-24a）；砖墙的丁字接头处采用“一顺一丁”法组砌时，应分皮相互砌通，内角相交处的竖缝应错开1/4砖长，并在横墙端头处加砌七分头砖（如图3-24b）；砖墙的十字接头处采用“一顺一丁”法组砌时，应分皮相互砌通，立角处的竖缝相互错开1/4砖长（如图3-24c）。

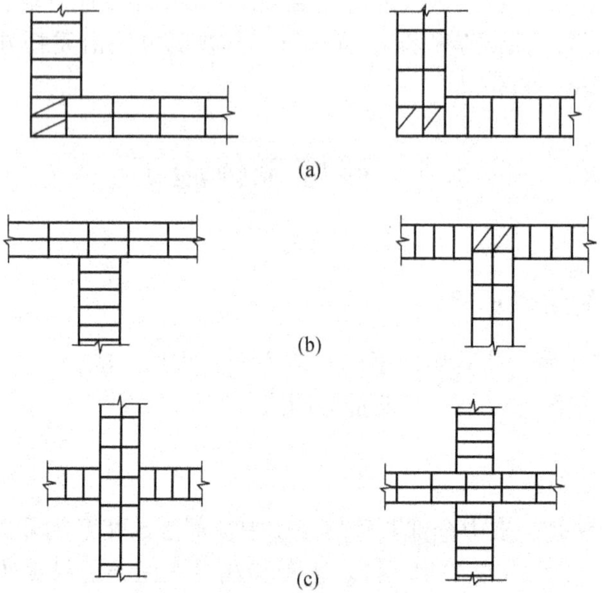

图3-24 砖墙交接处组砌

（a）一砖墙转角（一顺一丁）；（b）一砖墙丁字交接处（一顺一丁）；（c）一砖墙十字交接处（一顺一丁）

2. “三顺一丁”砌法

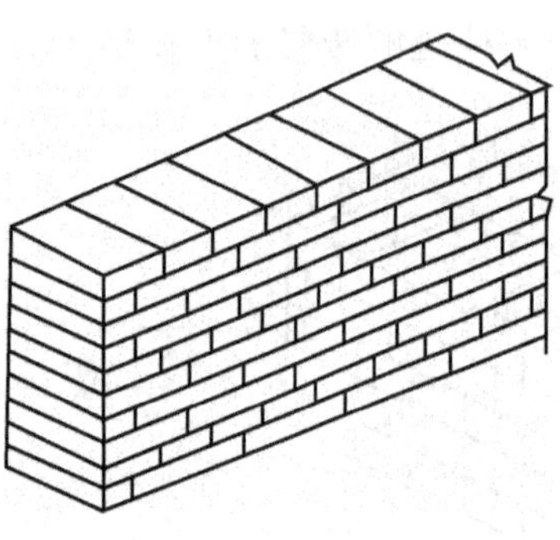

图3-25 “三顺一丁”砌法

“三顺一丁”砌法是三皮中全部顺砖与一皮中全部丁砖间隔砌成，上下皮顺砖与丁砖间竖缝错开1/4砖长，上下皮顺砖间竖缝错开1/2砖长，同时要求檐墙与山墙的顶砖层不在同一皮以利于搭接（如图3-25所示）。这种砌法在墙的转角、丁字与十字接头，门窗洞口处砍砖较少，故可提高工效。但由于顺砖层较多反面墙面的平整度不易控制，当砖较湿或砂浆较稀时，顺砖层不易砌平且容易向外挤出，影响质量。该法砌的墙，抗压强度接近一顺一丁砌法，受拉受剪力学性能均较“一顺一丁”法强。

3. “梅花丁”砌法

“梅花丁”砌法是每皮中丁砖与顺砖相隔，上皮丁砖必须在下皮顺砖的中间，上下皮间竖缝相互错开 1/4 砖长（如图 3-26）。该砌法内外竖缝每皮都能错开，故抗压整体性较好，墙面容易控制平整，竖缝易于对齐，特别是当砖长、宽比例出现差异时竖缝易控制。因丁、顺砖交替砌筑，操作时比较费工，抗拉强度不如“三顺一丁”。但因其外形整齐美观，所以多用于砌筑外墙。

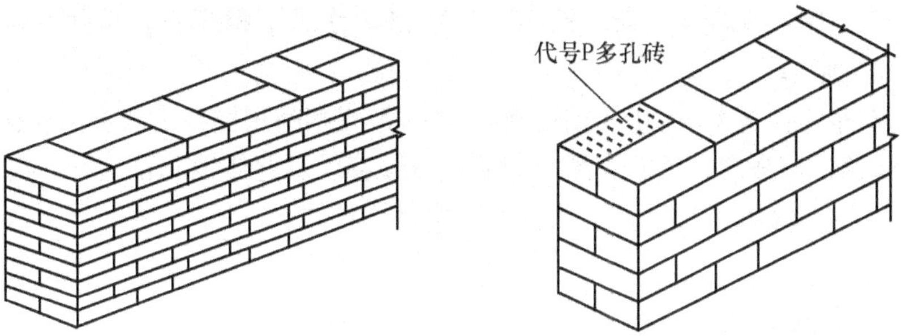

图 3-26　梅花丁砌法

4. “三三一”砌法

“三三一”砌法（又称“三七缝”法）是在同一皮砖层里三块顺砖一块丁砖交替砌成。上下皮叠砌时上皮丁砖应砌在下皮第二块顺砖中间，上下两皮砖的搭接长度为 1/4 砖长。

采用这种砌法正反面墙较平整，可以节约抹灰材料。施工时砍砖较多，特别是长度不大的窗间墙排砖很不方便，故工效较“三顺一丁”为慢。因砖层的丁砖数量较少，故整体性较差。

5. “全顺”砌法（条砌法）

“全顺”砌法每皮砖全部用顺砖砌筑，两皮间竖缝搭接 1/2 砖长。此种砌法仅用于半砖隔断墙。

6. “全丁”砌法

“全丁”砌法是每皮全部用丁砖砌筑，两皮间竖缝搭接为 1/4 砖长。此种砌法一般多用于圆形建筑物，如水塔、烟囱、水池、圆仓等。

7.“两平一侧”砌法（18 墙）

“两平一侧”砌法是两皮平砌的顺砖旁砌一皮侧砖，其厚度为 18 厘米。两平砌层间竖缝应错开 1/2 砖长；平砌层与侧砌层间竖缝可错开 1/4 或 1/2 砖长见。此种砌法比较费工，墙体的抗震性能较差。但能节约用砖量。

8.“空斗墙”砌法

① 有眠空斗墙：是将砖侧砌（称斗）与平砌（称眠）相互交替叠砌而成。形式有一斗一眠及多斗一眠等。

② 无眠空斗墙：是由两块砖侧砌的平行壁体及互相间用侧砖丁砌横向连接而成。

考虑砌体的抗压强度、轴心受拉、弯曲抗拉强度以及整体性和稳定性，实心砌体宜采用“一顺一丁”、“梅花丁”和“三顺一丁”等砌筑形式。

3.3.2 砖墙砌筑工艺

砖墙砌筑的施工过程一般有（施工前的准备如润砖等）抄平、放线、摆砖、立皮数杆、挂线、砌砖、勾缝、清理等工序。

（1）抄平。砌筑完基础或每一楼层后，应校核砌体的轴线与标高。砖墙砌筑前，先在基础面或楼面上按标准的水准点定出各层标高，并用水泥砂浆或细石混凝土找平，使各段砖墙底部标高符合设计要求。

（2）放线。建筑物底层轴线可按龙门板上定位钉为准拉麻线，沿麻线挂下线锤，将墙身中心轴线放到基础面上，并据此墙身中心轴线为准弹出纵横墙身边线，定出门窗洞口位置。各楼层的轴线则可利用预先引测在外墙面上的墙身中心轴线，借助于经纬仪把强身中心轴线引测到楼层上去；或采用悬挂线锤的方法，对准外墙面上的墙身中心轴线，从而向上引测。轴线的引测是放线的关键，必须按图纸要求尺寸用钢皮尺进行校核。然后按楼层墙身中心线，弹出各墙边线，划出门窗洞口位置。

（3）摆砖。按选定的组砌方法，在墙基顶面放线位置试摆砖样（生摆，即不铺灰），尽量使门窗垛符合砖的模数，偏差小时可通过竖缝调整，以减小砍砖数量，并保证砖及砖缝排列整齐、均匀，以提高砌砖效率。摆砖在清水墙砌筑中尤为重要。

（4）立皮数杆。砌墙前先要立好皮数杆，作为砌筑的依据之一。皮数杆一般是用 5×7 厘米的方木做成，上面划有砖的皮数、灰缝厚度、门窗、楼板、圈梁、过梁。屋架等构件位置，及建筑物各种预留洞口和加筋的高度，它是墙体竖向尺寸的标志。

划皮数杆时应从 ±0.000 开始。从 ±0.000 向下到基础垫层以上为基础部分皮数杆，

±0.000以上为墙身皮数杆。楼房如每层高度相同时划到二层楼地面标高为止，平房划到前后檐口为止。划完后在杆上以每5皮砖为级数，标上砖的皮数，如5、10、15……，并标明各种构件和洞口的标高位置，及其大致图例，见图3-27。由于实际生产的砖厚度不一，在划皮数杆之前，从进场的各砖堆中抽取十块砖样，量出总厚度，取其平均值，作为划砖厚度的依据。再加上灰缝的厚度，就可划出砖层的皮数。

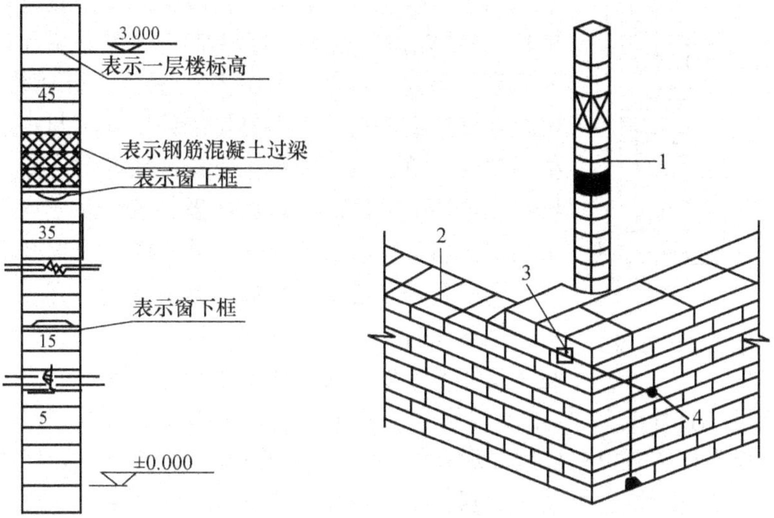

图3-27 皮数杆示意图

1—皮数杆；2—准线；3—竹片；4—圆铁钉

墙上的线放完之后，根据瓦工砌砖的需要在一些部位钉立皮数杆，皮数杆应立在墙的转角，内外墙交接处、楼梯间及墙面变化较多的部位（见图3-28）。立皮数杆时可用水准仪测定标高，使各皮数杆立在同一标高上。在砌筑前，应先检查皮数杆上±0.000与抄平桩上的±0.000是否符合，所有应立皮数杆的部位是否立了皮数杆。检查合格后才可砌墙。

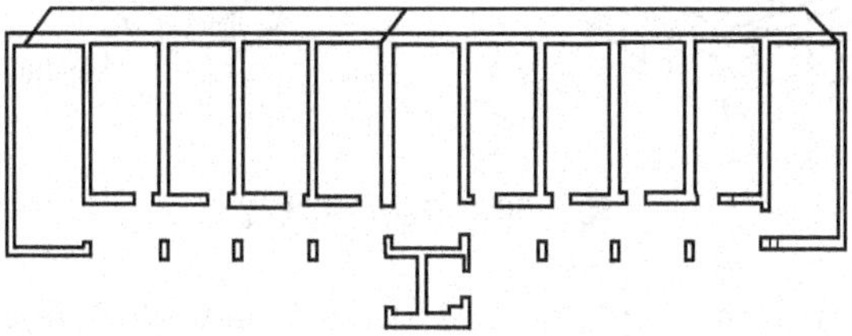

图3-28 立皮数杆位置

（5）挂线。为保证砌体垂直平整，砌筑时必须挂线，一般二四墙可单面挂线，三七墙及以上的墙则应双面挂线。

（6）砌砖。墙体砌砖时，一般先砌砖墙两端大角，然后再砌墙身，大角砌筑主要是根据皮数杆标高，依靠线锤、托线板使之垂直。中间墙身部分主要是依靠准线使之灰缝平直，一般“三七”墙以内单面挂线，“三七”墙以上宜双面挂线。

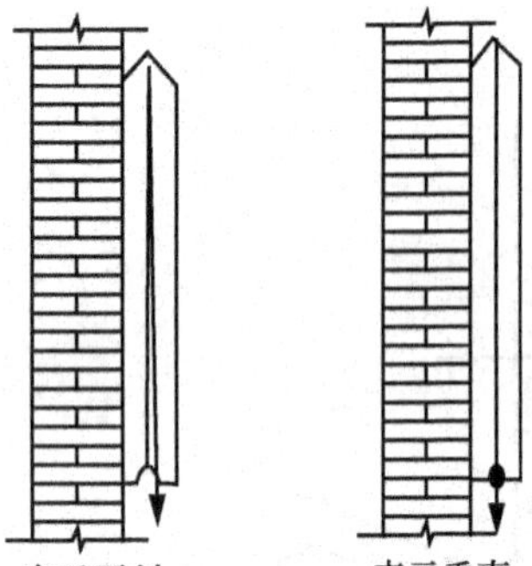

图 3-29　托线板用法示意图

托线板（也称靠尺板）的用法：将托线板一侧垂直靠紧墙面进行检查。托线板上挂线垂的线不宜过长（也不要过粗），应使线锤的位置正好对准托线板下端开口处，同时还需注意不要使线锤线贴靠在托线板上，要让线锤自由摆动。这时检查摆动的线锤最后停摆的位置是否与托线板上的竖直墨线重合，重合表示墙面垂直；当线锤向外离开墙面偏离墨线，表示墙向外倾斜，线锤向里靠近墙面偏离墨线，则说明墙向里倾斜见（如图 3-29）。经托线板检查有不平整的现象时，则应先校正墙面平整后，再检查其垂直度。

挂准线时，两端必须将线拉紧。当用砖作坠线时要检查坠重及线的强度，防止线断坠砖掉下砸人（见图 3-30）。并在墙角用别棍（小竹片或 22 号铅丝）别住，防止线陷入灰缝中。准线挂好拉紧后，在砌墙过程中，要经常检查有没有抗线或塌腰的地方（中间下垂）。抗线时要把高出的障碍物除去，塌腰地方要垫一块砖，俗称“腰线砖”（见图 3-30）。此时要注意准线不能向上拱起，使准线平直无误后再砌筑。

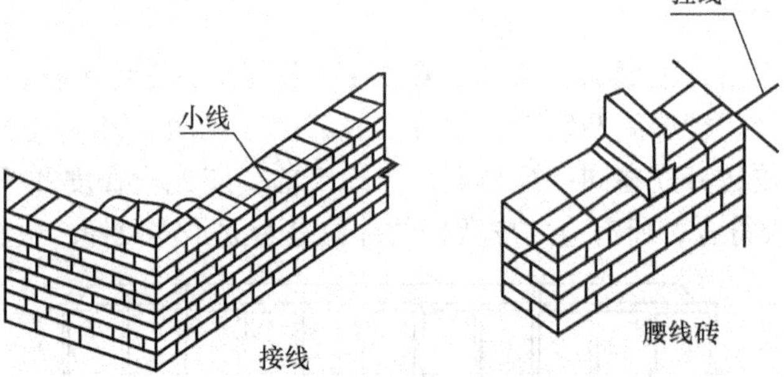

图 3-30　挂线、腰线砖

砌筑砖砌体时，砖应提前 1～2 天浇水湿润。严禁砖砌筑前浇水，因砖表面存有水膜，影响砌体质量。施工现场抽查砖的含水率的简易方法是现场断砖，砖截面四周融水深度为 15～20 mm 视为符合要求。

砖砌体的砌筑方法有“三一”砌砖法、“二三八一”砌砖法、挤浆法、刮浆法和满口灰法。其中，“三一”砌砖法最为常用。

“三一”砌法，又叫大铲砌筑法。采用一铲灰、一块砖、一挤揉的砌法。也叫满铺满挤操作法，其操作顺序是：

① 铲灰取砖：砌墙时操作者应顺墙斜站，砌筑方向是由前向后退着砌；这样易于随时检查已砌好的墙面是否平直。铲灰时，取灰量应根据灰缝厚度，以满足一块砖的需要量为标准。取砖时应随拿随挑选。左手拿砖右手舀砂浆，同时进行，以减少弯腰次数，争取砌筑时间。

② 铺灰：铺灰是砌筑时比较关键的动作，如掌握不好就会影响砖墙砌筑质量。一般常用的铺浆手法是甩浆，有正手甩浆和反手甩浆。灰不要铺得超过砖长太多，长度约比一块砖稍长 1~2 厘米，宽约 8~9 厘米，灰口要缩进外墙 2 厘米。

用大铲砌筑时，所用砂浆稠度为 7~9 厘米较适宜。不能太稠，过稠不易揉砖，竖缝也填不满，太稀大铲又不易舀上砂浆，容易滑下去操作不方便。

③ 揉挤：灰浆铺好后，左手拿砖在离已砌好的砖约有 3~4 厘米处，开始平放并稍稍蹭着灰面，把灰浆刮起一点到砖顶头的竖缝里，然后把砖揉一揉，顺手用大铲把挤出墙面的灰刮起来，甩到竖缝里。揉砖时，眼要上看线，下看墙面。揉砖的目的是使砂浆饱满。揉到“下齐砖棱上齐线”为适宜。

大铲砌筑的特点由于铺出的砂浆面积相当一块砖的大小，并且随即就揉砖，因此灰缝容易饱满，黏结力强，能保证砌筑质量。在挤砌时随手刮去挤出墙面的砂浆，使墙面保持清洁。但这种操作法一般都是单人操作，操作过程中取砖、铲灰、铺灰、转身、弯腰的动作较多，劳动强度大，又耗费时间，影响砌筑效率。

（7）勾缝、清理。清水墙砌完后，要进行墙面修正及勾缝。墙面勾缝应横平竖直，深浅一致，搭接平整，不得有丢缝、开裂和黏结不牢等现象。砖墙勾缝宜采用凹缝或平缝，凹缝深度一般为 4~5 mm。勾缝完毕后，应进行墙面、柱面和落地灰的清理。

3.3.3 砖墙砌筑质量要求

砌筑工程质量着重控制墙体位置、垂直度及灰缝质量，要求做到横平竖直、灰浆饱满、错缝搭接、接槎可靠。

1. 砌体灰缝横平竖直、灰浆饱满

对砌砖工程，要求每一皮砖的灰缝横平竖直、砂浆饱满。上面砌体的重量主要通过砌体之间的水平灰缝传递到下面，水平灰缝不饱满往往会使砖块折断。为了使砌块受力均

匀，保证砌体紧密结合，砌体水平灰缝的砂浆饱满度不得小于80%。竖向灰缝的饱满程度，影响砌体抗透风和抗渗水的性能，故宜采用挤浆或加浆方法，不得出现透明缝，严禁用水冲浆灌缝。砌体的水平灰缝厚度和竖向灰缝宽度一般规定为10 mm，不应小于8 cm，也不应大于12 mm，过厚的水平灰缝容易使砖块浮滑，墙身倾倒；过薄的水平灰缝会影响砖块之间的黏结力。

施工现场水平灰缝的砂浆饱满度用百格网检查（见图3-31）。

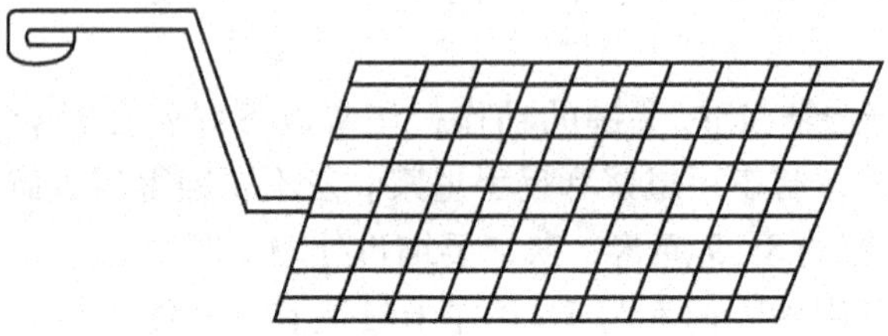

图3-31　施工现场水平灰缝的砂浆饱满度检查

2．错缝搭接

在垂直荷载作用下，砌体会由于“通缝”丧失整体性而造成砌体倒塌，为了提高砌体的整体性、稳定性和承载力，砖块排列应上下错缝，不准出现通缝。同时内外搭接使同皮的里外砖块通过相邻上、下皮的砖块搭接而组砌得牢固。

3．接槎可靠

“接槎”是指转角及交接处墙体的连接，砖墙的转角处和交接处一般应同时砌筑，严禁没有可靠措施的内外墙分砌施工，若不能同时砌筑，应将留置的临时间断做成斜槎，它可便于先后砌筑的砌体之间的结合，使接槎牢固。普通砖砌体斜槎的长度不应小于墙高度的2/3（如图3-32）。如临时间断处留斜槎确有困难时，除转角处外，可留直槎，但必须做成凸槎，即从墙面引出长度不小于120 mm的直槎（如图3-33），并沿高度间距不大于500 mm加设拉结筋，拉结筋的数量为每120 mm墙厚放置一根直径6 mm的钢筋，埋入长度从墙的留槎处算起，每边均不得少于500 mm，对抗震设防烈度为6度、7度地区，不得小于1 000 mm，末端应有900弯钩。接槎时必须将接槎处的表面清理干净，浇水湿润，填实砂浆并保持灰缝平直。砌筑临时间断处的高度差，不得超过一步脚手架的高度。

4．其他砖砌体的砌筑要求

（1）砖基础的砌筑要求。砖基础有带形基础和独立基础，基础下部扩大部分称为大放脚、上部为基础墙。大放脚有等高式和不等高式两种。

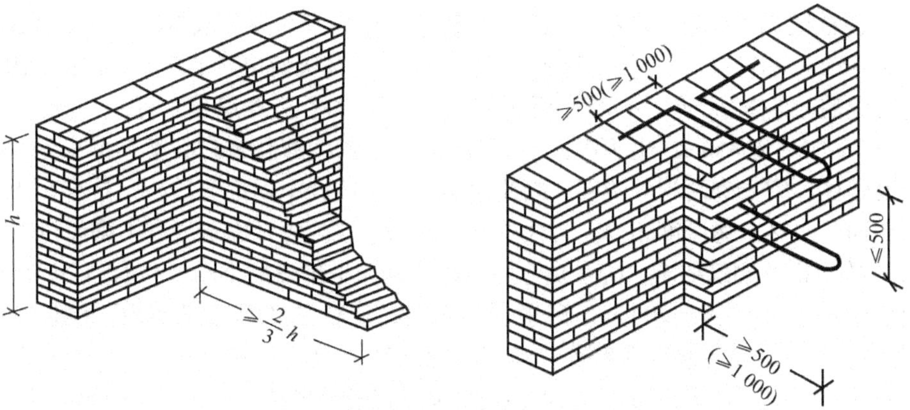

图 3-32　接槎的留设

等高式大放脚是两皮一收，两边各收进 1/4 砖长；不等高大放脚是两皮一收和一皮一收相间隔，两边各收进 1/4 砖长。大放脚一般采用“一顺一丁”砌法，上下皮垂直灰缝相互错开 60 mm。砖基础的转角处、交接处，为错缝需要应加砌配砖（3/4 砖、半砖或 1/4 砖）。在这些交接处，纵横墙要隔皮砌通；大放脚的最下一皮及每层的最上一皮应以丁砌为主。

（2）构造柱的砌筑要求。设有钢筋混凝土构造柱的墙体，应先绑扎构造柱钢筋，然后砌砖墙，最后支模浇筑混凝土。砖墙应砌成马牙槎（五退五进，先退后进），墙与柱应沿高度方向每 500 mm 设水平拉结筋，每边伸入墙内不应少于 1 m（如图 3-33）。

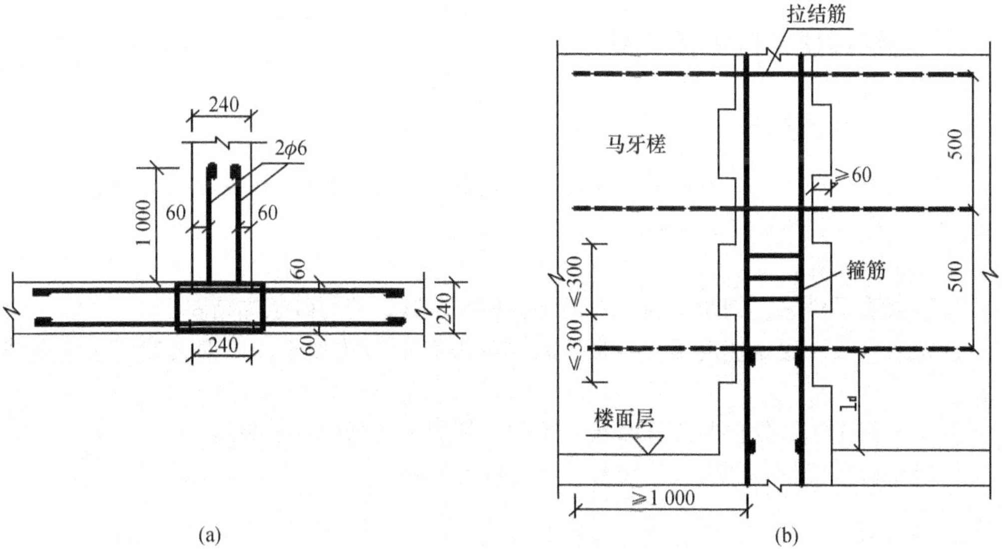

(a)　　(b)

图 3-33　拉结钢筋布置及马牙槎

(a) 平面图；(b) 立面图

（3）砖柱的砌筑要求。砖柱应选用整砖砌筑。断面宜为方形或矩形。最小断面尺寸为 240 mm × 365 mm。砖柱砌筑应保证砖柱外表面上下皮垂直灰缝相互错开 1/4 砖长，内部少通缝，为错缝需要应加配砖，不得采用包心砌法。的水平灰缝厚度和垂直灰缝宽度宜为 10 mm，但不应小于 8 mm，也不应大于 12 mm。水平灰缝的砂浆饱满度不得小于 80%。成排同断面砖柱，宜先砌两端的砖柱，以此为准，拉准线砌中间部分砖柱，这样可保证各砖柱皮数相同，水平灰缝厚度相同。砖柱中不得留脚手眼。每日砌筑高度不得超过 1.8 m。

（4）砖平拱的砌筑要求。砖平拱应用整砖侧砌，平拱高度不小于砖长（240 mm）。拱脚下面应伸入墙内不小于 20 mm。砖平拱砌筑时，应在其底部支设模板，模板中央应有 1% 的起拱。砖平拱的砖数应为单数。砌筑时应从平拱两端同时向中间进行。灰缝应砌成楔形。灰缝的宽度，在平拱的底面不应小于 5 mm 在平拱顶面不应大于 15 mm。

（5）钢筋砖过梁的砌筑要求。钢筋砖过梁的底面为砂浆层，砂浆层厚度不宜小于 30 mm。砂浆层中应配置钢筋，钢筋直径不应小于 5 mm，其间距不宜大于 120 mm，钢筋两端伸入墙体内的长度不宜小于 250 mm，并有向上的直角弯钩。砌筑前，应先支设模板，模板中央应略有起拱。砌筑时，宜先铺 15 mm 厚的砂浆层，把钢筋放在砂浆层上，使其弯钩向上，然后再铺 15 mm 砂浆层，使钢筋位于 30 mm 厚的砂浆层中间。之后，按墙体砌筑形式与墙体同时砌砖。钢筋砖过梁截面计算高度内（7 皮砖高）的砂浆强度不宜低于 M5。钢筋砖过梁的跨度不应超过 1.5 m。底部的模板，应在砂浆强度不低于设计强度 50% 时，方可拆除。

3.3.4 砖墙砌筑常见质量问题分析

1. 砌体砂浆不饱满

（1）现象。实心砖砌体水平灰缝的砂浆饱满度低于 80%，砂浆饱满度不合格；竖缝内无砂浆；缩口缝深度大于 20 mm 以上。

（2）原因分析。

① 砂浆和易性差，铺灰不匀、不饱满，挤浆不紧，砖与砂浆黏结差。

② 铺灰过长，砌筑速度慢，砂浆中的水分被底下的砖吸干，使砌上的砖层与砂浆不黏结。

③ 用干砖砌筑，使砂浆过早脱水、干硬，削弱了砖与砂浆的黏结。

④ 摆砖砌筑没揉挤或没放丁头灰，竖缝内无砂浆。

2. 墙体裂缝

（1）由于地基不均匀下沉引起的墙体裂缝。

① 斜裂缝。

现象：多发生在较长的纵墙两端，斜裂缝通过窗口的两个对角向沉降量较大的方向倾斜，由上向下发展，往上逐渐减少，裂缝宽度下大上小，这种缝往往在房屋建成后不久就出现了，其数量及宽度随时间而逐渐发展（如图 3-34）。

原因分析：由于地基不均匀下沉，使墙体承受较大的剪切力。当结构刚度差，施工质量低和材料强度不能满足要求时，导致墙体开裂。

② 水平裂缝。

现象：一般发生在窗间墙的上下对角处成对出现，沉降量大的一边裂缝在下，沉降小的一边裂缝在上（如图 3-35）。

原因分析：在沉降单元上部受阻力，使窗间墙受到较大的水平剪力，造成窗间墙上下对角处的水平裂缝。

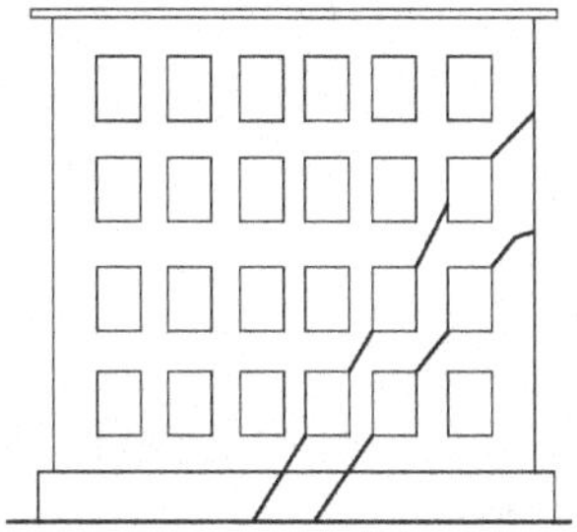

图 3-34　斜裂缝

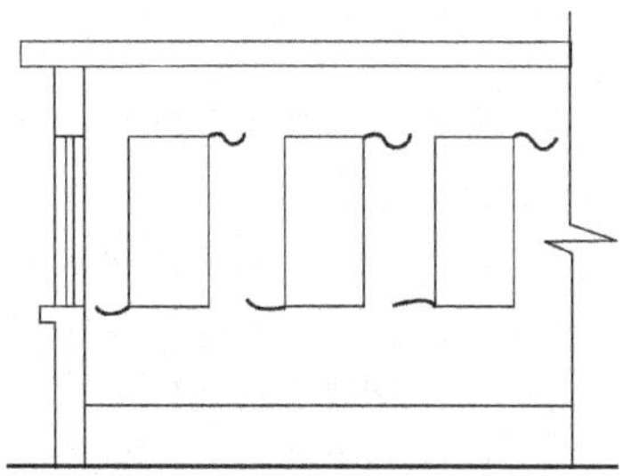

图 3-35　水平裂缝

③ 竖向裂缝。

现象：发生在纵墙中央的顶部和底层窗台处，裂缝上宽下窄。

原因分析：由于窗间墙承受荷载后，窗台起着反梁作用，特别是较大的窗台或窗间墙承受较大的集中荷载作用下，（如礼堂、厂房等工程）窗台墙因反向变形过大而开裂；地基建在冻土层上，由于冻胀作用也容易造成窗台处发生裂缝。

（2）由于温度变化引起的墙体裂缝。

① 八字形裂缝。

现象：多发生在平屋顶房屋和无保温屋盖的房屋顶层纵墙面的两端，一般长度在 1～2 开间范围内，严重时可发展至房屋 1/3 长度内，有时在横墙上也可能发生。裂缝宽度一般中间大，两端小，当外纵墙两端有窗时，裂缝沿窗口对角方向裂开（如图 3-36）。

原因分析：在夏季，屋顶圈梁、挑檐混凝土浇灌后和保温层未施工前，由于混凝土和砖砌体两种材料的线胀系数不同，处在较大温差情况下，纵墙因不能自由缩短，而在两端发生八字斜缝。

② 水平裂缝。

现象：一般发生在平屋顶屋檐下或顶层圈梁 2 ~ 3 皮砖的灰缝位置；裂缝一般沿外墙顶部连续分布，两端较中间严重，在转角处，纵横墙水平裂缝相交而形成包角裂缝（如图 3-37）。

原因分析：产生原因与八字形裂缝相同。

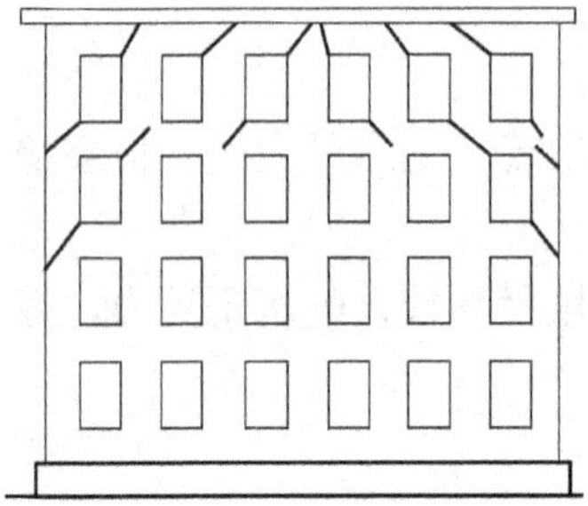

图 3-36 八字形裂缝

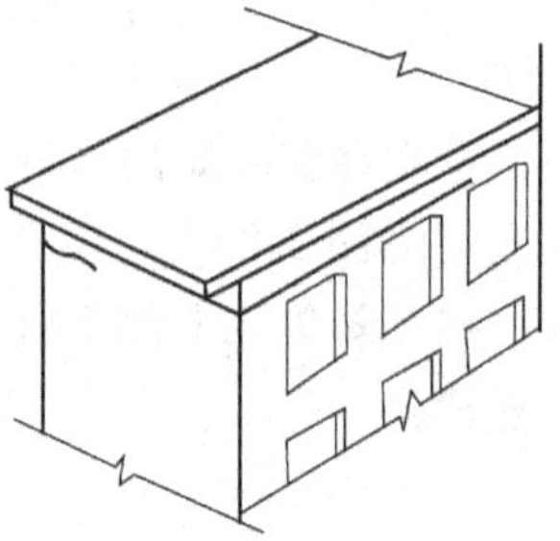

图 3-37 水平裂缝

3.4 石砌体施工

石材根据加工情况分为毛石和料石，料石按加工平整程度分为毛料石、粗料石、半细料石和细料石等。建筑基础、挡土墙及桥梁墩台中应用较多。

3.4.1 毛石砌体

毛石砌筑时宜分皮卧砌，各皮石块之间应利用自然形状经敲打修正使能与先砌筑的石块形状基本吻合、搭砌紧密。石块应上下错缝、内外搭砌，不能采用外面侧立石块中间填心的砌筑方法。

砌筑毛石基础的第一皮石块应坐浆，并将大面向下，毛石砌体第一皮及转角处、交接处、洞口处，应选用较大的平毛石砌筑。最上一皮（包括每个楼层及基础顶面）宜选用较大的毛石砌筑。

毛石墙体必须设置拉结石，拉结石应均匀分布，相互错开，毛石基础同皮内每隔 2 m 左右设置一块；毛石墙每 0.7 m^2 墙面至少设置一块，且同皮内的中距不应大于 2 m。

毛石砌体应采用铺浆法砌筑。其灰缝厚度宜为 20 ~ 30 mm，石块间不得有相互接触现象；石块间较大的空隙应先填塞砂浆后用碎石块嵌石，不得采用先摆碎石后塞砂浆或干填碎石的办法。砂浆必须饱满，叠砌面砂浆饱满度应大于 80%。

毛石砌体的转角处和交接处应同时砌筑，对不能同时砌筑又必须留置临时间断处，应砌筑成踏步槎。由于石材自重较大，且毛石的外形又不规则，留设直槎不便接槎，会影响砌体的整体性，故应砌成踏步槎。

毛石砌体每日的砌筑高度不应超过 1.2 m。

3.4.2　料石砌体

1. 料石砌筑工艺

料石基础砌体的第一皮应用丁砌层坐浆砌筑，料石砌体亦应上下错缝搭砌。阶梯形料石基础，上级阶梯的料石至少压砌下级阶梯料石的 1/3（如图 3-38）。

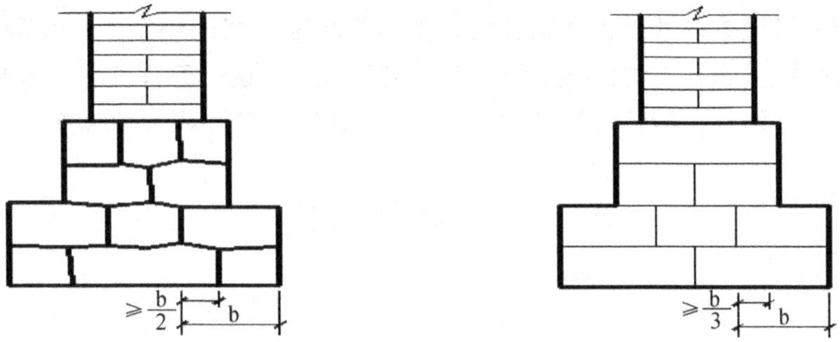

图 3-38　料石砌体

(a) 阶梯形毛石基础；(b) 阶梯形料石基础

料石砌体灰浆的厚度，根据石料的种类确定：细料石砌体不宜大于 5 mm；半细料石砌体不宜大于 10 mm；粗料石砌体不宜大于 20mm。料石砌体砌筑时，应放置平稳，砂浆铺设厚度应略高于规定的灰缝厚度，砂浆的饱满度应大于 80%。

料石砌体转角处及交接处也应同时砌筑，必须留设临时间断式也应砌成踏步槎。

用料石和毛石或砖的组合墙中，料石砌体和毛石砌体或砖砌体应同时砌筑，并每隔 2～3 皮料石层用丁砌层与毛石砌体或砖砌体拉结砌合。丁砌料石的长度宜与组合墙厚度相同。

2. 料石砌体常见质量问题分析

(1) 竖向通缝。

现象：用乱毛石砌筑的墙体，顶头缝上下皮贯通，常出现在转角和丁字墙接槎处。

原因分析：乱毛石形状不规则、大小不等，组砌时须考虑左右、上下、前后的交接，难度较大，往往忽视上下各皮顶头缝的位置，而未错开；临时间断处分段施工时留槎不正确，在墙角和丁字墙接槎处留直槎。

（2）砂浆不饱满。

现象：石砌体中石块和砂浆黏结不牢。有明显的孔隙；石块之间没有砂浆，而直接接触；卧缝浆铺得不严等，致使石砌体的承载能力降低和整体性差。

原因分析：石砌体砌筑时灰缝过大、砂浆收缩后与石块脱离；石块在砌筑时没洒水，在气温高而干燥季节施工时，石块吸收砂浆中的水分，影响砌体强度；在石砌体砌筑时，采用灌浆法施工，造成砂浆不饱满；砌体的一次砌筑高度过高，造成灰缝变形、石块错动；砂浆初凝后被上皮石块碰掉。

（3）勾缝砂浆脱落、开裂。

现象：勾缝砂浆与砌体黏结不牢，出现缝隙，易造成渗水甚至漏水。

原因分析：砂浆中的沙子含泥量过大，影响石块和砂浆的黏结力；石砌体灰缝过宽，而又采用原浆勾缝的施工方法，砂浆由于自重引起滑坠开裂；砌石过程中未及时刮缝，或勾缝前缝内积灰未清除；砂浆含泥量过大，养护不及时，使砂浆干裂脱落。

3.5 砌块砌体施工

3.5.1 混凝土小型砌块施工

混凝土小型空心砌块是一种新型的墙体材料，目前在我国的房屋建筑工程中已得到广泛应用。混凝土小型空心砌块的材料包括：普通混凝土小型空心砌块、轻骨料混凝土小型空心砌块等。混凝土小型砌块使用时的龄期不应小于 28 d。由于混凝土小型砌块墙体容易产生收缩裂缝，充分的养护可使其收缩量在早期完成大部分，从而减少墙体的裂缝。

混凝土小型砌块施工前，应分别根据建筑（构筑）物的尺寸、砌块的规格和灰缝厚度确定砌块的皮数和排数。

混凝土小型砌块与砖不同，这类砌块吸水率很小，如砌块表面有浮水或在雨天不得施工。如果在雨天或表面有浮水时进行砌筑施工，其表面水会向砂浆渗出，造成砌体游动，甚至造成砌体坍塌。

使用单排孔混凝土小型砌块砌筑时，应对孔错缝搭砌；使用多排孔混凝土小型砌块砌筑时，应错缝搭接，搭接长度不应小于 120 mm。如个别部位不能满足时，应在灰缝中设置拉结筋或铺设钢筋网片，但竖向通缝不得超过两皮砌块。

砌筑时承重墙部位严禁使用断裂的砌块，混凝土小型砌块应底面朝上反砌于墙上。这是因为混凝土小型砌块制作上的缘故，其成品底部的肋较厚，而上部的肋较薄，为便于砌筑时铺设砂浆，其底部应朝上放置。

建筑底层室内地面以下或防潮层以下的砌体，应采用强度等级不低于 C20 的混凝土灌实小砌块的孔洞。

混凝土小型砌块砌体的水平灰缝应平直，砂浆饱满度按净面积计算不应小于 90%。竖向灰缝应采用加浆方法，严禁用水冲浆灌缝，竖向灰缝的饱满度不应小于 80%。竖向灰缝不得出现瞎缝或透明缝。水平灰缝的厚度与垂直灰缝宽度应控制在 8～12 mm。

混凝土小型砌块砌体实物转角或内外墙交接处应同时砌筑。如必须设置临时间断处，则应砌成斜槎，斜槎水平投影长度不应小于高度色 2/3。对非抗震设防地区，外墙转角处，可在临时间断处留设直槎，即从墙面伸出 200 mm 的凸槎，并沿墙高每隔 600 mm 设 2ϕ6 拉结筋或钢筋网片。拉结筋或网片必须准确埋入灰缝或芯柱内，埋入长度从留槎处算起，每边均不小于 600 mm。

在常温下，混凝土小型砌块墙体每日砌筑高度宜控制在 1.5 m 或一步架高度内。

3.5.2　中型砌块施工

中型砌块的施工，是采用各种吊装机械及夹具将砌块安装在设计位置，一般要按建筑物的平面尺寸及预先设计的砌块排列图逐块地按次序吊装，就位固定。

1. 现场平面布置

砌块堆置场地应平整夯实，有一定泄水坡度，必要时挖排水沟。不宜直接堆放在地面上，应堆在草袋、煤渣垫层或其他垫层上，以免砌块底部被污染。砌块的规格、数量必须配套，不同类型分别堆放。堆放要稳定，通常采用上下皮交错堆放，堆放高度不宜超过 3 m，堆放一皮至二皮后宜堆成踏步形。现场应储存足够数量的砌块，保证施工顺利进行。砌块堆放应使场内运输路线最短。

2. 机具准备

砌块的装卸可用桅杆式起重机、汽车式起重机、履带式起重机和塔式起重机。砌块的水平运输可用专用砌块小车、普通平板车等。另外，还有安装砌块的专用夹具，如图 3-39 所示。

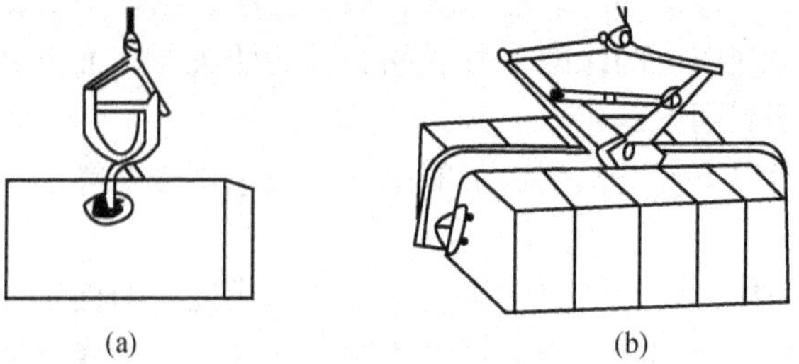

图 3-39　砌块夹具

（a）单块夹具；（b）多块夹具

3. 编制砌块排列图

砌块在吊装前应先绘制砌块排列图，以指导吊装施工和砌块准备，如图 3-40 所示。

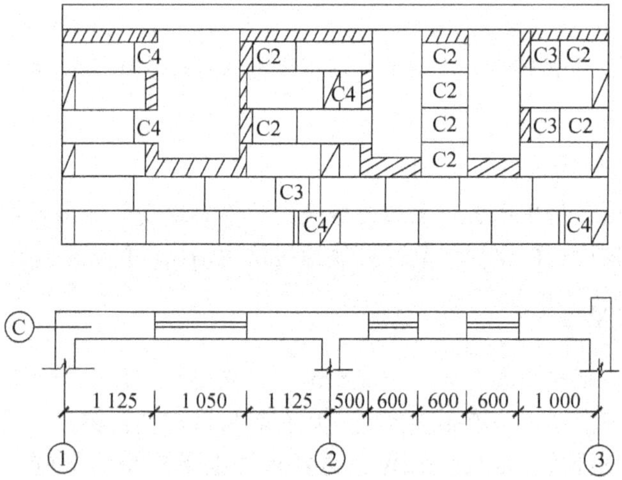

图 3-40　砌块排列图

（1）砌块排列图绘制方法。在立面图上用 1∶50 或 1∶30 的比例绘制出纵横墙面，然后将过梁、平板、大梁、楼梯、混凝土垫块等在图上标出，再将管道等孔洞标出。

在纵横墙上画水平灰缝线，按砌块错缝搭接的构造要求和竖缝的大小，尽量以主砌块为主、其他各种型号砌块为辅进行排列。需要镶砖时，尽量对称分散布置。

（2）砌块排列应遵守的技术要求。上下皮砌块错缝搭接长度一般为砌块长度的 1/2（较短的砌块必须满足这个要求），或不得小于砌块皮高的 1/3，以保证砌块牢固搭接。

外墙转角处及纵横墙交接处应用砌块相互搭接，如纵横墙不能互相搭接，则应每两皮设置一道钢筋网片。

4. 选择砌块安装方案

常用的砌块安装方案有如下两种：

（1）用台灵架安装砌块，用附设起重拨杆的井架进行砌块、楼板的垂直运输。台灵架安装砌块时的吊装路线有后退法、合拢法及循环法。

（2）用台灵架安装砌块，用塔式起重机进行砌块和预制构件的水平和垂直运输及楼板安装（如图 3-41）。

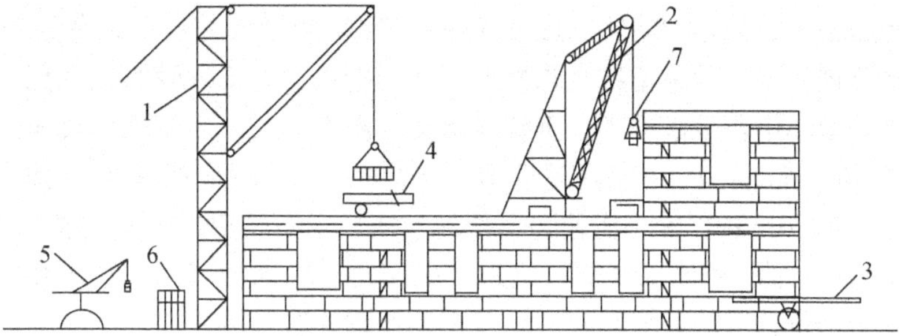

图 3-41　中型砌块吊装示意图

1—井架；2—台灵架；3—杠杆车；4—砌块车；5—少先吊；6—砌块；7—砌块夹

5. 砌块施工工艺

砌块施工工艺流程：铺灰（长≯3～5 m）→砌块吊袭就位→校正→灌缝→镶砖。

（1）铺灰。砌块墙体所采用的砂浆，应具有较好的和易性；砂浆稠度宜为 50～80 mm；铺灰应均匀平整，长度一般不超过 5 m，炎热天气及严寒季节应适当缩短。

（2）砌块吊装就位。吊装砌块一般用摩擦式夹具，夹砌块时应避免偏心。砌块就位时，应使夹具中心尽可能与墙身中心线在同一垂直线上，对准位置徐徐下落于砂浆层上，待砌块安放稳定后，方可松开夹具。

（3）校正。砌块吊装就位后，用锤球或托线板检查砌块的垂直度，用拉准线的方法检查砌块的水平度。

（4）灌缝。竖缝可用夹板在墙体内外夹住，然后灌砂浆，用竹片插或用铁棒捣，使其密实。

（5）镶砖。镶砖工作要紧密配合安装，在砌块校正后进行，不要在安装好一层墙身后才镶砖。

3.5.3 砌块施工常见质量问题

1. 砌体砂浆不饱满

现象：混凝土小型砌块砌体水平灰缝按净面积计算砂浆饱满度达不到90%；竖向灰缝砂浆达不到80%，且存在透明缝、假缝。

原因分析：砂浆在拌制时稠度与黏结性控制不好，或在砌筑过程中，有泌水现象的砂浆未再次拌和后使用，影响铺灰均匀，且砂浆与砌块接触不充分；铺灰过长或砌筑速度慢，使砂浆水分被吸干，砂浆干结、黏性差，后砌的块材底部砂浆难以达到饱满程度；轻骨料小砌块比普通小砌块吸水率高，砌筑前未提前浇水湿润，砂浆失水过快；由于小砌块壁肋厚度仅为25～35 mm，如铺灰还是沿用传统方法，未采用套板法或 其他方法，则铺灰的面积本身达不到90%；仅对小砌块顶面两端拉灰，未将凹槽内灌满砂浆，造成竖缝实际为假缝（空头缝），削弱砌体水平抗拉能力；单排孔砌块未认真做到孔对孔，肋对肋，造成竖缝与下皮肋错位，影响竖缝砂浆饱满；小砌块砌筑时未将壁肋厚的一面朝上反砌，减少铺浆面积。

2. 墙体裂缝

（1）由于地基石均匀下沉引起的墙体裂缝（现象和原因同砖砌体工程）。

（2）由于温度变化引起的墙体裂缝（现象和原因同砖砌体工程）。

3.6 砌体工程的冬期施工

当室外日平均气温连续5 d稳定低于5℃时，砌体工程应采取冬期施工措施，并应在气温突然下降时及时采取防冻措施。

冬期施工所用的材料应符合如下规定：

（1）砖和石材在砌筑前，应清除冰霜，遭水浸冻的砖或砌块不得使用；

（2）石灰膏、黏土膏和电石膏应防止受冻，如遭冰冻，应经融化后使用；

（3）拌制砂浆所用的沙，不得含有冰块和直径大于10 mm的冰洁块；

（4）冬期施工不得使用无水泥配制的砂浆，砂浆宜采用普通硅酸盐水泥拌制。拌制砂浆时，水的温度不得超过80℃；沙的温度不得超过40℃。

砖石砌体工程的冬期施工以采用掺盐砂浆法为主。但由于氯盐砂浆吸湿性大，使结构保温性能下降，并有析盐现象等，所以对配筋砌体、有特殊装饰要求的砌体、处于潮湿环境的砌体、有绝缘要求的砌体以及经常处于地下水位变化范围内又无防水措施的砌体不得采用掺盐砂浆法，可采用掺外加剂法、暖棚法、冻结法等冬期施工方法。当采用掺盐砂浆法时，砂浆的强度宜比常温下设计强度提高一级。

1. 掺盐砂浆法

掺入盐类的水泥砂浆、水泥混和砂浆或微沫砂浆称为掺盐砂浆。采用这种砂浆砌筑的方法称为掺盐砂浆法。

（1）掺盐砂浆法的原理和适应范围。掺盐砂浆法就是在砌筑砂浆内掺入一定数量的抗冻化学剂，来降低水溶液的冰点，以保证砂浆中有液态水存在，使水化反应在一定负温下不间断进行，使砂浆在负温下强度能够继续缓慢增长。同时，由于降低了砂浆中水的冰点，砖石砌体的表面不会立即结冰而形成冰膜，故砂浆和砖石砌体能较好地黏结。

掺盐砂浆中的抗冻化学剂，目前主要是氯化钠和氯化钙。其他还有亚硝酸钠、碳酸钾和硝酸钙等。

采用掺盐砂浆法具有施工简便、施工费用低，货源易于解决等优点，所以在我国砖石砌体冬期施工中普遍采用掺盐砂浆法。

（2）掺盐砂浆法的施工工艺。采用掺盐法进行施工，应按不同负温界限控制掺盐量，当砂浆中氯盐掺量过少，砂浆内会出现大量的冰结晶体，水化反应极其缓慢，会降低早期强度。如果氯盐掺量大于 10%。砂浆的后期强度会显著降低，同时导致砌体析盐量过大，增大吸湿性，降低保温性能。按气温情况规定的掺盐量见表 3-2。

表 3-2　砂浆掺盐量（占用水量的%）

氯盐及砌体材料种类			日最低气温（℃）			
			≥－10	－11～－15	－16～－20	－21～－25
氯化钠（单盐）		砖、砌块	3	5	7	—
		砌石	4	7	10	—
（双盐）	氯化钠	砖、砌块	—	—	5	7
	氯化钙		—	—	2	3

注：掺盐量以无水盐计

拌和砂浆前要对原材料加热，且应优先加热水。当满足不了温度时，再进行沙的加热。当拌和水的温度超过 6℃时，拌制时的投料顺序是：水和沙先拌，然后再投放水泥；掺盐砂浆中掺入微沫剂时，盐溶液和微沫剂在砂浆拌和过程中先后加入。砂浆应采用机械进行拌和，搅拌时间应比常温季节增加一倍。拌和后的砂浆应注意保温。

由于氯盐对钢筋有腐蚀作用，掺盐法用于设有构造配筋的砌体时，钢筋可以涂樟丹

2～3 道或者涂沥青 1～2 道，以防钢筋锈蚀。

掺盐砂浆法砌筑砖砌体，应采用“三一”砌砖法进行操作。即一铲灰，一块砖，一揉压，使砂浆与砖的接触面能充分结合。砌筑时要求灰浆饱满，灰缝厚度均匀，水平缝和垂直缝的厚度和宽度，应控制在 8～10 mm。采用掺盐砂浆法砌筑砌体，砌体转角处和交接处应同时砌筑，对不能同时砌筑而又必须留置的临时间断处，应砌成斜槎。砌体表面不应铺设砂浆层，宜采用保温材料加以覆盖，继续施工前，应先用扫帚扫净砖表面，然后再施工。

2. 冻结法

冻结法是指采用不掺化学外加剂的普通水泥砂浆或水泥混合砂浆进行砌筑的一种冬期施工方法。

(1) 冻结法的原理和适应范围。冻结法的砂浆内不掺任何抗冻化学剂，允许砂浆在铺砌完后就受冻。受冻的砂浆可以获得较大的冻结强度，而且冻结的强度随气温降低而增高。但当气温升高而砌体解冻时，砂浆强度仍然等于冻结前的强度。当气温转入正温后，水泥水化作用又重新进行，砂浆强度可继续增长。

冻结法允许砂浆在砌筑后遭受冻结，且在解冻后其强度仍可继续增长。所以对有保温、绝缘、装饰等特殊要求的工程和受力配筋砌体以及不受地震区条件限制的其他工程，均可采用冻结法施工。

冻结法施工的砂浆，经冻结、融化和硬化三个阶段后，砂浆强度，砂浆与砖石砌体间的黏结力都有不同程度的降低。砌体在融化阶段，由于砂浆强度接近于零，将会增加砌体的变形和沉降。所以对下列结构不宜选用：空斗墙；毛石墙；承受侧压力的砌体；在解冻期间可能受到振动或动荷载的砌体，在解冻期间不允许发生沉降的砌体。

(2) 冻结法的施工工艺。采用冻结法施工时，应按照“三一”砌筑方法，对于房屋转角处和内外墙交接处的灰缝应特别仔细砌合。砌筑时一般采用一顺一丁的砌筑方法。冻结法施工中宜采用水平分段施工，墙体一般应在一个施工段范围内，砌筑至一个施工层的高度，不得间断。每天砌筑高度和临时间断处均不宜大于 1.2 m。不设沉降缝的砌体，其分段处的高差不得大于 4 m。

砌体的解冻。砌体解冻时，由于砂浆的强度接近于零，所以增加了砌体解冻期间的变形和沉降，其下沉量比常温施工增加 10%～20%。解冻期间，由于砂浆遭冻后强度降低，砂浆与砌体之间的黏结力减弱，所以砌体在解冻期间的稳定性较差。用冻结法砌筑的砌体，在开冻前需进行检查，开冻过程中应组织观测。如发现裂缝、不均匀下沉等情况，应分析原因并立即采取加固措施。

为保证砖砌体在解冻期间能够均匀沉降不出现裂缝，应遵守下列要求：解冻前应清除房屋中剩余的建筑材料等临时荷载；在开冻前，宜暂停施工；留置在砌体中的洞口和沟槽等，宜在解冻前填砌完毕；跨度大于 0.7 m 的过梁，宜采用预制构件；门窗框上部应留 3 mm～5 mm 的空隙，作为化冻后预留沉降量，在楼板水平面上，墙的拐角处、交接处和交叉处每半砖设置一根 $\phi6$ 的拉筋。

在解冻期进行观测时，应特别注意多层房屋下层的柱和窗间墙、梁端支承处、墙交接处等地方。此外，还必须观测砌体沉降的大小、方向和均匀性，砌体灰缝内砂浆的硬化情况。观测一般需 15 d 左右。在冻结法施工的解冻期间，应经常对砌体进行观测和检查，如发现裂缝、不均匀下沉等情况应立即采取加固措施。

解冻时除对正在施工的工程进行强度验算外，还要对已完成的工程进行强度验算。

3. 其他冬期施工方法

砌体工程的冬期施工应以采用掺盐砂浆法为主，对保温、绝缘、装饰等方面有特殊要求的工程，可采用冻结法或其他施工方法。可供选用的其他施工方法有蓄热法、暖棚法、电气加热法、蒸汽加热法、快硬砂浆法等。

冬期施工砂浆试块的留置，除应按常温规定要求外，尚应增留不少于 1 组与砌体同条件养护的试块，测试检验 28 d 强度。

基土无冻胀性时，基础可在冻结的地基上砌筑，基土有冻胀性时，应在未冻的地基上砌筑。在施工期间和回填土前，均应防止地基遭受冻结。

普通砖、多孔砖和空心砖在气温高于 0℃ 条件下砌筑时，应浇水湿润。在气温低于、等于 0℃ 条件下砌筑时，可不浇水，但必须增大砂浆稠度。抗震设防烈度为 9 度的建筑物，普通砖、多孔砖和空心砖无法浇水湿润时，如无特殊措施，不得砌筑。

拌和砂浆宜采用两步投料法。水的温度不得超过 80℃；沙的温度不得超过 40℃。砂浆使用温度应符合下列规定。

(1) 采用掺外加剂法时，不应低于 +5℃；

(2) 采用氯盐砂浆法时，不应低于 +5℃；

(3) 采用暖棚法时，不应低于 +5℃；

(4) 采用冻结法当室外空气温度分别为 0～ -10℃、-11℃～ -25℃、-25℃以下时，砂浆使用最低温度分别为 10℃、15℃、20℃。

采用暖棚法施工，块材在砌筑时的温度不应低于 +5℃，距离所砌的结构底面 0.5 m 处的棚内温度也不应低于 +5℃。

在暖棚内的砌体养护时间，应根据暖棚内温度，按表确定。

表 3-3　暖棚法砌体的养护时间（天）

暖棚的温度（0℃）	5	10	15	20
养护时间（天）	≥6	≥5	≥4	≥3

思考与练习题

1. 简述砌筑用脚手架的作用及基本要求。
2. 简述脚手架的分类。
3. 简述砌筑用砖及砂浆的质量要求。
4. 砖墙砌体主要有哪几种砌筑形式？各有何特点？
5. 简述砖墙砌筑的施工工艺。
6. 什么是“三一”砌砖法？其特点是什么？
7. 如何绘制砌块排列图？简述砌块的施工工艺。
8. 简述砌体工程冬期施工的常用方法。

第 4 章　混凝土结构工程

主要内容

钢筋的性能及现场检验、钢筋的冷加工、钢筋连接、代换、下料、安装、模板系统的组成和基本要求、模板的分类、模板的构造与安装、混凝土的配料、运输、浇筑、振捣、养护、质量检查。

学习重点

钢筋的冷加工、钢筋连接、模板的构造与安装、混凝土的配料、运输、浇筑、振捣、养护、质量检查。

学习要求

掌握钢筋的种类、连接方法、代换原则及质量检验。

掌握模板的组成、分类；现浇结构基本构件模板（基础、柱、墙、梁、板）的构造、安装与拆除；熟悉模板设计的内容与步骤。

掌握混凝土施工配料、浇筑和养护。

4.1　概　　述

混凝土是由水泥、粗骨料、细骨料、水、外加剂等按一定比例拌和而成的混合物，经模板浇筑成型（可模性），再经养护硬化后所形成的一种人造石材。混凝土结构是指以混凝土为主要材料制成的结构，包括素混凝土结构、钢筋混凝土结构和预应力混凝土结构等。混凝土结构工程在现代建筑工程的施工中占有重要的地位。本章主要介绍钢筋混凝土结构工程的施工。

钢筋混凝土结构是指按设计要求将钢筋和混凝土两种材料复合，利用模板浇制而成的建筑结构或构件。混凝土的抗压强度高而抗拉强度低（约为抗压强度的 1/10）；钢筋的抗拉和抗压强度都很高。在结构构件的受拉部位配置适量的钢筋，利用混凝土的可模性使两者牢固地结合在一起，混凝土和钢筋共同工作，就可以充分利用混凝土的抗压能力和钢筋的抗拉能力，满足建筑结构复杂的受力要求。

钢筋混凝土结构工程在施工中可分为钢筋工程、模板工程和混凝土工程三个部分。

钢筋混凝土结构的施工分为两大类方法，即整体现浇和预制装配。整体现浇式结构是在施工现场，在结构构件的设计位置支设模板、绑扎钢筋、浇筑混凝土、振捣成型，经养护混凝土达到拆模强度时拆除模板，制成结构构件。这种结构的整体性和抗震性能好，施工时不需要大型起重机械。但要消耗大量模板，劳动强度高，施工中受气候条件影响较大；预制装配式结构是预先在预制构件厂（场）生产制作结构构件，然后运至施工现场进行结构安装，或者在施工现场就地制作结构构件并进行结构构件的安装。一般大型构件在施工现场生产制作，以避免运输的困难。中、小型构件均可在预制构件厂（场）生产制作。在预制构件厂（场）生产可以形成十分完善的工艺流程，有利于构件的质量控制和实现构件的标准化和定型化，从而进行批量生产、形成规模并服务于业内市场。与整体现浇式结构相比，预制装配式结构耗钢量较大，施工时对起重设备要求高、依赖性强。结构的整体性和抗震性则不如前者。实际施工过程中，还有现浇与装配相结合的施工方法，生产出来的结构称为装配整体式结构。装配整体式结构是结合上述两种施工方法的优点，结合现场施工条件和技术装备条件而形成的施工方式。由于能够利用后张法进行混凝土预制构件整体拼装、梁板构件叠合浇制、节点区域整体浇筑等方法加强结构的整体性，因而同时具有预制装配式和整体现浇式的优点，有着良好的发展前景。

钢筋混凝土结构工程的施工工艺流程如图 4-1 所示。

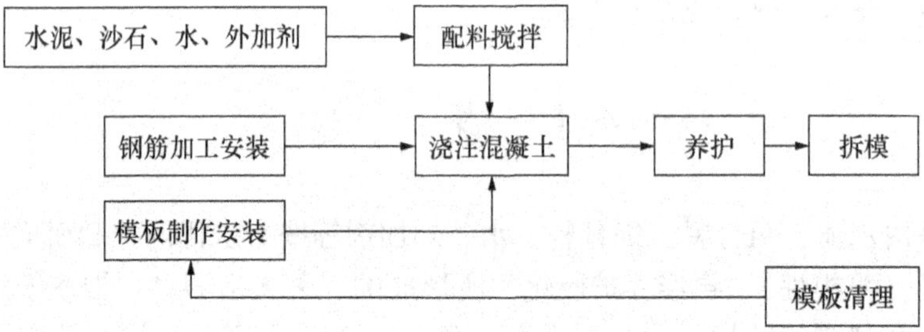

图 4-1　钢筋混凝土结构工程的施工工艺流程图

4.2 钢筋工程

4.2.1 钢筋的种类及性能

1. 钢筋的分类

钢筋的分类方法较多。按生产工艺可分为热轧钢筋、冷轧带肋钢筋、冷轧扭钢筋、钢绞线、消除应力钢丝、热处理钢筋等。建筑工程中常用的钢筋按轧制外形可分为光面钢筋和变形钢筋（螺纹、人字纹及月牙纹）。按化学成分，钢筋可分为碳素钢钢筋和普通低合金钢钢筋。碳素钢钢筋按含碳量多少，又可分为低碳钢（含碳量小于 0.25%）、中碳钢（含碳量 0.25%~0.60%）和高碳钢钢筋（含碳量大于 0.60%）。含碳量直接影响钢筋强度和受力变形性能。含碳量增加，钢筋强度和硬度增大，但塑性和韧性降低，脆性增大，可焊性变差。普通低合金钢钢筋是在低碳钢和中碳钢中加入含量不超过 3% 的某些合金元素（如钛、钒、锰等）冶炼而成，由于加入了适量合金元素，强度提高，力学性能也得到改善。

按结构构件的类型不同，钢筋分为普通钢筋（热轧钢筋）和预应力钢筋。普通钢筋是指用于钢筋混凝土结构中的钢筋和预应力混凝土结构中的非预应力钢筋。普通钢筋按强度分为 HPB235、HRB335、HRB400 及 RRB400 四种，级别越高，强度及硬度越高，塑性则逐级降低；预应力钢筋宜采用预应力钢绞线、消除应力钢丝，也可采用热处理钢筋。强度和伸长率符合要求的冷加工钢筋或其他钢筋也可用作预应力钢筋，但必须符合专门标准的规定。

其他分类方法有，钢筋按直径大小可分为钢丝（直径 3 ~ 5 mm）、细钢筋（直径 6 ~ 10 mm）、中粗钢筋（12 ~ 20 mm）和粗钢筋（直径大于 20 mm）。为便于运输，通常将直径为 6 ~ 10 mm 的钢筋制成盘圆；直径大于 12 mm 的钢筋截成每根长度为 6 ~ 12 m。此外，按钢筋在结构中的作用不同可分为受力钢筋、架立钢筋和分布钢筋等。

2. 钢筋的性能和钢筋的验收

钢筋的性能包括钢筋的化学成分及力学性能（屈服点、抗拉强度、伸长率及冷弯指标）。钢筋进场应有出厂质量证明书或实验报告单，在每捆（盘）上应挂有不少于两个钢筋标签，粗钢筋表面应有标志。钢筋进场应按照规定进行外观检查和力学试验，并按照品种、批号及直径分批验收。在加工和使用过程中如发生脆断、机械性能不正常或焊接性能不良时，应进行化学成分分析或其他专项检验。检验有害成分如硫（S）、磷（P）、砷

（As）的含量是否超过规定范围。钢筋的力学性能试验规定如下。

热轧钢筋每批重量不超过600 kN，钢绞线不超过200 kN。验收内容包括钢筋标牌和外观检查，并按照有关规定取样，进行外观检查要求热轧钢筋平直、无损伤，表面不得有裂纹、油渍、颗粒状或片状老锈。表面凸块不得超过横肋的最大高度，外形尺寸应符合规定；钢绞线表面不得有折断、横裂和相互交叉的钢丝，无润滑剂、油渍和锈斑。

力学性能试验时，从每批外观尺寸检查合格的钢筋中任取两根，每根取两个试件分别进行拉力试验（包括屈服点、抗拉强度和伸长率）和冷弯试验。如有一项试验结果不符合规定，则从同一批中另取双倍数量的试样重做各项试验，如果仍有一个试件不合格，则该批钢筋为不合格品，应不予验收或降级使用。对有抗震设防要求的框架结构，其纵向受力钢筋的强度应满足设计要求；当设计无具体要求时，对一、二级抗震等级，检验所得的强度实测值应符合下列规定：钢筋的抗拉强度实测值与屈服强度实测值的比值不应小于1.25；钢筋的屈服强度实测值与强度标准值的比值，不应大于1.25（按一级抗震设计）或1.40（按二级抗震设计）。

4.2.2 钢筋的冷加工

钢筋加工的内容包括冷拉、冷拔、调直、切断、弯曲成形、焊接、机械连接、绑扎钢筋网和钢筋骨架等。钢筋一般在钢筋车间（棚）加工，然后运至现场安装或绑扎。

冷拉和冷拔是钢筋常用的冷加工方法。钢筋冷拉和冷拔，可以提高钢筋的强度设计值，节约钢材和满足预应力钢筋的需要。

1. 钢筋冷拉

（1）冷拉原理。如图4-2所示为普通钢筋（热轧钢筋）的拉伸应力-应变曲线。

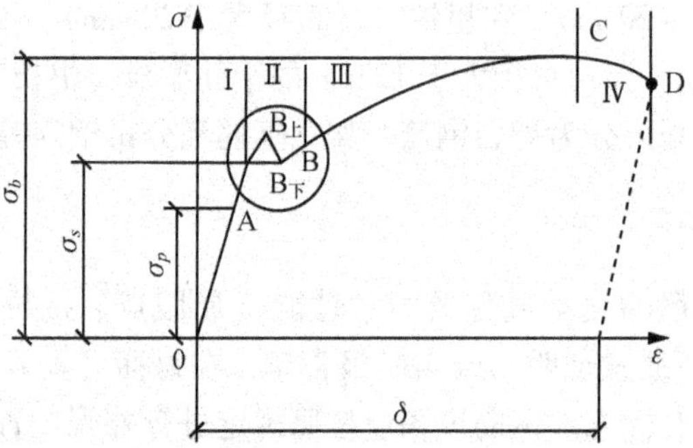

图4-2 普通钢筋（热轧钢筋）的拉伸应力-应变曲线

拉伸是建筑钢材的主要受力形式，所以抗拉性能是表示钢材性能和选用钢材的重要技术指标。将低碳钢（软钢）制成一定规格的试件，放在材料试验机上进行拉伸试验，可以绘出如图 4-2 所示的应力-应变关系曲线。从图 4-2 可以看出，低碳钢从受拉至拉断，全过程可划分为四个阶段：弹性阶段（OA）、屈服阶段（AB）、强化阶段（BC）和颈缩阶段（CD）。

曲线中 OA 段是一条直线，应力与应变成正比，若卸去外力，试件能恢复原来的形状，这种性质即为弹性，此阶段的变形为弹性变形。与 A 点对应的应力称为弹性极限，以 σ_p 表示。在弹性变形范围内，应力 σ 与应变 ε 的比值即弹性模量。$E=\sigma/\varepsilon$，E 是一个常数，数值大小用以衡量钢材弹性变形的能力，是钢材在受力条件下计算结构变形的重要指标。

曲线 AB 为屈服阶段该阶段钢材在荷载的作用下，开始丧失对变形的抵抗能力，并产生明显的塑性变形。应力的增长滞后于应变的增长，当应力达 $B_{上}$ 点后（上屈服点），瞬时下降至 $B_{下}$ 点（下屈服点），变形迅速增加，而此时外力则大致在恒定的位置上波动，直到 B 点，这就是所谓的“屈服现象”，似乎钢材不能承受外力而屈服，所以 AB 段称为屈服阶段。与 $B_{下}$ 点（此点较稳定，易测定）对应的应力称为屈服点（屈服强度），用 σ_s 表示。当应力大于屈服点后，会出现较大的塑性变形，已不能满足使用要求，因此屈服强度是设计中钢材强度取值的依据，是工程结构计算中非常重要的一个参数。

中碳钢和高碳钢（硬钢）的应力－应变曲线不同于低碳钢，其屈服现象不明显，难以测定屈服点。因此，规定产生残余变形为原标距长度的 0.20% 时所对应的应力为中、高碳钢的屈服强度，也称条件屈服点，用 $\sigma_{0.2}$ 表示，如图 4-3 所示。

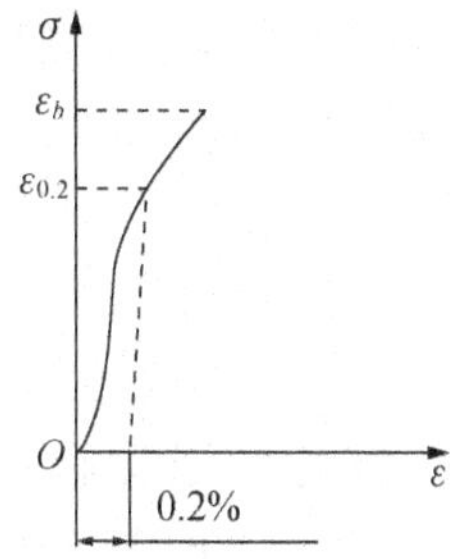

图 4-3　硬钢的应力－应变曲线

曲线 BC 为强化阶段，当应力超过屈服点后，钢材抵抗外力的能力又重新提高，这是因为钢材内部组织中的晶格发生了畸变，阻止了晶格进一步滑移，钢材得到了强化，所以钢材抵抗塑性变形的能力又重新提高，故 BC 段称为强化阶段。对应于最高点 C 的应力值（σ_b）称为极限抗拉强度，简称抗拉强度。显然，σ_b 是钢材受拉时所能承受的最大应力值。抗拉强度虽然不能直接作为钢结构设计的计算依据，但屈服强度和抗拉强度之比（即屈强比 $=\sigma_s/\sigma_b$）在工程上很有意义。屈强比能反映钢材的利用率和结构安全可靠程度，计算中屈强比取值越小，其结构的安全可靠程度越高，但屈强比过小，又说明钢材强度的利用率偏低，造成钢材浪费，因此，选择合理的屈强比才能使结构既安全又节省钢材，建筑结构钢合理的屈强比一般为 0.60～0.75。

CD 曲线为颈缩阶段，当试件受力达到最高点（C 点）后，其抵抗变形的能力明显降低，变形迅速发展，应力逐渐下降，试件被拉长，在有杂质或缺陷处，断面急剧缩小，直

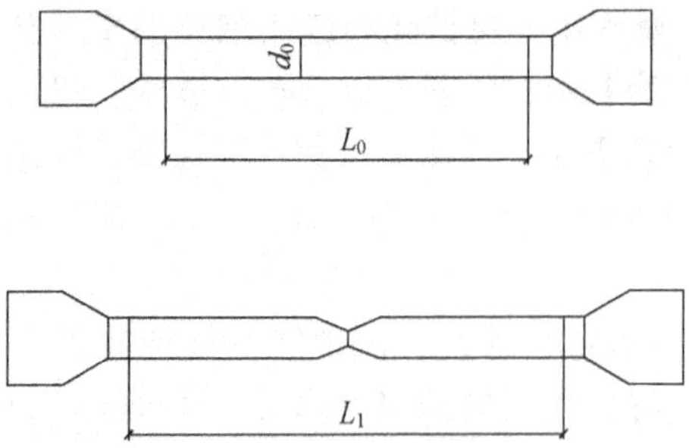

图 4-4 钢材的拉伸试件

至断裂。所以 CD 段称为颈缩阶段。建筑钢材要具有很好的塑性，钢材的塑性通常用断后伸长率和断面收缩率表示。将拉断后的试件拼合起来，测定出标距范围内的长度 L_1，L_1 与试件原标距 L_0 之差为塑性变形值，塑性变形值与 L_0 之比称为伸长率（δ），如图 4-4 所示。

伸长率的计算式如下：

$$\delta = (L_1 - L_0)/L_0 \times 100\%$$

伸长率 δ 是衡量钢材塑性的一个重要指标，δ 越大，说明钢材的塑性越好，具有一定的塑性变形能力，可保证应力重新分布，避免应力集中，从而使钢材用于结构的安全性更大。塑性变形在试件标距内的分布是不均匀的，颈缩处的变形最大，离颈缩部位越远其变形越小。所以，原标距与直径之比越小，则颈缩处伸长值在整个伸长值中的比重越大，计算出来的 δ 值就大，通常以 δ_5 和 δ_{10} 分别表示 $L_0 = 5d_0$ 和 $L_0 = 10d_0$ 时的断后伸长率。对于同一种钢材，其 $\delta_5 > \delta_{10}$。

冷拉到强化阶段再卸载，用这种方法提高钢筋的屈服强度，称为“冷作硬化”。其原因是在冷拉过程中，钢筋内部结晶面产生滑移，晶格发生变化，内部组织改变，因而屈服强度提高，塑性降低。如经过一段时间后再次张拉钢筋，其屈服点又一次提高，这种现象称为“冷拉时效”。新屈服点并非保持不变，而是随时间的延长而有所提高。其原因是冷拉后的钢筋有内应力存在，内应力会促进钢筋内的晶体组织调整，使屈服强度进一步提高。

晶体组织调整的过程称为“时效”。“时效”又分为“自然时效”和“人工时效”。由于热轧钢筋的强度标准值系根据屈服强度确定，所以“冷作硬化”和“冷拉时效”的结果是钢筋的强度标准值得到提高，强度设计值也得到提高，同时塑性降低。对于 HPB235 级、HRB335 级、HRB400 级钢筋在常温下一般要经过 15～20 d 才能完成这一过程（自然时效）；如果在 100℃温度下，则只需 2 h（人工时效）。为了加速时效过程，必要时可利用蒸气或电热对冷拉后的钢筋进行人工时效，尤其是对 HRB400 级冷拉钢筋，在自然时效难以达到时效效果的情况下，宜采用人工时效。此时，只需加热到 150～200℃，经过 5～20 min，即可完成时效过程。但需注意，加温不宜过高，否则会得到相反的结果。如加温至 450℃时，冷拉钢筋的强度反而有所降低，塑性却有所增加；当加温至 700℃时，冷拉钢筋会恢复到冷拉前的力学性能。所以，用作预力筋的钢筋如需焊接时，应在焊接后进行冷拉，以免因焊接产生高温使冷拉后的钢筋强度降低。

钢筋冷拉后，强度提高、塑性降低、脆性增大。钢筋屈服强度的提高与冷拉率有关，在一定限度内，冷拉率越大，则强度越高。但钢筋冷拉后应有一定的塑性，屈服强度与抗拉强度应保持一定的比值，称为“屈强比”，以使钢筋有一定的强度储备和软钢特性。所以，不同钢筋的冷拉应力和冷拉率应符合表 4-1 的要求。冷拉适用于 HPB235 ~ HRB400 热轧钢筋。冷拉钢筋主要用于受拉钢筋，如冷拉 HRB335、HRB400 级钢筋通常用于预应力筋，冷拉 HPB235 级钢筋用于非预应力的受拉钢筋。冷拉钢筋一般不用于受压钢筋，即使用于受压钢筋，也不利用冷拉后提高的强度。在有冲击荷载的动力设备基础、制作构件吊环及负温度条件下，不得使用冷拉钢筋 15%。还可同时完成钢筋的调直和除锈等工作。

(2) 冷拉控制。可以采用控制应力或控制冷拉率的方法。

控制应力方法冷拉钢筋，其冷拉控制应力及最大冷拉率应符合表 4-1 的规定。表中的冷拉控制应力取自冷拉钢筋的屈服点。并在冷拉后检查其冷拉率。如钢筋已达到表 4-1 中的控制应力，而冷拉率未超过表中的最大冷拉率则为合格。若钢筋已达到表中的最大冷拉率，而冷拉应力未达到表中的控制应力值，则认为不合格。

表 4-1　冷拉控制应力及最大冷拉率

钢筋级别		冷拉控制应力 (N/mm²)	最大冷拉率 (%)
HPB235 级 d≤12		280	10.0
HRB335 级	d≤25	450	5.5
	d = 28 ~ 40	430	
HRB400 级 d = 8 ~ 40		500	5.0

例如，一根直径为 20 mm 的 HRB335 级钢筋，其截面面积为 314.2 mm²，长度为 30 m，查表 4-1 知其最大冷拉率为 5.5%，则这根钢筋冷拉后的最大拉长值为 30 × 5.5% = 1.65 m；又由表 4-1 查得 HRB335 级钢筋的冷拉应力为 450 N/mm²，则控制拉力为 314.2 × 450 = 141 390 N ≈ 141.4 kN。若拉力已达到 141.4 kN，而钢筋的拉长值小于 1.65 m，则认为合格；若钢筋的拉长值已达 1.65 m，而拉力尚未达到 144.4 kN，则认为不合格，只能降级使用。

多根连接的钢筋，用控制应力的方法进行冷拉，其控制应力和每根的冷拉率均应符合表 4-1 的规定。

(3) 控制冷拉率的方法。此法操作简便，只需按冷拉率控制值将钢筋拉伸到一定的长度即可。冷拉率是指钢筋冷拉伸长值与钢筋冷拉前原长度的比值。冷拉率控制值需通过试验确定。在确定同炉批钢筋冷拉率控制值时，选取试样不能少于 4 个，在万能试验机上按表 4-2 规定的冷拉应力对每个试样进行张拉，记录相应的伸长率，并取其平均值作为该批钢筋实际采用的冷拉率控制值。如果钢筋强度偏高，平均冷拉率控制值低于 1% 时，则取 1% 作为其冷拉率控制值。HPB235 级钢筋的冷拉率控制值一般不通过试验确定，可直接选用 8% 作为冷拉率控制值。

表 4-2 测定冷拉率时钢筋的冷拉应力

钢筋级别		冷拉控制应力（N/mm^2）
HPB235 级 d≤12		320
HRB335 级	d≤25	480
	d = 28 ~ 40	460
HRB400 级 d = 8 ~ 40		530

当为多根连接的钢筋，用该法冷拉时，仍用冷拉率控制值计算总拉长值，但冷拉后多根钢筋中的每根钢筋的冷拉率均不得超过表 4-1 的规定。

不同炉批的钢筋，不宜采用控制冷拉率的方法进行冷拉。

冷拉率控制值确定后，便可根据钢筋的长度求出冷拉时的拉长值。如冷拉一批长 20 m 的 HRB335 级钢筋，根据试验确定其冷拉率控制值为 4%，则这批钢筋冷拉后的拉长值为 20 × 4% = 0.8 m。冷拉时便可按照这一拉长值进行冷拉，当钢筋拉到这一拉长值后，应停车 2 ~ 3 min，待钢筋变形充分发展后方可放松钢筋，结束冷拉。

控制冷拉率施工简便，但当钢筋质量不匀时，则冷拉后的力学性能也不一致。有时冷拉率虽满足要求，但强度达不到要求，这样就出现钢筋强度或高或低。当用于预应力钢筋时，就会出现在张拉过程中或张拉完成后发生断裂，接头偏离规定位置，锚具无法使用等缺陷。因此，作预应力筋用的钢筋冷拉时多采用控制冷拉应力的方法。

（4）冷拉钢筋的质量检验。冷拉钢筋的检查和验收方法和质量要求应符合《混凝土结构工程施工质量验收规范》（GB 50204—2002）即：每批冷拉钢筋（钢筋直径小于 12 mm 的同钢号和同直径每 100 kN 为一批，大于 14 mm 的每 200 kN 为一批）中，在任选的两根钢筋上，各取两个试件分别进行拉伸试验和冷弯试验，其各项指标质量应符合规范规定。如有一项达不到规定的指标值，则要加倍取样试验，如果仍有一项指标达不到规定值，则判定该批冷拉钢筋为不合格品。冷拉后的钢筋应放置一段时间（至少 24 h）再使用，以使提高的屈服点稳定。在施工过程中为了安全，冷拉时正对钢筋端头不许站人或跨越钢筋。应防止斜拉钢筋，并缓缓放松；卷扬机前面和固定端后面应设置防护设备，以防钢筋被拉断或夹具滑脱造成人身伤害；

2. 钢筋冷拔

用机械方法强行拉拔，使直径 6.5 ~ 8 mm 的 I 级光面圆钢筋（HPB235 级），通过拔丝模孔而成为直径较细的钢筋，这样的加工过程称为钢筋冷拔，如图 4-5 所示。拔细后的钢丝直径有 5、4、3 毫米等，称为低碳冷拔钢丝。

钢筋冷拔的工艺过程是：轧头→剥皮→通过润滑剂→进入拔丝模。冷拔总压缩率和冷拔次数对钢丝质量和生产效率都有很大的影响。

钢丝是经多次冷拔而成的，其强度随直径的缩小而增高，每次冷拔的断面缩小的百分比，叫压缩率。钢筋每次冷拔后的直径为冷此次拔前的 0.85～0.9 为佳。如将 $\phi8$ 钢筋拔成 $\phi5$ 和 $\phi4$，其冷拔顺序应为：

$$8\to6.5\to5.7\to5\to4.5\to4$$

若将 $\phi6$ 的钢筋拔成 $\phi4$ 和 $\phi3$，则其顺序为：

$$6\to5.5\to4.6\to4\to3.5\to3$$

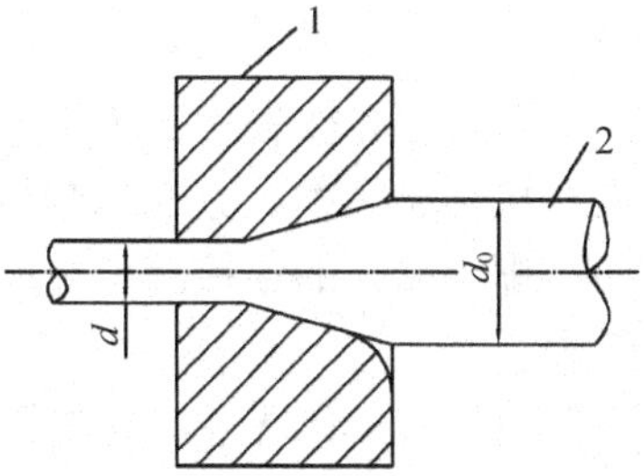

图 4-5 钢筋的冷拔

1—拔丝模；2—钢筋

钢筋在冷拔前，要先经剥皮和轧头。剥皮是去掉表面的氧化层和铁锈，用除锈剥皮机完成，轧头是为了使钢筋能先插一段入拔丝孔，要将其端部轧细，可用轧头机完成。

4.2.3 钢筋的焊接连接

采用焊接方法连接钢筋可以节约钢材，提高构件质量和加快施工进度。钢筋焊接常用的方法有闪光对焊、电阻点焊、电弧焊、电渣压力焊和埋弧压力焊等。闪光对焊、电弧焊、气压焊、电渣压力焊适用于热轧钢筋的对接；电阻点焊用于钢筋骨架和钢筋网的交叉焊接；钢筋与钢板的 T 形焊接宜采用埋弧压力焊或电弧焊。

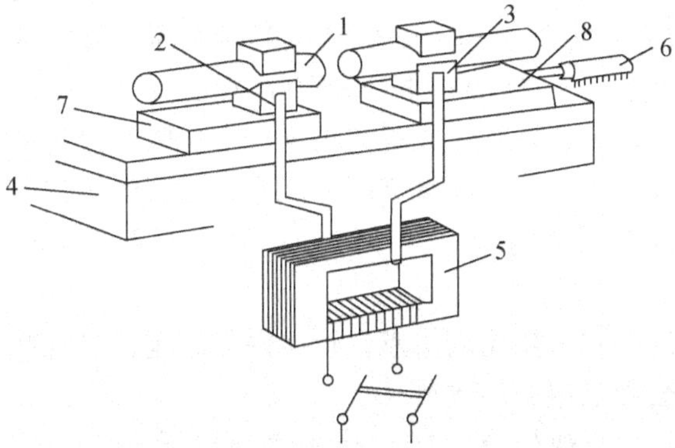

图 4-6 钢筋闪光对焊

1—焊接的钢筋；2—固定的点极；3—可动电极；4—机座；5—变压器；6—手动顶压机构；7—固定支座；8—滑动支座

钢筋焊接质量与钢材的可焊性和焊接工艺有关。可焊性与钢材的含碳量及合金元素的含量有关。含碳量、含锰量增加，则可焊性差；含适量的钛可改善可焊性。即使可焊性差的钢筋，若焊接工艺（焊接方式、焊接参数和操作水平）适当，也能获得良好的焊接质量。

1. 闪光对焊

钢筋闪光对焊原理如图 4-6 所示。闪光对焊是利用对焊机使两段钢筋接触，通以低电压强电流，把电能转化为热能，使钢筋加热到接近熔点时，施加轴向压力顶锻，使两根钢筋焊合在一起，形成对焊接头。

闪光对焊按操作工艺不同可分为连续闪光焊、预热闪光焊、闪光-预热闪光焊。根据对接钢筋品种、直径和焊机功率等进行选择，闪光对焊广泛用于钢筋接长、预应力钢筋与螺丝端杆的连接等。热轧钢筋的对接宜优先用闪光对焊，施工条件不允许时才用电弧焊。

（1）连续闪光焊。先将钢筋夹在对焊机两极的钳口上，闭合电源，然后使两根钢筋轻微接触。由于钢筋端部凹凸不平，接触面很小，电流通过时电流密度和接触电阻很大，接触点很快熔化，产生金属蒸气飞溅形成闪光现象，与此同时徐徐移动钢筋，保持连续闪光，接头同时被加热，至接头端面闪平、杂质闪掉、接头熔化，随即施加适当的轴向压力迅速顶锻。先带电顶锻，随之断电顶锻，使钢筋顶锻缩短规定的长度留量，两根钢筋便被压焊成为一体。

焊接过程中，由于闪光的作用，使空气不能进入接头处，同时闪去接口中原有的杂质和氧化膜，通过挤压又把已熔化的氧化物挤出，因而接头质量可得到保证。

连续闪光焊适于焊接直径较小的钢筋如直径焊接在25 mm以下的HPB235、HRB335级钢筋和直径在16 mm以内的HRB400级钢筋。

（2）预热闪光焊。预热闪光焊是在连续闪光焊前增加一次预热过程，以扩大焊接热影响区。施焊时，闭合电源后使两钢筋端面交替地接触和分开，这时在钢筋端面的间隙中发出断续的闪光而形成预热过程。当钢筋达到预热温度后，随即进行连续闪光和顶锻。

由于预热闪光焊增加了预热过程，因此可焊接端面比较平整的大直径钢筋，即直径在25 mm以上且端面较平整的钢筋。如焊接直径为20～36 mm的HPB235级钢筋，直径为16～32 mm的HRB335、HRB400级钢筋以及直径12～28 mm的RRB400级钢筋。

（3）闪光-预热-闪光焊。闪光-预热-闪光焊是在预热闪光焊前再增加一次闪光过程使钢筋端面闪平，使预热均匀。施焊时首先连续闪光，使钢筋端部闪光闪平，后面的操作同预热闪光焊。因此，闪光—预热—闪光焊适于焊接直径大于25 mm、且端面不平整的钢筋。

需要说明的是HRB400级钢筋对氧化、淬火和过热比较敏感，焊接性能较差，关键在于掌握适当的焊接温度。温度过高或过低都会影响接头的质量。

（4）闪光对焊的质量检查。闪光对焊接头外观检查要求。接头表面应无裂纹和烧伤，接头应有适当镦粗和均匀的毛刺；接头如有弯折，其角度不大于4°，接头轴线的偏移不应大于1/10 d，也不应大于2 mm。外观检查不合格的接头，可将距接头左右各15 mm切除再重焊。对焊后的钢筋拉伸试验和冷弯试验应符合规范（JGJ/T27—2001）的要求。

2. 电阻点焊

电阻点焊是利用点焊机进行交叉钢筋的焊接，用以生产各种钢筋网片和钢筋骨架。电阻点焊可取代人工绑扎，是实现生产机械化、提高工效、节约钢材的有效途径。焊接骨架或焊接网可提高构件的刚度和抗裂性，在混凝土中锚固优于绑扎骨架，因此制作钢筋骨架应优先采用点焊。

点焊机的工作原理如图 4-7 所示。

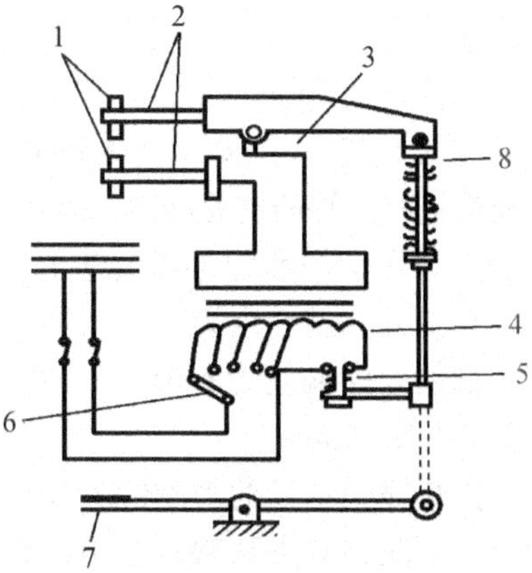

图 4-7 点焊机工作示意图

1—电极；2—电极臂；3—变压器的次级线圈；4—变压器的初级线圈；5—断路器；6—变压器调节级数开关；7—踏板；8—压紧机构

将已除锈的钢筋交叉点放在点焊机的两电极间，由于交叉钢筋间是点接触，接触点的电阻很大，电流产生的全部热量都集中在这一点上，使接触点处的金属很快受热而熔化，然后加压使焊点金属焊合。常用的点焊机有单点点焊机、多头点焊机（一次可焊数点，用于焊接较宽大的钢筋网）、悬挂式点焊机（悬挂在轨道上，用于焊接平面尺寸较大的钢筋骨架和钢筋网）、手提式点焊机（用于施工现场）。

电阻点焊的主要焊接参数有电流强度、通电时间、电极压力和焊点压入深度等。按电流大小和通电时间长短，焊接参数分强参数和弱参数两种。强参数的电流强度较大（120～360 A/mm^2，系指焊接电流与焊接点面积之比，其面积可采用交叉钢筋中小钢筋的断面面积），通电时间极短（0.1～0.5 s）；弱参数的电流强度较低（80～160 A/mm^2），通电时间长（0.5 s 至数秒）。强参数的经济效果好，但需要大功率点焊机。故在点焊热轧钢筋时，除钢筋直径大、焊机功率不足，需采用弱参数外，一般宜采用强参数，以提高生产效率。当点焊含碳量高、可焊性差的钢筋时，更宜用强参数，以保证焊接质量；冷加工钢筋点焊时，必须用强参数，以免因焊接升温而丧失冷加工获得的强度。通电时间长短，对焊点质量影响较大。时间过长，金属变软而易压缩，或熔化过多而产生溢出现象，导致焊点强度降低；若时间过短，则产生的热量不足，焊接效果差。通电时间与变压器级次和钢筋直径有关，级次越高，通电时间越短；在同一级次下，钢筋直径越大，通电需要的时间也越长。电极压力对焊点强度亦有很大影响，电极压力过小，则接触电阻很大，钢筋易发生熔化，甚至烧坏电极，电极压力过大，则接触电阻很小，因而需延长通电时间，效率低。点焊时，部分电流会通过已焊好的各点而形成分流现象，会使得通过焊点的电流减小，降低焊点强度。分流大小随通路的增加而增加，随焊点距离的增加而减小。因此，点焊时应合理考虑施焊顺序，使分流减小，亦可适当延长通电时间或增大电流，以弥补分流的影响。

不同直径钢筋间的点焊。当小钢筋直径小于 10 mm 时，钢筋直径之比不宜大于 3；当小钢筋直径为 12～14 mm 时，钢筋直径之比不宜大于 2。焊接参数应根据小直径钢筋来选择。为使焊点有足够的抗剪能力，焊点处钢筋互相压入的深度宜为细钢筋直径的 1/4～2/5。

点焊完毕钢筋的外观检查包括：无脱落、漏焊、气孔、裂缝、空洞以及明显烧伤现象；焊点处应挤出饱满而均匀的熔化金属，并应有适量的压入深度；焊接网的长、宽及骨架长度的允许偏差为 ±10 mm；焊接骨架高度允许偏差为 ±5 mm；网眼尺寸及箍筋间距允许偏差为 ±10 mm。

点焊完毕钢筋的力学检测包括：焊点的抗剪强度不应低于小钢筋的抗拉强度；拉伸试验时，不应在焊点断裂；弯角试验时，不应有裂纹等。

3. 电弧焊

电弧焊是利用弧焊机以焊条作一极，钢筋作为为另一极，利用焊接电流通过产生的电弧热进行焊接的一种熔焊方法。如图 4-8 所示。电弧焊广泛用于钢筋接头、钢筋骨架焊接、装配式结构接头焊接、钢筋与钢板的焊接及各种钢结构焊接。焊接操作方法应符合《钢筋焊接及验收规程》。

电弧焊的接头形式有：搭接焊、帮条焊、坡口焊等。

电弧焊所用的焊条、焊条的型号及牌号、焊条型号及牌号的编制方法按国家统一标准，所有焊条的第一个字母以“E”表示，后面的数字或符号按种类不同进行编制。如碳钢焊条，字母“E”表示焊条，此后的前两位数字表示熔敷金属抗拉强度的最小值（单位为 N/mm^2），第三位数字表示焊条的焊接位置，“0”及“1”表示焊条适用于全位置焊接，“2”表示焊条适用于平焊及平角焊，“4”表示焊条适用于向下立焊，第三位和第四位数字组合表示焊接电流种类及药皮类型。如 E4303 表示焊缝金属的抗拉强度 $\sigma_b \geqslant 430\ N/mm^2$，适用于全位置焊接，药皮类型是钛钙型，电流种类是交流或直流正、反接。

焊条性能应符合国家规定，型号应根据设计确定，若设计无规定时、可按表 4-3 选用。

表 4-3 钢筋电弧焊焊条型号

钢筋级别	电弧焊接头形式		
	帮条焊、搭接焊	坡口焊、熔槽帮条焊、预埋件穿孔塞焊	钢筋与钢板搭接焊、预埋件 T 型角焊
HPB235	E4303	E4303	E4303
HRB335	E4303	E5003	E4303
HRB400	E5003	E5503	—

电弧焊机有直流与交流之分，常用交流弧焊机。焊接电流应根据钢筋直径和焊条直径进行选择。

其中搭接焊如图 4-9 所示，此种焊接方法只适用于焊接直径在 10～40 mm 的 HPB235、HRB335 级钢筋。焊接时可分为单面焊缝和双面焊缝两种。由于双面焊缝受力性能良好，尽可能采用双面焊缝。

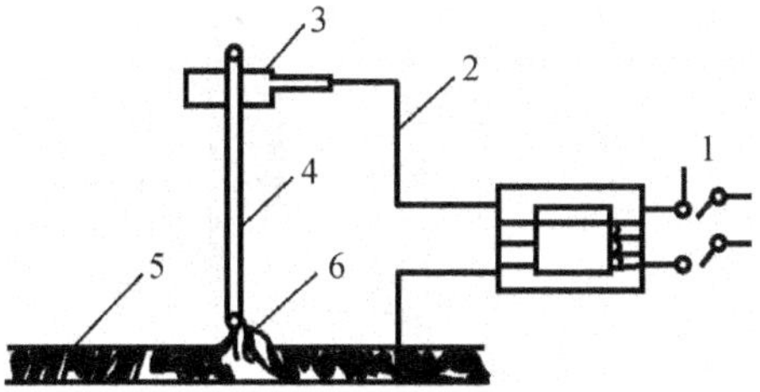

图 4-8　电弧焊示意图

1—变压器；2—导线；3—焊钳；4—焊条；5—焊件；6—电弧

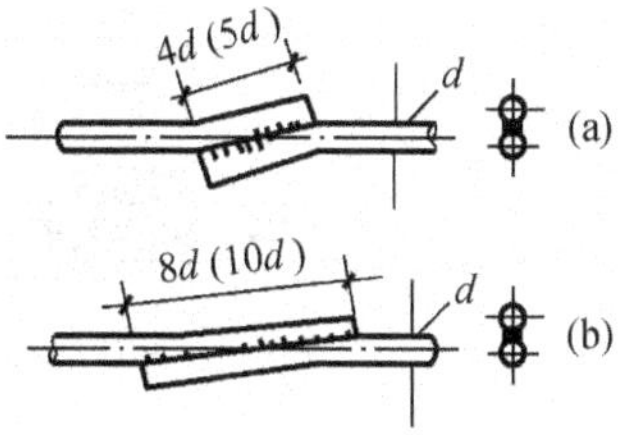

图 4-9 搭接焊

(a) 双面焊；(b) 单面焊

帮条焊如图 4-10 所示。焊接中所用的帮条宜采用与主筋同级别、同直径的钢筋制作。帮条长度如表 4-4 所示。帮条焊适用于焊接直径为 10～40 mm 的热轧 Ⅰ～Ⅲ级钢筋。

表 4-4　钢筋帮条长度

项次	钢筋级别	焊缝形式	帮条长度 d
1	HPB235	单面焊 双面焊	＞8 d ＞4 d
2	HRB335	单面焊 双面焊	＞10 d ＞5 d

帮条焊和搭接焊，焊缝长度不应小于帮条或搭接长度。焊缝厚度 S 不应小于主筋直径的 0. 3 倍；焊缝宽度 b 不应小于主筋直径的 0. 7 倍，焊接过程不得烧伤主筋；焊接地线与钢筋应接触紧密；焊接过程中应及时清渣，焊缝表面应光滑，弧坑应填满。钢筋端部应加工平整；

坡口焊（图 4-11），适用于现场焊接装配现浇式构件接头中直径 16～40 mm 的Ⅰ、Ⅱ、Ⅲ级钢筋。

电弧焊接头外观要求焊缝表面平整，不得有凹陷或焊瘤；焊接接头区域不得有裂缝；咬边深度、气孔、夹渣等缺陷允许值及接头尺寸的允许偏差，应符合规范规定；坡口焊帮条焊和窄间隙接头的焊缝余高不得大于 3 mm。

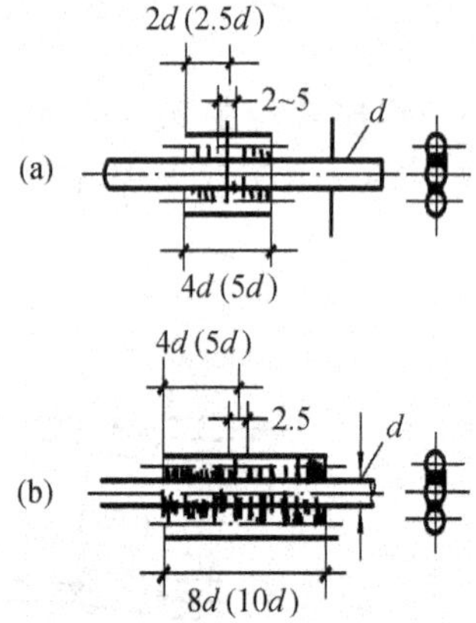

图 4-10 帮条焊

（a）双面焊；（b）单面焊

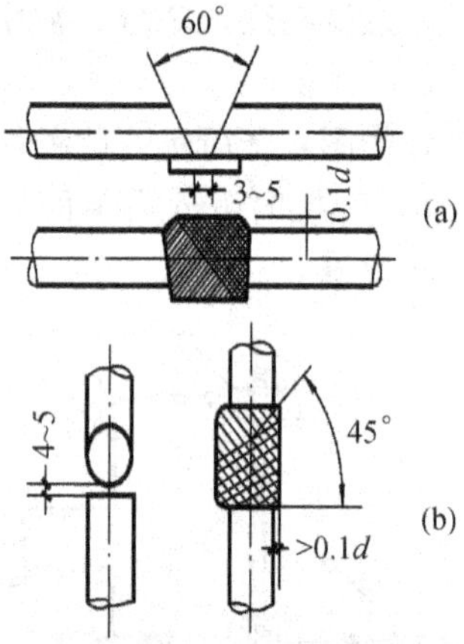

图 4-11 坡口焊

（a）平焊；（b）立焊

电弧焊接头力学性能试验时，应按下列规定抽取试件：在一般构筑物中，应从成品中每批随机切取 3 个接头进行拉伸试验；在工厂焊接条件下，以 300 个同接头形式、同钢筋级别的接头作为一批；在现场安装条件下，每一至二楼层中以 300 个同接头形式、同钢筋级别的接头作为一批，不足 300 个时，仍作为一批。对拉伸试验结果的要求同闪光对焊。

4. 电渣压力焊

电渣压力焊是将两钢筋安放成竖向对接形式，利用焊接电流通过两钢筋端面间隙，在焊剂层下形成电弧过程，产生电弧热和电阻热，熔化钢筋，加压完成的一种压焊方法。这种焊接方法比电弧焊容易掌握，与电弧焊比较，它工效高，成本低，在高层建筑施工中应用广。电渣压力焊适用于现浇混凝土结构中竖向或斜向（倾斜度在 4∶1 范围内）钢筋的连接。电渣压力焊可采用交流或直流焊接电流，焊机容量应根据所焊钢筋直径选定。

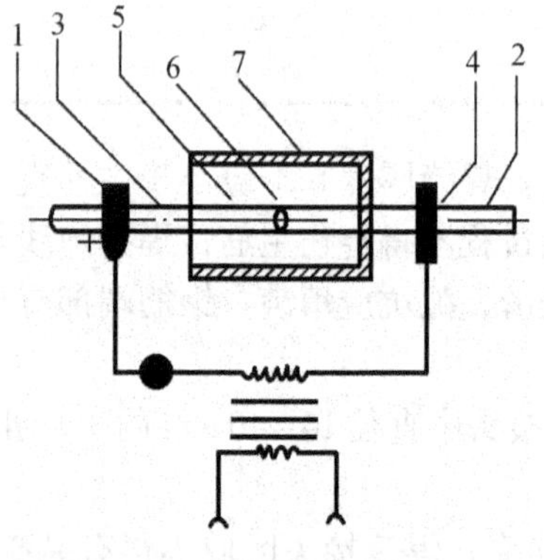

图 4-12 钢筋电渣焊示意图

1—活动电钳；2、3—钢筋；4—固定电钳；5—焊剂盒；6—导电剂；7—焊剂

电渣压力焊工艺过程如图 4-12 所示。要求焊接夹具的上下钳口应夹紧于上、下钢筋上。钢筋一经夹紧，不得晃动；引弧宜采用铁丝圈或焊条头引弧法，亦可采用直接引弧法；引燃电弧后，应先进行电弧过程，然后加快上钢筋下送速度，钢筋端面与液态渣池接触，转变

为电渣过程，最后在断电的同时，迅速下压上钢筋，挤出熔化金属和熔渣；接头焊毕，应停歇后，方可回收焊剂和卸下焊接夹具，敲去熔渣；四周焊包应均匀，凸出钢筋表面的高度应大于或等于 4 mm。

电渣压力焊焊接参数包括焊接电流、电压和通电时间，应符合表 4-5 规定。不同直径钢筋焊接时，应按较小直径钢筋选择参数，焊接通电时间可延长。

表 4-5　电渣压力焊焊接参数

钢筋直径（mm）	焊接电压（v）	焊接通电时间（s）	焊接电流（A）
16	25～35	25～30	200～300
20	25～35	25～30	300～400
25	25～35	30～35	400～450
32	25～35	40～50	450～600

电渣压力焊接头外观检查要求：钢筋与电极接触处，应无烧伤缺陷；接头处的弯折角不得大于 4°；接头处的轴线偏移不得大于钢筋直径的 0.1 倍，且不得大于 2 mm。电渣压力焊接头的力学性能检验，应从每批接头中随机抽取 3 个试件做拉伸试验，且应按下列规定抽取试件：在一般构筑物中，应以 300 个同级别钢筋接头作为一批；在现浇多层混凝土结构中，应以每一楼层或施工区段中 300 个同级别钢筋接头作为一批，不足 300 个接头仍应作为一批。拉伸试验结果，3 个试件的抗拉强度均不得小于该级别钢筋规定的抗拉强度。当试验结果有 1 个试件的抗拉强度低于规定值，应再取 6 个试件进行复验。

4.2.4　钢筋的机械连接

1. 钢筋套筒挤压连接

钢筋套筒挤压连接是将两根待连接钢筋插入特制的钢连接套筒，采用专用挤压机在常温下对连接套筒加压，使连接套筒产生塑性变形后与待连接钢筋端部机械咬合，从而形成可靠的钢筋连接接头。套筒挤压连接又分为径向挤压和轴向挤压两种作业方式。径向套筒挤压连接示意图 4-13。

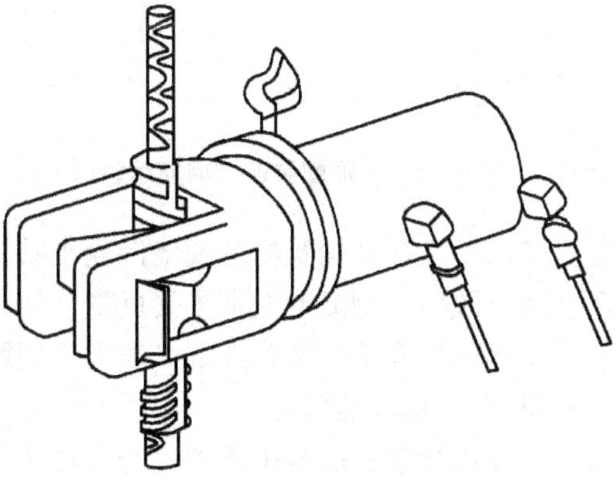

图 4-13　径向套筒挤压连接

（1）径向套筒挤压连接。径向套筒挤压连接是沿套筒直径方向从套管中间依次向两端挤压套筒，使之冷塑变形后，把插在套管里的两根钢筋紧紧咬合成一体（图4-13）。它适用于带肋钢筋连接，可连接HRB335、HRB400级直径为12～40 mm钢筋。

（2）轴向套筒挤压连接。轴向套筒挤压连接是沿钢筋轴线冷挤压金属套筒，把插入套管里的两根待连接热轧带肋钢筋紧紧连成一体（图4-14）。它适用于一、二级抗震设防的地震区和非地震区的钢筋混凝土结构工程的钢筋连接施工，可连接HRB335、HRB400级直径为20～32 mm竖向、斜向和水平钢筋。

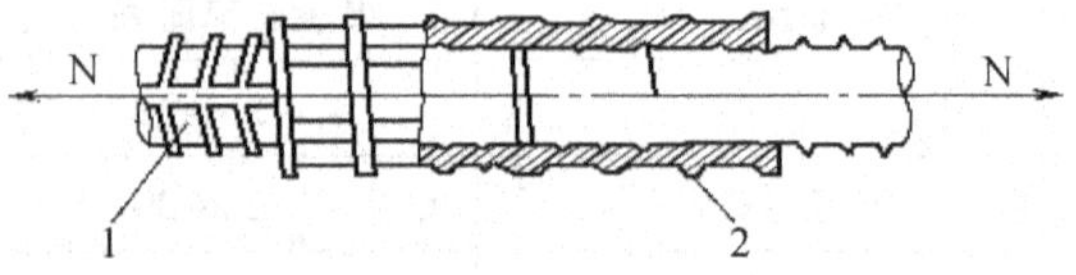

图4-14 冷压连接

1—变形钢筋；2—套筒

2. 钢筋锥螺纹套筒连接

锥形螺纹钢筋连接（图4-15）是将两根待接钢筋的端部和套筒预先加工成锥形螺纹，然后用力矩扳手将两根钢筋端部旋入套筒形成机械式钢筋接头。它能在施工现场连接HPB235～HRB400级直径为16～40 mm的同直径或异直径的竖向、水平或任何倾角的钢筋，不受钢筋有无花纹及含碳量的限制。当连接异直径钢筋时，所连接钢筋直径之差不应超过9 mm。

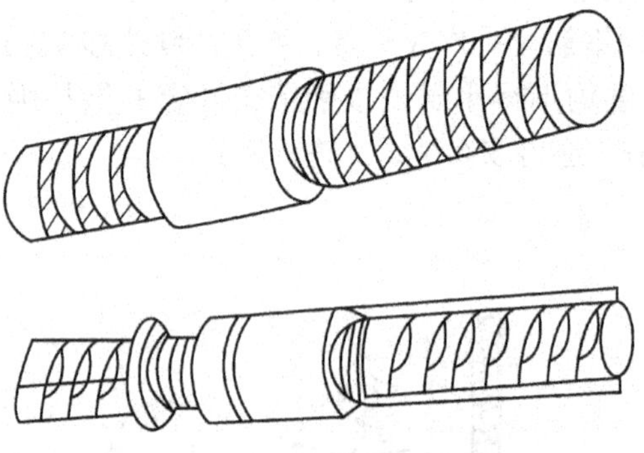

图4-15 锥形螺纹连接钢筋示意

锥形螺纹钢筋连接的优点是速度快、轴线偏差小、工艺简单、安全可靠、无明火作业、不污染环境、节约钢材和能源、可全天候施工，有利于文明施工，有明显的技术、经济和社会效益。适用于按一、二级抗震设防的一般工业与民用房屋及构筑物的现浇混凝土结构的梁、柱、板、墙、基础的钢筋连接施工。但不得用于预应力钢筋或经常承受反复动荷载及承受高应力疲劳荷载的结构。

锥形螺纹套筒的抗拉强度必须大于钢筋的抗拉强度。锥形螺纹可用锥形螺纹旋切机加工；钢筋用套丝机套丝。

机械连接接头的接头质量应符合以下要求：钢筋套丝牙型质量必须与牙型规格吻合；钢筋锥螺纹小端直径必须在卡规的允许误差范围内，连接套规格必须与钢筋规格一致；按每根梁、柱构件抽验 1 个接头；板、墙、基础底板构件每 100 个同规格接头作为一批（不足 100 个接头也作为一批）。每批抽验 3 个接头，要求抽验的钢筋接头 100% 达到规定的力矩值。如发现 1 个接头不合格，必须加倍抽验，再发现 1 个接头达不到规定力矩值，则要求该构件的全部接头重新复拧到符合质量要求。若复检时仍发现不合格接头，则该接头必须采取贴角焊缝补强，将钢筋与连接套焊在一起，焊缝高不小于 5 mm。连接好的钢筋接头螺纹，不准有一个完整螺纹外露。

机械连接接头的现场检验按验收批进行。对于同一施工条件下采用同一批材料的同等级、同形式、同规格的接头，以 500 个为一个检验批，不足 500 个也作为一个检验批。对每一个检验批，必须随机取 3 个试件做单向拉伸试验，按设计要求的接头性能 A、B、C 等级进行检验和评定。

4.2.5　钢筋的绑扎连接

钢筋绑扎前应熟悉施工图纸，核对成品钢筋的级别、形状、尺寸和数量，核对配料表和料牌，如有错误应及时更正和修补。同时将绑扎用的钢丝、绑扎工具、绑扎架等准备好。

基础底板、楼板和墙的钢筋绑扎，除靠近外围两行钢筋的相交点全部绑扎外，中间部分交叉点可间隔交错绑扎；双向受力的钢筋则需要全部绑扎。相邻绑扎点的铁丝扣要成八字形，以免网片歪斜变形。钢筋绑扎接头的钢筋搭接处，应在中心和两端用铁丝扎牢。梁和柱的箍筋，除设计有特殊要求外，应与受力钢筋垂直设置，箍筋弯钩叠合处，应沿受力钢筋方向错开设置；在柱中竖向钢筋搭接时，角部钢筋的弯钩平面与模板面的夹角，对矩形柱应为 45°角，对多边形柱应为模板内角的平分角，对圆形柱钢筋的弯钩平面应与模板的切平面垂直，中间钢筋的弯钩平面应与模板面垂直，当采用插入式振捣器浇筑小型截面柱时，弯钩平面与模板面的夹角不得小于 15°。

钢筋的绑扎接头应符合下列规定：搭接长度的末端距钢筋弯折处不得小于钢筋直径的 10 倍，接头不宜位于构件最大弯矩处；受拉区域内，HPB235 级钢筋绑扎接头的末端应做弯钩，HRB335、HRB400 级钢筋可不做弯钩；直径不大于 12 mm 的受压 HPB235 级钢筋的末端，以及轴心受压构件中任意直径的受力钢筋的末端，可不做弯钩，但搭接长度不应小于钢筋直径的 35 倍；钢筋搭接处应在中心向两端用铁丝扎牢；受拉钢筋绑扎接头的搭接长度，应符合表 4-6 的规定，受压钢筋绑扎接头的搭接长度应取受拉钢筋绑扎接头搭接长度的 0.7 倍。

表 4-6　纵向受拉钢筋的最小搭接长度

钢筋类型		混凝土强度等级			
		C15	C20～C25	C30～C35	≥C40
光圆钢筋	HPB235	45*d*	35*d*	30*d*	25*d*
带肋钢筋	HRB335	55*d*	45*d*	35*d*	30*d*
	HRB40、RRB400	—	55*d*	40*d*	35*d*

注：两根直径不同的钢筋搭接，以较细的钢筋直径计算。

焊接骨架和焊接网采用绑扎连接时，应满足：焊接骨架和焊接网的搭接接头不宜位于构件的最大弯矩处；焊接网在非受力方向的搭接长度，宜为100 mm；受拉焊接骨架和焊接网在受力钢筋方向的搭接长度，应符合表4-6 的规定；受压焊接骨架和焊接网在受力钢筋方向的搭接长度，可取受拉焊接骨架和焊接网在受力钢筋方向的搭接长度的0.7 倍。各受力钢筋之间的绑扎接头位置应相互错开。从任一绑扎接头中心至搭接长度 l_1 的1.3 倍区段范围内，有绑扎接头的受力钢筋截面面积占受力钢筋总截面面积百分比，应符合下列规定：受拉区不得超过25%；受压区不得超过50%。绑扎接头中钢筋的横向净距 s 不应小于钢筋直径 d 且不应小于25 mm。焊接骨架和焊接网在构件宽度内，其接头位置应错开。在绑扎接头区段内，受力钢筋截面面积不得超过受力钢筋总截面面积的50%。

4.2.6　钢筋配料

钢筋配料是根据混凝土结构构件的配筋图，计算各类钢筋的直线下料长度、根数和数量，填写钢筋配料单，作为钢筋备料加工的依据。

1. 钢筋下料长度的计算原则与规定

（1）钢筋长度。结构施工图中所标注的钢筋长度是钢筋外缘至外缘之间的长度，即外包尺寸。外包尺寸是施工中量度钢筋长度的基本依据。

（2）混凝土保护层厚度。混凝土保护层厚度是指受力钢筋外边缘至混凝土构件表面间的距离。保护层的功能是使混凝土结构中的钢筋免于大气的锈蚀作用。

（3）钢筋的弯弧内直径。《混凝土结构工程施工质量验收规范》（GB 50204—2002）对钢筋的弯钩和弯折所采用的弯弧内直径（即弯心直径）都分别做出相应的规定。钢筋弯钩增加长度和弯折量度差值可根据这些规定计算出来。

（4）量度差值。钢筋在弯曲时，其外边缘伸长而内边缘缩短，钢筋的中轴线则保持弯曲前的长度。但钢筋长度的度量采用的是其外包尺寸，因此弯曲后的钢筋，其外包尺寸与轴线尺寸间存在一个差值，称为量度差值。在计算钢筋下料长度时必须从外包尺寸中扣除，才能确保按钢筋的轴线实际长度准确下料。

（5）钢筋下料长度计算。直钢筋下料长度 = 构件长度 - 保护层厚度 + 弯钩增加长度

弯起钢筋下料长度 = 直段长度 + 斜段长度 - 弯折量度差值 + 弯钩增加长度

箍筋下料长度 = 直段长度 + 弯钩增加长度 - 弯折量度差值（或箍筋下料长度 = 箍筋周长 + 箍筋调整值）

上述钢筋采用绑扎接头搭接时，还应增加钢筋的搭接长度，受拉、受压钢筋的绑扎接头的搭接长度应符合结构规范（GB50010—2002）的规定。钢筋的锚固长度应符合设计要求和结构规范的规定。

2. 钢筋弯钩增加长度和弯折量度差值

（1）弯钩增加长度。根据规范（GB50204—2002）规定，HPB235 级钢筋末端应做 180°弯钩，其弯弧内直径不应小于钢筋直径的 2.5 倍，弯钩的弯后平直部分长度不应小于钢筋直径的 3 倍。当设计要求钢筋末端需做 135°弯钩时，HRB335 级、HRB400 级钢筋的弯弧内直径不应小于钢筋直径的 4 倍，弯钩的弯后平直部分长度应符合设计要求。

因为钢筋长度的度量依据是其外包尺寸，所以 180°弯钩［见图 4-16（a）］的增加长度，实际上是在外包尺寸的基础上所增加的在轴线上的长度。通过简单的几何分析和计算，可得其每个弯钩的增加长度，如：

180°弯钩增加长度 = 半圆周长（取钢筋轴线上的弯弧直径）+ 平直段长 - 弯钩的弯弧外半径。代入规范所规定的数据，可得

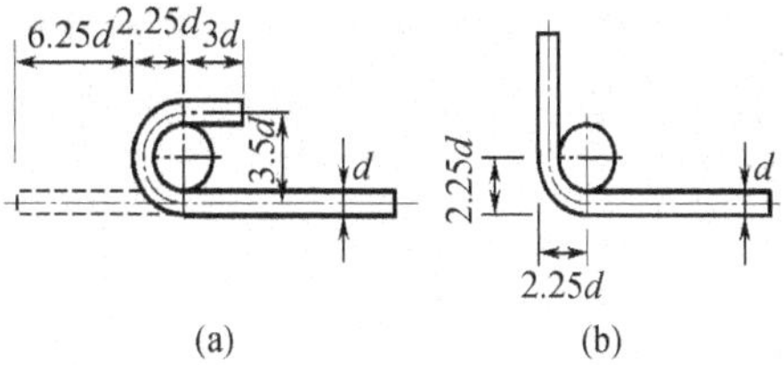

图 4-16　钢筋弯钩增加长度计算

（a）180°弯钩；（b）90°弯钩

$$(3.5d\pi/2 + 3d) - 2.25d = 8.5d - 2.25d = 6.25d。$$

同理：直弯钩增加长度为 3.5d［见图 4-16（b）］，斜弯钩增加长度为 4.9d。

（2）弯折的量度差值。钢筋做不大于 90°的弯折时，弯折处的弯弧内直径不应小于钢筋直径的 5 倍。钢筋中部弯折的量度差值与钢筋的弯心直径和弯折角度有关，如图 4-17 所示。通过几何分析和计算，弯折的量度差值 = 外包尺寸 - 轴线尺寸，即式中 α 为钢筋中部的弯折角度（按度数计）；d 为钢筋的直径，mm。

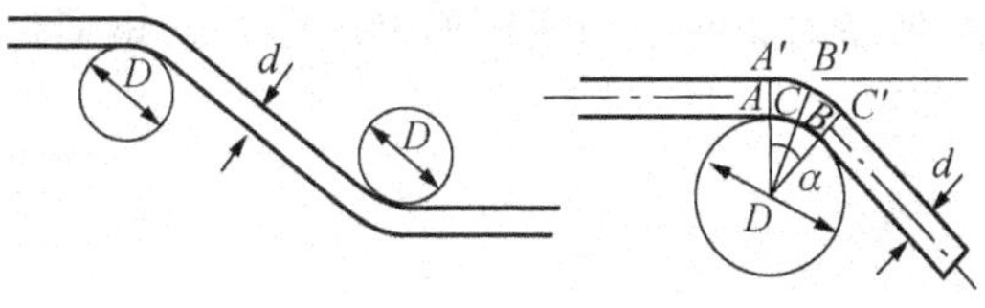

图 4-17　钢筋弯折处量度差值计算

按规范取 $D=5d$ 代入上式，可求出各弯折角度时的量度差值。钢筋弯折量度差值可按表 4-7 取值。

表 4-7 钢筋弯曲调整值

钢筋弯曲角度	30°	45°	60°	90°	135°
钢筋弯曲调整值	$0.35d$	$0.5d$	$0.85d$	$2d$	$2.5d$

（3）箍筋的下料长度。除焊接封闭环式箍筋外，箍筋的末端应做弯钩，弯钩形式应符合设计要求；当设计无具体要求时，应符合下列规定。

箍筋弯钩的弯弧内直径，除应满足与受力钢筋的弯钩和弯折相同的规定外，还应不小于受力钢筋直径；对一般结构箍筋弯钩的弯折角度，不应小于 90°，对有抗震等要求的结构，应为 135°；对一般结构箍筋弯后平直部分长度，不宜小于箍筋直径的 5 倍，对有抗震等要求的结构，不应小于箍筋直径的 10 倍。箍筋的下料长度可按下述公式计算：

箍筋下料长度 = 直段长度 + 弯钩增加长度 − 弯折量度差值（或箍筋下料长度 = 箍筋周长 + 箍筋调整值）

为了计算方便，一般将箍筋弯钩增加长度和弯折量度差值两项合并成一项箍筋调整值，见表 4-8。计算时将箍筋外包尺寸或内包尺寸加上相应的箍筋调整值即为箍筋下料长度。

表 4-8 箍筋调整值

箍筋量度方法	箍筋直径（mm）			
	4～5	6	8	10～12
量外包尺寸	40	50	60	70
量内包尺寸	80	100	120	159～170

3. 配料计算的有关问题

当钢筋配料的细节问题在图纸中未交代时，可按构造要求处理。钢筋的形状尺寸在满足设计要求的前提下应考虑有利于加工安装。配料时还要考虑施工过程中必需的附加钢筋，如后张预应力构件预留孔道定位用的钢筋井字架、基础双层钢筋网中保证上层钢筋网位置用的钢筋撑脚、墙板双层钢筋网中固定钢筋网间距用的钢筋撑铁、柱钢筋骨架增加四面斜筋撑等。

4. 钢筋下料长度计算实例

【**例 4-1**】计算下图所示的钢筋下料长度（mm）

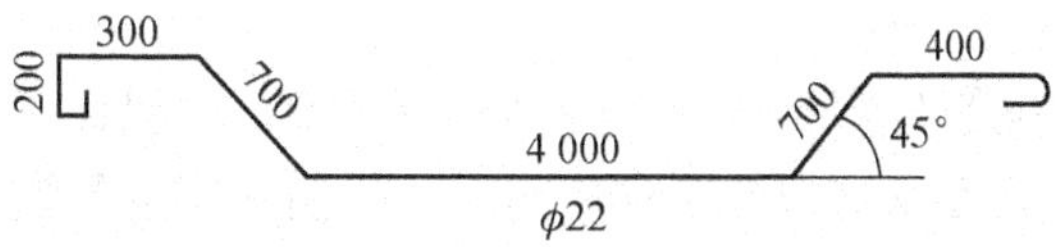

解：直段长度 + 斜段长度 = 200 + 300 + 700 + 4 000 + 700 + 400 = 6 300；

弯折量度差值 = $2d + 4 \times 0.5d = 4 \times 22 = 88$；

弯钩增加长度 = $2 \times 6.25d = 12.5 \times 22 = 275$；

总的下料长度 = 直段长度 + 斜段长度 − 弯折量度差值 + 弯钩增加长度 = 6 300 − 88 + 275 = 6 487 mm

【**例 4-2**】有一长 6 m 的简支梁，试计算钢筋下料长度。(中间弯起角度为 45°)

解：外包尺寸 = 6 000 − 2 × 25 + 2 × 300 + 2 × 0.414 × (500 − 2 × 25) = 6 550 − 372.6 = 6 177.4 mm

量度差值 = $2 \times 2d + 4 \times 0.5d = 6d$ = 120 mm

弯钩增加长度 = $2 \times 6.25d$ = 250 mm

下料长度 = 6 177.4 − 120 + 250 = 6 307.4 mm

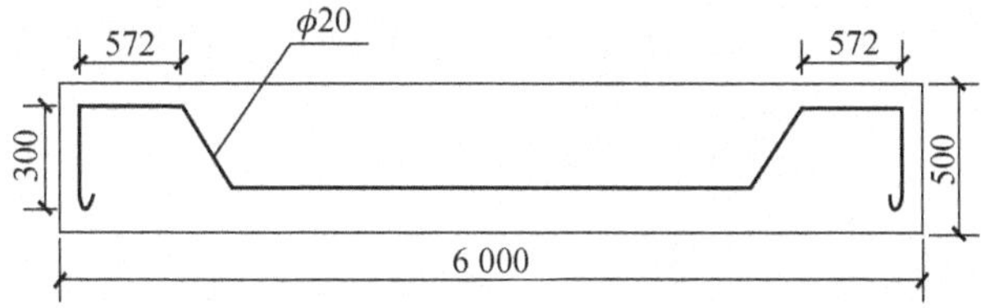

4.2.7　钢筋的代换

钢筋的级别、钢号和直径应按设计要求采用，若施工中缺乏设计图中所要求的钢筋，在征得设计单位的同意并办理设计变更文件后，可按下述原则进行代换。

(1) 当构件按强度控制时，可按强度相等的原则代换，称“等强代换”。如设计中所用钢筋强度为 f_{y_1}，钢筋总面积 A_{s_1}；代换后钢筋强度为 f_{y_2}，钢筋总面积为 A_{s_2}，应使代换前后钢筋的总强度相等，即：

$$A_{s_2} \cdot f_{y_2} \geqslant A_{s_1} \cdot f_{y_1}$$

$$A_{s_2} \geqslant (f_{y_1}/f_{y_2}) \cdot A_{s_1}$$

(2) 当构件按最小配筋率配筋时，可按钢筋面积相等的原则进行代换，称为“等面积代换”。即：$A_{s_2} \geqslant A_{s_1}$

钢筋代换注意事项：

（1）梁的纵向受力钢筋与弯起钢筋应分别进行代换，以保证正截面与斜截面强度。

（2）当构件受裂缝宽度或抗裂性要求控制时，代换后应进行裂缝或抗裂性验算。

（3）钢筋代换后，应满足构造方面的要求（如钢筋间距、最小直径、最少根数、锚固长度、对称性等）及设计中提出的其他要求。

（4）当钢筋的品种、级别或规格需作变更时，应办理设计变更文件。

【例 4-3】 某构件原设计用 4 根 ϕ20 的 HPB235 级钢筋（$f_{y_1}=210\ \text{N/mm}^2$）作为主筋，现场无此钢筋，拟用 ϕ16 的 HRB335 钢筋（$f_{y_2}=300\ \text{N/mm}^2$）代换，试计算代换后的钢筋根数。

解： 因钢筋强度和直径均不相同，应按可按强度相等的原则代换，即下式进行计算：

$$A_{s_2} \geqslant (f_{y_1}/f_{y_2}) \cdot A_{s_1}$$

$$n_2 \geqslant f_{y_1} \times n_1 \times d_1^2 / f_{y_2} \times d_2^2$$

$$n_2 = 4 \times 20^2 \times 210/300 \times 16^2 = 4.375 = 5 \text{ 根}$$

故取 $n_2=5$

4.2.8 钢筋的加工

1. 除锈

钢筋表面的氧化层和油污等要清除干净，以免影响与混凝土的黏结力，尤其是预应力钢筋更应注意。除锈可用钢丝刷或沙盘，但效率不高，现多用除锈机、酸洗、喷沙等方法，钢筋冷拉也兼有除锈的作用。

2. 调直

为了便于运输和堆放，钢筋均成盘供应或将长钢筋折成几折，使用前要予以调直，否则会影响构件的性能。钢筋调直可用人工或调直机进行。细钢筋用卷扬机等冷拉调直。

3. 下料

钢筋下料要根据配料单上的下料长度，对照所供应的钢筋单根长统筹考虑，避免长钢筋短用，或造成过多的接头。量度时要用钢尺、刻度板等较准确的量具，避免用皮尺或用短尺多次重复量度。

4.3　模板工程

1. 模板的基本要求和种类

模板系统包括模板、支撑和紧固件三个部分。它是保证混凝土在浇筑过程中保持正确的形状和尺寸，是混凝土在硬化过程中进行防护和养护的工具。为此，模板和支撑必须符合下列要求：保证工程结构和构件各部位形状尺寸和相互位置的正确；其承载能力、刚度和稳定性足够，能可靠地承受新浇混凝土的自重和侧压力，以及施工荷载；构造简单、装拆方便，并便于钢筋的绑扎、安装和混凝土的浇筑、养护；模板的连接不应漏浆；能多次周转。近年来，愈来愈多的工程要求浇筑成清水混凝土或对混凝土的表面有较高要求，这就对模板提出了新的要求：一是要求模板板面具有一定的硬度和耐摩擦、耐冲击、耐碱、耐水及耐热性能。二是要求模板板面面积大、重量轻、表面平整，能浇筑成表面平整光洁的清水混凝土。

模板的种类很多，按材料分类，可分为木模板、钢木模板、胶合板模板、钢模板、塑料模板、玻璃钢模板、铝合金模板等；按结构的类型分为：基础模板、柱模板、楼板模板、楼梯模板、墙模板、壳模板和烟囱模板等多种；接施工方法分类：有现场装拆式模板、固定式模板和移动式模板。现场装拆式模板是按照设计要求的结构形状、尺寸及空间位置在现场组装，当混凝土达到拆模强度后即拆除模板。现场装拆式模板多用定型模板和工具式支撑，固定式模板多用于制作预制构件，是按构件的形状、尺寸于现场或预制厂制作，涂刷隔离剂，浇筑混凝土，当混凝土达到规定的强度后，即脱模、清理模板，再重新涂刷隔离剂，继续制作下一批构件。随着新结构、新技术、新工艺的采用，模板工程也在不断发展，其发展方向是：构造上由不定型向定型发展；材料上由单一木模板向多种材料模板发展；功能上由单一功能向多功能发展。由于模板的发展，使混凝土结构模板逐步实现定型化、装配化、工具化，大量节约了模板材料，尤其是木材，提高了模板的周转率，降低了工程成本，加快了工程进度。近年来，采用大模板、滑升摸板、爬升模板施工工艺，以大模板代替普通模板进行混凝土墙及结构施工，不仅节约了模板材料，还大大提高了工程质量和施工机械化程度。

2. 柱子模板

钢筋混凝土柱的特点是断面尺寸不大但比较高。柱模板的构造和安装主要考虑保证垂直度及有效抵抗新浇混凝土的侧压力，同时要考虑浇筑混凝土前清理模板内杂物、绑扎钢筋的方便。柱模板的拼装是由两块相对的内拼板，夹在两块外拼板之间组成（见图

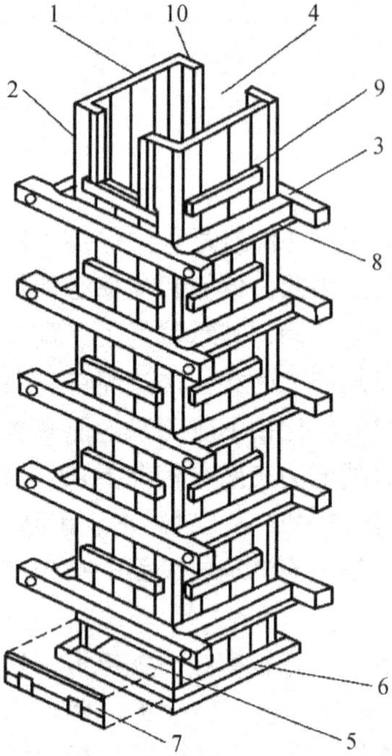

图 4-18 柱子的模板组成

1—内拼板；2—外拼板；3—柱箍；4—梁缺口；5—清扫口；6—木框；7—盖板；8—拉紧螺栓；9—拼条；10—三角木条

4-18）。

柱模板底部开有清扫孔。沿高度每隔约 2 m 开有浇筑孔。柱底部一般有一个固定在底部支撑面上的小木框，用于固定柱模板的平面位置。为承受混凝土侧压力，柱模外围要设柱箍，柱箍为木制、钢制或钢木制作。柱箍间距与混凝土侧压力大小、拼板厚度有关，由于新浇混凝土侧压力是下部大上部小，因而柱模下部的柱箍较密。柱模板顶部根据需要开设与梁模板连接的缺口。在安装柱模板前，应先绑扎好钢筋，测出标高并标在钢筋上，同时在已浇筑的基础顶面或楼面上固定好柱模板底部的小木框，在内外拼板上弹出中心线，根据柱边线及木框位置竖立内外拼板，并用斜撑临时固定，然后由顶部用锤球校正，使其垂直。检查无误后用斜撑钉牢固定。同在一条轴线上的柱，应先校正两端的柱模板，再从柱模上口中心线拉一铁丝来校正中间的柱模。柱模之间，还要用水平撑及剪刀撑相互拉结。

3. 梁、楼板模板

梁模板主要由底模、侧模、夹木及其支架系统组成，如图 4-19 所示。底模板用长条模板加拼条拼成，或用整块板条。为承受垂直荷载，在梁底模板下每隔一定间距用顶撑（琵琶撑）顶住。顶撑可以用圆水、方木或铜管制成。顶撑底要加垫一对木模块以调整标高和模紧顶撑。为使顶撑传下来的集中荷载均匀地传给地面，在顶撑底加铺垫板。多层建筑施工中，应使上、下层的顶撑在同一条竖向直线上。顶撑之间应用纵横向的水平撑或剪刀撑拉结成整体，以防顶撑失稳。侧模板用长板条加拼条制成，为承受混凝土侧压力，底部用夹木固定，上部由斜撑和水平拉条固定。

如图 4-20，楼板模板的底模用木板条或用定型模板拼成，铺设在楞木上。楞木搁置在梁模板外的托木上，若楞木面不平，可以加木条调平。当楞木的跨度较大时，中间应加设立柱，立柱上钉通长的杠木。底模板应垂直于楞木方向铺钉，应适当调整楞木间距来配合定型模板的规格。在主梁、次梁模板安装完毕后，才可安装托木、楞木及楼板底模。如梁或板的跨度等于或大于 4 m，应使梁或板底模板起拱，防止新浇筑混凝土的荷载使跨中模板下挠。如设计无规定时，起拱高度宜为全跨长度的 1‰～3‰。

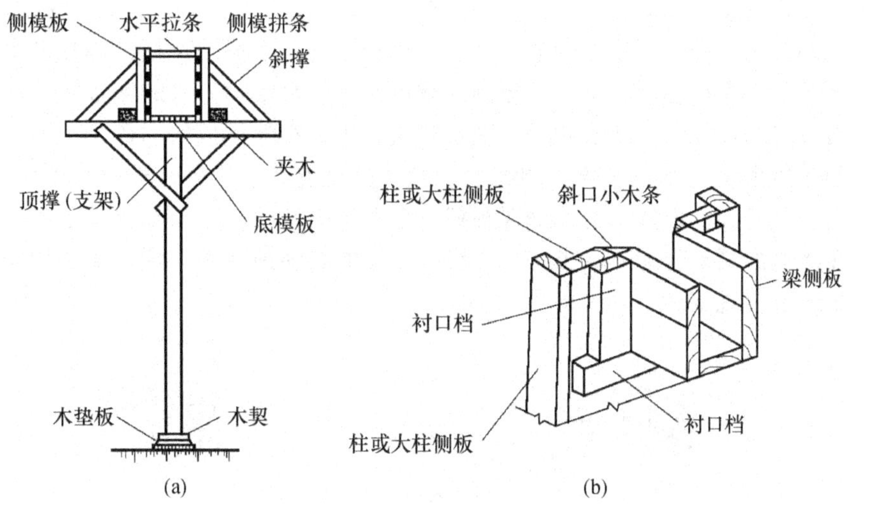

图 4-19　梁模板的组成

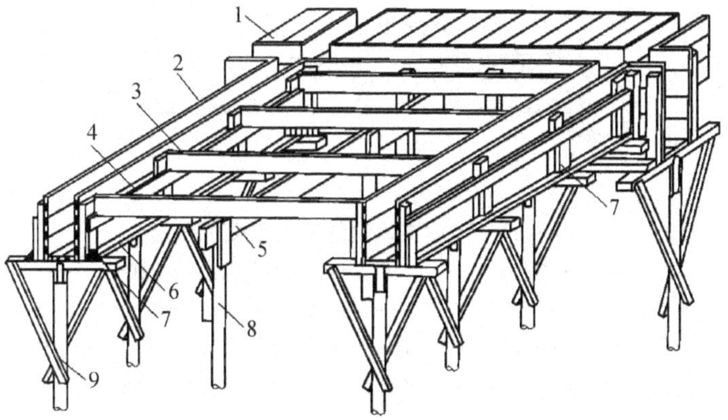

图 4-20 有梁楼板模板

1—楼板模板；2—梁侧模板；3—楞木；4—托木；5—牵档；
6—夹条；7—短撑；8—立柱；9—支撑

4．楼梯模板

楼梯模板（见图 4-21）可采用木模或组合钢模支设。安装时，在楼梯间的墙上按设计标高画出楼梯段、楼梯踏步及平台板、平台梁的位置。先立平台梁、平台板的模板，然后在楼梯基础侧板上钉托木，楼梯模板的斜楞钉在基础梁和平台梁侧板外的托木上。在斜楞上面铺钉楼梯底模。下面设杠木和斜向顶撑，斜向顶撑间距 10～12 m，用拉杆拉结。再沿楼梯边立外帮板，用外帮板上的横档木、斜撑和固定夹木将外帮板钉固在杠木上。再在靠墙的一面把反三角板立起，反三角板的两端可钉于平台梁和梯基的侧板上，然后在反三角板与外帮板之间逐块钉上踏步侧板，踏步侧板一头钉在外帮板的木档上，另一头钉在反三角板上的三角木块（或小木条）侧面上。如果梯段较宽，应在梯段中间再加反三角板，以免发生踏步侧板凸肚现象。为了确保梯板符合要求的厚度，在踏步侧板下面可以垫若干小木块，在浇筑混凝土时随时取出。现浇结构模板安装和预埋件、预留孔洞的允许偏差应符合规范中的有关规定。

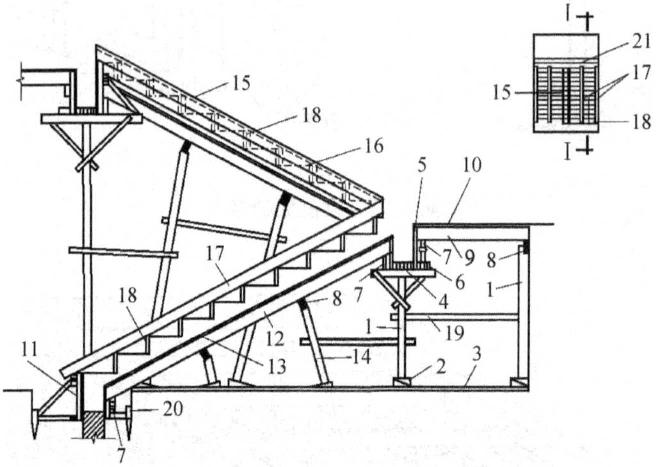

图 4-21　整体浇筑钢筋混凝土楼梯模板

1—支柱（顶撑）；2—木楔；3—垫板；4—平台梁底板；5—侧板；6—夹板；7—托木；8—杠木；9—楞木；10—平台底板；11—梯基侧板；12—斜楞木；13—楼梯底板；14—斜向顶撑；15—外帮板；16—横档木；17—反三角板；18—踏步侧板；19—拉杆；20—木桩；21—平台梁板

5. 组合钢模板

组合钢模板通过各种连接件和支承件可组合成多种尺寸和几何形状，以适应各种类型建筑物的梁、柱、板、墙、基础等构件施工所需要的模板，也可用其拼成大模板、滑模、筒模和台模等。施工时可在现场直接组装，亦可预拼装成大块模板或整个构件模板，用起重机吊运安装组合钢模板。

组合钢模板是由模板、连接件和支承件组成模板包括平面模板、阴角模板、阳角模板、连接角模，如图 4-22 所示，此外还有倒棱模板、梁腋模板、柔性模板、搭接模板、可调模板及嵌补模板等专用钢模板。采用模数制设计，通用模板的宽度模数以 50 mm 进级，有 100，150，200，250，300 mm 几种规格尺寸；长度模数以 150 mm 进级，有 450，600，750，900，1 200，1 500 mm 六种规格尺寸。

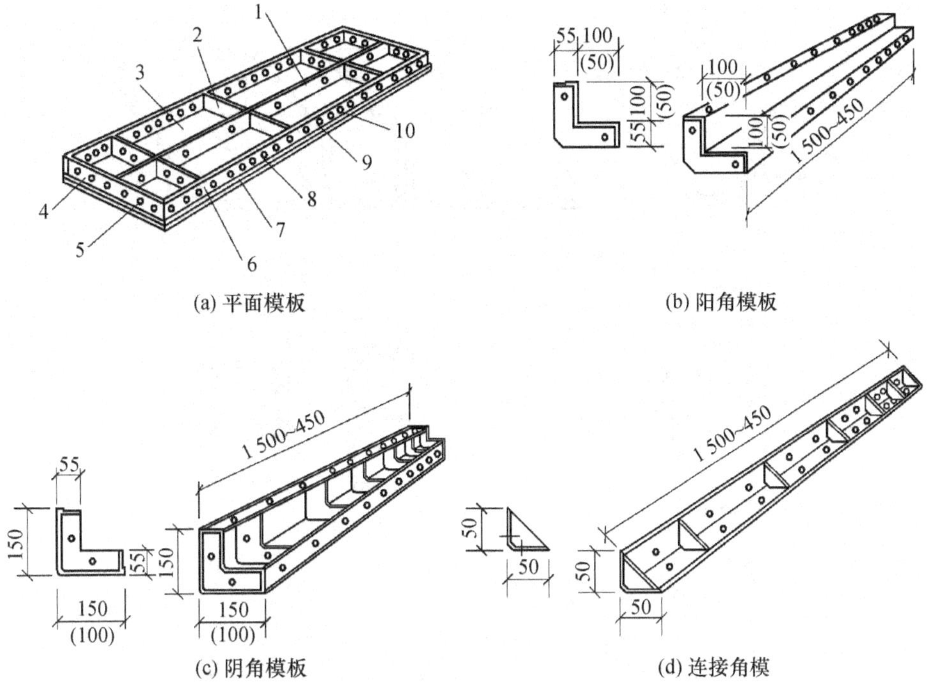

图 4-22　钢模板类型

（a）平面模板；（b）阳角模板；（c）阴角模板；（d）连接角模

1—中纵肋；2—中横肋；3—面板；4—横肋；5—插销孔；6—纵肋；7—凸棱；8—凸鼓；9—U 形卡孔；10—钉子孔

组合钢模板的连接件包括：U 形卡、L 形插销、钩头螺栓、对拉螺栓、紧固螺栓和扣件等，如图 4-23 所示。其中 U 形卡［图 4-23（a）］用于相邻模板的拼接。其安装的距离不大于 300 mm，即每隔一孔卡插一个，安装方向一顺一倒相互交错，以抵消因打紧 U 形卡可能产生的位移；L 形插销［图 4-23（b）］用于插入钢模板端部横肋的插销孔内，以加强两相邻模板接头处的刚度和保证接头处板面平整；钩头螺栓［图 4-23（c）］用于钢模板与内外钢楞的加固。安装间距一般不大于 600 mm，长度应与采用的钢楞尺寸相适应；紧固螺栓［图 4-23（d）］用于紧固内外钢楞，长度应与采用的钢楞尺寸相适应；对拉螺栓［图 4-23（e）］用于连接墙壁两侧模板，保持模板与模板之间的设计厚度，并承受混凝土侧压力及水平荷载，使模板不致变形；扣件则用于钢楞与钢楞或与钢模板之间的扣紧。按钢楞的不同形状，分别采用蝶形扣件和“3”形扣件。

组合钢模板的支撑件包括柱箍、钢楞、支架、斜撑、钢桁架等。

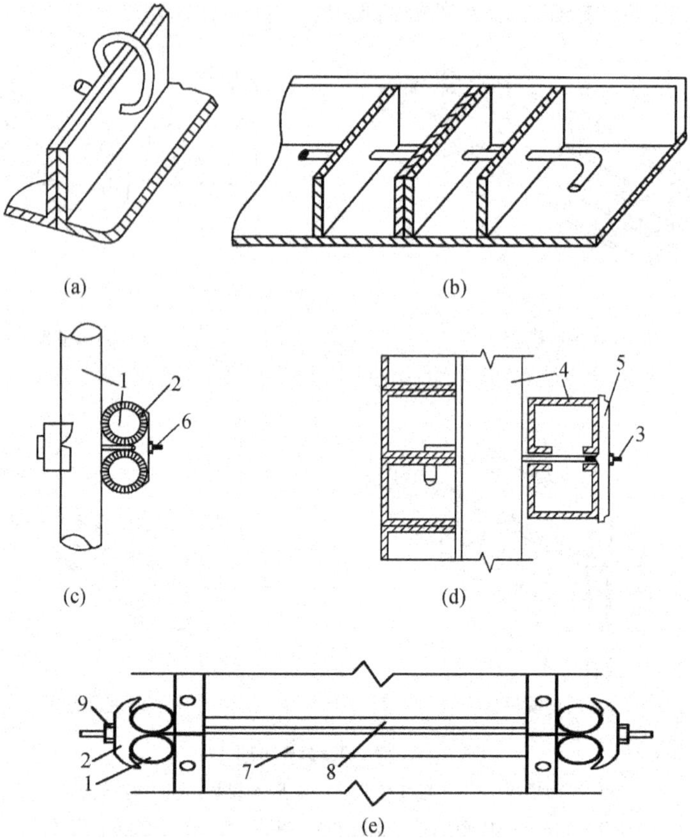

图 4-23 钢模板连接件

(a) U 形卡连接；(b) L 形插销连接；(c) 钩头螺栓连接；(d) 紧固螺栓连接；(e) 对螺栓连接

1—圆钢管钢楞；2—“3”形扣件；3—钩头螺栓；4—内卷边槽钢钢楞；

5—蝶形扣件；6—紧固螺栓；7—对拉螺栓；8—塑料套管；9—螺母

6. 模板的安装

模板及其支架必须符合下列规定：保证工程结构和构件各部分形状尺寸和相互位置的正确；具有足够的承载能力、刚度和稳定性，能可靠地承受新浇筑混凝土的自重和侧压力，以及在施工过程中所产生的荷载；构造简单，装拆方便，并便于钢筋的绑扎、安装和混凝土的浇筑、养护等要求；模板的接缝不应漏浆。

模板与混凝土的接触面应涂隔离剂，且严禁隔离剂玷污钢筋和混凝土接槎处。

必须注意，竖向模板和支架的支撑部分，当安装在基土上时应加设垫板，且基土必须坚实并有排水措施。对湿陷性黄土，必须采取防水措施；对冻胀性土，必须采取防冻措施。另外，模板及其支架在安装过程中，必须设置防倾覆的临时固定措施。

对于现浇多层结构，应采取分层分段支模的施工方法，安装上层模板及其支架应符合下列规定：下层楼板应具有承受上层荷载的承载能力或加设支架支撑；上层支架的立柱应对准下层支架的立柱，并铺设垫板；如果采用悬挑模板、桁架支模方法时，其支撑结构的承载能力和刚度必须符合要求；当层高 >5 m 时，宜选用桁架支模或多层支架支模，当采用多层支架支模时，支架的横垫板应平整，支柱应垂直，上下层支柱应在同一竖向中心线上。

7. 模板的拆除

模板拆除取决于混凝土的强度、各种模板的用途、结构的性质、混凝土硬化时的温度及养护条件等。及时拆模可以提高模板的周转率；拆模过早会因混凝土的强度不足，在自重或外力作用下而产生变形甚至裂缝，造成质量事故。因此，合理地拆除模板对提高施工的技术经济效果至关重要。

对于现浇混凝土结构工程施工时，模板和支架拆除应符合下列规定。

（1）侧模，在混凝土强度能保护其表面及棱角不因拆除模板而受损坏后，方可拆除；

（2）底模，在混凝土强度符合表 4-9 的规定，方可拆除。

表 4-9　现浇结构拆模时所需混凝土强度

项次	结构类型	结构跨度（m）	按设计混凝土强度的标准值百分率计（%）
1	板	≤2	50
		>2，≤8	75
		>8	100
2	梁、拱、壳	≤8	75
		>8	100
3	悬臂梁构件	≤2	75
		>2	100

注：“设计的混凝土强度标准值”是指与设计混凝土等级相应的混凝土立方抗压强度标准值。

对预制构件模板拆除时的混凝土强度，应符合设计要求；当设计无具体要求时，应符合下列规定。

（1）在混凝土强度能保护其表面及棱角不因拆除模板而受损坏后，方可拆除侧模；

（2）在混凝土强度符合表 4-9 的规定，方可拆除底模。

(3) 当构件跨度不大于4 m时，在混凝土强度符合设计的混凝土强度标准值的50%的要求后，方可拆除底模；当构件跨度大于4 m时，在混凝土强度符合设计的混凝土强度标准值的75%的要求后，方可拆模。

已拆除模板及其支架的结构，在混凝土强度符合设计混凝土强度等级的要求后，方可允许承受全部荷载；当施工荷载产生的效应比使用荷载的效应更为不利时，对结构必须经过核算，能保证其安全可靠性或经加设临时支撑加固处理后，才允许继续施工。

拆除的顺序与安装模板的顺序相反。一般的顺序是：柱模板、楼板模板的底模、梁侧模及梁底模。拆模时尽可能避免损伤构件表面及模板本身。拆除后的模板应进行清理、涂刷隔离剂后分类堆放，以便循环使用。

4.4 混凝土工程

混凝土工程包括混凝土的制备、运输、浇筑、振捣和养护等施工工序。

混凝土工程的施工工序紧密相连并且相互影响，因此要保证工程结构和构件具有准确的设计尺寸和外形，确保混凝土结构的强度、刚度、密实性、整体性均满足设计和施工的要求，严格保证混凝土工程每道工序的施工质量至为关键。混凝土工程工艺流程如图4-1所示。

4.4.1 混凝土的制备

混凝土制备，应合理选择混凝土材料；保证结构设计对混凝土强度等级和施工时对混凝土和易性的要求，对有抗冻、抗渗等要求的混凝土，应符合有关的专门规定，达到满足性能要求和经济要求的目的。新拌制的混凝土拌和物应具有施工所要求的工作性，硬化后的混凝土要能满足设计强度和耐久性的要求。

1. 混凝土的强度

强度是混凝土硬化后的主要力学性能。混凝土强度包括抗压、抗拉、抗弯及抗折强度等。其中以抗压强度为最大，抗拉强度为最小。混凝土在工程中主要用于承受压力，所以，一般讲的混凝土强度即指抗压强度，结构设计、施工都以抗压强度为依据。混凝土的抗压强度是指在压力作用下抵抗破坏的能力。抗压强度分为立方体抗压强度、棱柱体抗压强度，常用的是立方体抗压强度。

影响强度的主要因素是水泥的强度、水灰比、集料的性质、养护条件和龄期等。施工方法和施工质量对强度也有较大的影响。

(1) 混凝土配制强度（$f_{cu,o}$）

混凝土配制强度应按下式计算：

$$f_{cu,o} \geqslant f_{cu,k} + 1.645\sigma$$

式中：$f_{cu,o}$——混凝土配制强度，MPa；

$f_{cu,k}$——混凝土立方体抗压强度标准值，MPa；

σ——混凝土强度标准差，MPa。

混凝土强度标准差宜根据同类混凝土统计资料按下式计算确定：

$$\sigma = \sqrt{\frac{\sum f_{cu,i}^2 - f_{cu,m}^2}{N-1}}$$

式中：$f_{cu,i}$——统计周期内同一品种混凝土第 i 组试件的强度值，MPa；

$f_{cu,m}$——统计周期内同一品种混凝土 N 组强度的平均值，MPa；

N——统计周期内同一品种混凝土试件的总组数，$N \geqslant 25$。

当混凝土强度等级为 C20 和 C25 级，若强度标准差计算值小于 2.5 MPa 时，计算配制强度用的标准差应取不小于 2.5 MPa；当混凝土强度等级等于或大于 C30 级，若强度标准差计算值小于 3.0 MPa 时，计算配制强度用的标准差应取不小于 3.0 MPa。

对预拌混凝土厂和预制混凝土构件厂，其统计周期可取为一个月；对现场拌制混凝土的施工单位，其统计周期可按实际情况确定，但不宜超过三个月。施工单位如无近期混凝土强度统计资料时，强度标准差可根据混凝土设计强度等级取值：当混凝土设计强度≤C20 时，取 4 MPa；当混凝土设计强度在 C25～C40 之间时，取 5 MPa；当混凝土设计强度≥C45 时，取 6 MPa。

（2）混凝土施工配合比及施工配料

混凝土的配合比是在实验室根据混凝土的配制强度经过试配和调整而确定的，称为实验室配合比。实验室所用沙、石都是不含水分的。而施工现场沙、石都有一定的含水率，且含水率大小随气温等条件不断变化。为保证混凝土的质量，施工中应按沙、石实际含水率对原配合比进行调整。根据现场沙、石含水率调整后的配合比称为施工配合比。

设实验室配合比为：水泥∶沙∶石 = $1:x:y$，水灰比 W/C，现场沙、石含水率分别为 W_x、W_y，则施工配合比为：水泥∶沙∶石 = $1:x(1+W_x):y(1+W_y)$，水灰比 W/C 不变，但实际加水量应扣除沙、石中的含水量。

施工配料是确定每拌一次需要用的各种原材料量，它根据施工配合比和搅拌机的出料容量计算。

【例 4-4】 某混凝土实验室配合比为 1∶2∶4.25，水灰比 $W/C = 0.55$，每立方米混凝土水泥用量 $m_c = 295$ kg，现场测得沙、石含水率分别为 3%、1%，求施工配合比及每立方米混凝土各种材料用量。

解： 施工配合比

$$1:x(1+W_x):y(1+W_y)=1:2(1+0.03):4.25(1+0.01)=1:2.06:4.29$$

按施工配合比及每立方米混凝土各种材料用量：

水泥 $m_c=295\ \text{kg}$

沙 $m_s=295\times 2.06=607.7$（kg）

石 $m_g=295\times 4.29=1\,265.6$（kg）

用水量 $m_w=295\times 0.55-2.06\times 295\times 0.03-4.29\times 295\times 0.01$

$=162-18.2-12.66=131$（kg）

【例 4-5】 已知某混凝土的实验室配合比为 280∶820∶1 150∶170（为每立方米混凝土用量），已测出沙的含水率为 3.2%，石的含水率为 1.2%，搅拌机的出料容积为 400 L，若采用袋装水泥（50 kg 一袋），求每搅拌一罐混凝土所需各种材料的用量。

解：混凝土的实验室配合比折算为：

$$m_c:m_s:m_g:m_\omega=1:2.93:4.12:0.61$$

将原材料的含水率考虑进去计算出施工配合比为：

$$1:3.02:4.07$$

每搅拌一罐混凝土水泥用量为：$280\times 0.4=112$（kg），实用两袋水泥 100 kg。

搅拌一罐混凝土沙用量为：$100\times 3.02=302$（kg）。

搅拌一罐混凝土石用量为：$100\times 4.07=407$（kg）。

搅拌一罐混凝土水用量为：$100\times 0.61-302\times 3.2\%-407\times 1.2\%=46.5$（kg）。

施工配合比确定以后，就需对材料进行称量。称量是否准确将直接影响混凝土的强度。

2. 混凝土搅拌机的选择

（1）混凝土搅拌机的选择。混凝土搅拌是将各种组成材料拌制成质地均匀、颜色一致、具备一定流动性的混凝土拌和物。如果混凝土搅拌得不均匀就不能获得密实的混凝土，影响混凝土的质量，所以搅拌是混凝土施工工艺中很重要的一道工序。由于人工搅拌混凝土质量差，消耗水泥多，而且劳动强度大，所以只有在工程量很小时才用人工搅拌，一般均采用机械搅拌。混凝土搅拌机按其搅拌原理分为自落式和强制式两类。

自落式搅拌机的搅拌筒内壁焊有弧形叶片，当搅拌筒绕水平轴旋转时，叶片不断将物料提升到一定高度，利用重力的作用，自由落下。由于各物料颗粒下落的时间、速度、落点和滚动距离不同，从而使物料颗粒达到混合的目的。自落式搅拌机宜于搅拌塑性混凝土和低流动性混凝土。目前主要应用锥形反转出料搅拌机。锥形反转出料搅拌机是自落式搅拌机中较好的一种，由于它的主副叶片分别与拌筒轴线成 45°和 40°夹角，故搅拌时叶片使物料作轴向窜动，所以搅拌运动比较强烈，它正转搅拌，反转出料，功率消耗大。这种搅拌机构造简单重量轻，搅拌效率高，出料干净，维修保养方便。我国规定混凝土搅拌机以其出料容量（m^3）×1 000 标定规格，现行混凝土搅拌机的系列为：50、150、250、350、500、750、1 000、1 500 和 3 000。

强制式搅拌机分为立轴式和卧轴式两种类型，由于搅拌作用比自落式强烈，宜于搅拌干硬性混凝土和轻骨料混凝土。

（2）搅拌制度的确定。为了获得质量优良的混凝土拌和物，除正确选择搅拌机外，还必须正确确定搅拌制度，即投料顺序、搅拌时间和进料容量等。

投料顺序：投料顺序应从提高搅拌质量，减少叶片、衬板的磨损，减少拌和物与搅拌筒的黏结，减少水泥飞扬改善工作条件等方面综合考虑确定。常用方法有：

一次投料法。即在上料斗中先装石子，再加水泥和沙，然后一次投入搅拌机。在鼓筒内先加水或在料斗提升进料的同时加水。这种上料顺序使水泥夹在石子和沙中间，上料时不致飞扬，又不致粘住斗底，且水泥和沙先进入搅拌筒形成水泥砂浆，可缩短包裹石子的时间。

二次投料法。它又分为预拌水泥砂浆法和预拌水泥净浆法。预拌水泥砂浆法是先将水泥、沙和水加入搅拌筒内进行充分搅拌，成为均匀的水泥砂浆，再投入石子搅拌成均匀的混凝土。预拌水泥净浆法搅拌的混凝土与一次投料法相比较，混凝土强度提高约 15%，在强度相同的情况下，可节约水泥约为 15%~20%。

搅拌时间：搅拌时间是影响混凝土质量及搅拌机生产率的重要因素之一，时间过短，拌和不均匀，会降低混凝土的强度及和易性；时间过长，不仅会影响搅拌机的生产率，而且会使混凝土和易性降低或产生分层离析现象。搅拌时间与搅拌机的类型、鼓筒尺寸、骨料的品种和粒径以及混凝土的坍落度等有关，混凝土搅拌的最短时间（即自全部材料装入搅拌筒中起到卸料止）。可按表 4-11 采用。

表 4-11　混凝土搅拌时间　（s）

混凝土坍落度（mm）	搅拌机机型	搅拌机出料容量（L）		
		<250	250~500	>500
≤30	自落式	90	120	150
	强制式	60	90	120
>30	自落式	90	90	120
	强制式	60	60	90

注：掺有外加剂时，搅拌时间应适当延长。

进料容量（干料容量）：为搅拌前各种材料体积之和。进料容量 V_j，与搅拌机搅拌筒的几何容量 V_g 有一定的比例关系，一般情况下两者比值为 $V_j/V_g=0.22\sim0.4$，鼓筒式搅拌机可用较小值。如进料容量超过 10% 以上，就会使材料在搅拌筒内无充分的空间进行拌和，影响混凝土拌和物的均匀性；如装料过少，则又不能充分发挥搅拌机的效率。进料容量可根据搅拌机的出料容量按混凝土的施工配合比计算。

使用搅拌机时，应注意安全。在鼓筒正常转动之后，才能装料入筒。在运转时，不得将头、手或工具伸入筒内。因故（如停电）停机时，要立即设法将筒子内的混凝土取出，以免凝结。在搅拌工作结束时，也应立即清洗鼓筒内外。叶片磨损面积如超过10%左右，就应按原样修补或更换。

3．商品混凝土

商品混凝土是将生产合格的混凝土拌和物，按施工单位的要求，以商品的形式出售给施工单位，并运送到浇筑地点，注入模板内。商品混凝土拌和物在搅拌站集中拌制，可以做到自动上料、自动称量、自动出料和集中操作控制，机械化、自动化程度较高，劳动强度大大降低，同时混凝土的质量得到改善，可以取得较好的技术经济效果。施工现场可根据工程任务的大小、现场的具体条件、机具设备的情况，因地制宜的选用，如采用移动式混凝土搅拌站等。

一些城市已建立了混凝土集中搅拌站，搅拌站的机械化及自动化水平较高，用自卸汽车直接供应搅拌好的混凝土，然后直接浇筑入模。这种供应“商品混凝土”的生产方式，在改进混凝土的供应，提高混凝土的质量以及节约水泥、骨料等方面，有很多优点。

4.4.2 混凝土的运输

1．对混凝土拌和物运输的要求

（1）应保持混凝土的均匀性，避免产生分层离析现象，混凝土运至浇筑地点，应符合浇筑时所规定的坍落度（见表4-11）。

表4-11 混凝土拌和物浇筑时所规定的坍落度

项次	结构种类	坍落度（mm）
1	基础或地面等垫层、无配筋的厚大结构（挡土墙、基础或厚大的块体等）	10～30
2	板、梁和大型及中型截面的柱子等	30～50
3	配筋密列的结构（薄壁、斗仓、筒仓、细柱等）	50～70
4	配筋特密的结构	70～90

注：① 本表系指采用机械振捣的坍落度，采用人工捣实时可适当增大。

② 需要配制大坍落度混凝土时，应掺用外加剂。

③ 曲面或斜面结构的混凝土，其坍落度值，应根据实际需要另行选定。

④ 轻骨料混凝土的坍落度，宜比表中数值减少10 mm～20 mm。

⑤ 自密实混凝土的坍落度另行规定。

（2）混凝土应以最少的中转次数，最短的时间，从搅拌地点运至浇筑地点，保征混凝土从搅拌机卸除后到浇筑完毕的延续时间不超过表 4-12 的规定。

表 4-12　混凝土从搅拌机中卸出后到浇筑完毕的延续时间　(h)

混凝土强度等级	气温（℃）	
	≤25	＞25
C30 及 C30 以下	120	90
C30 以上	90	60

注：① 掺用外加剂或采用快硬水泥拌制混凝土时，应按试验确定。
② 轻骨料混凝土的运输、浇筑延续时间应适当缩短。

（3）运输工作应保证混凝土的浇筑工作连续进行。

（4）运送混凝土的容器应严密，其内壁应平整光洁，不吸水，不漏浆，黏附的混凝土残渣应经常清除，并应防止曝晒、雨淋和冻结。

2. 混凝土运输工具的选择

混凝土运输工作分为地面运输、垂直运输和楼面运输三种情况。

地面运输 如运距较远时，可采用自卸汽车或混凝土搅拌运输车。工地范围内的运输多用载重 1t 的小型机动力翻斗车，近距离亦可采用双轮手推车。

垂直运输 目前多用塔式起重机、井架，也可采用混凝土泵。塔式起重机运输的优点是地面运输、垂直运输和楼面运输都可以采用。混凝土在地面由水平运输工具或搅拌机直接卸入吊斗吊起运至浇筑部位进行浇筑。

混凝土的垂直运送，除采用塔式起重机外，还可使用井架。混凝土在地面用双轮手推车运至井架的升降平台上，然后井架将双轮手推车提升到数层上，再将手推车沿铺在楼面上的跳板推到浇筑地点。另外，井架可以兼运其他材料，利用率较高。由于在浇筑混凝土时已立好模板，扎好钢筋，因此，需铺设手推车行走用的跳板。

4.4.3　混凝土的浇筑

混凝土浇筑要保证混凝土的均匀性和密实性，要保证结构的整体性、尺寸准确和钢筋预埋件的位置正确，拆模后混凝土表面要平整、光洁。浇筑前应检查模板、支架、钢筋和预埋件的正确位置，并进行验收。由于混凝土工程属于隐蔽工程，因而对混凝土量大的工程、重要工程或重点部位的浇筑，以及其他施工中的重大问题，均应随时填写施工记录。

1. 浇筑要求

(1) 防止离析。浇筑混凝土时，混凝土拌和物由料斗、漏斗、混凝土输送管、运输车内卸出时，如自由倾落高度过大，粗骨料在重力作用下，克服黏着力后的下落动能大，下落速度较砂浆快，因而可能形成混凝土离析。为此，混凝土自高处倾落的自由高度不应超过2 m，在竖向结构（如柱、墙等）中限制自由倾落高度不宜超过3 m，否则应沿串筒、斜槽、溜管等下料。

(2) 分层灌注，分层捣实，并应在前层混凝土凝结前，将次层混凝土浇筑完毕，以保证混凝土的密实性和整体性。分层厚度，应使混凝土能捣固密实，当采用插入式振动器时，为振动棒长的1.25倍；当采用表面振动器时，为200 mm；当用人工捣固时，根据钢筋疏密程度不同，一般为150 mm～250 mm。

(3) 正确留置施工缝。混凝土结构大多要求整体浇筑，如因技术或组织上的原因，混凝土不能连续浇筑完毕，且停顿时间有可能超过混凝土的初凝时间，则应预先确定在适当位置留置施工缝。

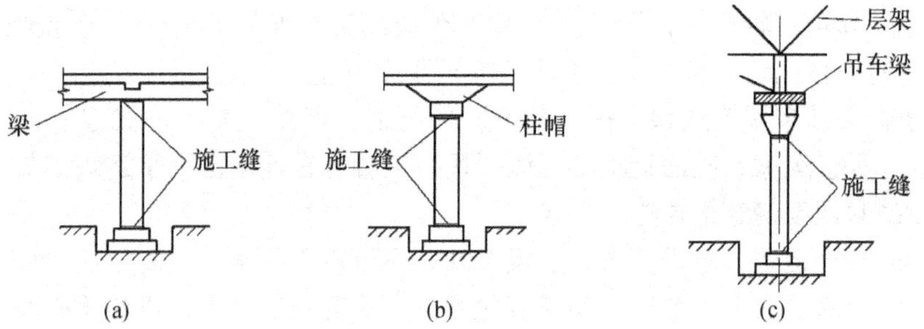

图4-24 柱子施工缝的位置

(a) 肋形楼板柱；(b) 无梁楼柱；(c) 吊车梁柱

施工缝的位置宜留在结构剪力较小的部位，同时要方便施工，柱子宜留在基础顶面、梁或吊车梁牛腿的下面、吊车梁的上面、无梁楼盖柱帽的下面（如图4-24所示），和板连成整体的大截面梁应留在板底面以下20 mm～30 mm处，当板下有梁托时，留置在梁托下部。单向板应留在平板短边的任何位置，有主次梁的楼盖宜顺着次梁方向浇筑，施工缝应留在次梁跨度的中间1/3长度范围内（如图4-25所示）。墙可留在门洞口过梁跨中1/3范围内，也可留在纵横墙的交接处。双向受力的楼板、大体积混凝土结构、拱、薄壳、多层框架等及其他复杂结构，应按设计要求留置施工缝。

施工缝的处理：在施工缝处继续浇筑混凝土时，应除掉水泥浮浆和松动石子，并用水冲洗干净，待已浇筑的混凝土的强度不低于 1.2 MPa 时才允许继续浇筑，在结合面应先铺抹一层水泥浆或与混凝土砂浆成分相同的砂浆；在重新浇筑混凝土的过程中，施工缝处应仔细捣实，使新旧混凝土结合牢固。

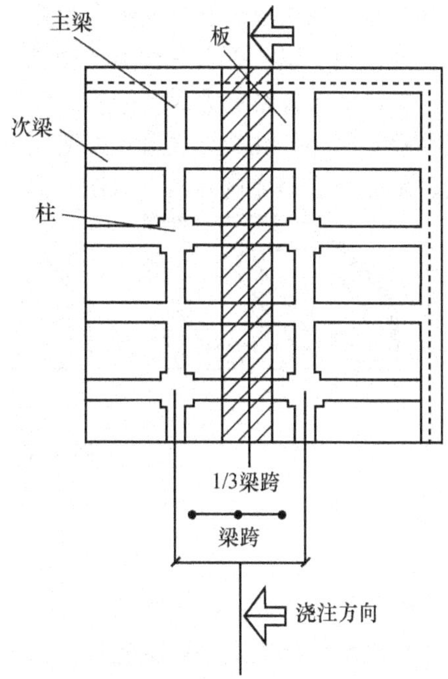

图 4-25　有梁板的施工缝位置

2. 浇筑方法

(1) 多层钢筋混凝土框架结构的浇筑。浇筑这种结构首先要划分施工层和施工段，施工层一般按结构层划分，而每一施工层如何划分施工段，则要考虑工序数量、技术要求、结构特点等。要做到木工在第一施工层安装完模板，准备转移到第二施工层的第一施工段上时，该施工段所浇筑的混凝土强度应达到允许工人在其上操作的强度（1.2 MPa）。

混凝土浇筑前应做好必要的准备工作，如模板、钢筋和预埋管线的检查和清理以及隐蔽工程的验收；浇筑用脚手架、走道的搭设和安全检查；根据试验室下达的混凝土配合比通知单准备和检查材料；并准备好施工用具等。

浇筑柱子时，施工段内的每排柱子应由外向内对称地依次浇筑，不要由一端向一端推进，预防柱子模板因湿胀造成受推倾斜而积累误差难以纠正。截面在 400 mm × 400 mm 以内，或有交叉箍筋的柱子，应在柱子模板侧面开孔用斜溜槽分段浇筑，每段高度不超过 2 m。截面在 400 mm × 400 mm 以上、无交叉箍筋的柱子，如柱高不超过 4.0 m，可从柱顶浇筑；如用轻骨料混凝土从柱顶浇筑，则柱高不得超过 3.5 m。柱子开始浇筑时，底部应先浇筑一层厚 50 mm ~ 100 mm 与所浇筑混凝土成分相同的水泥砂浆。浇筑完毕，如柱顶处有较大厚度的砂浆层，则应加以处理。柱子浇筑后，应间隔 1 h ~ 1.5 h，待所浇混凝土拌和物初步沉实后，再筑浇上面的梁板结构。

梁和板一般应同时浇筑，顺次梁方向从一端开始向前推进。只有当梁高大于 1m 时才允许将梁单独浇筑，此时的施工缝留在楼板板面下 20 mm ~ 30 mm 处。梁底侧面注意振实，振动器不要直接接触钢筋和预埋件。楼板混凝土的虚铺厚度应略大于板厚，用表面振动器或内部振动器振实，用铁插尺检查混凝土厚度，振捣完后用长的木抹子抹平。

(2) 大体积混凝土结构浇筑。大体积混凝土结构在工业建筑中多为设备基础，高层建筑基础等。在高层建筑工地中多为厚大的桩基承台或基础底板等，整体性要求较高，往往不允许留施工缝，要求一次连续浇筑完毕。

整体浇筑方案：为保证结构的整体性，混凝土应连续浇筑，要求每一处的混凝土在初凝前就被后部分混凝土覆盖并捣实成整体，根据结构特点不同，可分为全面分层、分段分层、斜面分层等浇筑方案（如图4-26所示）。

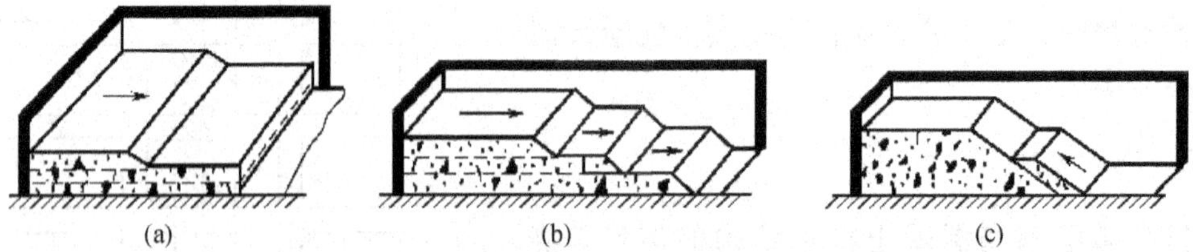

图4-26 大体积混凝土浇筑方案

（a）全面分层；（b）分段分层；（c）斜面分层

① 全面分层。当结构平面面积不大时，可将整个结构分为若干层进行浇筑，即第一层全部浇筑完毕后，再浇筑第二层，如此逐层连续浇筑，直到结束。为保证结构的整体性，要求次层混凝土在前层混凝土初凝前浇筑完毕。若结构平面面积为 A 平方米，浇筑分层厚为 h 米，每小时浇筑量为 Q 立方米，混凝土从开始浇筑至初凝的延续时间为 T 小时（一般等于混凝土初凝时间减去运输时间），为保证结构的整体性，则应满足：

$$A \cdot h \leqslant Q \cdot T$$

故

$$A \leqslant QT/h$$

即采用全面分层时，结构平面面积应满足上式的条件。

② 分段分层。当结构平面面积较大时，全面分层已不适应，这时可采用分段分层浇筑方案。即将结构划分为若干段，每段又分为若干层，先浇筑第一段各层，然后浇筑第二段各层，如此逐层连续浇筑，直至结束。为保证结构的整体性，要求次段混凝土应在前段混凝土初凝前浇筑并与之捣实成整体。若结构的厚度为 H 米，宽度为 b 米，分段长度为 L 米，为保证结构的整体性，则应满足：

$$L \leqslant QT/b(H-h)$$

③ 斜面分层。当结构的长度超过厚度的3倍时，可采用斜面分层的浇筑方案。这里，振捣工作应从浇筑层斜面下端开始，逐渐上移，且振动器应与斜面垂直。

3. 混凝土密实成型

混凝土浇入模板以后是较疏松的，里面含有空洞与气泡不能达到要求的密度。而混凝土的密度直接影响强度、抗冻性、抗渗性以及耐久性，因此，混凝土入模后，还需经振捣密实成形。目前混凝土密实成型主要是用人工或机械捣实的方法。人工捣实是用人力的冲击来使混凝土密实成型，只有在工程量不大、或机械不便工作的部位采用。下面介绍机械捣实中的振动捣实。

（1）混凝土振动密实原理。振动机械的振动一般是由电动机、内燃机或压缩空气马达带动偏心块转动而产生的简谐振动。产生振动的机械将振动能量传递给混凝土使其受到强迫振动。在振动力作用下混凝土内部的粘着力和内摩擦力显著减少，使骨料犹如悬浮在液体中，在其自重作用下向新的位置沉落，紧密排列，水泥砂浆均匀分布填充空隙，气泡逸出，孔缝减小游离水被挤压上升，混凝土填满了模板并形成密实体积。机械振捣混凝土可以大大减轻工人的劳动强度，减少蜂窝麻面的发生，提高混凝土的强度和密实度，加快模板周转，节约水泥 10%~15%。

（2）振动机械的选择。振动机械可分为内部振动器、表面振动器、外部振动器和振动台（如图4-27 所示）。

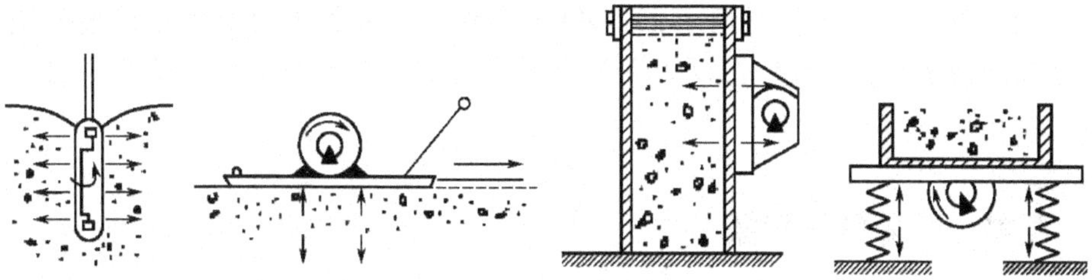

(a) (b) (c) (d)

图4-27 振动机械示意图

（a）内部振动器；（b）表面振动器；（c）外部振动器；（d）振动台

① 内部振动器。内部振动器［图4-27（a）］又称插入式振动器，是建筑工地应用最多的一种振动器，多用于振实梁、柱、墙、厚板和基础等。其工作部分是一棒状空心圆柱体，内部装有偏心振子，在电动机带动下高速转动而产生振动。偏心轴式内部振动器的振动频率为：5000~6000 次/min。行星滚锥式内部振动器的振动频率为 12000~15000 次/min，振捣效果好，且构造简单，使用寿命长，是当前常用的内部振动器。

用插入式振动器振动混凝土时，应垂直插入，并插入下层混凝土 50 mm，以促使上下层混凝土结合成整体。操作时要做到快插慢抽，每一振点的振捣延续时间约为 20~30 s，应使混凝土捣实，即表面呈现浮浆和不再沉落为限。

采用插入式振动器捣实普通混凝土的移动间距，不宜大于作用半径的 1.5 倍；捣实轻骨料混凝土的间距，不宜大于作用半径的 1 倍；振动器与模板的距离不应大于振动器作用半径的 1/2，并应尽量避免碰撞钢筋、模板、预埋件等。

② 表面振动器。表面振动器［图 4-27（b）］又称平板振动器，它是将电动机装上左右两个偏心块并固定在一块平板上，其振动作用可直接传递到混凝土面层上。这种振动器适用于捣实楼板、地面、板形构件和薄壳等薄壁结构。在无筋或单层钢筋结构中，每次振实的厚度不大于 250 mm；在双层钢筋的结构中，每次振实厚度不大于 120 mm。表面振动器移动间距，应保证振动器的平板覆盖已振实部分的边缘，以使该处的混凝土振实出浆为准。操作时，每一振动位置上应连续振动 25～40 s。

③ 附着式振动器。附着式振动器［图 4-27（c）］又称外部振动器，它通过螺栓或夹钳等固定在模板外侧的横档或竖档上，偏心块旋转所产生的振动力通过模板传给混凝土，使之振实。但模板应有足够的刚度。对于小截面直立间距，插入式振动器的振动棒很难插入，可使用附着式振动器，附着式振动器的设置间距，应通过试验确定，在一般情况下，可每隔 1 m～1.5 m 设置一个。当构件尺寸较厚时，需要在构建模板两侧安设振动器同时振动。

④ 振动台作业。振动台［图 4-27（d）］振捣时，混凝土每层浇筑厚度不大于 200 mm；当振动台用于振捣干硬性混凝土和轻骨料混凝土时宜采用加压振动的方法，压力为 1～3 kN/m^2。

4.4.4 混凝土的养护与拆摸

1. 混凝土养护

混凝土浇筑捣实后，逐渐凝固硬化，这个过程主要由水泥的水化作用来实现，而水化作用必须在适当的温度和湿度条件下才能完成。混凝土的养护就是创造一个具有一定湿度和温度的环境，使混凝土凝结硬化，达到设计要求的强度。因而养护对于保证混凝土的质量是至关重要的。混凝土养护方法分自然养护和人工养护。

自然养护是指利用平均气温高于 5℃的自然条件，用保水材料或草帘等对混凝土加以覆盖后适当浇水，使混凝土保持湿润状态在一定的时间内硬化。当最高气温低于 25℃时，在混凝土浇筑完后 12 小时以内加以覆盖和浇水；最高气温高于 25℃时，应在 6 小时以内开始覆盖、浇水养护。浇水养护的时间长短视水泥品种而定：硅酸盐水泥、普通硅酸盐水泥拌制的混凝土或有抗渗性要求的混凝土，养护时间不得少于 14 昼夜。浇水次数应使混凝土保持足够的湿润状态。养护初期由于水泥的水化反应较快，故需水也较多，所以要特别注意在浇筑以后最初几天的养护工作。在气温高、湿度低时，也应增加洒水的次数。混凝土必须养护至其强度达到 1.2 MPa 以后，方能在其上踩踏和安装模板及支架。现浇构件大多采用自然养护。

人工养护就是用人工来控制混凝土的养护温度和湿度，使混凝土强度增长，如蒸汽养护、热水养护、太阳能养护等。该养护方法主要用来养护预制构件。

2．混凝土的拆模

模板拆除日期取决于混凝土的强度、模板的用途、结构的性质及混凝土硬化时的气温。承重的侧模，在混凝土的强度能保证其表面棱角不因拆除模板而受损坏时，即可拆除。承重模板，如梁、板等底模，应待混凝土达到规定强度后，方可拆除。结构的类型跨度不同，其拆模强度不同，底模拆除时对混凝土强度要求，见表 4-9。

已拆除承重模板的结构，应在混凝土达到规定的强度等级后，才允许承受全部设计荷载。拆模后应由监理（建设）单位、施工单位对混凝土的外观质量和尺寸偏差进行检查，并作好记录，如发现缺陷，应进行修补。对面积小、数量不多的蜂窝或露石的混凝土，先用钢丝刷或压力水洗刷基层，然后用 1∶2～1∶2.5 的水泥砂浆抹平；对较大面积的蜂窝、露石、露筋应按其全部深度凿去薄弱的混凝土层，然后用钢丝刷或压力水冲刷，再用比原混凝土强度等级高一个级别的细骨料混凝土填塞，并仔细捣实。对影响结构性能的缺陷，应与设计单位研究处理。

4.4.5　混凝土工程施工质量检查

混凝土工程的施工质量检验应按主控项目、一般项目规定的检验方法进行检验。检验批合格质量应符合下列规定：主控项目的质量经抽样检验合格；一般项目的质量经抽样检验合格；当采用计数检验时，除有专门要求外，一般项目的合格点率应达到≥80%，且不得有严重缺陷；具有完整的施工操作依据和质量验收记录。

1．主控项目

（1）水泥进场时应对其品种、级别、包装或散装仓号、出厂日期等检查，并应对其强度、安定性及其他必要的性能指标进行复检，其质量必须符合现行国家标准的要求。当在使用中对水泥质量有怀疑或水泥出厂超过三个月（快硬硅酸盐水泥超过一个月）时，应进行复验，并按复验结果使用。钢筋混凝土结构、预应力混凝土结构中，严禁使用含氯化物的水泥。检查数量：按同一生产厂家、同一等级、同一品种、同一批号且连续进场的水泥，袋装不超过 200 t 为一批，散装不超过 500 t 为一批，每批抽样不少于一次。

检验方法：检查产品合格证、出厂检验报告和进场复验报告。

（2）混凝土中掺用外加剂的质量及应用技术应符合国家标准和有关环境保护的规定。预应力混凝土结构中，严禁使用含氯化物的外加剂。钢筋混凝土结构中，当使用含氯化物的外加剂时，混凝土中氯化物的总含量应符合现行国家标准的规定。

检查数量：按进场的批次和产品的抽样检验方案确定。

检验方法：检查产品合格证、出厂体验报告和进场复验报告。

(3) 混凝土强度等级、耐久性和工作性能等应按《普通混凝土配合比设计规程》(JGJ55) 的有关规定进行配合比设计。对有特殊要求的混凝土，其配合比设计应符合国家现行有关标准的专门规定。

检查方法：检查配合比设计资料。

(4) 结构混凝土的强度等必须符合设计要求。用于检查结构构件混凝土强度的试件，应在混凝土的浇筑地点随机抽取。取样与试件留置应符合下列规定：每拌制 100 盘且不超过 100 m^3 的同配合比混凝土，取样不得少于一次；每工作班拌制的同一配合比的混凝土不足 100 盘时，取样不得少于一次；当一次连续浇筑超过 1 000 m^3 时，同一配合比的混凝土每 200 m^3 取样不得少于一次；每一楼层、同一配合比的混凝土，取样不得少于一次；每次取样应至少留置一组标准养护试件，同条件养护试件的留置组数应根据其实际需要确定。

检验方法：检查施工记录及试件强度试验报告。

(5) 对有抗渗要求的混凝土结构，其混凝土试件应在浇筑地点随机取样。同一工程、同一配合比的混凝土，取样应少于一次，留置组数可根据实际需要确定。

检验方法：检查试件抗渗试验报告。

(6) 混凝土原材料每盘称量的偏差应符合的规定。水泥、掺合料 ±5%；粗骨料 ±3%；水、外加剂 ±2%。

检查数量：每工作班抽查不应少于一次。当遇雨天或含水率有显著变化时，应增加含水率检测次数，并及时调整水和骨料的用量。

检验方法：复称。

(7) 混凝土运输、浇筑及间歇的全部时间不应超过混凝土的初凝时间。同一施工段的混凝土应连续浇筑，并应在底层混凝土初凝之前将上一层混凝土浇筑完毕。当底层混凝土初凝后浇筑上层混凝土时，应按施工技术方案中对施工缝的要求进行处理。

检验数量：全数检查。

检验方法：观察，检查施工记录。

(8) 现浇结构的外观质量不应有严重缺陷。对已经出现的严重缺陷，应由施工单位提出技术处理方案，并经监理（建设）单位认可后进行处理。对经处理的部位，应重新检查验收。

检验数量：全数检查。

检验方法：观察，检查施工记录。

(9) 现浇结构不应有影响性能和使用功能的尺寸偏差。对超过尺寸允许偏差且影响结构性能和安装、使用功能的部位，应由施工单位提出技术处理方案，并经监理（建设）单位认可后进行处理。对经处理的部位，应重新检查验收。

检验数量：全数检查。

检验方法：量测，检查技术处理方案。

2. 一般项目

(1) 混凝土中掺用矿物掺合料，粗、细骨料及拌制混凝土用水的质量应符合现行国家标准的规定。

检查数量：按进场的批次和产品的抽样检验方案确定。

检验方法：检查出厂合格证和进场复验报告，粗、细骨料检查进场复验报告，拌制混凝土用水检查水质试验报告。

(2) 首次使用的混凝土配合比应进行开盘鉴定，其工作性能应满足设计配合比的要求。开始生产时应至少留置一组标准养护试件，作为验证配合比的依据。

检查数量：检查开盘鉴定资料和试件强度试验报告。

(3) 混凝土拌制前，应测定沙、石含水率并根据测试结果调整材料用量，提出施工配合比。

检查数量：每工作班检查一次。

检验方法：检查含水率测试结果和施工配合比通知单。

(4) 施工缝、后浇带的位置应在混凝土浇筑前按设计要求和施工技术方案确定。施工缝处理、后浇带混凝土浇筑的应按施工技术方案执行。

检验数量：全数检查。

检验方法：观察，检查施工记录。

(5) 现浇结构和混凝土设备基础拆模后的尺寸偏差应符合规定。

检查数量：按楼层、结构缝或施工段划分检验批。在同一检验批内，对梁、柱独立基础，应抽查构件数量的 10%，且不少于 3 件；对墙和板，应按有代表性的自然抽查 10%，且不少于 3 间；对大空间结构，墙可按相邻轴线间高度 5m 左右划分检查面，板可按纵、横轴线划分检查面，抽查 10%，且均不少 3 面；对电梯井，应全数检查。对设备基础，应全数检查。

4.4.6　混凝土质量缺陷的修整

当混凝土结构构件拆模后发现缺陷，应查清原因，根据具体情况处理。严重影响结构性能的，要会同设计和有关部门研究处理。

1. 混凝土质量缺陷的分类和产生原因

混凝土质量缺陷的分类如下。

（1）麻面：麻面是结构构件表面上呈现无数的小凹点，但无露筋现象。这种现象是由于模板湿润不够，拼缝不严密而漏浆，振捣时间不足、漏振，气泡未排出，混凝土过干等原因造成的。

（2）露筋：露筋是钢筋暴露在混凝土外面。产生原因是钢筋紧贴模板，混凝土保护层不够或浇筑时垫块移位。有时也因保护层的混凝土振捣不密实或模板吸水过多而造成掉角而露筋。

（3）蜂窝：蜂窝是结构构件中有蜂窝形状的窟窿，骨料间有空隙存在。产生原因主要有混凝土配合不当产生离析，钢筋过密、石子粒径偏大卡在钢筋上使其产生间隙，搅拌不匀、浇筑方法不当，振捣不足或漏振，以及模板拼缝不严而产生严重漏浆等。

（4）孔洞：孔洞是指混凝土内部存在空隙，局部部位全部没有混凝土。这种现象主要是由于混凝土浇筑方法不当、钢筋布置太密或一次下料过多，下部无法振捣而形成。混凝土受冻也可能产生孔洞。

（5）裂缝：裂缝分表面裂缝和深度裂缝，而后者一般为结构裂缝，应高度重视。产生的原因有结构设计承载能力不够，施工荷载过重太集中，施工缝设置不当，或大面积混凝土施工时气温发生突变等。

（6）内部缺陷：混凝土内部缺陷，主要有混凝土强度不足，保护性能不良。前者产生原因是多方面的，如配合比设计不当，水灰比控制不严，含沙率过高，搅拌不均，养护不及时等。后者产生原因主要是混凝土保护层严重不足，钢筋外露发生锈蚀，铁锈膨胀引起混凝土开裂。另外，过量使用氯盐外掺剂造成钢筋锈蚀，严重的可使混凝土脱落而露筋。

2. 混凝土质量缺陷的修整方法

（1）表面抹浆修补法。对数量不多的小蜂窝、麻面、露筋、露石的混凝土表面缺陷，可用1∶2～2.5水泥砂浆抹面修整。在抹浆前，须用钢丝刷或加压的水清洗润湿，抹浆初凝后要加强养护。

经检查确认对结构构件承载力无影响而且数量不多的细小裂缝，可将裂缝加以冲洗，用水泥浆抹补。裂缝较大较深时，应将裂缝附近的混凝土表面凿毛，或沿裂缝方向凿成深为15～20 mm、宽为100～200 mm的V形凹槽，扫净并洒水湿润，先刷水泥浆一层，然后用1∶2～2.5水泥砂浆分2～3层涂抹，总厚度控制在10 mm～20 mm左右，并压实抹光。

（2）细石混凝土填补法。当蜂窝比较严重或露筋较深时，应除去有缺陷处的不密实混凝土和突出的骨料颗粒，用清水洗刷干净并充分湿润后，再用比设计强度等级高一级的细石混凝土填补并仔细捣实。

对孔洞事故的处理，可将孔洞周围疏松的混凝土和突出石子剔掉，用清水刷洗干净并保持湿润 72h 后，再用比设计混凝土强度等级高一级的细石混凝土捣实。为减少新旧混凝土之间的孔隙，水灰比宜控制在 0.5 以内，并掺水泥用量万分之一的铝粉，分层捣实并加强养护。

(3) 灌浆法。对于影响结构承载力和影响防水、防渗性能的裂缝，应根据裂缝的宽度、结构性质和施工条件，采用砂浆输送泵灌浆的方法予以修补。宽度小于 0.5 mm 的裂缝，宜采用化学灌浆；宽度大于 0.5 mm 可采用水泥灌浆材料，常用的有环氯树脂浆液和甲凝等；防渗堵漏用的灌浆材料，常用的有聚氨酯和丙凝等。

4.5　混凝土冬期施工

根据当地多年气温资料，室外日平均气温连续 5 天稳定低于 5℃时，混凝土结构工程应按冬期施工要求组织施工。冬期施工时，气温低，水泥水化作用减弱，新浇混凝土强度增长明显地延缓，当温度降至 0℃以下时，水泥水化作用基本停止，混凝土强度亦停止增长。特别是温度降至混凝土冰点温度以下时，混凝土中的游离水开始结冰，结冰后的水体积膨胀约 9%。在混凝土内部产生冰胀应力，致使结构强度降低。受冻的混凝土在解冻后，其强度虽能继续增长，但已不能达到原设计的强度等级。试验证明，混凝土的早期冻害是由于内部水结冰所致。混凝土在浇筑后立即受冻，抗压强度约损失 50%，抗拉强度约损失 40%，其强度就愈低。试验证明，混凝土遭受冻结带来的危害与遭冰冻的时间早晚、水灰比、水泥标号、养护温度等有关。

冬期浇筑的混凝土在受冻以前必须达到的最大强度称为混凝土受冻临界强度。我国现行规范规定在受冻前，混凝土受冻临界强度应达到：硅酸盐水泥或普通硅酝盐水泥配制的混凝土不得低于其设计强度标准的 30%；矿渣硅酸盐水泥配制的混凝土不得低于其设计强度标准值的 40%；C10 及以下的混凝土不得低于 5.0 N/mm^2。掺防冻剂的混凝土，温度降低到防冻剂规定温度以下时，混凝土的强度不得低于 3.5 N/mm^2

4.5.1　混凝土冬期施工的一般规定

一般情况下，混凝土冬期施工要求在正温下浇筑，正温下养护，使混凝土强度在冰冻前达到受冻临界强度，在冬期施工时对原材料和施工过程均要有必要的措施，来保证混凝土的施工质量。

1. 对材料的要求及处理

（1）冬期施工中配制混凝土用的水泥，应优先选用活性高、水化热大的硅酸盐水泥和普通硅酸盐水泥。水泥的强度等级不应低于32.5R级。最小水泥用量不宜少于300 kg/m^3，水灰比不应大于0.6。使用矿渣硅盐水泥时，宜采用蒸汽养护，使用其他品种水泥，应注意其中掺合材料对混凝土抗冻抗渗等性能的影响。冷混凝土法施工宜优先选用含引气成分的外加剂，含气量宜控制在2%~4%。掺用防冻剂的混凝土，严禁使用高铝水泥。

（2）混凝土所用骨料必须清洁，不得含有冰雪等冰结物及易冻裂的矿物质。冬期骨料所用贮备场地应选择地势较高不积水的地方。

（3）冬期施工对组成混凝土材料的加热，应优先考虑加热水，因为水的热容量大，加热方便，但加热温度不得超过规定的数值。当水、骨料达到规定温度仍不能满足热工计算要求时，可提高水温到100℃，但水泥不得与80℃以上的水直接接触。水的常用加热方法有三种：用锅烧水、用蒸汽加热水、用电极加热水。水泥不得直接加热，使用前宜运入暖棚存放。

冬期施工拌制混凝土的沙、石温度要符合热工计算需要温度。骨料加热的方法有：将骨料放在底下加温的铁板上面直接加热；或者通过蒸汽管、电热线加热等。但不得用火焰直接加热骨料，并应控制加热温度。加热的方法可因地制宜，其中蒸汽加热法较好。其优点是加热温度均匀，热效率高，缺点是骨料中的含水量增加。

（4）钢筋冷拉可在负温下进行，但冷拉温度不宜低于－20℃。当采用控制应力方法时，冷拉控制应力较常温下提高30 N/mm^2；采用冷拉率控制方法时，冷拉率与常温时相同。钢筋的焊接宜在室内进行。如必须在室外焊接，最低气温不低于－20℃，具有防雪和防风措施。刚焊接的接头严禁立即碰到冰雪，避免造成冷脆现象。

（5）冬期浇筑的混凝土，宜使用无氯盐类防冻剂，对抗冻性要求高的混凝土，宜使用引气剂或引气减水剂。

2. 混凝土的搅拌、运输

混凝土不宜露天搅拌，应尽量搭设暖棚，优先选用大容量的搅拌机，以减少混凝土的热损失。混凝土搅拌时间应根据各种材料的温度情况，考虑相互间的热平衡过程，可通过试拌确定延长的时间，一般为常温搅拌时间的1.25~1.5倍。拌制混凝土的最短时间应按表取用，搅拌混凝土时，骨料中不得带有冰、雪及冻团。

拌制掺用防冻剂的混凝土，当防冻剂为粉剂时，可按要求掺量直接撒在水泥上面和水泥同时投入；当防冻剂为液体时，应先配制成规定浓度溶液，然后再根据使用要求，用规定浓度溶液再配制成施工溶液。各溶液应分别置于明显标志的容器内，不得混淆，每班使用的外加剂溶液应一次配成。

配制与加入防冻剂，应设专人负责并做好记录，应严格按剂量要求掺入。混凝土拌和物的出机温度不宜低于10℃。

混凝土的运输过程是热损失的关键阶段，应采取必要的措施减少混凝土的热损失，同时应保证混凝土的和易性。常用的主要措施为减少运输时间和距离；使用大容积的运输工具并采取必要的保温措施。保证混凝土入模温度不低于5℃。

3. 混凝土的浇筑

混凝土在浇筑前，应清除模板和钢筋上的冰雪和污垢，尽量加快混凝土的浇筑速度，防止热量散失过多。当采用加热养护时，混凝土养护前的温度不得低于2℃。冬期不得在强冻胀性地基土上浇筑混凝土，当在弱冻胀性地基土上浇筑混凝土时，地基土应进行保温，以免遭冻。对加热养护的现浇混凝土结构，混凝土的浇筑程序和施工缝的位置，应能防止在加热养护时产生较大的温度应力。当分层浇筑厚大整体结构时，已浇完层的混凝土温度，在被上一层混凝土覆盖前，不得低于按热工计算的温度，且不得低于2℃。冬期施工混凝土振捣应用机械振捣，振捣时间应比常温时有所增加。

4.5.2　混凝土冬期施工的方法

混凝土冬期施工的方法，主要有蓄热法及综合蓄热法、掺外加剂法、人工加热养护法等。但无论采用什么方法，均应保证混凝土在冻结以前，至少应达到临界强度。

1. 蓄热法及综合蓄热法

蓄热法就是将具有一定温度的混凝土浇筑后，在其表面用草帘、锯末、炉渣等保温材料加以覆盖，避免混凝土的热量和水泥的水化热散失太快，以此来维持混凝土冻结前达到所要求强度的温度。蓄热法适用于地下工程和表面系数（指结构冷却的表面积与结构体积之比值）不大于15 m^{-1}及室外最低温度不低于-15℃的情况下。

综合蓄热法是在蓄热法的基础上，掺加相应的外加剂或进行短时间加热等综合措施，创造加速混凝土硬化的条件，使混凝土尽快在正温度下达到规范要求的抗冻临界强度。

2. 掺外加剂法

掺外加剂法是在冬期施工的混凝土中掺加一定剂量的外加剂，降低混凝土中液相冰点的作用，使混凝土在负温下继续硬化，而勿须采取任何加热保温措施，这是混凝土冬期施工的一种有效方法，可以简化施工、节约能源，还可改善混凝土的性能。

3. 人工加热养护法

人工加热养护法包括蒸汽加热法、电热法、远红外加热法和暖棚加热等方法。

蒸汽加热法就是利用蒸汽使混凝土保持一定的温度和湿度，以加速混凝土硬化。此法除预制厂用的蒸汽养护窑外，在现浇结构中则有汽套法、毛管法和构件内部通汽法等。汽套法是在构件模板外再加密封的套板，模板与套板间的空隙不宜超过 15 cm，在套板内通入蒸汽加热养护混凝土。此法加热均匀，但设备复杂、费用大，只适宜在特殊条件下用于养护梁、板等水平构件；毛管法是指一种所谓“毛细管模板”，即在模板内侧做成凹槽，凹槽上盖以铁皮，在凹槽内通入蒸汽进行加热。毛管法用汽少、加热均匀，适用养护柱、墙等垂直结构。此外，亦有在大模板的背面装设蒸汽管道，再用薄铁皮封闭加以保温，适用于大模板工程冬期施工；构件内部通汽法是在浇筑构件时先预留孔道，再将蒸汽送入孔道内加热混凝土。等混凝土达到要求的强度后，随即用砂浆或细石混凝土灌入孔道内加以封闭。

采用蒸汽加热的混凝土，宜选用矿渣及火山灰水泥，严禁使用矾土水泥。普通水泥加热温度不得超过 80℃，矿渣、火山灰水泥可提高到 85℃~95℃，湿度必须保持 90%~95%。为了避免温差过大，防止混凝土产生裂缝，应严格控制升温、降温速度：当表面系数 $M \geqslant 6$ 时，每小时升温不大于 15℃，降温不大于 10℃；当表面系数 $M < 6$ 时，每小时升温不大于 10℃。降温不大于 5℃。模板和保温层，应在混凝土冷却到 5℃后方可拆除。当混凝土与外界温差大于 20℃时，拆模后的混凝土表面还应用保温材料临时覆盖，使其缓慢冷却。未完全冷却的混凝土有较高的脆性，不能承受冲击或动荷载，以防开裂。

电热法是利用电流通过不良导体混凝土或电阻丝所发出的热量来养护混凝土。其主要有电极法和电热器法两类。电极法是在新浇筑的混凝土中，每隔一定间距（200 mm~400 mm）插入电极（6 mm~12 mm 短钢筋），接通电源，利用混凝土本身的电阻，变电能为热能。电热时，要防止电极与钢筋接触而引起短路。对于较薄的构件，亦可将薄钢板固定在模板内侧作为电极；电热器法是利用电流通过电阻丝产生的热量进行加热养护。根据需要，电热器可制成板状，用以加热现浇楼板；亦可制成针状，用以加热装配整体式的框架接点；对用大模板施工的现浇墙板，则可用电热模板（大模板背面装电阻丝形成热夹具层，其外用铁皮包矿渣棉封严）加热等。

电热应采用交流电（因直流电会使混凝土内水分分解），电压为 50 V~110 V，以免产生强烈的局部过热和混凝土脱水现象。只有在无筋或少筋结构中，才允许采用电压为 120 V~220 V 的电流加热。电热应在混凝土表面覆盖后进行。电热过程中，须注意观察混凝土外露表面的温度，当表面开始干燥时，应先断电，并浇温水湿润混凝土表面。

电热法设备简单，施工方便有效，但耗电量大，费用高，应慎重选用，并注意施工安全。

思考与练习题

1. 钢筋冷拉的作用是什么？什么是时效？

2. 钢筋接头连接方式有哪些？各有什么特点？

3. 什么是“量度差值”？如何进行计算？

4. 模板的种类有哪些？各有什么特点？

5. 试述混凝土结构施工缝的留设原则、留设位置和处理方法。

6. 混凝土浇筑后为什么要进行养护？养护方法有哪些？

7. 如何进行混凝土工程的质量检查？

8. 混凝土质量缺陷的分类和产生原因有哪些？如何修补？

9. 冷拉一根长 16 m 的 HRB335 级直径为 20 mm 的钢筋（以冷拉应力控制），其冷拉力应为多少？最大的伸长值是多少？

10. 已知某 C20 混凝土的试验室配合比为 1∶2. 14∶4. 34∶0. 50，每立方米混凝土水泥用量 300 kg，经测定沙的含水率为 3%，石子的含水率为 1%，试求：

① 该混凝土的施工配合比；② 若用 JZ250 型混凝土搅拌机，试计算每拌制一盘混凝土各种材料的需用量。

第 5 章　预应力混凝土工程

主要内容

预应力混凝土结构的基本原理、后张法施工、先张法施工、无黏结预应力的施工。

学习重点

后张法、先张法的施工工艺以及质量控制方法。

学习要求

了解后张法与先张法不同的工艺特点及适用范围；理解锚具的作用和对锚具的要求；掌握后张法施工工艺；理解先张法施工工艺；理解无黏结预应力的施工工艺特点及适用范围。

5.1　概　　述

5.1.1　预应力混凝土的基本原理

为了避免钢筋混凝土结构的裂缝过早出现，充分利用高强度钢筋及高强度混凝土，设法在混凝土结构或构件承受使用荷载前，预先对受拉区的混凝土施加压力后的混凝土就是预应力混凝土。预应力混凝土是近几十年来发展起来的一项新技术，在世界各国都得到了广泛应用。

从理论上讲，提高材料强度可以提高构件的承载力，从而达到节省材料和减轻构件自重的目的。但在普通钢筋混凝土构件中，提高钢筋强度却难以收到预期的效果。这是因为对配置高强度钢筋的钢筋混凝土构件而言，承载力可能已不是控制条件，起控制作用的因素可能是裂缝宽度或构件的挠度。当钢筋应力达到 500～1 000 N/mm^2 时，裂缝宽度将很大，无法满足使用要求。因而，钢筋混凝土结构中采用高强度钢筋是不能充分发挥其作用的，而提高混凝土强度等级对提高构件的抗裂性能和控制裂缝宽度的作用也极其有限。混凝土抗拉强度及极限拉应变值都很低，其抗拉强度只有抗压强度的 1/10～1/18，极限拉应变仅为0.0001～0.00015，即每米只能拉长0.1～0.15 mm，超过后就会出现裂缝。而钢筋达到屈服强度时的应变却要大得多，约为0.0005～0.0015，如HPB235级钢筋就达1×10^{-3}。对使用上不允许开裂的构件，受拉钢筋的应力只能用到20～30 N/mm²，不能充分利用其强度。对于允许开裂的构件，当受拉钢筋应力达到250 N/mm²时，裂缝宽度已达0.2～0.3 mm。但是工程中使用的Ⅰ级钢筋的屈服强度为235 N/mm²，Ⅱ～Ⅳ级钢筋的屈服强度则更高，因此构件出现裂缝时钢筋的抗拉强度未能充分发挥。为了避免钢筋混凝土结构的裂缝过早出现，充分利用高强度钢筋及高强度混凝土，可以设法在结构构件承受使用荷载前，预先对受拉区的混凝土施加压力，使它产生预压应力来减小或抵消荷载所引起的混凝土拉应力，从而将结构构件的拉应力控制在较小范围，甚至处于受压状态，以推迟混凝土裂缝的出现和开展，从而提高构件的抗裂性能和刚度。

预应力混凝土能充分发挥钢筋和混凝土各自的特点，可有效地利用高强度钢筋和高强度等级的混凝土。与普通混凝土相比，在同样条件下具有构件截面小、自重轻、质量好、材料省（可节约钢材40%～50%，混凝土20%～40%），并能扩大预制装配化程度等特点。

近年来，随着施工工艺不断发展，预应力混凝土的应用范围越来越广。除在传统的屋架、吊车梁、空心楼板等单个构件中广泛应用外，还成功地把预应力技术应用到多层工业厂房、高层建筑、大型桥梁、筒仓、水池、大口径管道、海洋工程等大型整体或特种结构上。预应力混凝土的应用范围和数量，已成为一个国家土木建筑技术水平的重要标志之一。

5.1.2 预应力混凝土的分类

根据预加应力值大小对构件截面裂缝控制程度的不同分类有：全预应力混凝土、部分预应力混凝土、无黏结预应力钢筋。

1. 全预应力混凝土

在使用荷载作用下，不允许截面上混凝土出现拉应力的构件，属严格要求不出现裂缝的构件。

2. 部分预应力混凝土

允许出现裂缝，但最大裂缝宽度不超过允许值的构件，属允许出现裂缝的构件。

3. 无黏结预应力钢筋

将预应力钢筋的外表面涂以沥青、油脂或其他润滑防锈材料，以减小摩擦力并防锈蚀，并用塑料套管或以纸带，塑料带包裹，以防止施工中碰坏涂层，并使之与周围混凝土隔离，而在张拉时可沿纵向发生相对滑移的后张预应力钢筋。

无黏结预应力筋的特点：不需要预留孔道，也不必灌浆、施工简便、快速、造价较低、易于推广应用。

5.1.3 预应力混凝土的优、缺点

1. 优点

(1) 抗裂性好，刚度大。由于对构件施加预应力，大大推迟了裂缝的出现，在使用荷载作用下，构件可不出现裂缝，或使裂缝推迟出现，所以提高了构件的刚度，增加了结构的耐久性。

(2) 节省材料，减小自重。其结构由于必须采用高强度材料，因此可减少钢筋用量和构件截面尺寸，节省钢材和混凝土，降低结构自重，对大跨度和重荷载结构有着明显的优越性。

(3) 提高构件的抗剪能力。试验表明，纵向预应力钢筋起着锚栓的作用，阻碍着构件斜裂缝的出现与开展，又由于预应力混凝土梁的曲线钢筋（束）合力的竖向分力将部分地抵消剪力。

(4) 提高受压构件的稳定性。当受压构件长细比较大时，在受到一定的压力后便容易被压弯，以致丧失稳定而破坏。如果对钢筋混凝土柱施加预应力，使纵向受力钢筋张拉得很紧，不但预应力钢筋本身不容易压弯，而且可以帮助周围的混凝土提高抵抗压弯的能力。

(5) 提高构件的耐疲劳性能。因为具有强大预应力的钢筋，在使用阶段因加荷或卸荷所引起的应力变化幅度相对较小，故此可提高抗疲劳强度，这对承受动荷载的结构来说是很有利的。

2. 缺点

(1) 工艺较复杂，对质量要求高，因而需要配备一支技术较熟练的专业队伍。

(2) 需要有一定的专门设备，如张拉机具、灌浆设备等。

(3) 预应力混凝土结构的开工费用较大，对构件数量少的工程成本较高。

5.1.4 预应力混凝土材料

预应力混凝土结构主要采用高强度等级混凝土和高强度钢材制作而成。

1. 预应力钢筋

为了获得较大的预应力，预应力钢筋常采用高强度钢材，常用的有以下 6 种：

（1）冷拉钢筋。冷拉钢筋是将Ⅱ～Ⅳ级热轧钢筋经冷拉加工，再经时效处理制成。钢筋的塑性和弹性模量有所降低而屈服强度和硬度有所提高，可直接做预应力筋。

（2）甲级冷拔低碳钢丝。甲级冷拔低碳钢丝是用符合Ⅰ级热轧钢筋标准的低碳钢盘条拔制而成，直径为 3～5 mm。冷拔钢丝强度比原材料屈服强度显著提高，但塑性降低，是适用于小型构件的预应力筋。

（3）碳素钢丝。碳素钢丝是由高碳钢盘条经淬火、酸洗、拉拔制成。钢丝强度高，表面光滑。其中 5～8 mm 直径钢丝用于后张法，3～4 mm 直径钢丝用于先张法。用作先张法预应力筋时，为了保证高强钢丝与混凝土具有可靠的黏结，钢丝的表面需经过刻痕处理。

（4）钢绞线。钢绞线一般是用 7 根钢丝在绞线机上以一根钢丝为中心，其中 6 根钢丝围绕着进行螺旋状绞合，再经低温回火制成。钢绞线的直径较大，一般为 9～15 mm，比较柔软，施工方便，但价格比钢丝贵。

（5）热处理钢筋。热处理钢筋是由热轧中碳低合金钢筋经淬火和回火调制热处理制成的，具有强度高，韧性好和黏结力强等优点。一般直径为 6～10 mm。

（6）精轧螺纹钢筋。精轧螺纹钢筋是用热轧方法在钢筋表面上轧出不带纵肋的螺纹外形，钢筋的接长用螺纹套筒，端头锚固用螺母。这种钢筋具有强度高、锚固简单、施工方便、无须焊接等优点。目前国内生产有直径 25 mm 和 32 mm 两种规格的钢筋。

2. 混凝土的要求

在预应力混凝土结构中，一般要求混凝土的强度等级不低于 C30。当采用钢丝、钢绞线、热处理钢筋作预应力筋时，混凝土的强度等级不宜低于 C40。在一些重要的预应力混凝土结构中，已经开始采用 C50～C60 的高强度混凝土，并逐步向更高的强度等级的混凝土发展。在预应力混凝土生产中，不能掺有对钢筋有锈蚀作用的氯盐，否则会发生质量事故。

5.1.5　预应力混凝土的施工工艺

预应力混凝土的施工工艺有后张法和先张法两大类。按钢筋的张拉方法又分为机械张拉和电张拉。后张法施工中又分为一般后张法、无黏结后张法等。

预应力混凝土施工工艺中的重点和难点是如何确保在构件中建立设计所要求的预压应

力，这是预应力混凝土施工中的关键。

5.2 后　张　法

后张法指的是先浇筑水泥混凝土，待达到设计强度的75%以上后再张拉预应力钢材以形成预应力混凝土构件的施工方法。

先制作构件，并在构件体内按预应力筋的位置留出相应的孔道，待构件的混凝土强度达到规定的强度（一般不低于设计强度标准值的75%）后，在预留孔道中穿入预应力筋进行张拉，并利用锚具把张拉后的预应力筋锚固在构件的端部，依靠构件端部的锚具将预应力筋的预张拉力传给混凝土，使其产生预压应力；最后在孔道中灌入水泥浆，使预应力筋与混凝土构件形成整体。图5-1所示为预应力后张法构件生产示意图。

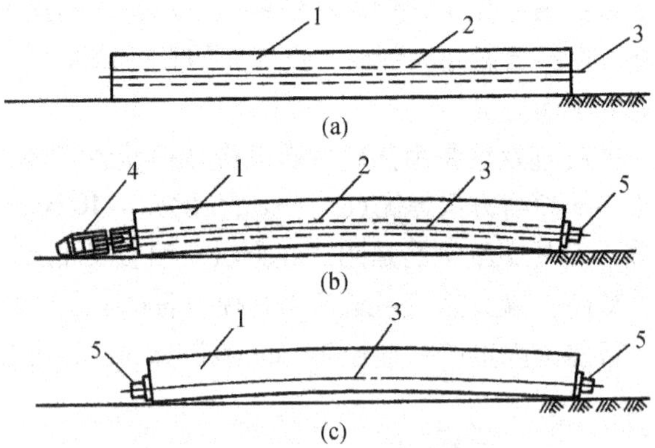

图5-1　后张法构件生产示意图

(a) 制作构件、预留孔道；(b) 张拉预应力筋并锚固；(c) 孔道灌浆

1—混凝土构件；2—预留孔道；3—预应力筋；4—千斤顶；5—锚具

后张法在构件上直接张拉预应力筋，不需要台座设备。适宜于现场生产大型预应力构件，亦可作为预制构件的拼装手段。除在建筑工程中应用外，在桥梁、特种结构等施工中也得到广泛应用。后张法施工灵活性大，适用性强，但工序较多，锚具因为是作为工作锚永远留在构件上而耗钢量较大。后张法的工艺流程如图5-2。

对于块体拼装构件，还应增加块体验收、拼装、立缝灌浆和连接板焊接等工序。

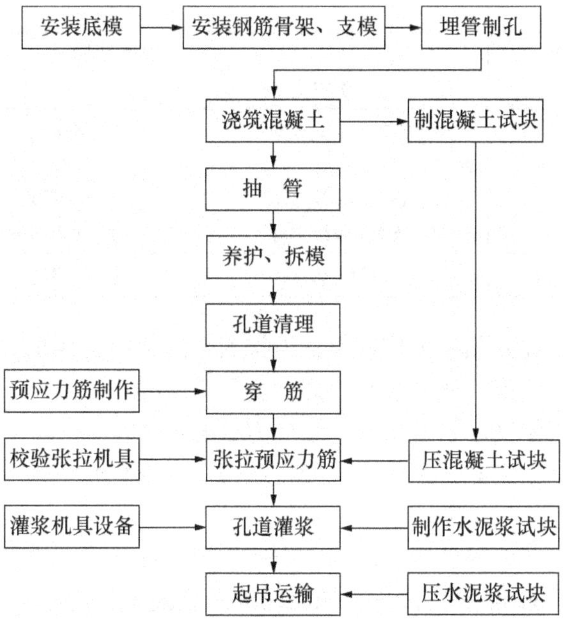

图 5-2　后张法生产工艺流程

5.2.1　预应力筋、锚具和张拉机具

在后张法施工中，预应力筋、锚具和张拉机具是配套使用的。后张法中常用的预应力筋有单根粗钢筋、钢筋束（或钢绞线束）和钢丝束 3 类，它们是由冷拉 Ⅰ、Ⅲ 和 Ⅳ 级钢筋、精轧螺纹钢筋、钢绞线和碳素钢丝制作的。锚具有多种类型，与之配套的张拉机具多采用液压千斤顶，亦有多种型号。表 5-1 为目前常用的锚具、预应力筋和张拉机具配套表，供选用时参考。

表 5-1　常用锚具、预应力筋和张拉机具配套选用表

体系	名称	适用范围	
		预应力筋	张拉机具
螺杆式	螺丝端杆锚具 锥形螺杆锚具 精轧螺纹钢筋锚具	直径≤36 mm 的冷拉 Ⅱ、Ⅲ 钢筋 ϕ^s5 钢丝束 精轧螺纹钢筋	YL600 型千斤顶 YC600 型千斤顶 YC200 型千斤顶
镦头式	钢丝束镦头锚具	ϕ^s5 钢丝束	
锥销式	钢质锥形锚具 KT-Z 型锚具	ϕ^s5 钢丝束 钢筋束、钢绞线束	YZ380、600 和 850 型千斤顶 YC600 型千斤顶

（续表）

体系	名称	适用范围	
		预应力筋	张拉机具
夹片式	JM 型锚具 XM 型锚具 QM 型锚具 单根钢绞线锚具	Ⅳ级钢筋束、钢绞线束 ϕ^j15 钢绞线束 ϕ^j12、ϕ^j15 钢绞线束 ϕ^j12、ϕ^j15 钢绞线束	YC600 与 1200 型千斤顶 YCD1000 与 2000 型千斤顶 YCQ1000、2000 与 3500 型千斤顶 YC180 与 200 型千斤顶
其他	帮条锚具	冷拉Ⅱ、Ⅲ钢筋	固定端用

后张法中，锚具是建立预应力值和保证结构安全的关键，要求锚具须具有可靠的锚固能力，有足够的强度和刚度。锚具按其锚固性能分为两类：

Ⅰ类锚具：适用于承受动、静荷载的预应力混凝土结构。

Ⅱ类锚具：仅适用于有黏结预应力混凝土结构，且锚具处于预应力筋应力变化不大的部位。

Ⅰ、Ⅱ类锚具的静载锚固性能，由预应力锚固组装件（由锚具和预应力筋组成）静载试验测定的锚具效率系数 η_a 和实测极限拉力时的总应变 ε_{apu} 确定。

Ⅰ类锚具 $\eta_a \geqslant 0.95$　　$\varepsilon_{apu} \geqslant 2.0\%$

Ⅱ类锚具 $\eta_a \geqslant 0.90$　　$\varepsilon_{apu} \geqslant 1.7\%$

锚具效率系数 η_a 按下式计算：

$$\eta_a = \frac{F_{apu}}{\eta_P \times F_{apu}^c}$$

式中：F_{apu}——预应力筋锚具组装件的实测极限拉力（kN）；

F_{apu}^c——预应力筋锚具组装件中各根预应力筋极限拉力之和（kN）；

η_a——预应力筋的效率系数。

对于重要的预应力混凝土工程，η_a 参照《预应力锚具、夹具技术规程》确定。对于一般预应力混凝土工程，当预应力筋为钢丝、钢绞线或热处理钢筋时，η_a 取 0.97；当预应力筋为冷拉Ⅱ、Ⅲ和Ⅳ级钢筋时，η_a 取 1.00。

Ⅰ类锚具组装件，还必须满足循环次数为 200 万次的疲劳性能试验。用于抗震结构中，尚应满足循环次数为 50 次的周期荷载试验。

锚具除上述静载、动载性能外，还应具备下列性能：

① 在预应力筋锚具组装件达到实测极限拉力时，全部零件均不得出现裂缝和破坏；

② 锚具应满足分级张拉及补张拉工艺要求，同时宜具有放松预应力筋的性能；

③ 锚具或其附件上宜设置灌浆孔道。预应力锚具、夹具和连接器进场时必须有出厂合格证，并按规范要求进行各种检验，符合质量要求后方可使用。

1. 单根粗钢筋

(1) 锚具。根据张拉工艺，单根预应力钢筋可在一端或两端张拉。一般张拉端采用螺丝端杆锚具，固定端采用帮条锚具或镦头锚具。

① 螺丝端杆锚具。由螺丝端杆、螺母和垫板组成。型号有 LM18～LM36，适用于直径 18～36 mm 的Ⅱ、Ⅲ级冷拉钢筋，如图 5-3 所示。

螺丝端杆与预应力筋在冷拉之前用对焊连接。冷拉时，螺母置于端杆顶部，拉力应由螺母传递至螺丝端杆和预应力筋上。

螺丝端杆可用冷拉的同类钢材或 45 号钢制作，螺母可用 3 号钢制作。

② 帮条锚具。帮条锚具由帮条和衬板组成。帮条采用与预应力筋同级别的钢筋，衬板采用低碳钢钢板。帮条锚具的 3 根帮条互成 120°均匀布置，并垂直于衬板与预应力筋焊牢，如图 5-4 所示。帮条焊接亦宜在钢筋冷拉前进行。

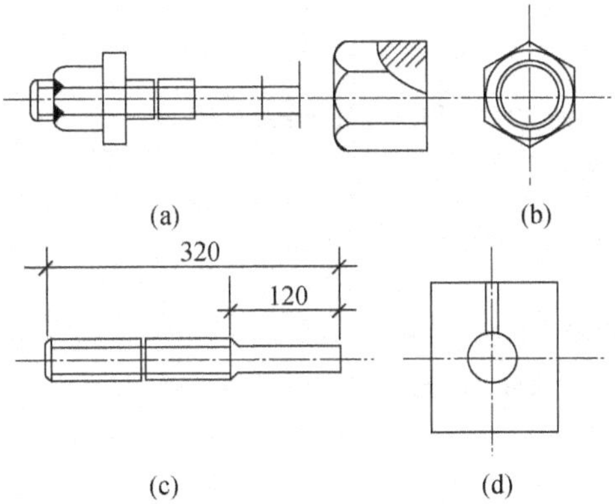

图 5-3 螺丝端杆锚具图

(a) 螺丝端杆锚具；(b) 螺母；
(c) 螺丝端杆；(d) 垫板

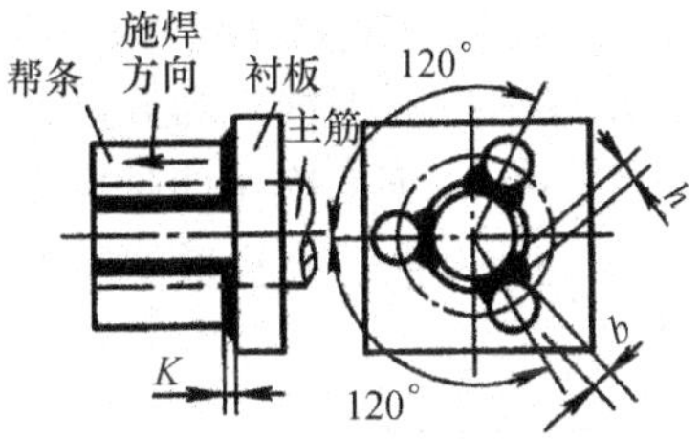

图 5-4 帮条锚具

③ 镦头锚具。镦头锚具由锚板和镦头组成。钢筋镦头一般由热镦或锻打成形。

④ 精轧螺纹钢筋锚具。由于精轧螺纹钢筋本身就热轧有螺纹，故其锚具由螺母和垫板组成。适用于直径为 25～32 mm 的高强度精轧螺纹钢筋。

(2) 预应力筋制作。单根预应力钢筋主要采用直径 12～40 的冷拉Ⅱ、Ⅲ、Ⅳ级钢筋或精轧螺纹钢筋，及与其钢筋配套的锚具制作而成。

单根粗钢筋预应力筋的制作，包括配料、对焊和冷拉等工序。配料时应根据钢筋的品种测定冷拉率，若在一批钢筋中冷拉率变化较大时，应把冷拉率相接近的钢筋对焊在一起，以保证钢筋冷拉力的均匀性。由于预应力筋的对焊接长是在冷拉前进行，因此预应力筋的下料长度应计算准确。计算时要考虑锚具种类，如对焊接头或镦粗头的压缩量、张拉伸长值、冷拉的冷拉率和弹性回缩率、构件的长度等因素。

单根粗钢筋下料长度计算有以下两种情况：

① 两端均采用螺丝端杆锚具（如图 5-5a）

$$L_1 = l + 2l_2$$

$$L_0 = L_1 - 2l_1$$

$$L = \frac{L_0}{1 + \gamma - \delta} + nl_0$$

式中：L_1——预应力筋的成品长度；

L_0——预应力筋钢筋部分的成品长度；

L——预应力筋钢筋部分的下料长度；

l——构件的孔道长度；

l_1——螺丝端杆长度；

l_2——螺丝端杆伸出构件外的长度，一般为 120～150 mm；

l_3——帮条或镦头锚具长度（包括垫板厚度）；

l_0——每个对焊接头的压缩长度，一般为 20～30 mm；

n——对焊接头的数量；

γ——钢筋冷拉伸长率（由试验确定）；

δ——钢筋冷拉弹性回缩率，一般为 0.4%～0.6%。

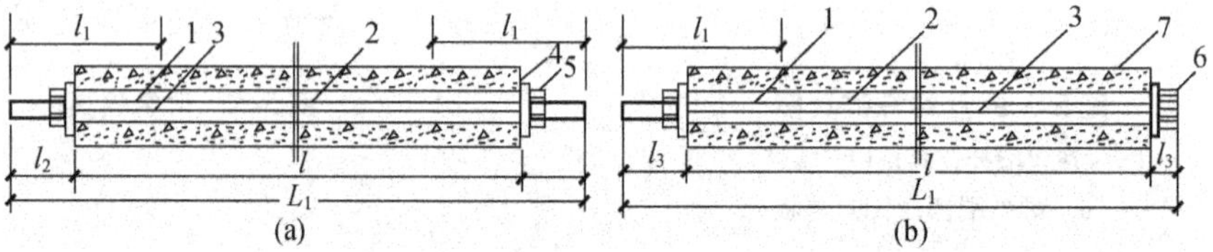

图 5-5 粗钢筋与锚具连接图及下料长度计算示意图

（a）螺丝端杆锚具的连接；（b）帮条锚具的连接

1—螺丝端杆；2—粗钢筋；3—对焊接头；4—垫板；5—螺母；6—帮条锚具；7—混凝土构件

② 一端用螺丝端杆锚具，另一端用帮条（或镦头）锚具（如图 5-5b）

$$L_1 = l_1 + l_2 + l_3$$

$$L_0 = L_1 - l_1$$

$$L = \frac{L_0}{1 + \gamma - \delta} + nl_0$$

(3) 张拉设备。螺丝端杆锚具设于张拉端，与其配套的张拉设备有 YL600 型拉杆式千斤顶或 YC60 型、YC20 型穿心式千斤顶。

图 5-6 是用拉杆式千斤顶张拉时的工作示意图。张拉前，先将连接器旋在预应力筋的螺丝端杆上，千斤顶由传力架支承在构件端部的钢板上。张拉时，高压油进入主油缸，推动主缸活塞及拉杆，通过连接器预应力筋被拉伸。当张拉力达到规定值时，拧紧螺丝端杆上的螺母，预应力筋被锚固在构件的端部。锚固后回油缸进油，推动回油活塞工作，使主缸活塞和拉杆回到原始位置。最后将连接器从螺丝端杆上卸掉，卸下千斤顶，张拉结束。

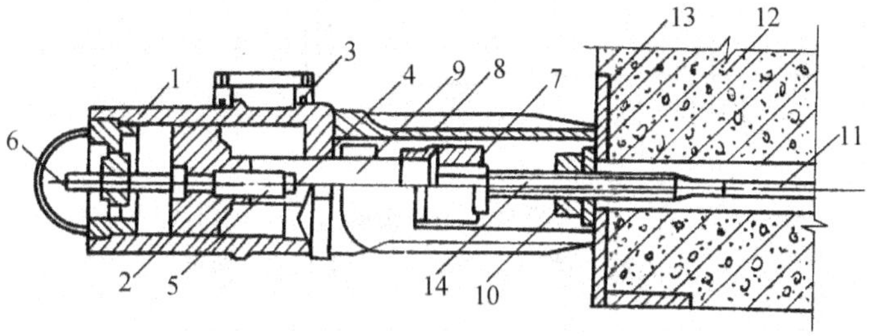

图 5-6　拉杆式千斤顶张拉单根粗钢筋时的工作示意图

1—主油缸；2—主缸活塞；3—进油孔；4—回油缸；5—回油活塞；6—回油孔；7—连接器；8—传力架；9—拉杆；10—螺丝母；11—预应力筋；12—混凝土构件；13—预埋铁板；14—螺丝端杆

2. 预应力钢筋束和钢绞线束

(1) 锚具。钢筋束和钢绞线束具有强度高、柔性好的特点，常用的锚具有 JM 型、KT-Z 型和 XM 型锚具。

① JM 型锚具。JM 型锚具由锚环和夹片组成（如图 5-7）。JM 型锚具的夹片属于分体组合型，组合起来的夹片形成一个整体截锥形楔块，锚环是单孔的，可以锚固多根预应力筋。锚固时，用穿心式千斤顶张拉钢筋后随即顶进夹片。JM 型锚具的特点是尺寸小、构造简单，锚固时钢筋束或钢绞线束被单根夹紧，不受直径误差的影响，且预应力筋是在直线状态下被张拉和锚固，受力性能好，但对吨位较大的锚固单元不能胜任。故 JM 型锚具主要用于锚固Ⅳ级直径为 12 mm 的 3～6 根光圆或螺纹钢筋束与直径为 12～15 mm 的 4～6 根钢绞线束。

JM 型锚具是一种利用楔块原理锚固多根预应力筋的锚具，它既可作为张拉端的锚具，又可作为固定端的锚具，或作为重复使用的工具锚。

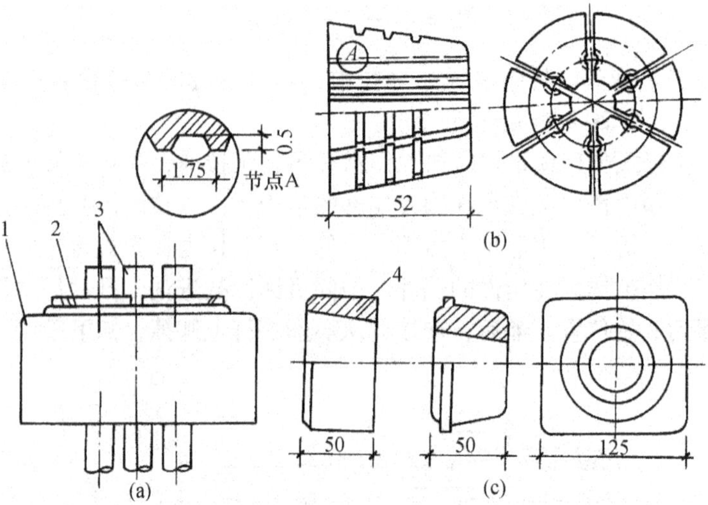

图 5-7　JM 型锚具

1—预应力筋；2—夹片；3—锚环；4—垫板

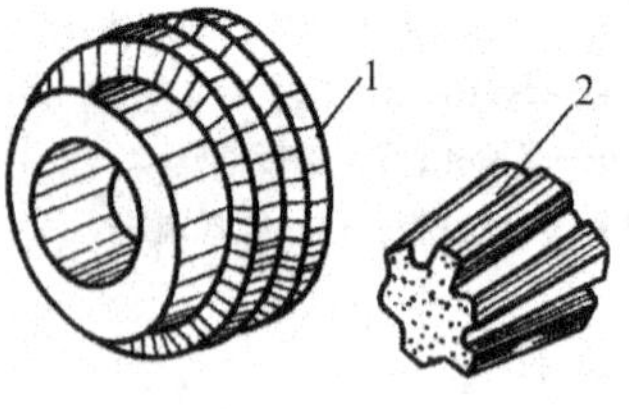

图 5-8　KT-Z 型锚具

（a）装配图；（b）锚环；（c）锚塞

② KT-Z 型锚具。这是一种可锻铸铁锥形锚具，其构造如图 5-8 所示。适用于锚固 3～6 根直径 12 mm 的冷拉螺纹钢筋束与钢绞线束。KT-Z 型锚具由锚塞和锚环组成，均用 KT37-12 或 KT35-10 可锻铸铁铸造成形。

使用该锚具时，预应力筋在锚环小口处形成弯折，因而产生摩擦损失，该损失值，对钢筋束约为控制应力 σ_{con} 的 4%；对钢绞线束则约为控制应力 σ_{con} 的 2%。

③ XM 型锚具。这是一种新型锚具，由锚板与一组三片夹片组成，如图 5-9 所示。它适用于锚固直径 15 mm 的 1～12 根的钢绞线束，又适用于锚固钢丝束。当用于锚固多根预应力筋时，既可单根张拉，逐根锚固，又可成组张拉，成组锚固。其特点是每根预应力筋都是分开锚固的，任何一根预应力筋的锚固失效（如预应力筋拉断、夹片破裂等），都不会引起整束锚固失效。它既可用作工作锚具，又可用作工具锚具，具有通用性强、性能可靠、施工方便、便于高空作业的特点。

XM 型锚具的锚板采用 45 号钢制作，锚孔沿圆周排列，间距不小于 36 mm，锚孔中心线倾角 1∶20。锚板顶面应垂直于锚孔中心线，以利夹片均匀塞入。夹片采用三片式，按 120°均匀开缝、沿轴向有倾斜偏转角，偏转角的方向与钢绞线的扭角相反，以确保夹片能夹紧钢绞线的每一根外围钢丝，形成可靠的锚固。

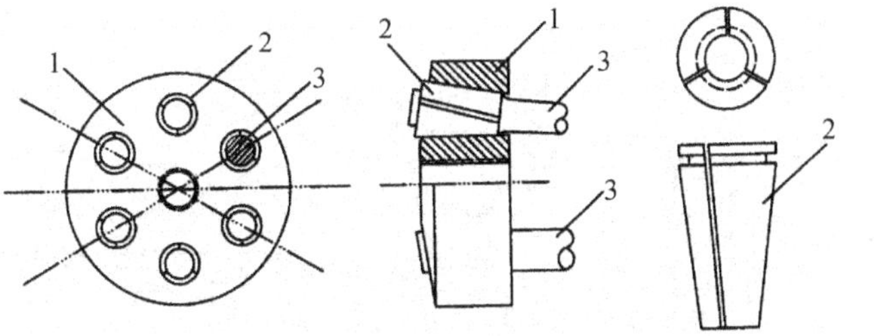

图 5-9　XM 型锚具

1—锚板；2—夹片（3 片）；3—钢绞线

当 XM 型锚具用作工具锚时，可在夹片和锚板之间涂抹一层能在极大压强下保持润滑性能的固体润滑剂（如石墨，石蜡等），当千斤顶回程时，用锤轻轻一敲，即可松开脱落。用作工作锚时，具有连续反复张拉的功能，可用行程不大的千斤顶张拉任意长度的钢绞线。

（2）张拉设备。张拉钢筋束或钢绞线的设备与采用的锚具有关，常用穿心式千斤顶和锥锚式双作用千斤顶两类。穿心式千斤顶是一种适用性较强的千斤顶，它既适用于张拉带有夹片锚具（JM 型锚具或 XM 型锚具）的钢筋束和钢绞线束，配上撑脚、拉杆等附件后，也可以作为拉杆式千斤顶使用。根据使用功能可分为 YC 型与 YCD 型等系列产品。

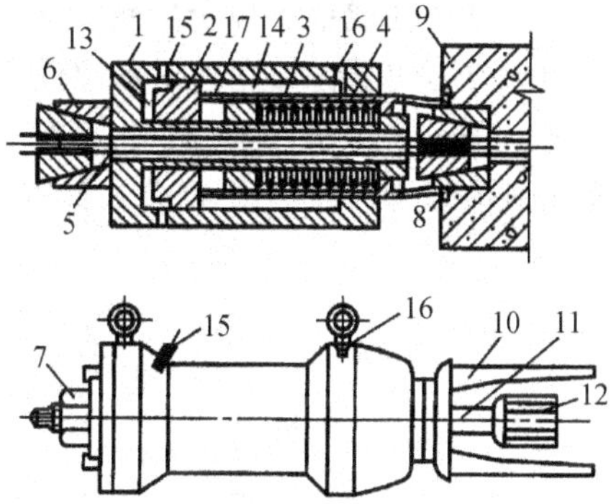

图 5-10　YC60 型穿心式千斤顶

1—张拉油缸；2—顶压油缸（即张拉活塞）；3—顶压活塞；4—弹簧；5—预应力筋；6—工具锚；7—油孔；8—锚具；9—构件；10—张拉油室；11—顶压油室；12—张拉油缸油嘴；13—顶压油缸油嘴；14—回程油室

使用 JM 型锚具的钢筋束或钢绞线束宜选用 YC60 型穿心式千斤顶来张拉预应力筋（如图 5-10）。

使用 XM 型锚具的钢绞线束宜选用 YCD 型千斤顶来张拉预应力筋。

使用 KT-Z 型锚具的钢筋束或钢绞线束宜选用锥锚式双作用千斤顶来张拉预应力筋（如图 5-11）。

（3）预应力筋制作。直径 12 mm 的钢筋束、热处理钢筋和钢绞线是成盘状供应，长度较长，不需要对焊接长。其制作工序是：开盘→下料→编束。

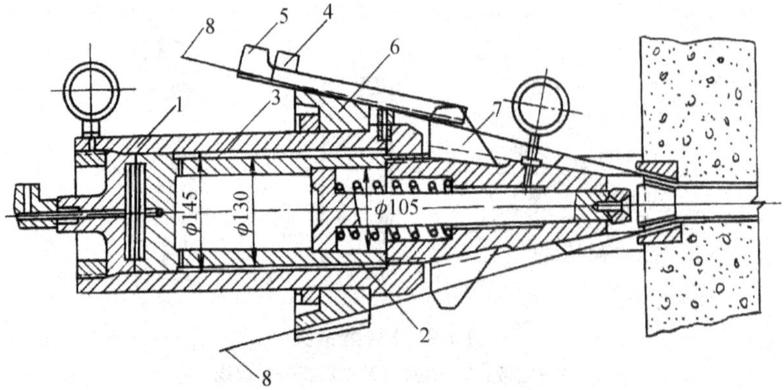

图 5-11　锥锚式双作用千斤顶

1—主缸；2—副缸；3—楔块；4—锥形卡环；5—退楔翼片；6—预应力钢丝；7—锥形锚头

下料时宜采用切割机或砂轮锯切机，不得采用电弧切割。钢绞线在切割前，在切口两侧各 50 mm 处，应用铅丝绑扎，以免钢绞线松散。编束是将钢绞线理顺后，用铅丝每隔 1 m 左右绑扎成束，以免穿筋时发生扭结。

预应力筋的下料长度，与张拉设备和选用的锚具有关。

① 当采用夹片式锚具（JM、XM 型），穿心式千斤顶张拉时，钢绞线或钢筋束的下料长度按图 5-12 所示，用下列公式计算：

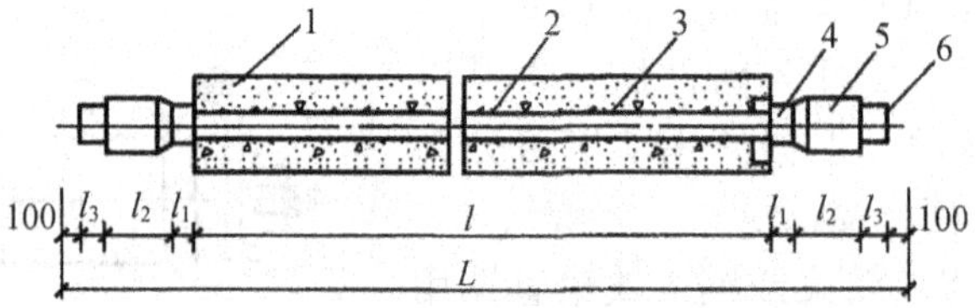

图 5-12　钢筋束或钢绞线的下料长度计算

1—混凝土构件；2—孔道；3—钢绞线或钢筋束；4—夹片式工作锚；
5—穿心式千斤顶；6—夹片式工具锚

两端张拉时　　$L = l_0 + 2(l_1 + l_2 + l_3 + 100)$

一端张拉时　　$L = l_0 + 2(l_1 + 100) + l_2 + l_3$

式中：l_0——孔道长度；

l_1——夹片式工作锚厚度；

l_2——穿心式千斤顶长度；

l_3——夹片式工具锚厚度。

② 当采用 KT-Z 型锚具、锥锚式双作用千斤顶张拉时，钢筋束或钢绞线的下料长度按图 5-13 所示用下式计算：

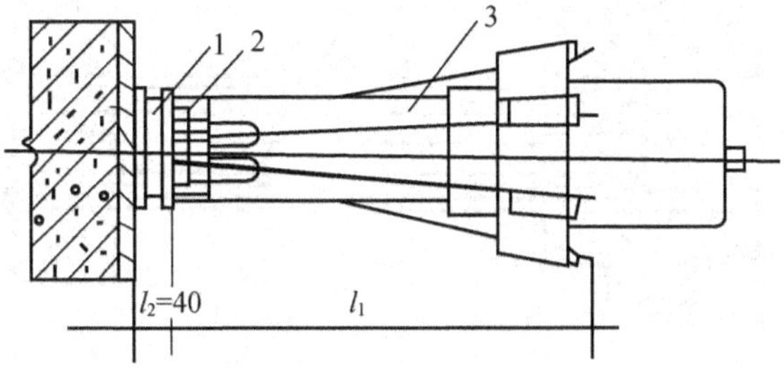

图 5-13　KT-Z 型锚具和锥锚式双作用千斤顶的安装示意图

1—锚具；2—钢垫块；3—锥锚式双作用千斤顶；4—预应力筋

当两端张拉时　　$L = l_0 + 2(l_1 + l_2)$

当一端张拉时　　$L = l_0 + l_1 + l_2 + l_3$

式中：l_0——孔道长度；

l_1——张拉端预应力筋束预留长度，视设备类型而定；

l_2——锚具外露长度，一般取 40 mm；

l_3——非张拉端预应力筋束预留长度，一般取 80 mm。

3．钢丝束

（1）锚具。钢丝束一般由几根到几十根直径 3～5 mm 平行的碳素钢丝组成。目前常用的锚具有钢质锥形锚具、锥形螺杆锚具和钢丝束镦头锚具。

① 钢质锥形锚具。钢质锥形锚具是由锚环和锚塞组成（如图 5-14），锚环采用 45 号钢制作，锚塞采用 45 号碳素工具钢制作。锚环内孔的锥度与锚塞的锥度一致，锚塞上刻有细齿槽，夹紧钢丝防止滑动。锥形锚具的缺点是当钢丝直径误差较大时，易产生单根滑丝现象，且滑丝后很难补救。如用加大顶锚力的办法来防止滑丝，过大的顶锚力易使钢丝咬伤。另外钢丝锚固时呈辐射状态，弯折处受力较大。

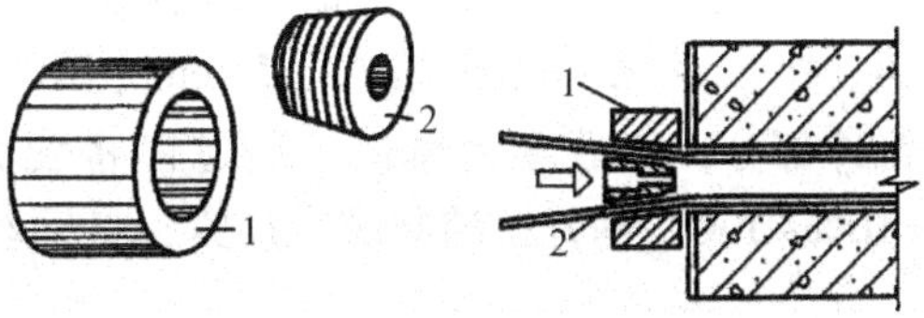

图 5-14　钢质锥形锚具

② 钢丝束镦头锚具。由锚环、螺母和锚板组成，适用于锚固任意根数直径 5mm 的钢丝束。分 DM5A 型和 DM5B 型，DM5A 型用于张拉端，DM5B 型用于固定端（如图 5-15），利用钢丝两端的镦头进行锚固。

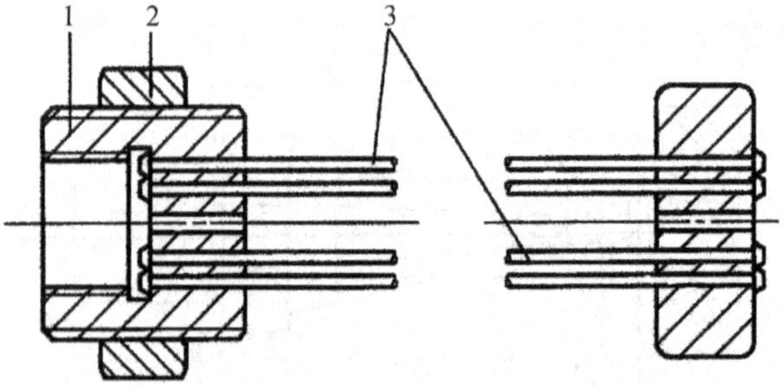

图 5-15 钢丝束镦头锚具图

(a) 张拉端锚环与螺母；(b) 固定端锚板

1—锚环；2—螺母；3—锚板

锚环与锚板采用 45 号钢制作，螺母采用 30 号钢制作。锚环内外壁均有丝扣，内丝扣用于连接张拉螺丝杆，外丝扣用于拧紧螺母锚固钢丝束。锚环和锚板四周钻孔，孔数和间距由钢丝根数而定。钢丝用 LD-10 型液压冷镦器进行镦头，镦头强度不得低于钢丝标准抗拉强度的 98%。钢丝束张拉端可在制束时将头镦好，固定端待穿束后拉出构件外，套上锚板后镦头，故构件在张拉端部要设置一段距离的扩孔。

张拉时，在锚环内口拧上工具式拉杆，通过拉杆式千斤顶进行张拉，达到控制应力时，锚环被拉出，则在锚环外丝扣拧上螺母加以锚固。

钢丝束镦头锚具构造简单，加工容易，锚夹可靠，施工方便，但对下料长度要求较严。

③ 锥形螺杆锚具。由锥形螺杆、套筒、螺母、垫板组成（如图 5-16）。适用于锚固 14、16、20、24 和 28 根直径 5 mm 的钢丝束。使用时，先将钢丝束均匀整齐地紧贴在螺杆锥体部分，然后套上套筒，通过锤将套筒打紧，再用拉杆式千斤顶和工具式预紧器以 110%~130% 的张拉控制应力预紧，将钢丝束牢固地锚固在锚具内（如图 5-17）。

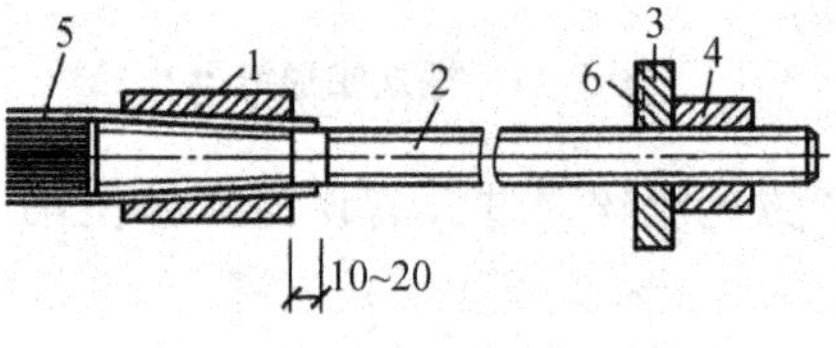

图 5-16 锥形螺杆锚具

1—套筒；2—锥形螺杆；3—垫板；4—螺母

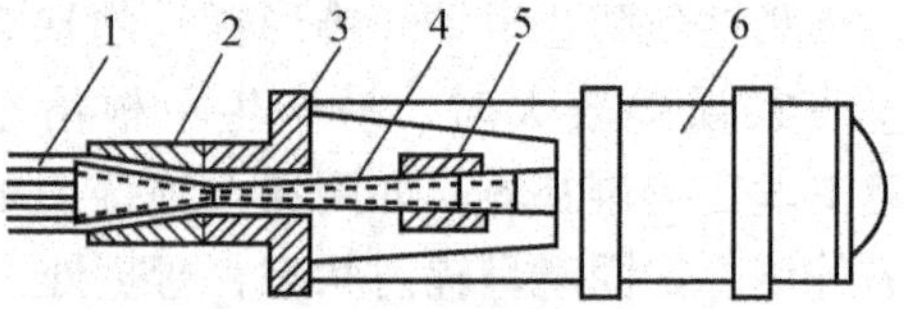

图 5-17 锥形螺杆锚具的预紧

1—钢丝束；2—套筒；3—预紧器；

4—锥形螺杆；5—千斤顶连接螺母；6—千斤顶

(2) 钢丝束的张拉设备。钢质锥形锚具用锥锚式双作用千斤顶进行张拉。镦头锚具用YC600 穿心式千斤顶或拉杆式千斤顶张拉。锥形螺杆锚具宜用拉杆式或穿心式千斤顶张拉。

大跨度结构、长钢丝束等应用量大者，用穿心式千斤顶为宜。

(3) 钢丝束的制作。钢丝束的制作，随锚具形式的不同制作方式也不同，一般包括调直、下料、编束和安装锚具等工序。

用钢质锥形锚具锚固的钢丝束，其制作和下料长度计算基本上同钢绞线束。

用镦头锚具锚固的钢丝束，其下料长度要力求准确，下料的相对误差值，应不大于钢丝束长度的 1/5 000，且不得大于 5 mm。为此，要求钢丝束在应力状态下切断下料，下料的控制应力为 300 N/mm²。钢丝的下料长度，取决于是 A 型或 B 型锚具以及一端张拉或两端张拉。

用锥形螺杆锚具锚固的钢丝束，经过矫直的钢丝可以在非应力状态下下料。

为防止扭结，下料后必须进行编束。在平整场地上把钢丝理顺平放，然后每隔 1 m 左右用 22 号铅丝编成帘子状（如图 5-18），再每隔 1 m 放一个按端杆直径制成的螺旋衬圈，将编好的钢丝帘绕衬圈围成圆束绑扎牢固。

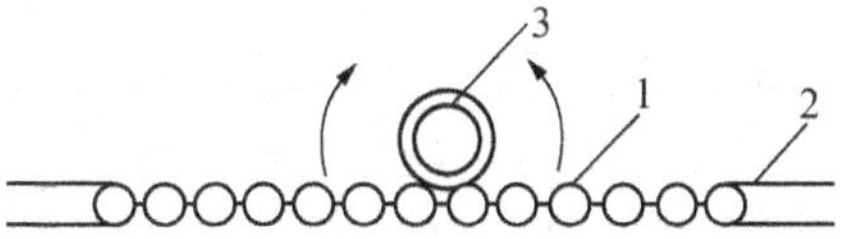

图 5-18 钢丝束编束

1—钢丝；2—铅丝；3—衬圈

5.3.2 后张法施工工艺

1. 孔道留设

孔道的留设是预应力后张法构件制作中的关键工作之一。孔道留设的基本要求是：孔道的尺寸与位置应正确，孔道的直径应比预应力筋直径、钢筋对焊接头处、需穿过孔道的锚具或连接器外径大 10～15 mm，孔道应平顺，接头不漏浆，端部的预埋钢板应垂直于孔道。预应力筋的孔道形状有直线、曲线和折线 3 种。孔道的留设方法有钢管抽心法、胶管抽心法和预埋波纹管法。

(1) 钢管抽心法。预先将钢管埋设在模板内孔道位置处，在混凝土浇筑过程中和浇筑之后，每间隔一定时间慢慢转动钢管，防止混凝土与钢管粘牢，待混凝土初凝后、终凝前抽出钢管，即在构件中形成孔道。此法一般常用于留设直线孔道。

钢管要求平直，表面光滑，预埋前应刷油，安放位置准确。一般用间距不大于 1m 的钢筋井字架固定钢管位置。钢管每根长度最好不超过 15 m，两端各伸出构件 100 mm

左右，钢管一端钻 16 mm 小孔，以便于旋转和抽管。较长构件则用两根钢管，中间用 0.5 mm 厚铁皮做成套管连接，钢管的旋转方向两端要相反，一般每隔 10～15 min 应转管一次。

掌握抽管时间很重要，过早会塌孔，太晚则抽管困难。一般在混凝土初凝后、终凝前，以手指按压混凝土不粘浆又无明显印痕时则可抽管。

抽管顺序宜先上后下，抽管可用人工或卷扬机，抽管要边抽边转，速度均匀，与孔道成一直线。抽管后应及时做好孔道的清理工作，以免孔道中有水泥浆等从而增加穿筋的困难。

在留设孔道的同时还要在设计规定位置留设灌浆孔。一般在构件两端和中间每隔 12 m 留一个直径 20～25 mm 的灌浆孔，并在构件两端各设一个排气孔。灌浆孔留设可用木塞或白铁皮管。

（2）胶管抽心法。留孔用胶管有五层或七层夹布胶管和钢丝网胶管两种。前者质软，用间距不大于 0.5 m 的钢筋井字架固定位置，浇筑混凝土前，胶管内充入压力 0.6～0.8 N/mm^2 的压缩空气或压力水，此时胶管直径增大 3 mm 左右，待浇筑的混凝土初凝后，放出压缩空气或压力水，管径缩小而与混凝土脱离，便于抽出形成孔道。后者是专供预应力混凝土专用的钢丝网胶管，质硬并具有一定弹性，留孔方法与钢管一样，只是浇筑混凝土后不需转动，由于其有一定弹性，抽管时在拉力作用下断面缩小易于拔出。胶管抽心法留孔，不仅可留直线孔道，还可留曲线孔道。

用胶管留孔时，构件长度在 20～30 m 以内可用整根胶管，一端抽管；当构件孔道较长时，胶管可在中间接头，对于充气或充水胶管，其接头处应做好密封，防止漏气或漏水。胶管的抽管顺序，应先上后下，先曲后直。

（3）预埋波纹管法。波纹管是特别的镀锌（单、双）波纹金属软管，具有重量轻、刚度好、弯折方便、连接容易、与混凝土黏结良好等优点。可作成各种形状的孔道，用间距不大于 1 m 的钢筋井字架固定，并可省去抽管工序。

2. 预应力筋张拉

预应力筋张拉时，结构的混凝土强度应符合设计要求。当设计无具体要求时，不应低于设计强度的 75%。

（1）张拉控制应力。预应力筋的强度控制应力应符合设计要求并不得超过规定。

后张法的张拉控制应力取值低于先张法。这是因为后张法构件在张拉钢筋的同时，混凝土已受到弹性压缩；而先张法构件，混凝土是在预应力筋放松后才受到弹性压缩，预应力值的损失受弹性压缩的影响较大。此外，混凝土收缩、徐变引起预应力损失，后张法也比先张法小。

（2）张拉程序。预应力筋的张拉程序，主要根据构件类型、张拉锚固体和松弛损失取值等因素来确定。分为以下两种情况：

设计时钢筋的松弛损失按一次张拉程序取值，张拉程序为：$0 \rightarrow \sigma_{con}$；

设计时钢筋的松弛损失按超张拉程序取值，张拉程序为：

$$0 \rightarrow 1.05\sigma_{con} \xrightarrow{\text{持荷 2 分钟}} \sigma_{con} \text{或} 0 \rightarrow 1.03\sigma_{con}$$

（3）张拉方法。张拉方法有一端张拉和两端张拉。为减少预应力筋与预留孔孔壁摩擦而引起的预应力损失，对抽心成形孔道的曲线预应力筋和长度大于 24 m 的直线预应力筋，应采用两端张拉；长度等于或小于 24 m 的直线预应力筋，可一端张拉，但张拉端宜分别设置在构件两端。对预埋波纹管孔道，曲线形预应力筋和长度大于 30 m 的直线预应力筋宜在两端张拉，长度等于或小于 30 m 的直线预应力筋，可在一端张拉。用锥锚式双作用千斤顶两端同时张拉钢筋束、钢绞线束或钢丝束时，为减少顶压锚塞时的应力损失，可先顶压一端的锚塞，而另一端在补足张拉力后再行顶压。

（4）张拉顺序。预应力筋的张拉顺序应符合设计要求，当设计无具体要求时，可采用分批、对称地进行张拉。对称张拉是为避免张拉时构件截面承受过大的偏心压力。分批张拉，要考虑后批预应力筋张拉时产生的混凝土弹性压缩，会使先批张拉的预应力筋的张拉应力产生损失。为此先批张拉的预应力筋的张拉应力应增加 $\Delta\sigma$：

$$\Delta\sigma = \frac{E_s}{E_c} \cdot \frac{(\sigma_{con} - \sigma_1)A_y}{A_j}$$

式中：E_s——预应力筋的弹性模量；

E_c——混凝土的弹性模量；

σ_{con}——张拉控制应力；

σ_1——后批张拉预应力筋的第一批应力损失（包括锚具变形与摩擦损失）；

A_y——后批张拉预应力筋的截面积；

A_j——构件混凝土的净截面面积（包括构造钢筋的折算面积）。

（5）预应力筋伸长值校核。预应力筋在张拉时，通过伸长值的校核，可以综合反映张拉应力是否满足，孔道摩阻损失是否偏大，以及预应力筋是否有异常现象等。因此规范规定当采用应力控制方法张拉时，应校核预应力筋伸长值。如实际伸长值比计算伸长值大于 10% 或小于 5%，应暂停张拉，在采取措施予以调整后，方可继续张拉。

预应力筋的计算伸长值 ΔL（mm），可按下式计算：

$$\Delta L = \frac{F_P \cdot l}{A_P \cdot E_s}$$

式中：F_P——预应力筋的平均张拉力（kN），直线筋取张拉端的拉力；两端张拉的曲线筋，取张拉端的拉力与跨中扣除孔道摩阻损失后拉力的平均值；

A_P——预应力筋的截面面积（mm^2）；

l——预应力筋的长度（mm）；

E_s——预应力筋的弹性模量。

预应力筋的实际伸长值 $\Delta L'$，宜在初应力为张拉控制应力的 10% 左右时开始量测：

$$\Delta L' = \Delta L_1 + \Delta L_2 - C$$

式中：ΔL_1——从初应力至最大张拉力之间的实测伸长值（mm）；

ΔL_2——初应力以下的推算伸长值（mm）；

C——施加预应力时，后张法混凝土构件的弹性压缩值，当其值微小时，可略去不计。

初应力以下的推算伸长值 ΔL_2，可根据弹性范围内张拉力与伸长值成正比的关系用下式计算：

$$\Delta L_2 = \frac{\sigma_0}{E_s} \cdot l$$

式中：σ_0——预应力筋的初应力。

（6）对平卧叠浇构件的张拉。后张法预应力混凝土构件，一般在工地平卧叠浇制作，重叠层数一般不超过 4 层。上层构件的重量产生的水平摩阻力，会阻止下层构件在预应力筋张拉时混凝土弹性压缩的自由变形，待上层构件起吊后，由于摩阻力消失，下层构件原先被阻止的那一部分弹性压缩随之发生，从而引起预应力损失。该损失值与构件形式、隔离层和张拉方式有关。为弥补该项预应力损失，可采取自上而下逐层加大超张拉的方法，但底层超张拉值不宜比顶层张拉力大 5%（钢丝、钢丝线、热处理钢筋）或 9%（冷拉Ⅱ~Ⅳ级钢筋），且不得超过表 5-1 的规定。

3. 孔道灌浆

预应力筋张拉锚固后，应随即进行孔道灌浆。孔道灌浆的目的是为了防止钢筋的锈蚀，增加结构的整体性和耐久性，提高结构的抗裂性和承载能力。

灌浆宜用标号不低于 425 号普通硅酸盐水泥调制的水泥浆，对空隙大的孔道，水泥浆中可掺适量细沙。所用水泥浆或水泥砂浆的强度不宜低于 20 N/mm^2，且应有较大的流动性和较小的干缩性、泌水性（搅拌后 3 h 的泌水率宜控制在 2%）。水灰比一般为 0.4 ~ 0.45。为使孔道灌浆饱满，可在灰浆中掺入水泥重量万分之一的铝粉或 0.25% 的木质素磺酸钙。

灌浆前，用压力水冲洗和湿润孔道。灌浆可用灰浆泵进行灌浆，水泥浆应均匀缓慢地注入，不得中断。灌浆顺序应先下后上，以免上层孔道漏浆把下层孔道堵塞。直线孔道灌浆时，应从构件一端灌到另一端。曲线孔道灌浆时，应从孔道最低处向两端进行，至最高点排气孔排尽空气并溢出砂浆为止。

当灰浆强度达到 15 N/mm^2 时，方能移动构件，灰浆强度达到 100% 设计强度时，才允许吊装。

5.3　先张法预应力施工

先张法是在浇筑混凝土构件之前在构件工作时的受拉区张拉预应力筋，将其临时锚固在支座或钢模上，然后浇筑混凝土构件，待混凝土达到一定强度（一般不低于混凝土设计强度标准值的 75%），混凝土与预应力筋之间已具有足够的黏结力，即可放松预应力筋，预应力筋弹性回缩，借助于混凝土与预应力筋的黏结，对混凝土构件产生预压应力。

先张法多用于预制构件厂生产定型的预应力中小型构件，先张法生产有台座法和机组流水法（钢模法）两种。台座法是构件在台座上生产，即预应力筋的张拉、锚固，混凝土的浇筑、养护和预应力筋的放松等工序都在台座上进行，预应力筋的张拉力由台座承受，施工如图 5-19 所示。机组流水法是利用钢模板作为固定预应力筋的承力架，构件连同模板通过固定的机组，按流水方式完成其生产过程。先张法的施工工艺流程如图 5-20 所示。

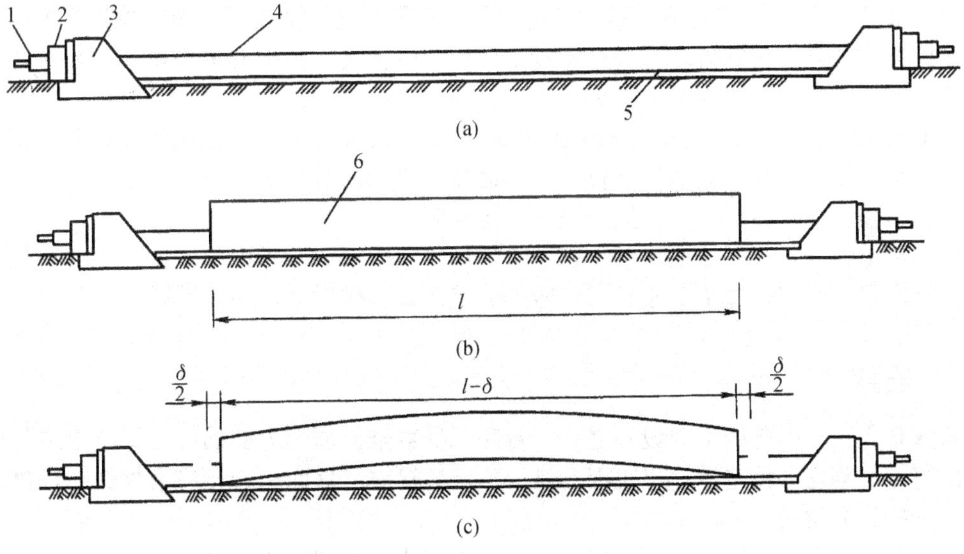

图 5-19　先张法（台座）生产示意图

（a）张拉预应力筋；（b）混凝土灌注；（c）放松预应力筋

1—夹具；2—横梁；3—台座；4—预应力筋；5—台面；6—混凝土构件

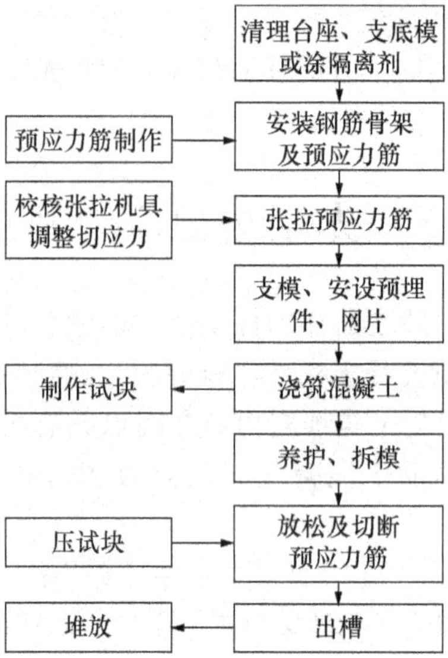

图 5-20　先张法生产示意图

先张法具有如下特点：

(1) 优点　构件配筋简单，不需锚具，省去预留孔道、拼装、焊接、灌浆等工序，一次可制成多个构件，生产效率高，可实行工厂化、机械化，便于流水作业，可制成各种形状的构件等。

(2) 缺点　需建长线台座，占地面积大；如采取在特制的钢模上张拉，设备较多，投资较高，生产操作较复杂，养护期较长；为提高台座和模板的周转效率，常需蒸养；对于大型构件运输不便，灵活性差，生产受到一定限制。

鉴于以上特点，先张法适用于预制厂或现场集中成批生产各种中小型预应力混凝土构件，如吊车梁、屋架、过梁、基础梁、檩条、屋面板、槽形板、多孔板等。

5.3.1　台座

台座是先张法生产的主要设备之一，台座承受着全部预应力筋的拉力，故要求其应有足够的强度、刚度和稳定性，以免因台座变形、倾覆或滑移而引起预应力损失，以确保先张法生产构件的质量。

台座的形式繁多，因地制宜，但一般可分为墩式台座和槽式台座两种。

1. 墩式台座

墩式台座主要用于生产中小型构件。台座的长度宜为 100～150 m，这样既可利用钢丝长的特点，张拉一次可生产多根构件，减少张拉和临时固定工作，同时也可减少因钢丝滑动或台座横梁变形引起的应力损失。

墩式台座由台墩、台面和横梁等组成（如图 5-21）。目前常用的是台墩和台面共同受力的墩式台座。

（1）台墩。台墩一般由现浇钢筋混凝土制成。设计墩式台座时，应进行台座的稳定性和强度验算。台墩的稳定性验算包括抗倾覆验算和抗滑移验算。抗倾覆验算的计算简图如图 5-22 所示，台座的抗倾覆稳定性按下式计算：

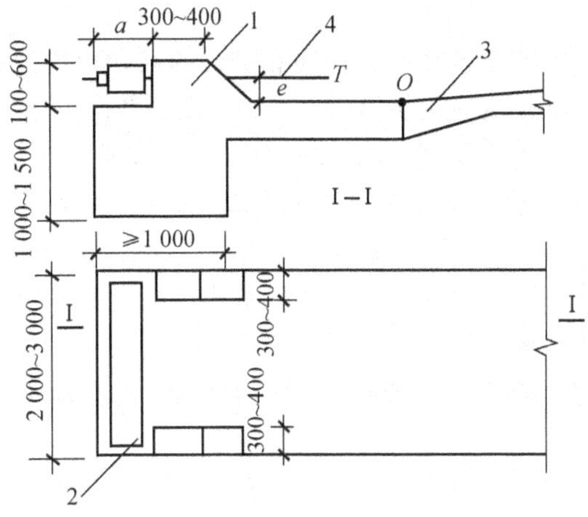

图 5-21　墩式台座

1—混凝土墩座；2—横梁；
3—局部加厚台面；4—预应力筋

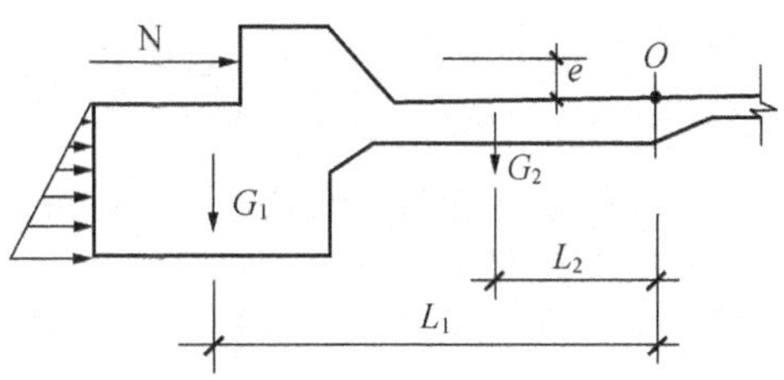

图 5-22　墩式台座的稳定性验算简图

$$K = \frac{M_1}{M} = \frac{G_1L_1 + G_2L_2}{Ne} \geqslant 1.50$$

式中：K——抗倾覆安全系数；

M——倾覆力矩，由预应力筋的张拉力产生；

N——预应力筋的张拉力；

e——张拉力合力作用点至倾覆点的力臂；

M_1——抗倾覆力矩，由台座自重、土压力等产生；

G_1——台墩的自重力；

L_1——台墩重心至倾覆点的力臂；

G_2——承台台墩外伸台面局部加厚部分的自重；

L_2——承台台墩外伸台面局部加厚部分的重心至倾覆转动点的力臂。

为了改善台墩的受力状况，可采用与台面共同工作的台墩。此时台墩倾覆点的位置，按理论计算应在混凝土台面的表面处，但考虑到台墩的倾覆趋势使得台面端部顶点出现局部应力集中，倾覆点的位置宜取在该面层下 40～50 mm 处。

台墩的抗滑移验算，可按下式计算：

$$K_c = \frac{N_1}{P_j} \geqslant 1.30$$

式中：K_c——抗滑移安全系数；

P_j——张拉力的合力；

N_1——抗滑移的力，一般应由台面的抗滑移力 N'，台面右侧面的被动土压力的合力 E_p'和台墩自重产生的摩阻力 F 组成，其中以 N'为主要抗滑移力，提供以下数据供参考：

当台面采用 C10～C15 混凝土时，厚 60 mm，台面每米宽抵抗能力取 150～250 kN；

当台面采用 C10～C15 混凝土时，厚 80 mm，台面每米宽抵抗能力取 200～250 kN；

当台面采用 C10～C15 混凝土时，厚 100 mm，台面每米宽抵抗能力取 250～300 kN；

当采用混凝土台面，并与台墩共同工作时，一般可不进行抗滑移验算，而应验算台面的承载能力。

（2）台面。台面一般是在夯实的碎石垫层上浇筑一层厚度为 60～100 mm 的混凝土而成。其水平承载力 N'可按下式计算：

$$N' = \frac{\varphi \cdot A_c \cdot f_c}{K_1 K_2}$$

式中：φ——轴心受压纵向弯曲系数，取 $\varphi = 1$；

A_c——台面截面面积（m^2）；

f_c——混凝土轴心抗压强度计算值（MPa）；

K_1——台面承载力超载系数，取 1.2；

K_2——考虑台面不均匀和其他影响因素的附加完全系数，取 1.5。

（3）横梁。台座的两端设置固定预应力钢丝的钢制横梁，一般用型钢制作，在设计横梁时，除考虑在张拉力的作用下有一定的强度外，应特别注意其变形，以减少预应力损失。

2. 槽式台座

槽式台座由钢筋混凝土压杆、上下横梁和砖墙等组成（如图 5-23）。台座的长度一般不超过 50 m，承载力可大于 1 000 kN 以上。为方便混凝土运输和蒸汽养护，槽式台座多低于地面，即可承受张拉力，又可作蒸汽养护槽。适用于张拉吨位较高的吊车梁、屋架等大型构件。

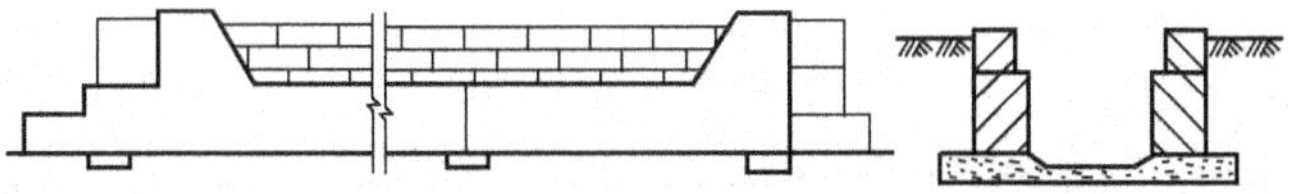

图 5-23　槽式台座

槽式台座一般长度为45 m（可生产6 根6 m 吊车梁）或76 m（可生产10 根6 m 吊车梁）。为便于拆迁，压杆可分段浇制。设计槽式台座时，也应进行抗倾覆、稳定性和强度验算。

5.3.2 夹　　具

夹具是先张法施工时为保持预应力筋拉力并将其固定在台座上的临时性锚固装置。按其作用分为张拉用夹具和固定用夹具。对各类夹具的要求是：工作方便可靠，构造简单，加工方便。夹具根据工作特点可分为张拉用夹具和锚固用夹具两类。

1. 张拉用夹具

张拉夹具是把预应力筋与张拉机械相连，进行预应力筋张拉的工具，常用的张拉夹具有偏心式和压销式两种。

（1）偏心式夹具。偏心式夹具是用作钢丝的张拉夹具。它是由一对带齿的月牙形偏心块组成，如图 5-24 所示。偏心块可用工具钢制作，其刻齿部分的硬度应较所夹钢丝的硬度大。这种夹具构造简单，使用方便。

（2）压销式夹具。压销式夹具是用作直径 12～16 mm 的Ⅱ～Ⅳ级钢筋的张拉夹具，它是由销片和楔形压销组成，如图 5-25 所示。销片 2、3 有与钢筋直径相适应的半圆槽，槽内有齿纹用以来夹紧钢筋，当楔紧或退楔形压销 4 时，便可夹紧或放松钢筋。

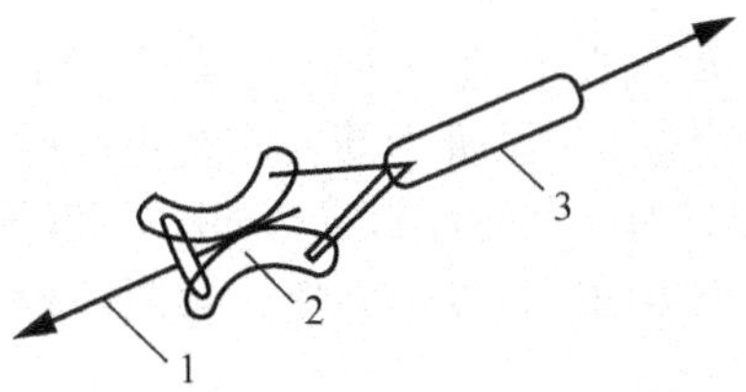

图 5-24　偏心式夹具

1—钢丝；2—偏心块；3—连接环

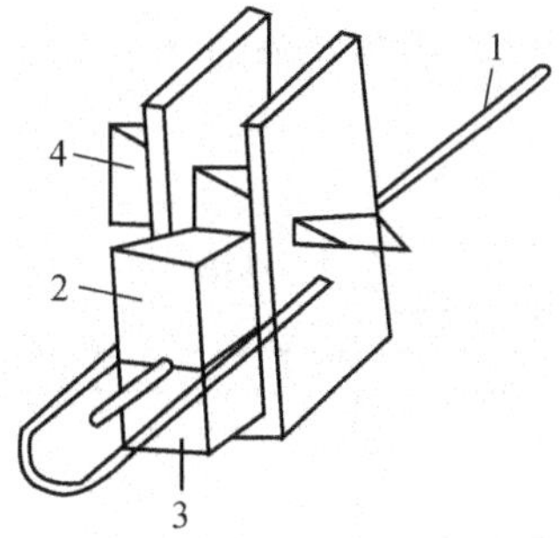

图 5-25　压销式夹具

1—钢筋；2—销片（楔形）；3—销片；4—楔形压销

2. 锚固用夹具

锚固夹具是把预应力筋临时固定在台座横梁上的工具。常用的锚固夹具有圆锥齿板式、圆锥三槽式、圆套筒三片式及镦头锚具等。

（1）圆锥齿板式夹具

圆锥齿板式夹具适用于夹持直径 3～5 mm 的冷拔低碳钢丝和碳素钢丝。它是由套筒和齿板组成，如图 5-26 所示。

圆锥齿板式夹具分 BJ3 和 BJ4 两种型号，二者的套筒统一。BJ3 配用Ⅰ型齿板，用以夹持 ϕb3 和 ϕb4 的钢丝；BJ4 配用Ⅱ型齿板，用以夹持 ϕb4 和 ϕb5 的钢丝。套筒和齿板均用 45 号钢制作，套筒不作热处理，齿板热处理硬度为 HRC40～45。

（2）圆锥三槽式夹具

圆锥三槽式夹具适用于夹持直径 3～5 mm 的冷拔低碳钢丝。它是由套筒和锥销组成，如图 5-27 所示。

在锥销的椎体表面有三条圆弧形沟槽，最大的沟槽用以夹持 ϕb5 的钢丝，另外两条分别适用于 ϕb4、ϕb3 钢丝。但在使用时，每个夹具只能夹持一根钢筋。套筒和锥销均用 45 号钢制作，套筒不作热处理，锥销热处理硬度为 HRC40～45。

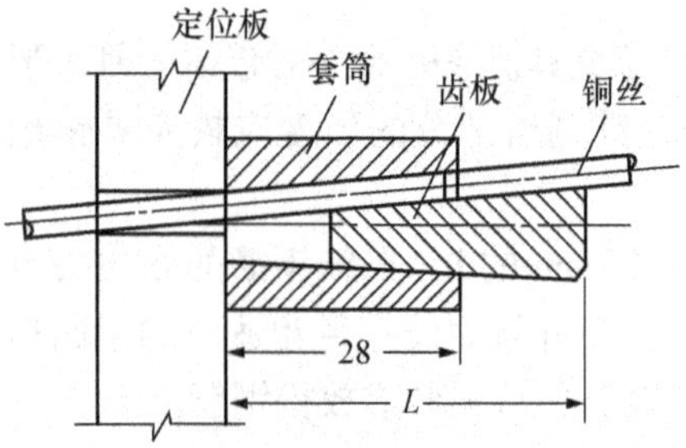

图 5-26 圆锥齿板式夹具

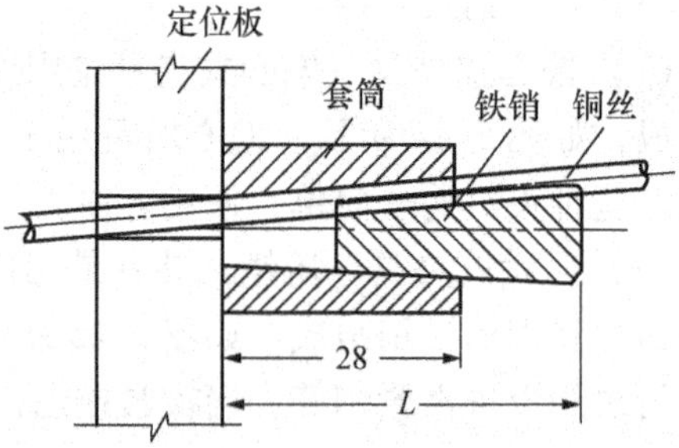

图 5-27 圆锥三槽式夹具

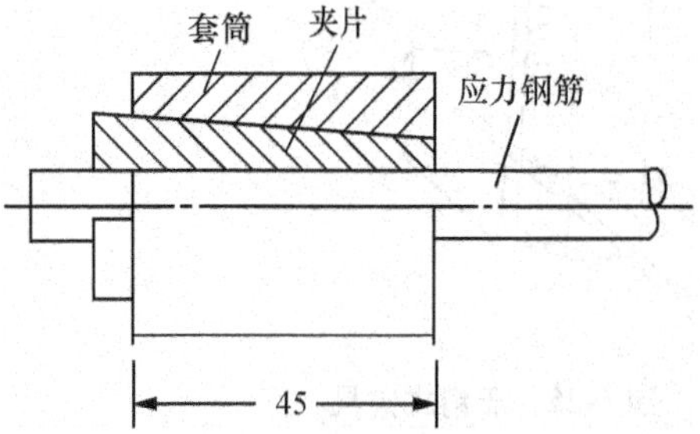

图 5-28 圆套筒三片式夹具

（3）圆套筒三片式夹具

圆套筒三片式夹具适用于夹持直径 12 mm 和 14 mm 的单根冷拉Ⅱ～Ⅳ级钢筋。它是由中间开有圆锥形孔的套筒和 3 个夹片组成，如图 5-28 所示。

套筒和夹片均用 45 号钢制作，套筒热处理硬度为 HRC40～45。

（4）镦头锚具

在先张法预应力钢筋锚固时，除采用上面介

绍的几种工具式锚固夹具外，还可以采用自制的镦头锚具。钢丝的镦头应采用冷镦，因热镦影响钢丝强度。钢丝冷镦可采用手动或液压冷镦机，手动镦头机只用于直径 3 ~ 5 mm 冷拔低碳钢丝的镦头，液压镦头机可用于冷拔低碳钢丝和碳素钢丝的镦头。钢筋的镦头应采用热镦，直径在 22 mm 以内的钢筋可用对焊机进行热镦，直径超过 22 mm 的大直径钢筋应采用加热锻打成型。

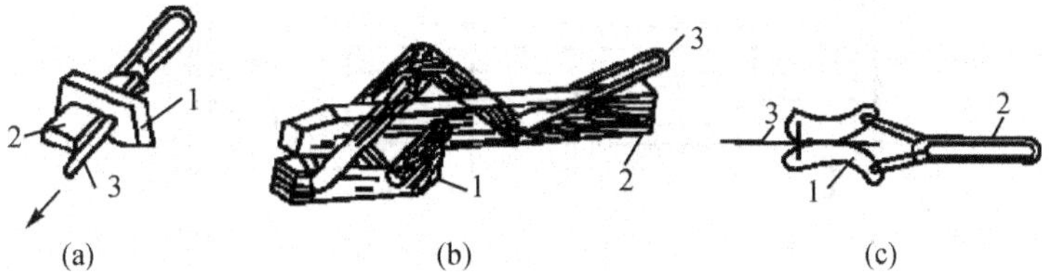

图 5-29　张拉用夹具

（a）楔形夹具：1—锚板；2—楔块；3—钢筋

（b）钳式夹具：1—倒齿形夹板；2—拉柄；3—拉环

（c）偏心式夹具：1—偏心块；2—环；3—钢筋

5.3.3　张拉设备

张拉设备要求工作可靠，能准确控制张拉应力，能以稳定的速率加大拉力。先张法常用的张拉设备有液压千斤顶、卷扬机、电动螺杆张拉机等。

采用液压千斤顶张拉时，可从油压表读数直接求得张拉应力值。用钢模以机组流水法生产构件，由于预应力筋较短，常进行多根成组张拉（如图 5-30）。

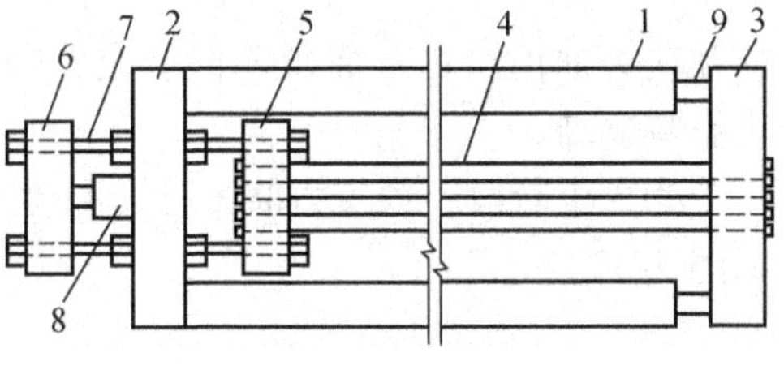

图 5-30　油压千斤顶多根成组张拉

1—台座；2、3—前后横梁；4—钢筋；5、6—拉力架横梁；

7—大螺丝；8—油压千斤顶；9—放松装置

在长线台座上生产构件多进行单根张拉，由于张拉力很小，一般多用卷扬机或电动张拉机张拉，应力控制可采用弹簧测力计或杠杆测力计进行。图5-31所示为卷扬机在长线台座上张拉钢丝。用弹簧测力计时宜设置行程开关，以便张拉到规定的拉力时能自行停车。

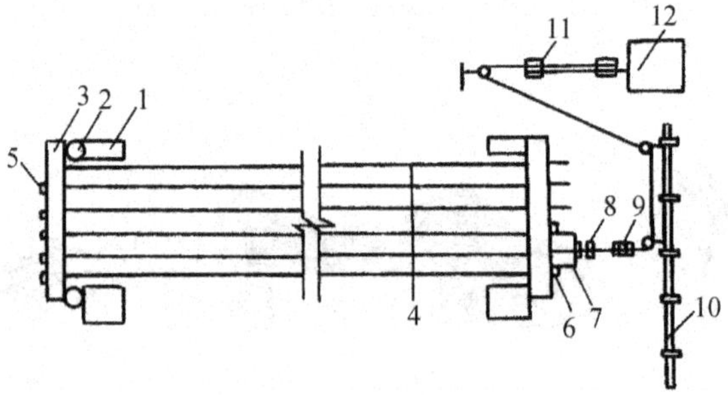

图5-31 卷扬机张拉布置

1—台座；2—放松装置；3—横梁；4—钢筋；5—墩头；6—垫块；7—销片；
8—张拉夹具；9—弹簧测力计；10—固定梁；11—滑轮组；12—卷扬机

5.3.4 先张法施工工艺

预应力混凝土先张法施工工艺的特点是：预应力筋在浇筑混凝土前张拉，预应力的传递依靠预应力筋与混凝土之间的黏结力，为了获得质量良好的构件，在整个生产过程中，除确保混凝土质量以外，还必须确保预应力筋与混凝土之间的良好黏结，使预应力混凝土构件获得符合设计要求的预应力值。

对于碳素钢丝因其强度很高，且表面光滑，它与混凝土黏结力较差。因此，必要时可采取刻痕和压波措施，以提高钢丝与混凝土的黏结力。压波一般分局部压波和全部压波两种，施工经验认为波长取39 mm，波高取1.5~2.0 mm比较合适。

为了便于脱模，在铺放预应力筋前，在台面及模板上应先刷隔离剂，但应采取措施，防止隔离剂污损预应力筋，影响黏结。

先张法施工工艺大致可分为3个阶段：预应力筋张拉；混凝土浇筑、养护；预应力筋放松，其生产的工艺流程如图5-32所示。

1. 预应力筋张拉

预应力筋张拉应根据设计要求，采用合适的张拉方法、张拉顺序和张拉程序进行，并应有可靠的质量保证措施和安全技术保证措施。

预应力筋的张拉可采用单根张拉或多根同时张拉，当预应力筋数量不多，张拉设备拉力有限时常采用单根张拉。当预应力筋数量较多且密集布筋，另外张拉设备拉力较大时，则可采用多根同时张拉。当进行多根成组张拉时，应先调整各预应力筋的初应力，使其长度和松紧一致，以保证张拉后各预应力筋的应力一致。预应力筋的张拉控制应力，应符合设计要求并不宜超过表 5-2 中规定的张拉控制应力值。施工中预应力筋需超张拉时，可比设计要求提高 5%。

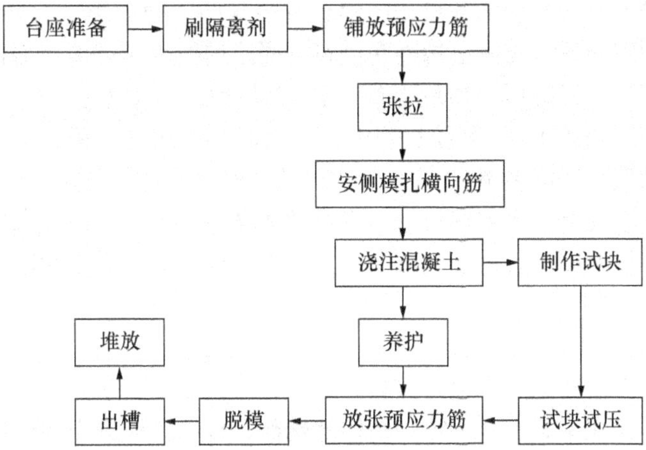

图 5-32　先张法施工工艺流程图

表 5-2　最大张拉控制应力允许值

钢种	张拉方法	
	先张法	后张法
消除应力钢丝、钢绞线	$0.75f_{ptk}$	$0.75f_{ptk}$
热处理钢筋	$0.70f_{ptk}$	$0.65f_{ptk}$

注：f_{ptk} 为预应力筋极限抗拉强度标准值。

预应力筋张拉可按下列程序之一进行：

$$0 \longrightarrow 1.05\sigma_{con} \xrightarrow{\text{持荷 2 分钟}} \sigma_{con}$$

或

$$0 \longrightarrow 1.03\sigma_{con}$$

式中：σ_{con}——预应力筋的张拉控制应力。

建立上述张拉程序的目的是为了减少预应力的松弛损失。所谓“松弛”，即钢筋在常温、高应力状态下具有不断产生塑性变形的特性。松弛的数值与控制应力和延续时间有关，控制应力高，松弛亦大，但在第 1 min 内可完成损失值的 50% 左右，24 h 则可完成 80%。上述张拉程序，如第一种先超张拉 5% 并持荷 2 分钟，则可减少 50% 以上的松弛损失。第二种超张拉 3% 亦是为了弥补含应力松弛在内的各种预应力损失。

当采用应力控制方法张拉时，应校核预应力筋的伸长值，如实际伸长值比计算伸长值大10%或小5%时，应暂停张拉，并分析其原因，采取措施后再继续张拉。

多根预应力筋同时张拉时，应预先调整初应力，使其相互之间的应力一致。预应力筋张拉锚固后，实际预应力值与工程设计规定检验值的相对允许偏差应在+5%以内。在张拉过程中预应力筋断裂或滑脱的数量，严禁超过结构同一截面预应力筋总根数的5%，且严禁相邻两根断裂或滑脱。先张法构件在浇筑混凝土前发生断裂或滑脱的预应力筋必须予以更换。预应力筋张拉锚固后，预应力筋位置与设计位置的偏差不得大于5 mm，且不得大于构件截面最短边长的4%。张拉过程中，应按混凝土结构工程施工及验收规范要求填写施加预应力记录表，以便参考。

施工中必须注意安全，严禁正对钢筋张拉的两端站立人员，防止断筋回弹伤人。冬季张拉预应力筋，环境温度不宜低于-15℃，且应考虑预应力筋容易脆断的危险。

2. 混凝土的浇筑与养护

为减少混凝土收缩和徐变引起的预应力损失，应采用低水灰比，控制水泥用量；采用良好级配的骨料；保证振捣密实，特别是构件端部，以保证混凝土的强度和黏结力。

预应力筋张拉完成后，应尽快浇筑混凝土。混凝土浇筑时，振捣器不得碰撞预应力筋。混凝土未达到强度前，也不允许碰撞或踩动预应力筋。

采用重叠法生产构件时，应待下层构件的混凝土强度达到5 MPa后，方可浇筑上层构件的混凝土。

混凝土可采用自然养护和蒸汽养护。当采用蒸汽养护时，应采取正确的养护制度以减少由于温差（张拉钢筋时的温度与台座养护温度之差）引起的预应力损失。预应力筋张拉后锚固在台座上，温度升高引起预应力筋热胀伸长，并引起预应力损失。因此在台座上生产预应力构件时，应采用二次升温制：初次升温，应控制温度在20℃以内，待混凝土强度达到7.5 N/mm^2（粗钢筋配筋）或10 N/mm^2（钢丝、钢绞线配筋）以上时，再按一般规定继续升温养护。以机组流水法用钢模制作预应力构件，因蒸汽养护时钢模与预应力筋同步伸缩，故不引起温差预应力损失。

3. 预应力筋放松

混凝土强度达到设计规定的数值（一般不得小于混凝土标准强度值的75%）后，才可放松预应力筋。过早放松会由于预应力筋与混凝土黏结不足，因回缩而引起较大的预应力损失或钢丝滑动。

预应力筋的放松顺序，应符合设计要求。当设计无专门要求时，应符合下列规定：

（1）对承受轴心预压力的构件（如压杆、桩等），所有预应力筋应同时放松。

（2）对承受偏心预压力的构件，应先同时放松预压应力较小区域的预应力筋，再同时放松预压应力较大区域的预应力筋。

（3）当不能按上述规定放松时，应分阶段、对称、相互交错地放松，以防止在放松过程中构件发生翘曲、裂纹及预应力筋断裂等情况。

预应力筋为钢筋时，若数量较少可逐根熔断放松，数量较多且张拉力较大时，应同时放松。同时放松常采用千斤顶或在台座与横梁间设置楔块（如图 5-33）或沙箱（如图 5-34）缓慢放松。

放松后的预应力筋切断顺序，宜由放松端开始，逐次切向另一端。采用蒸汽养护的预应力混凝土构件，宜热态放松预应力筋，而不宜降温后再放松。

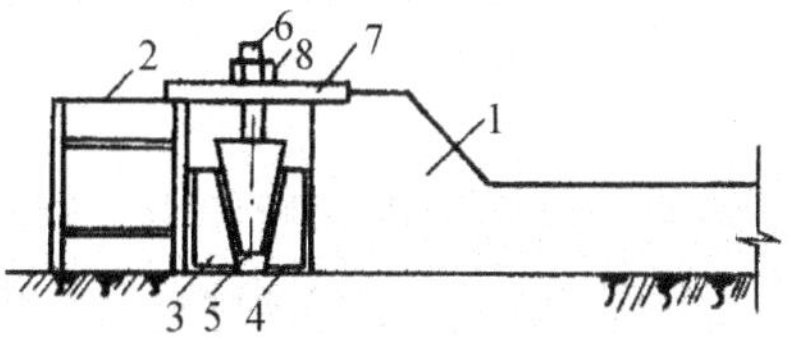

图 5-33　楔块放松

1—台座；2—横梁；3、4—钢块；5—钢楔块；6—螺杆；7—承力板；8—螺母

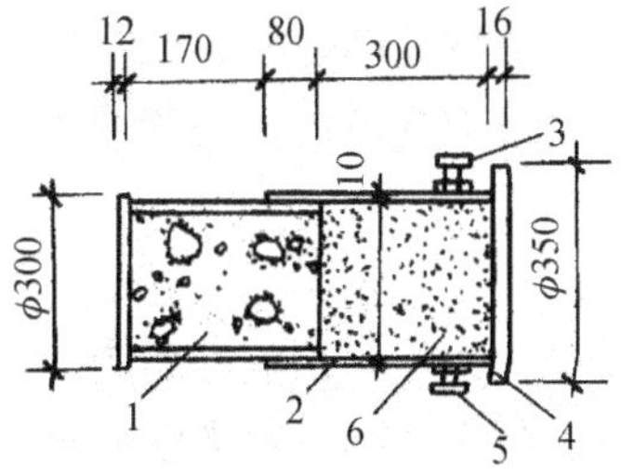

图 5-34　沙箱放松

1—活塞；2—钢套箱；3—进沙口；4—钢套箱底板；5—出沙口；6—沙子

5.4　无黏结预应力施工法

无黏结预应力施工方法是后张法预应力混凝土的发展。它 20 世纪 50 年代起源于美国，70 年代末期引入我国，80 年代初成功地应用于实际工程中，是国家“八五”重点推广技术。其做法是：在预应力筋表面刷涂料并包塑料布（管）后，如同普通钢筋一样先铺设在支好的模板内，然后浇筑混凝土，待混凝土达到要求强度后，进行预应力筋张拉锚固。这种工艺的优点是无须预留孔道和进行孔道灌浆，施工简单，张拉时摩阻力小，预应力筋易弯成曲线形状等。适用于多层及高层建筑大柱网板柱结构（双向连续平板或密肋板）、多层工业厂房楼盖体系和大跨度梁类结构等，进一步拓宽了预应力结构的适用范围。但预应力筋强度不能充分发挥（一般要降低 10%~20%），开裂后的裂缝较集中，对锚具的要求也较高。

5.4.1 无黏结预应力混凝土结构的特点

在外荷载作用下，预应力筋在纵向可以相对周围混凝土发生纵向滑动。与有黏结预应力混凝土结构相似，无黏结预应力混凝土结构一般也需增设普通钢筋以改善结构的受力性能，避免结构在极限状态下出现集中裂缝而发生脆性破坏。无黏结部分预应力混凝土是继有黏结预应力混凝土和部分预应力混凝土之后又一种新的预应力结构形式，而且无黏结预应力混凝土结构有如下优点。

1. 结构自重轻

后张无黏结预应力混凝土结构不需要预留孔道，可以减小构件的尺寸，减轻自重，并有利于减小下部支承结构的荷载和降低造价。

2. 施工简便、速度快

施工时，无黏结预应力筋同非预应力筋一样，按设计要求铺设在模板内，然后浇筑混凝土，待混凝土达到一定强度后进行张拉、锚固、封堵端部。它无需预埋孔道、穿筋、灌浆等复杂工序，简化了施工工艺，加快了施工进度。同时，无黏结预应力混凝土构件可以预制也可以现浇，特别适应于构造比较复杂的曲线布筋的构件以及运输不便、施工场地狭小的建筑。

3. 抗腐蚀能力强

涂有防腐油脂外包塑料套管的无黏结预应力筋，具有双重防腐能力。可以避免预埋孔道穿筋的后张预应力构件因压浆不密实而可能发生预应力筋锈蚀以至断丝的危险。

4. 使用性能良好

在使用荷载作用下，抗裂和挠度要求易于控制。而且通过采用无黏结预应力筋和非预应力钢筋的混合配筋，在满足极限承载能力的同时，可以避免较大集中裂缝的出现，使之具有与有黏结部分预应力混凝土相似的力学性能。

5. 防火性能可靠

现浇后张平板结构的防火和火灾灾害试验表明，只要板厚适当并具有一定的保护层厚度，防火性能是可靠的。一些国际标准与规范对无黏结预应力混凝土板的最小厚度与最小保护层厚度都做了规定。

6. 抗震性能较好

试验研究表明，在地震荷载作用下，当产生大幅度的反复位移时，无黏结预应力筋始终处于受拉状态，不像有黏结预应力筋可能由受拉转为受压。无黏结预应力筋的应力变化幅度较小，并可将局部变形均匀地分散到预应力筋全长上，从而使无黏结筋的应力保持在弹性阶段。另外，无黏结部分预应力混凝土构件中配置的非预应力筋，可以保证结构具有良好的能量耗散能力。

7. 应用范围较广

无黏结预应力混凝土适用于多层和高层建筑中的单向板、双向连续平板和密肋板以及井字梁、悬臂梁、框架梁、扁梁等结构与构件。同时，无黏结预应力混凝土也适用于桥梁结构中的简支板（梁）、连续梁、预应力拱桥以及桥梁下部结构等。

5.4.2　无黏结预应力筋的制作

无黏结预应力筋由无黏结筋、涂料层和外包层 3 部分组成，如图 5-35 所示。

1. 无黏结筋

一般选用 7 根 $\phi^s 5$ 碳素钢丝组成的钢丝束，也可采用 7 根 $\phi^s 4$ 钢丝或 7 根 $\phi^s 5$ 钢丝编绞成的直径为 12 mm 或 15 mm 的钢绞线。

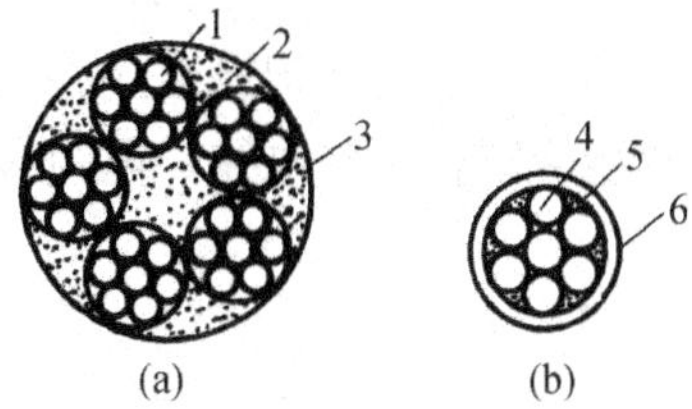

图 5-35　无黏结预应力筋

1—无黏结筋；2—涂料层；3—外包层；4—钢绞线（钢丝束）；5—油脂；6—塑料护套

2. 防腐涂料层

无黏结预应力筋的防腐涂料层是预应力筋防锈保护的重要材料，同时在张拉预应力筋时也起润滑作用。因此，该材料应具有良好的化学稳定性，对周围材料无腐蚀作用；不透水、不吸湿、抗腐蚀性能强；润滑性能好，摩擦阻力小；在规定的温度范围内高温不流淌、低温不变脆，并有一定韧性；不得含有氯化物、硫化物或硝酸盐等有害杂质。这种防锈、润滑材料一般可取用沥青、建筑油脂、蜡、环氧树脂等，目前最常用的材料为建筑油脂。

3. 套管

无黏结预应力筋涂层外的套管（包裹层）是预应力筋防腐蚀的第二道防线，同时它还具有保护防腐润滑涂料的作用，因此，护套材料应采用高密度聚乙烯或聚丙烯而不得采用聚氯乙烯。护套材料应满足以下要求：

（1）在预应力筋的全长应连续、封闭，以起到防潮、防杂质作用。

（2）应具有足够韧性、抗磨及抗冲击性，对周围材料应无侵蚀作用，足以抵抗运输或施工过程中可能遇到的碰撞、磨损。

（3）制作套管的材料，不得含有氯化物或其他有害物质。

（4）在使用期内，应具有化学稳定性以及良好的抗低温、抗高温、抗蠕变、抗老化等性能。

4. 预应力筋的制作

预应力筋一般有挤压涂层工艺和涂包成型工艺两种制作方法。

（1）挤压涂层工艺。挤压涂层工艺制作无黏结预应力筋的工艺流程如图 5-36 所示。挤压涂层工艺主要是无黏结筋通过涂油装置涂油，涂油无黏结筋通过塑料挤压机涂刷塑料薄膜，再经过冷却筒槽成型塑料套管。这种挤压涂层工艺的特点是效率高，质量好，设备性能稳定，它与电线、电缆包裹塑料套管的工艺相似。

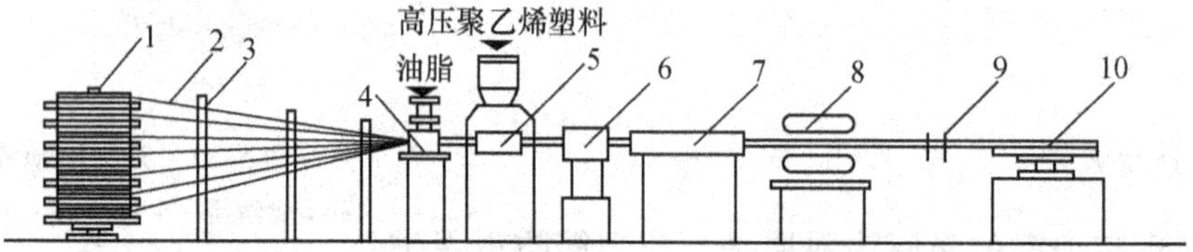

图 5-36　挤压涂层工艺制作无黏结预应力筋

1—防线盘；2—钢丝；3—梳子板；4—给油装置；5—塑料挤压机关；6—冷风装置；
7—水冷装置；8—牵引机；9—定位支架；10—收线盘

（2）涂包成型工艺。涂包成型工艺制作无黏结预应力筋的工艺流程如图 5-37 所示。无黏结筋经过涂料槽涂刷涂料后，再经过归束滚轮归成一束并进行补充涂刷，涂刷厚度一般为 2 mm。涂好涂料的无黏结筋随即通过绕布转盘自动地交叉缠绕两层塑料布。当达到需要的长度后，进行切割，成为一完整的无黏结预应力筋。这种涂包成型工艺的特点是质量好，适应性强。

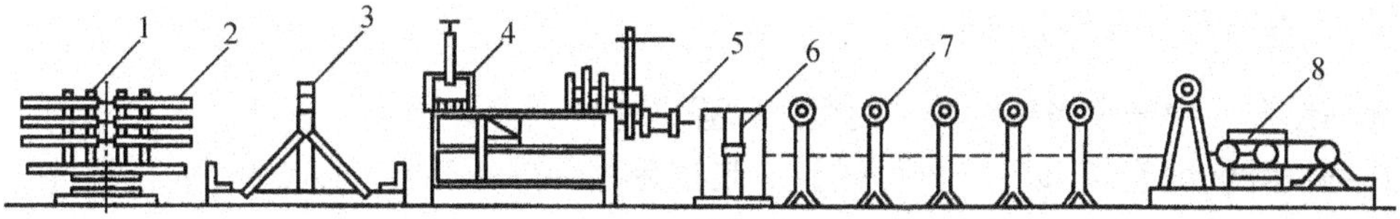

图 5-37　涂包成型工艺制作无黏结预应力筋

5. 锚具

在普通后张法预应力构件中，预应力筋通过灌浆与混凝土黏结成整体，在使用荷载下，构件的预应力筋与混凝土不会产生相对滑动。而在无黏结预应力构件中，锚具不仅仅承受张拉力，由于预应力筋与混凝土无黏结，外荷载引起的预应力筋内力变化也全部由锚具承担。因此无黏结预应力筋的锚具不仅比有黏结预应力筋的锚具受力大，而且承受的是重复荷载，故无黏结预应力筋的锚具有更高的要求，规范规定应符合 I 类锚具的要求。

我国主要采用高强钢丝和钢绞线作为无黏结筋。无黏结预应力筋根据设计需要，可在构件中配置较短的预应力筋，其一端锚固在构件端头作为张拉端，而另一端则直接埋入构件中，形成有黏结的锚头。钢绞线无黏结筋的张拉端可采用 XM 型夹片式锚具，埋入端宜采用压花式埋入锚具。钢丝束无黏结筋的张拉端可采用镦头锚具，埋入端宜采用锚板式埋入锚具。

5.4.3　无黏结预应力施工工艺

1. 无黏结预应力筋束的铺设

在铺设前，应对无黏结筋逐根进行外包层检查，对有轻微破损者，可包塑料带补好，对破损严重者应予以报废。

无黏结预应力筋束在平板结构中一般为双向曲线配置，因此其铺设顺序很重要。一般可先根据双向钢丝束交点的标高差，绘制钢丝束的铺设顺序图，钢丝束波峰低的底层钢丝束先行铺设，然后依次铺设波峰高的上层钢丝束，这样可以避免两个方向钢丝束的互相穿插。钢丝束铺设波峰的形式是用钢筋制成的“铁马凳”来架设，铁马凳高度应根据设计要求的钢丝束曲率确定，铁马凳间距不宜大于 2 m，钢丝束检查其曲率与水平位置无误后，用铅丝将其与非预应力钢筋绑扎牢固，防止钢丝束在浇筑混凝土施工过程中发生位移。

2. 无黏结预应力筋束的张拉

无黏结预应力筋束张拉时构件混凝土的强度应达到设计要求，若设计无要求时，混凝土要达到设计强度值的75%后方可张拉。张拉程序一般采用0→1.03σ_{con}进行锚固。由于无黏结预应力筋束一般为曲线配筋，故应两端同时张拉。

无黏结预应力混凝土楼盖结构的张拉顺序，宜先张拉楼板，后张拉楼面梁。板中的预应力筋可根据铺设的先后顺序依次张拉，梁中的预应力筋宜对称张拉。当预应力筋较长时，为降低摩阻损失值，宜采用多次重复张拉工艺。

3. 锚头端部处理

无黏结钢丝束张拉时采用镦头锚具，在构件两端应预留一定长度的孔道，其直径略大于锚具头外径。钢丝束张拉锚固后，其端部便留下孔道，并且该部分钢丝没有涂层，常用两种方法加以封闭保护：第一种方法是在孔道注入油脂并加以封闭，如图5-38所示；第二种方法是在孔道中注入环氧树脂水泥砂浆，其抗压强度不低于35 MPa，如图5-39所示。预留孔道内注入油脂或环氧树脂水泥砂浆后，用C30级的细石混凝土封闭锚头部位。无黏结钢绞线采用XM型夹片式锚具，张拉后张拉端钢绞线予留长度不小于150 mm，多余部分割掉，然后将钢绞线散开打弯，埋在板边圈梁内或用C30级细石混凝土封闭锚头部位。

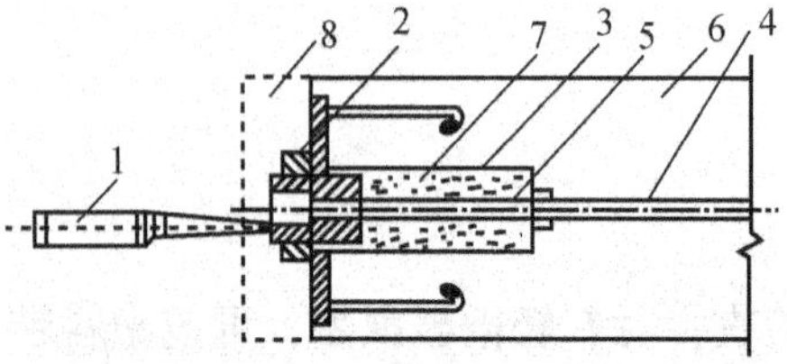

图5-38 锚头端部处理方法之一

1—油枪；2—锚具；3—端部孔道；4—有涂层的无黏结预应力束；5—无涂层的无黏结预应力束；6—构件；7—注入孔道的油脂；8—混凝土封闭

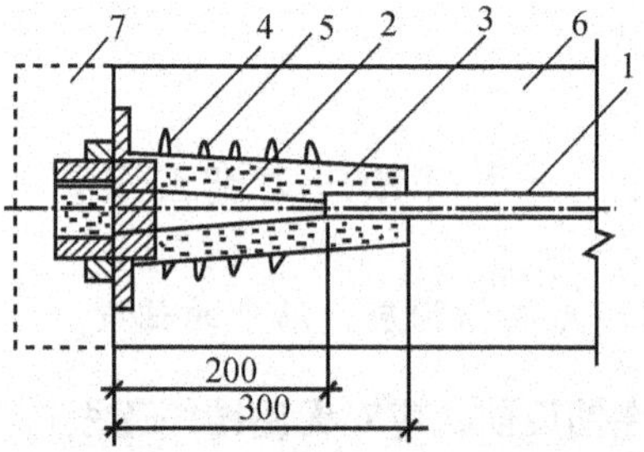

图5-39 锚头端部处理方法之二

1—无黏结预应力束；2—无涂层的端部钢丝；3—环氧树脂水泥砂浆；4—锚具；5—端部加固螺旋钢筋；6—构件；7—混凝土封闭

钢绞线在固定端处可清除涂层“压花”（如图5-40）后，放置在设计部位。待固定端的混凝土强度大于30 MPa后，才能形成可靠的黏结式锚头，此时才可张拉预应力筋。

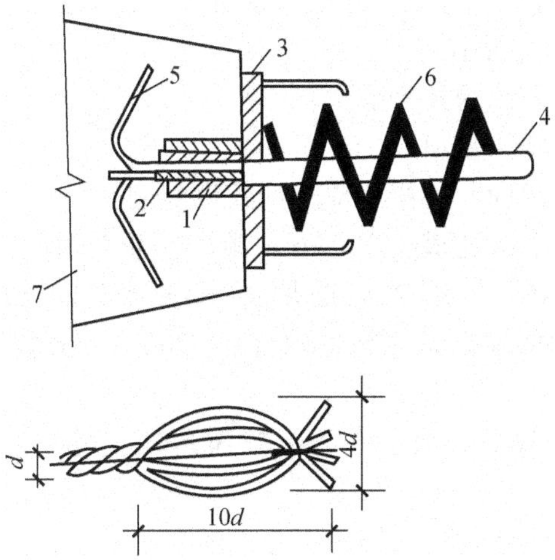

图 5-40　无黏结钢绞线端部处理示意

1—锚环；2—夹片；3—埋件；4—钢绞线；5—散开打弯钢丝；6—圈梁；7—钢绞线压花

思考与练习题

1. 什么叫预应力混凝土？有何优点？
2. 试比较先张法与后张法施工工艺的不同点及其适用范围。
3. 先张法的张拉控制应力与后张法有何不同？为什么？
4. 在张拉程序中为什么要超张拉、持荷 2 min？建立张拉程序的依据是什么？
5. 先张法施工中预应力筋放松时应注意哪些问题？
6. 分析各种锚具的性能、适用范围及优缺点。
7. 常用的张拉设备有哪些？如何选择张拉设备？
8. 孔道留设有几种方法？应注意哪些问题？
9. 怎样计算预应力筋的下料长度？
10. 预应力筋为什么要先对焊后冷拉？
11. 分批张拉钢筋时，如何弥补混凝土弹性压缩损失？
12. 平卧叠浇生产构件的预应力损失是如何产生的？又是如何弥补的？
13. 为什么要对孔道进行灌浆？对孔道灌浆有何要求？
14. 什么叫无黏结预应力？无黏结预应力构件制作施工中应注意哪些问题？

15. 先张法生产空心楼板，混凝土强度等级为 C30，预应力钢丝束用 s5，其极限抗拉强度$f_{Ptk}=1\,570$ N/mm，单根张拉。

（1）试确定张拉程序及张拉控制应力；

（2）计算张应力并选择张拉机具；

（3）计算预应力筋放松时，混凝土应达到的强度值。

16. 某 21 m 跨屋架，下弦孔道长 20. 8 m，预应力筋采用冷拉Ⅱ级钢筋 2ϕ25，冷拉率为 4%，弹性回缩率为 0. 4%，每个对焊接头的压缩长度为 25 mm，试计算：

（1）两端均用螺丝端杆锚具时（螺丝端杆长 320 mm，外露长 120 mm），预应力筋的下料长度；

（2）一端用螺丝端杆锚具，另一端为帮条锚具时（帮条长 60 mm，衬板厚 15 mm），预应力筋的下料长度。

17. 某 24 m 跨屋架，下弦预应力筋采用冷拉两束，每束 5 根，每根直径为 12 mm 的冷拉Ⅲ级钢筋束，$f_{Ptk}=500$ N/mm^2，单根钢筋断面面积为 1. 13 cm^2，张拉程序为 $0\xrightarrow{\text{持荷 2 min}}1.05\sigma_{con}\longrightarrow\sigma_{con}$，试计算：单束预应力筋的张拉力。

第6章　结构安装工程

主要内容

起重运输机械、混凝土结构单层厂房结构安装工程。

学习重点

各种起重机械的性能特点、单层工业厂房结构吊装的准备工作、吊装工艺、构件平面布置方法和结构吊装方案。

学习要求

了解各种起重机的组成、特点、常用型号、技术性能及使用要点；了解混凝土结构构件吊装前的准备工作、吊装方法和吊装工艺；掌握单层厂房结构吊装方案。

6.1　建筑起重机具

6.1.1　起重机械

结构安装工程中常用的起重机械有桅杆式起重机、自行杆式起重机、塔式起重机3大类。

1. 桅杆式起重机

桅杆式起重机具有制作简单、装拆方便、起重量大、受地形限制小等特点，能用来安装其他机械不能安装的一些特殊构件和设备。其缺点是灵活性差，服务半径小，移动困难且需要拉设较多的缆风绳，故一般只用于安装工程量比较集中的工程。

桅杆式起重机按的桅杆其结构的不同可分为独脚桅杆、人字桅杆、悬臂桅杆和牵缆式。

(1) 独脚桅杆。独脚桅杆由桅杆、起重滑轮组、卷扬机、缆风绳和锚锭组成，如图6-1所示，使用时桅杆应与垂直方向保持一定倾角（$\beta \leqslant 10°$），以便吊装的构件不致碰撞桅杆。桅杆的稳定主要靠缆风绳，一般设6～12根。缆风绳与地面的夹角一般取30°～45°。

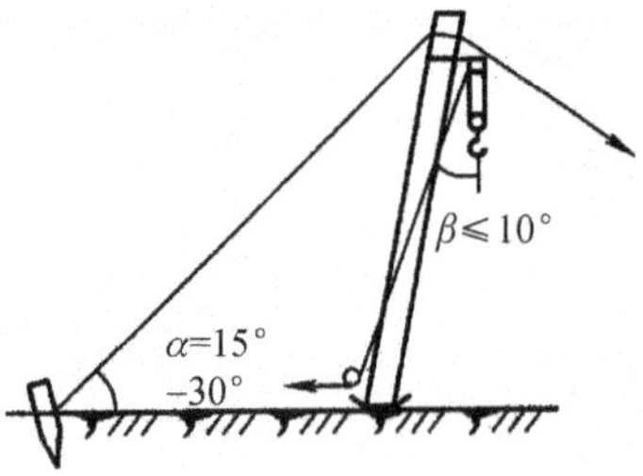

图 6-1 独脚桅杆

桅杆受轴向力很大，可根据受力计算选择材料和截面，可采用木材或金属材料。

（2）人字桅杆。人字桅杆是由两根杆件组成，端部以钢丝绳绑扎或铁件铰接而成，顶部相交成 20°～30°的角，如图 6-2 所示。桅杆底部应设拉杆或牵拉索以平衡水平推力，上部设有揽风绳以保持稳定。人字桅杆特点是起重量大，侧向稳定性好。

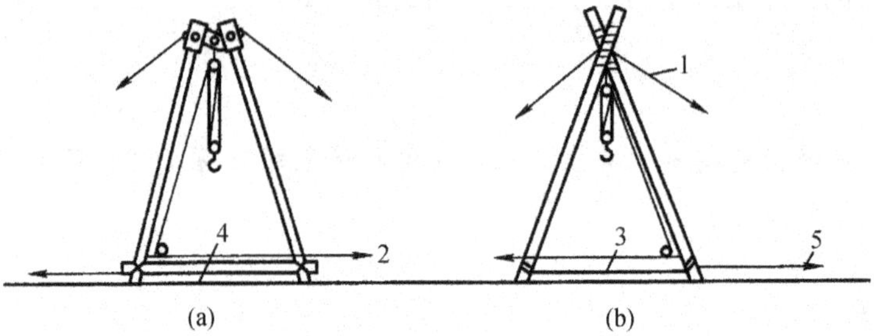

图 6-2 人字桅杆

（3）悬臂桅杆。悬臂桅杆是在独脚拔杆的 1/2 或 2/3 高处装上一根可以起伏和回转的起重臂而成，如图 6-3 所示，起重臂可以左右回转 120°～270°和起伏。其特点是起升高度和工作幅度都较大，吊装方便，适用于吊装屋面板、檩条等小型构件。

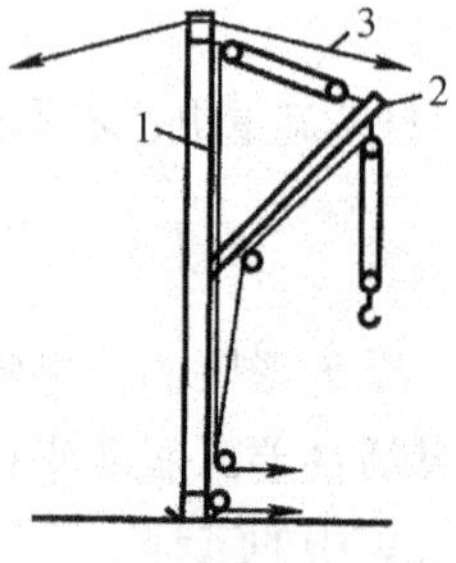

图 6-3 悬臂桅杆

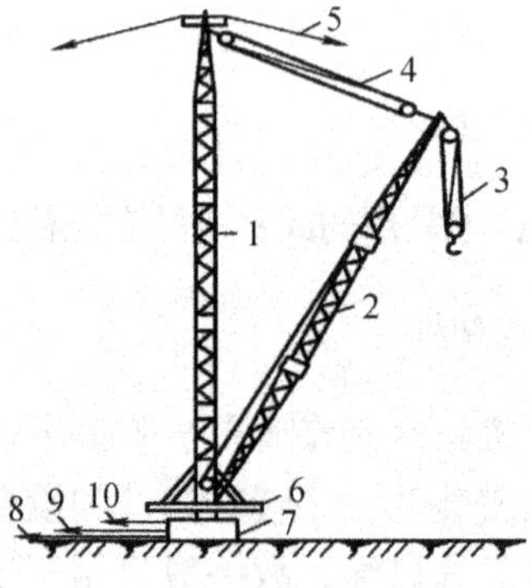

图 6-4 牵缆式桅杆起重机

（4）牵缆式桅杆起重机。在独脚桅杆的下端装上一根可以回转和起伏的起重臂而成，如图 6-4 所示。牵缆式桅杆起重机的特点是起重臂可以起伏，整机可以作 360°的回转，起升荷载和起升高度都比较大，适宜于构件多而集中的建筑物吊装。但应设置较多的缆风绳。

2. 自行杆式起重机

自行杆式起重机分为履带式起重机、汽车式起重机和轮胎式起重机。

(1) 履带式起重机。履带式起重机是在履带底盘上安装起重装置的自行走全回转起重机械，具有操作灵活，使用方便，活动范围大，有较大的起重能力和工作速度。可负重行走和在松软的地面行驶和工作。在结构安装特别是单层工业厂房结构安装中广泛应用。它由动力系统、传动系统、行走系统、卷扬机、操作系统和工作系统等组成，如图 6-5 所示。

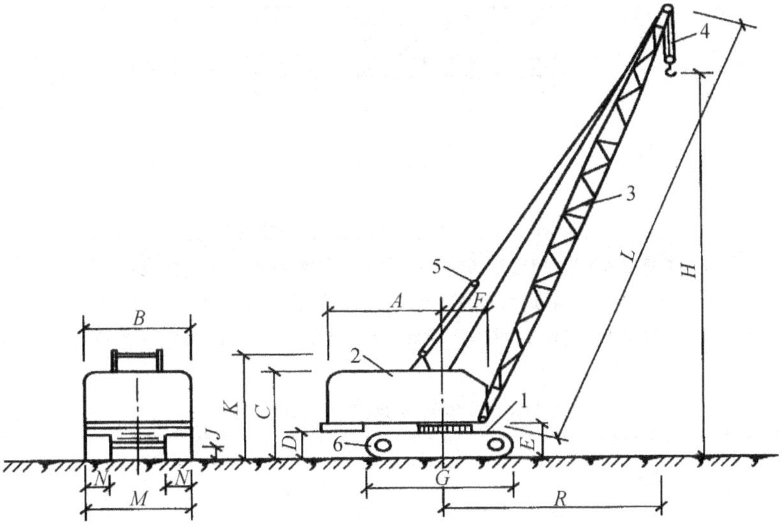

图 6-5　履带式起重机

1—回转机构；2—机身；3—起重臂；4—起重滑轮组；5—变幅滑轮组；6—行走装置

① 型号和性能。常用履带式起重机有：W1-50、W1-100、W1-200、西北 78D（80D）等型号。

起重机的主要性能参数有 3 个：起升荷载 Q、起重半径 R、起升高度 H。这 3 个参数是相互制约的。例如确定一个起重半径 R，起升的最大高度即随之而确定，同时有一对应的起升荷载 Q，相对于起重半径从最小到最大（R_{min}-R_{max}称为工作幅度），起升高度从最大到最小，起重量也从最大到最小。因此，履带式起重机械的工作性能可用表和曲线图表示，表 6-1～6-3 列示了常用的几种履带式起重机的外形尺寸、工作性能参数。图 6-6 为 W1-200 型起重机性能曲线。

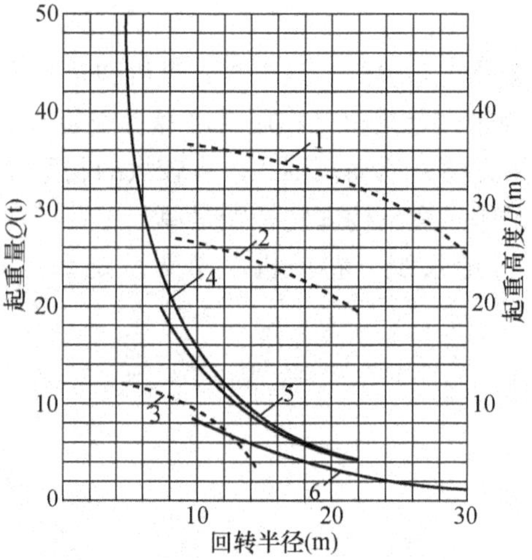

图 6-6　W1-200 型起重机工作性能曲线

1—起重臂长 40 m 时起重高度曲线；2—起重臂长 30 m 时起重高度曲线；
3—起重臂长 15 m 时起重高度曲线；4—起重臂长 15 m 时起重量曲线；
5—起重臂长 30 m 时起重量曲线；6—起重臂长 40 m 时起重量曲线

表 6-1　履带式起重机外形尺寸　(mm)

符号	名称	型号			
		W_1-50	W_1-100	W_1-200	西北 78D（80D）
A	机身尾部到回转中心距离	2 900	3 300	4 500	3 450
B	机身宽度	2 700	3 120	3 200	3 500
C	机身顶部到地面的距离	3 220	3 675	4 125	—
D	机身底部到地面的距离	1 000	1 045	1 190	1 220
E	起重臂下铰中心距地面的高度	1 555	1 700	2 100	1 850
F	起重臂下铰中心至回转中心距离	1 000	1 300	1 600	1 340
G	履带长度	3 420	4 005	4 950	4 500（4 450）
M	履带架宽度	2 850	3 200	4 050	3 250（3 500）
N	履带板宽度	550	675	800	680（760）
J	行走底架距地面高度	300	275	390	310
K	机身上部支架距场面高度	3 480	4 170	6 300	4 720（5 270）

表 6-2　履带式起重机技术性能参数

参数		单位	型号											
			W_1-50			W_1-100		W_1-200			西北 78D（80D）			
起重臂长度		m	10	18	18 带鸟嘴	13	23	15	30	40	18.3	24.4	30.25	37
最大起重半径		m	10.0	17.0	10.0	12.5	17.0	15.5	22.5	30.0	18.0	18.0	17.0	17.0
最小起重半径		m	3.7	4.5	6.0	4.23	6.5	4.5	8.2	10.0	4.7	7.5	8.0	10.0
起重量	最大起重半径	t	10.0	7.5	2.0	15.0	8.0	50.0	20.0	8.0	20.0	10.0	9.0	3.0
	最小起重半径	t	2.6	1.0	1.0	3.5	1.7	8.2	4.3	1.5	3.3	2.9	3.5	1.0
起重高度	最大起重半径	m	9.2	17.2	17.2	11.0	19.0	12.0	26.8	36.0	18.0	23.0	29.1	36.0
	最小起重半径	m	3.7	7.6	14.0	5.8	16.0	3.0	19.0	25.0	7.0	16.4	24.3	34.0

需要指出的是起重量一般不包括吊钩重量，但包括起重索具重量，起重高度是指从停机面到吊钩中心的距离。

履带式起重机工作时，为了安全应注意使用上的一些要求：吊装时，起重机吊钩中心到定滑轮中心之间应保持一定的安全距离。一般为 2.5～3.5 m；施工场地应满足履带对地面的压强要求，空车停止时为 78～98 kPa，空车行走时为 98～186 kPa，起重时为 167～294 kPa；起重机工作时地面允许的最大坡度不应超过 3°；履带式起重机一般不宜同时进行起重和旋转的操作，也不宜边起重边改变起重臂幅度；起重机臂杆的倾角不宜超过规定值，最大允许值若无资料时最大倾角不超过 78°；起重机如必须负载行驶，荷载不得超过允许超重量的 70%，重物应在起重机行走的正前方，重物离地不得超过 500 mm，并拴好拉绳。

② 起重机工作最小臂长验算。履带式起重机在进行结构吊装时，为了保证能将所有构件吊到指定的安装位置，对起重机臂长提出了要求。当臂长不满足时则必须接长。这就要求对起吊的最小臂长予以验算，并对接长后起重量予以修正。

最小臂长一般用图解法（如图 6-7）确定。下面以工业厂房屋面板吊装的最小臂长计算予以说明。图解法的步骤是：

a. 以停机地坪以上过重力臂铰中心（高度为 B）作地平线的平行线 H-H。

b. 过确定的吊装点作垂线，在垂线上从地平向上截取 $H = h_1 + h_2 + h_3 + h_4$。

式中：h_1——安装点高度；

h_2——安装安全空间取 0.5 m；

h_3——构件厚度（高度），从构件底面到绑扎点的高度；

h_4——绑扎高度即从绑扎点到吊钩中心的高度。

再从 H 处向上截取吊钩中心到重臂中心处的高度得 G 点。

c. 过结构体靠停机侧最高点处作水平线，量取安全距离 g（一般为 1 m）得点 P。

d. 连接 GP 并延长与 H—H 直线交于一点，该线段长为 L。

e. 量 L 长度即为起重机应有的最小臂长。

求得最小臂长时，应检查起重机起重半径 R 是否大于该机的最大起重半径，当接长后的起重半径大于最大起重半径时，其允许起重量 Q' 与原最大起重半径 R 的起重量 Q 有如下关系：

$$Q' = \frac{1}{2R' - M + N}[Q(2R - M + N) - G'(R' + R - M + N)]$$

式中：G'——起重臂接长部分的重量；

M——履带外侧间宽度；

N——起重机履带宽度。

当起升荷载超过 Q' 时要进行抗倾斜稳定验算。

③ 起重机稳定性验算。履带起重机在如图 6-8 所示情况下稳定性最差，此时履带的链轨中心 A 为倾覆中心，起重机的安全条件为：

当考虑吊装荷载及附加荷载时，稳定安全系数

$$K_1 = \frac{M_{稳}}{M_{倾}} \geqslant 1.15$$

仅考虑吊装荷载时，稳定安全系数

$$K_2 = \frac{M_{稳}}{M_{倾}} \geqslant 1.4$$

由于 K_1 计算十分复杂，现场施工常用 K_2 验算。

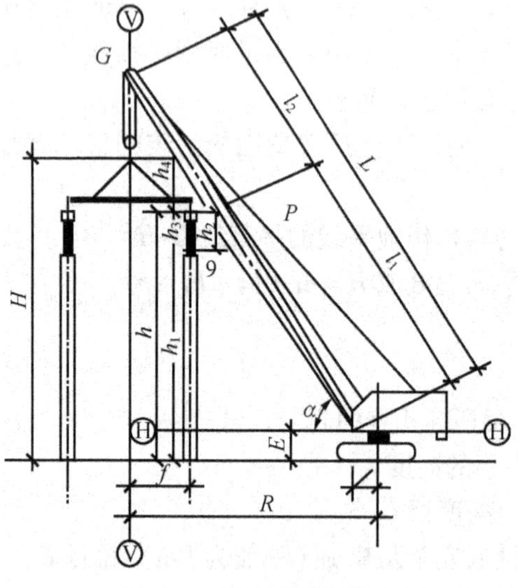

图 6-7 起重臂最小长度

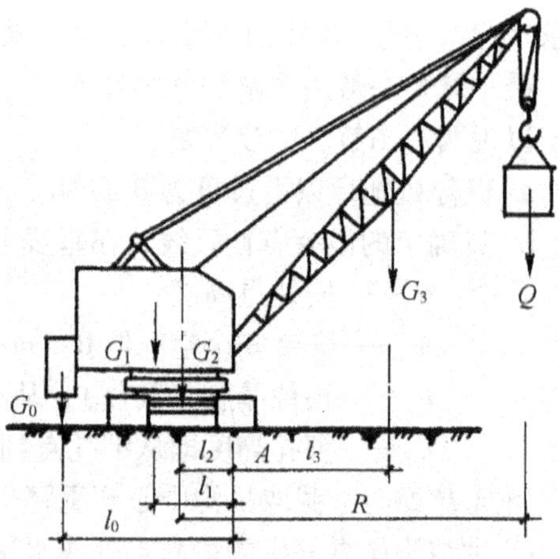

图 6-8 履带式起重机稳定性验算

(2) 轮胎起重机。轮胎式起重机的构造与履带式起重机基本相似，但其行走装置采用轮胎。起重机构及机身装在特制的底盘上，能够全回转。随着起重量的大小不同，底盘下装有若干根轮轴，配备有 4 ~ 10 个或更多个轮胎，并有可伸缩的支腿，如图 6-9 所示。起重时，利用支腿增加机身的稳定，并保护轮胎，必要时，支腿下可加垫块，以扩大支撑面。

轮胎式起重机的特点与汽车式起重机相同，目前，我国常用的轮胎式起重机有：QL_3 系列及 QYL 系列等。均用于一般工业厂房结构吊装。

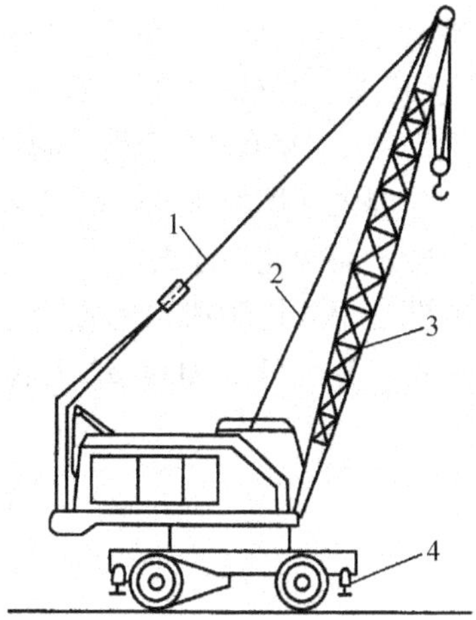

图 6-9 轮胎式起重机

(3) 汽车式起重机。汽车式起重机是装在普通汽车底盘或特制汽车底盘上的一种起重机，其行驶驾驶室与起重操纵室分开设置（如图 6-10）。这种起重机的优点是机动性好，转移迅速。缺点是工作时须支腿，不能负荷行驶。也不适合在松软或泥泞的场地上工作。常用的汽车式起重机有：国产机械传动和操纵的 Q1-15 型和国产动臂式液压 Q2-8 型、Q2-16 型、Q3-32 型。型号中数字表示最大起重量。其中 Q3-32 型最大臂长可达 32 m，可用于一般厂房的结构吊装。近年来，我国引进的汽车式起重机起重量可达 100 t 以上，能用于重型构件的吊装。

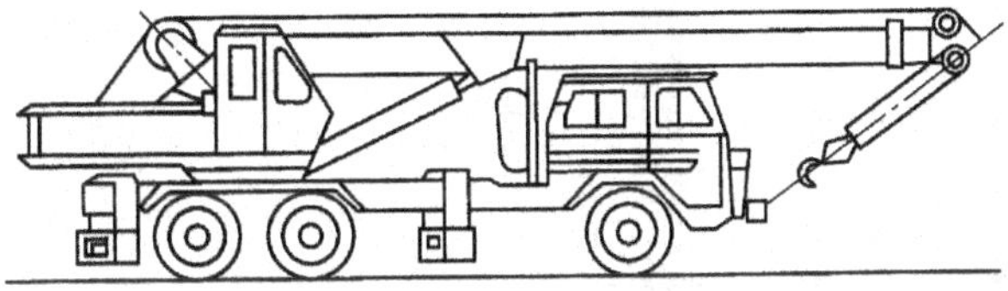

图 6-10 Q3-32 型汽车式起重机

3. 塔式起重机

塔式起重机的起重臂安装在塔身上部形成 Γ 型工作空间，具有较高的有效高度和较大的工作幅度。塔式起重机按行走机构可分为轨道式、爬升式和附着式 3 类。现介绍结构吊装常用的轨道式和爬升式塔式起重机。

① 轨道式塔式起重机。轨道式塔式起重机应用广泛，能负荷行走，能同时完成垂直和水平运输，生产效率高。根据起重机变幅方式分为动臂变幅式和小车变幅式。动臂变幅式是利用起重臂的仰俯进行变幅。它有效工作幅度小且只能空载变幅，生产率较低。小车变幅式起重臂水平固定于塔身的顶部，利用载重小车沿其臂架上的轨道行走而变幅，因其工作幅度大，行车

平稳可负载变幅，就位迅速准确，生产效率高。按回转机构的位置可分上回转式和下回转式。上回转式的回转机构位于塔身顶部。回转时塔身不动。下回转式回转机构设在塔身下部的底盘上，回转时塔身和起重臂一起转动，占地面积大，但重心低、稳定性好，维修保养方便。

国内常用的轨道式塔式起重机有 QT1-2 型、QT-6 型、QT60/80 型。QT1-2 型为轻型下回转式动臂变幅起重机。能快速架设整体拖运，起重力矩 157 kN · m。QT1-6 型为上回转动臂变幅式起重机，起重力矩 192 kN · m，起重量 2 ~ 6 t，起重半径 8 ~ 20 m，最大吊高 40 m。图 6-11 为 QT3-32 型起重机外形与构造示意图。

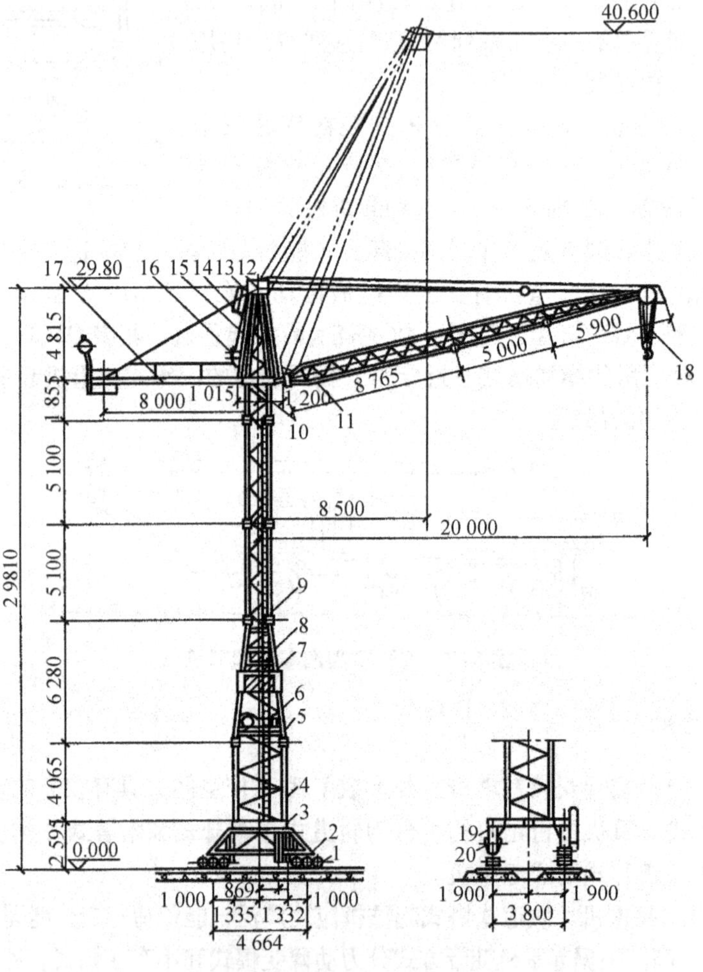

图 6-11　Q3-32 型塔式起重机

1—门架；2—第一节架；3—卷扬机室；4—操纵室；
5、6—连接节架；7—塔帽；8—起重臂；9—平衡臂

② 爬升式塔式起重机。爬升式塔式起重机式将起重机安置在建筑物内的结构上（电梯间、楼梯间），利用建筑物骨架作为塔机的支承。借助起重机的提升系统随建筑物的升高往上爬升。爬升式塔式起重机由底座、塔身、套架、塔顶、起重臂及平衡臂等组成。其型号及主要性能见表 6-3、表 6-4。图 6-12 为 QT5-4/40 的爬升式塔式起重机的自升过程。提升系统由套架、塔身底座梁和提升机构组成。提升过程事先将套架吊升到上层位置并固定，松开塔身底座梁与建筑物骨架的连接螺栓，收回支腿，将塔身提升至需要位置后旋出支腿，用螺栓与骨架连接固定。

表 6-3　常用轨道式塔式起重机的技术参数

起重机型号		QT_1-2	QT_1-6	QT60/80
轨距（m）		2.8	3.8	4.2
轴距（m）		3.0	4.664	4.8
钢轨规格（kg/m）		—	38	43
起升速度（m/min）		14.1	11.4～34	11～21.5
行走速度（m/min）		19.4	23.5	17.5
回转速度（r/min）		1	0.64	0.6
电机功率（kW）	起升	7.5	22	22
	变幅	5.0	—	7.5
	回转	3.5	3.5	3.5
	行走	3.5	3.5	7.5×2
重量（t）	自重	13	24	40.5
	压重	6	16	46
	平衡重	—	3	4.5
	总重	19	43	91

表 6-4　爬升式塔式起重机性能表

型号	起重量（t）	幅度（m）	起重高度（m）	一次爬升高度（m）
QT_5-4/40	4	2～11	110	8.6
	4～2	11～20		
QT_5-4	4	2.2～15	80	8.87

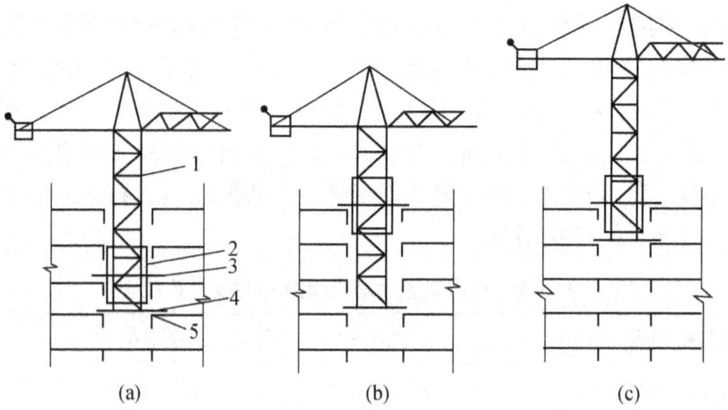

图 6-12　Q75-4140 型爬升塔式起重机自升过程

(a) 准备状态；(b) 提升套架；(c) 提升起重机

③ 附着式塔式起重机。附着式塔式起重机是固定在建筑物近旁混凝土基础上的起重机械，它可借助顶升系统将塔身自行向上接高，从而满足施工进度的要求。为了减小塔身的计算长度，应每隔 20m 左右将塔身与建筑物用锚固装置相连。该塔式起重机多用于高层建筑施工，附着式塔式起重机还可安在建筑物内部作为爬升式塔式起重机使用，亦可作轨道式塔式起重机使用。QT4-10 型附着式塔式起重机起重量为 5～10 t，起重半径为 3～30 m，起重高度达 160 m，最大起重力矩 1 600 kN · m，每次接高 2.5 m。常用的型号有 QT_4-10 型，ZT-1200 型、ZT-100 型、QT_1-4 型、QT(B)-3～5 型等。

QT4-10 型附着式塔式起重机的自升系统包括顶升套架、长行程液压千斤顶、承座、顶升横梁及定位销等。液压千斤顶的缸体安装在塔顶底端的承座上。其顶升过程可分为 5 个步骤（如图 6-13 所示）：

a. 将标准节吊到摆渡小车上，并将过渡节与塔身标准节相连的螺栓松开，准备顶升。

b. 开动液压千斤顶，将塔身上部结构包括顶升套架向上升到超过一个标准节的高度，然后用定位销将套架固定。这时，塔式起重机的重量将通过定位销传递到塔身。

c. 将液压千斤顶回缩，形成标准节的引进空间，并将标准节通过摆渡车推入。

d. 用千斤顶顶起接高的标准节，退出摆渡车，将待接的标准节平稳回落到下部塔身，并用螺栓固定。

e. 拔出定位销，下降过渡节，使之与接高的塔身连成整体。

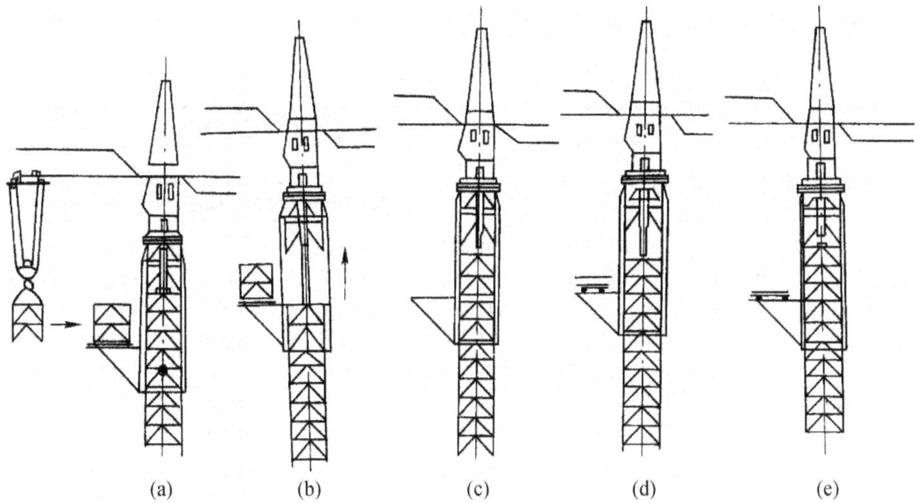

图 6-13　塔式起重机顶升过程

6.1.2　起重索具

结构工程施工中，尤其是结构吊装工程施工中除了使用起重机外，还要使用许多辅助工具及设备，如卷扬机、起重滑轮组和钢丝绳等索具设备。

1. 钢丝绳

结构施工中常用的钢丝绳是先由若干根高强钢丝捻成股，再由若干股（一般为六股）围绕绳芯（一般为麻芯）捻成绳。具有强度高、弹性大、韧性好、耐磨、能承受冲击载荷等优点，且磨损后外部产生许多毛刺，容易检查，便于预防事故。钢丝绳的规格有 6×19 和 6×37 两种，前者钢丝粗、较硬、不易弯曲多用作缆风绳；后者钢丝细，比较柔软，常用作起重吊索。钢丝绳主要参数见表 6-5。

钢丝绳工作时不仅受拉力而且还有弯曲力，相互之间的摩擦力和吊装冲击力等，处于复杂受力状态。为了安全可靠，必须加大安全系数，钢丝绳的许应拉力（kN）应满足：

$$[P] \leqslant \frac{\alpha P_{破}}{K}$$

式中：$[P]$——钢丝绳的许应拉力（kN）；

$P_{破}$——钢丝绳破断拉力，即钢丝破断拉力之总和；

α——钢丝绳破断拉力换算系数，即钢丝绳受力不均匀系数，可查表6-6；

K——钢丝绳安全系数，可查表6-7。

表6-5 钢丝绳主要数据表（钢丝绳6×37（GB 1102—1974））

直径（mm）		钢丝总断面积（mm^2）	参考重量（kg/m）	钢丝绳公称抗拉强度10（N·mm^2）				
钢丝绳	钢丝			140	155	170	185	200
				钢丝破断拉力总和不小于10（N）				
11.0	0.5	43.57	40.96	6090	6750	7400	8060	8700
13.0	0.6	62.74	58.98	8780	9720	10650	11600	12500
15.0	0.7	85.39	80.27	11950	13200	14500	15750	17050
17.5	0.8	111.53	104.8	15600	17250	18950	20600	22300
19.5	0.9	141.16	132.7	19750	21850	23950	26100	28200
21.5	1.0	174.27	163.8	24350	27000	29600	32200	34850
24.0	1.1	210.87	198.2	29500	32650	35800	39000	42150
26.0	1.2	250.95	235.9	35100	38850	42650	46400	50150
28.0	1.3	294.52	276.8	41200	45650	50050	54450	58900
30.0	1.4	341.57	321.1	47800	52900	58050	63150	68300
32.5	1.5	392.11	368.6	54850	60750	66650	72500	78400
34.5	1.6	446.13	419.4	62450	69150	75800	82500	89200
36.5	1.7	503.64	473.4	70500	78050	85600	93150	100500
39.0	1.8	564.63	530.8	79000	87500	95950	104000	112500
43.0	2.0	697.08	655.3	97550	108000	118500	128500	139000

表6-6 钢丝绳破断拉力换算系数表

规格	6×19	6×37	6×61
α值	0.85	0.82	0.80

表6-7 钢丝绳安全系数表

用　途	安全系数	用途	安全系数
缆风绳	3.5	作吊索、无弯曲	6~7
用于手动起重设备	4.5	作捆绑吊索	8~10
用于电动起重设备	5~6	用于载人的升降机	14

钢丝绳使用时应该注意，钢丝绳穿滑轮组时，滑轮直径应比绳径大1~1.25倍，应定期对钢丝绳加油润滑，以减少磨损和腐蚀；使用前应检查核定，每一段面上断丝不超过3根，否则不能使用。

2. 滑轮组

滑轮组在建筑工程中使用广泛，它既可省力又可根据需要改变用力方向。滑轮组是由若干个定滑轮、若干个动滑轮和绳索所组成。

滑轮组中共同负担构件重量的绳索根数称为工作线数，也就是在动滑轮上穿绕的绳索根数。滑轮组能省多少力主要决定于共同负担吊重的工作线数的多少。由于滑轮轴承处存在摩擦力，因此滑轮组在工作时每根工作线的受力并不相同（图6-14）。滑轮组钢丝绳的跑头拉力按下式计算。

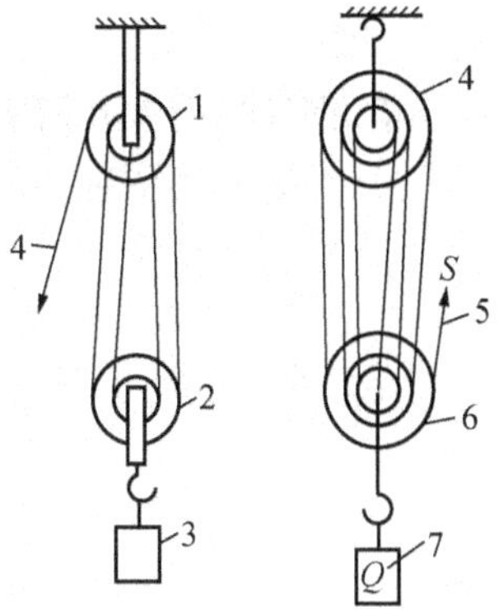

图6-14 滑轮组图

当钢丝绳的跑头从定滑轮绕出：

$$P = \frac{f^n(f-1)}{f^n-1} \cdot Q = KQ$$

当钢丝绳的跑头从动滑轮绕出：

$$P = \frac{f^{n-1}(f-1)}{f^n-1} \cdot Q = KQ$$

其中：f——滑轮的阻力系数，对青铜轴套滑轮$f=1.04$，对滚珠轴承$f=1.02$，无轴套轴承$f=1.06$；

n——工作线数；

K——滑轮组省力系数，青铜轴套滑轮组的省力系数见表6-8。

表6-8 青铜轴套滑轮组的省力系数

项目	$K=\frac{f^n(f-1)}{f^n-1}$ ($f=1.04$)									
工作线数 n	1	2	3	4	5	6	7	8	9	10
省力系数 K	1.040	0.529	0.360	0.275	0.224	0.190	0.166	0.148	0.134	0.123
工作线数 n	11	12	13	14	15	16	17	18	19	20
省力系数 K	0.114	0.106	0.100	0.095	0.090	0.086	0.082	0.079	0.076	0.074

3. 卷扬机

卷扬机又称绞车，目前电动卷扬机较为普遍。这种卷扬机由电动机、减速机构、卷筒和电磁抱闸等组成。分为快速（钢丝绳牵引速度为25～50 m/min）卷扬机（如JJK-5）和慢速（钢丝绳牵引速度为7～13 m/min）卷扬机（如JJM-5）两种。前者适用于水平垂直运输，后者适用于吊装和钢筋张拉的作业。

卷扬机使用时应注意：

① 缠绕在卷筒上的钢丝绳不能放尽，至少应留 2～3 圈的安全储备，以免钢绳脱钩造成事故；

② 卷扬机的安装位置应距第一个导向轮 15 倍的卷筒长度，以利钢绳能自行在卷筒上往复缠绕；

③ 钢丝绳引入卷筒应水平地从筒下引入以减少倾覆矩；

④ 卷扬机使用时必须可靠固定，防止滑动和倾覆。

4. 吊具

吊具主要包括卡环、吊索、横吊梁等，是吊装时的重要工具，如图 6-15 所示。

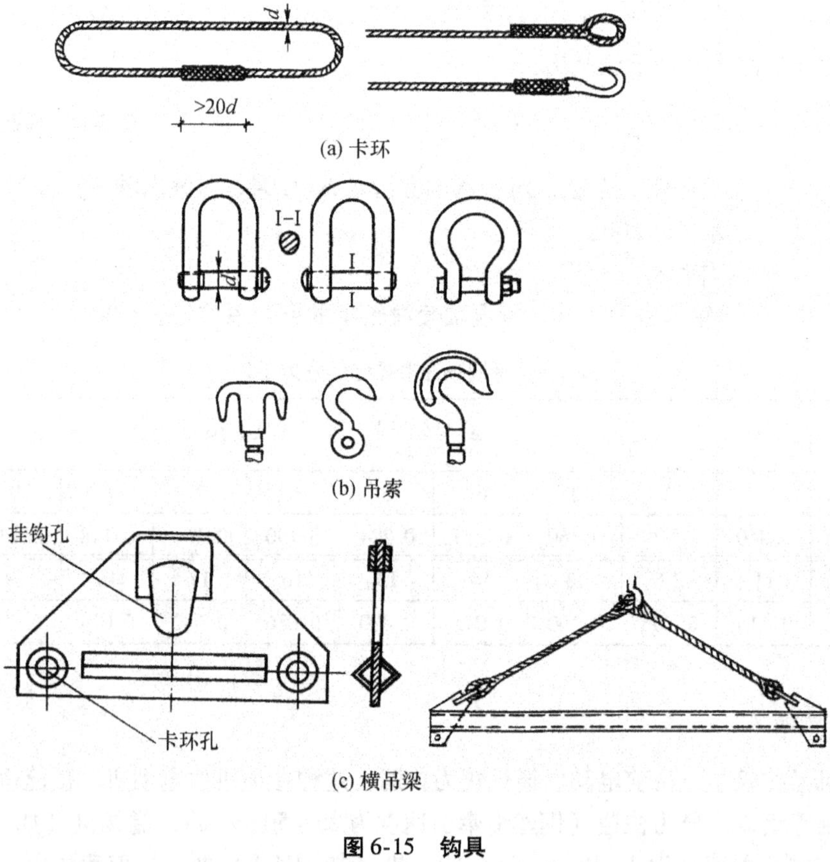

图 6-15 钩具

① 卡环（卸甲）。用于吊索之间或吊索与构件吊环之间的连接。

② 吊索（千斤绳）用于绑扎和起吊构件的工具。常用有环形吊索和开口吊索两种类型。

③ 横吊梁（铁扁担）。用于减少吊索对构件的轴向压力和起升高度。分为钢板横吊梁和铁扁担两种类型。

6.2　单层工业厂房结构吊装

单层工业厂房由于构件类型少，数量多，除基础在施工现场就地浇筑外，其他构件均为预制构件。其主要构件有柱、吊车梁、屋架、薄腹梁、天窗架、屋面板、连系梁、地基梁、各种支撑等。尺寸大、重量重的大型构件（柱、屋架等）一般在施工现场就地制作；中小型构件则集中在构件厂制作，运到施工现场安装。

在拟定单层工业厂房结构安装方案时，首先应根据厂房的平面尺寸、跨度大小、结构特点；构件的类型、重量和安装的位置标高；设备基础施工方案（封闭式或敞开式施工）；现有起重机械的性能，以及施工现场的具体条件等来合理选择起重机械，使其能满足起重量、起重高度和起重半径的要求。然后根据所选起重机械的性能来确定构建吊装工艺、结构安装方法、起重机开行路线和停机位置，再据此进行构件现场预制的平面布置和就位布置。

6.2.1　构件吊装工艺

装配式钢筋混凝土单层工业厂房的结构构件有柱、基础梁、吊车梁、连系梁、托架、屋架、屋面板、墙板及支撑等。构件的吊装工艺有绑扎、吊升、对位、临时固定、校正、最后固定等工序。在构件吊装之前，必须切实做好各项准备工作，包括场地的清理，道路的修筑，基础的准备，构件的运输、就位、堆放、拼装加固、检查清理、弹线编号以及吊装机械的准备等。

1. 构件吊装前的准备工作

由于工业厂房吊装的构件种类、数量较多，为了进行合理而有序的安装工程，构件吊装前要做好各项准备工作，其内容有：基础的准备；清理及平整场地；修建临时道路；各种构件运输、就位和堆放；构件的强度、型号、数量和外观等质量检查；构件的拼装与加固；构件的弹线、编号以及吊具准备等。

（1）基础的准备。基础准备是指在柱构件吊装前，对基础底的标高进行抄平、在基础杯口顶面弹出定位线（如图 6-16 所示）。柱基施工时，杯底标高一般比设计标高低50 mm。通过对各柱基础的测量检查，计算出杯底标高调整值，并标注在杯口内，然后用 1∶2 水泥砂浆或细石混凝土将杯底偏差找平，其目的是为了确保柱牛腿顶面的设计标高准确。基础杯口顶面定位线与柱身定位线比对，可确认柱子是否到达设计位置。

（2）构件的弹线、编号。柱子应在柱身的3个面上弹出安装中心线，并与基础杯口顶面弹的定位线相适应。对矩形截面的柱子，可按几何中线弹出；对工字形截面的柱子为便于观测和避免视差，则应靠柱边弹出控制准线。此外，在柱顶和牛腿面还要弹出屋架及吊车梁的安装中心线，如图6-17所示。

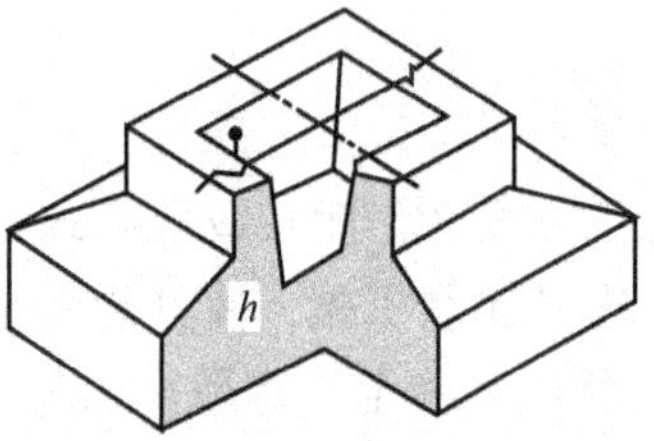

图6-16　基础杯口顶面弹定位线

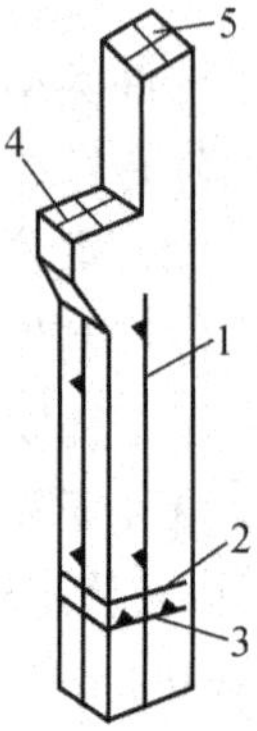

图6-17　柱子的弹线图

1—柱子的中心线；2—地基标高线；3—基础顶面线；
4—吊车梁对位线；5—柱顶中心线

屋架在上弦顶面弹出几何中心线，并从跨中向两端分别标出天窗架、屋面板的吊装对位线，端头标出中心线。

吊车梁在两端及顶面标出中心线。在对构件弹线的同时，还应根据设计图纸对构件进行编号，注明构件左、右。

2. 柱的吊装

（1）柱的绑扎。柱子的绑扎位置和绑扎点数，应根据柱的形状、断面、长度、配筋部位和起重机性能等情况确定。因柱的吊升过程中所承受的荷载与使用阶段荷载不同，因此绑扎点应高于柱的重心，这样柱吊起后才不致摇晃倾翻。吊装时应对柱的受力进行验算，其最合理的绑扎点应在柱产生的正负弯矩绝对值相等的位置。自重13 t以下的中、小型柱，大多绑扎一点；重型或配筋小而细长的柱则需要绑扎两点、甚至三点。有牛腿的柱，一点绑扎的位置，常选在牛腿以下，如上部柱较长，也可绑扎在牛腿以上。工字形断面柱的绑扎点应选在矩形断面处，否则应在绑扎位置用方木加固翼缘。双肢柱的绑扎点应选在平腹杆处。在吊索与构件之间还应垫上麻袋、木板等，以免吊索与构件之间摩擦造成损伤。

按柱起吊后柱身是否垂直分为斜吊绑扎法（如图6-18所示）和直吊绑扎法（如图6-19、图6-20所示）。

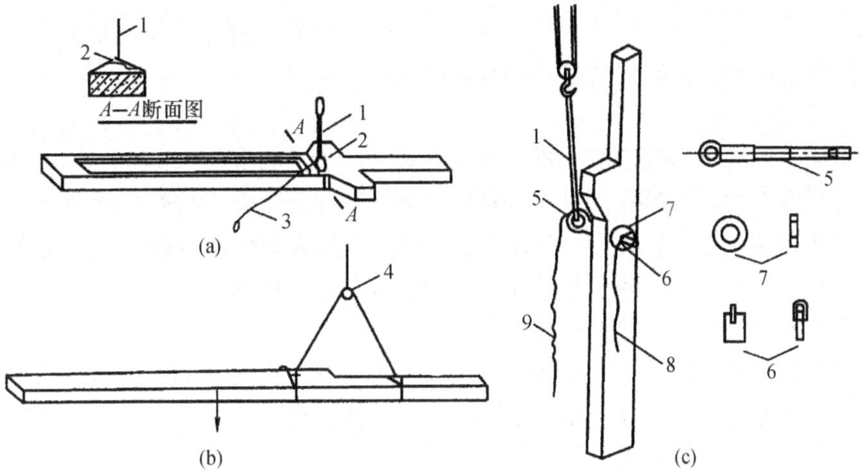

图6-18　斜吊绑扎法

（a）一点用卡环绑扎；（b）两点用卡环绑扎；（c）一点用柱销绑扎

1—吊索；2—活络卡环；3—卡环拉绳；4—滑轮；5—柱销；6—插销；7—垫圈；8—插销拉绳；9—柱销拉绳

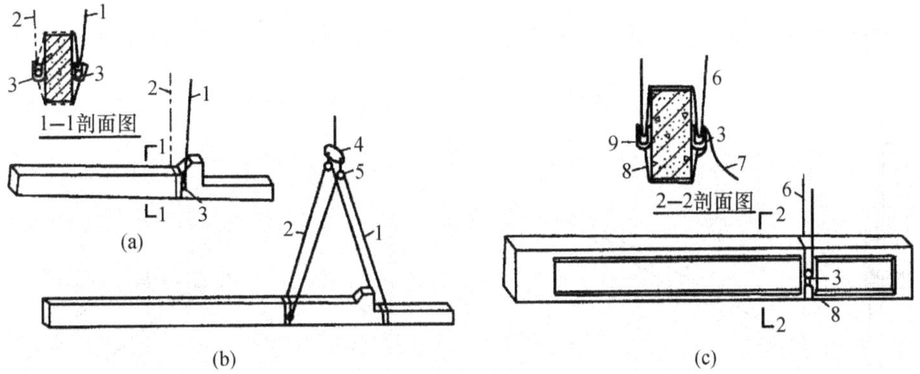

图6-19　直吊绑扎法

（a）一点绑扎；（b）两点绑扎；（c）长短吊索绑扎

1—第一支吊索；2—第二支吊索；3—活络卡环；4—横吊梁；5—滑车；

6—长吊索；7—白棕绳；8—短吊索；9—普通卡环

① 斜吊绑扎法

当柱处于平卧状态，吊索从柱的上面引出，柱不必翻身，起吊后柱略呈倾斜状态，吊索在柱宽面一侧，起重钩低于柱顶，因此起重高度及起重臂长可小些，但其与基础对位不大方便。柱可用两端带环的开式吊索及卡环进行绑扎，也可在柱上预留孔，穿上带环的柱销进行吊装。柱就位临时固定后，将柱销另一面插销在地面用绳拉脱，并在另一面将柱销拉出。此方法的关键是必须保证柱平卧起吊时不会产生裂缝。

② 直吊绑扎法

当柱宽面平卧起吊的抗弯能力抵抗不了起吊时自重产生的弯矩时，应将柱翻身起吊，以提高柱的抗弯能力。起吊后，吊索分别在柱两侧，柱身呈垂直状态，两侧吊索通过横吊梁与起重钩相连接。起吊后柱身与基础杯底相垂直，容易对位。这种方法的优点是柱截面的抗弯能力较斜吊绑扎大；缺点是增加了柱的翻身工序，并且起重机吊钩超过柱顶，需要的起重高度比斜吊法大，起重臂也比斜吊法长。

当柱平卧起吊抗弯能力满足要求时，可采用斜吊法。当柱平卧起吊抗弯能力不足时，吊装前需对柱先翻身后再绑扎起吊。吊索从柱的两侧引出，上端通过卡环或滑轮组挂在横吊梁上，这种方法称为直吊法。

（2）柱的吊升。工业厂房中的预制柱子安装就位时，常用旋转法和滑行法两种形式吊升到位。

① 旋转法。布置柱子时使柱脚靠近柱基础，柱的绑扎点、柱脚和基础中心位于以起重半径为半径的圆弧上，称为三点共弧旋转法。起重机边升钩边回转，柱子绕柱脚旋转立直，吊离地面后继续转臂，插入基础杯口内，如图 6-21 所示。

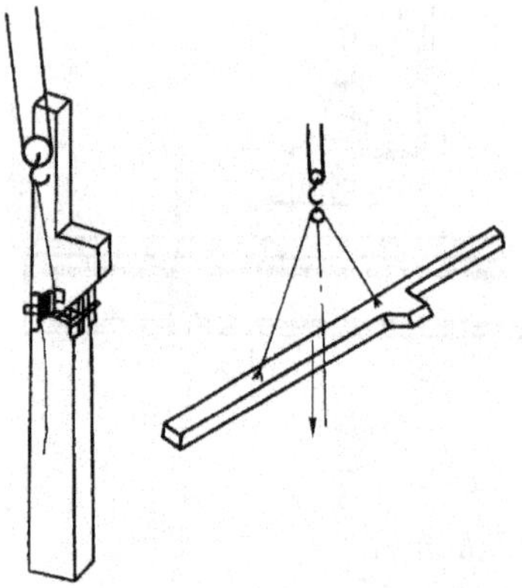

图 6-20 直吊绑扎法

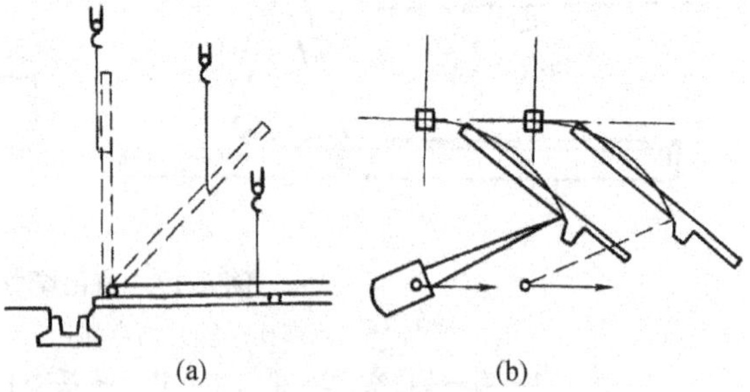

图 6-21 旋转法吊柱

（a）旋转过程；（b）平面布置

② 滑行法。柱子的绑扎点靠近基础杯口布置，且绑扎点与基础杯口中心位于以起重半径为半径的圆弧上；起重机升钩使柱脚沿地面缓缓滑向绑扎点下方、立直；吊离地面后，起重机转臂使柱子对准基础杯口就位，如图 6-22 所示。

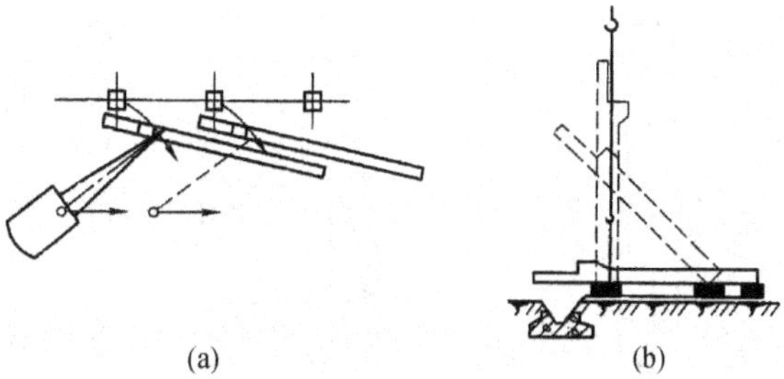

图 6-22　单机滑行法吊柱

(a) 平面布置；(b) 滑行过程

旋转法相对滑行法的特点是：柱在吊装立直过程中振动较小，生产率较高；但对起重机的机动性要求高，现场布置柱的要求较高。

两台起重机进行“抬吊”重型柱时，也可采用两点抬吊旋转法和一点抬吊滑行法。

(3) 柱的对位与临时固定。柱脚插入杯口后，应悬离杯底适当距离进行对位，对位时从柱子四周放入 8 只楔块，并用撬棍拨动柱脚，使柱的吊装准线对准杯口上的吊装准线，并使柱基本保持垂直。

柱子对位后，应先将楔块略为打紧，经检查符合要求后，方可将楔块打紧，这就是临时固定。重型柱或细长柱除做上述临时固定措施外，必要时可加缆风绳。

(4) 柱的校正与最后固定。柱的校正，包括平面位置和垂直度的校正。

平面位置在临时固定时多已校正好，而垂直度的校正要用两台经纬仪从柱的相邻两面来测定柱的安装中心线是否垂直。

垂直度的校正直接影响吊车梁、屋架等吊装的准确性，必须认真对待。要求垂直度偏差的允许值为：柱高≤5 m 时为 5 mm；柱高 >5 m 时为 10 mm；柱高≥10 m 时为 1/1000 柱高，但不得大于 20 mm。

校正方法：有敲打楔块法、千斤顶校正法、钢管撑杆斜顶法及缆风绳校正法等。

柱子校正后应立即进行最后固定。方法是在柱脚与杯口的空隙中浇筑比柱混凝土强度等级高一级的细石混凝土，浇筑分两次进行：第一次浇筑至原固定柱的楔块底面，待混凝土强度达到 25% 时拔去楔块，再将混凝土灌满杯口。待第二次浇筑的混凝土强度达到 70% 后，方可安装其上部构件。

3. 吊车梁的吊装

吊车梁的类型，通常有 T 型、鱼腹型和组合型等。

吊车梁吊装时，应两点绑扎，对称起吊。起吊后应基本保持水平，对位时不宜用橇棍在纵轴方向撬动吊车梁，以防使柱身受挤动产生偏差。

吊车梁吊装后需校正其标高、平面位置和垂直度。吊车梁的标高主要取决于柱牛腿标

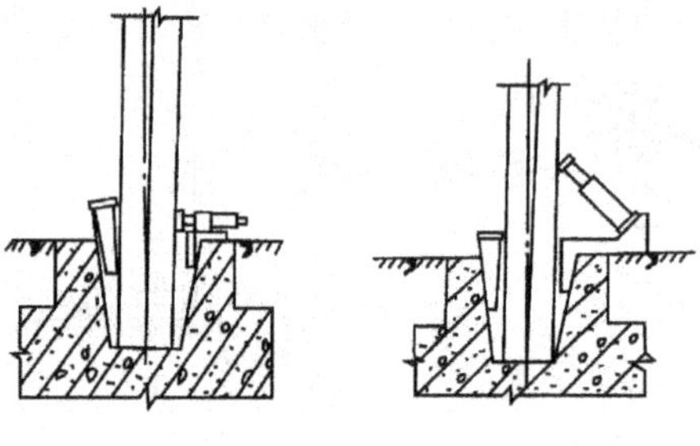

图 6-23　柱的垂直度校正

高，一般只要牛腿标高准确时，其误差就不大。如仍有偏差，可待安装轨道时再调整。在检查及校正吊车梁中心线的同时，可用垂球检查吊车梁的垂直度，如有偏差，可在支座处加斜垫铁纠正。

一般较轻的吊车梁或跨度较小些的吊车梁，可在屋盖吊装前或吊装后进行校正；而对于较重的吊车梁或跨度较大些的吊车梁，宜在屋盖吊装前进行校正，但注意不可有正偏差（以免屋盖吊装时正偏差叠加超限）。

吊车梁平面位置的校正，常用通线法（拉钢丝法）与平移轴线法（仪器放线法），图 6-24 所示。通线法是根据柱子轴线用经纬仪和钢尺，准确地校核厂房两端的四根吊车梁位置，对吊车梁的纵轴线和轨距校正好之后，再依据校正好的端部吊车梁，沿其轴线拉上钢丝通线，逐根拨正。平移轴线法是根据柱子和吊车梁的定位轴线间的距离（一般为 750 mm)，逐根拨正吊车梁的安装中心线。

吊车梁校正后，应立即焊接固定，并在吊车梁与柱的空隙处浇筑细石混凝土。

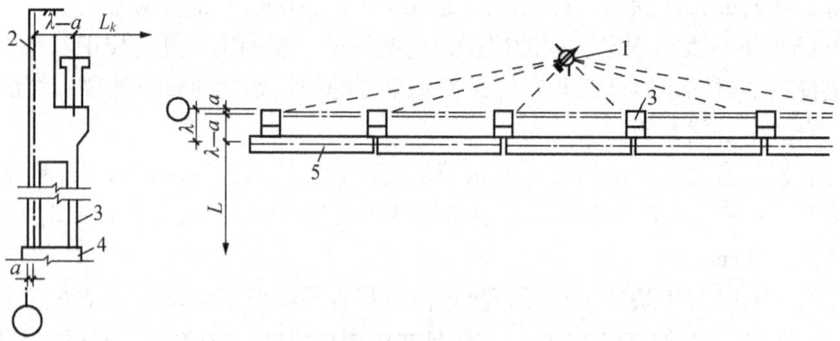

图 6-24　平移轴线法校正吊车梁

1—经纬仪；2—标志；3—柱；4—柱基础；5—吊车梁

4. 屋架的吊装

屋盖系统包括有：屋架、屋面板、天窗架、支撑、天窗侧板及天沟板等构件。屋盖系统一般采用按节间进行综合安装：即每安装好一榀屋架，就随即将这一节间的全部构件安装上去。这样做可以提高起重机的利用率，加快安装进度，有利于提高质量和保证安全。在安装起始的两个节间时，要及时安好支撑，以保证屋盖安装中的稳定。

（1）屋架的绑扎。屋架的绑扎点应选在上弦节点处左右对称，并高于屋架重心，以免屋架起吊后晃动和倾翻。翻身或直立屋架时，吊索与水平线的夹角不宜小于 60°，吊装时不宜小于 45°，以免屋架承受过大的横向压力。必要时，为了减小绑扎高度及所受横向压力可采用横吊梁。吊点的数目及位置与屋架的形式和跨度有关，一般应经吊装验算确定。

当跨度小于等于 18 m 时，采用两点绑扎；当跨度大于 18 m，采用 4 点绑扎；当跨度大于 30 m，采用横吊梁 4 点绑扎。组合屋架吊装采用四点绑扎，下弦绑木杆加固。如图 6-25 所示。

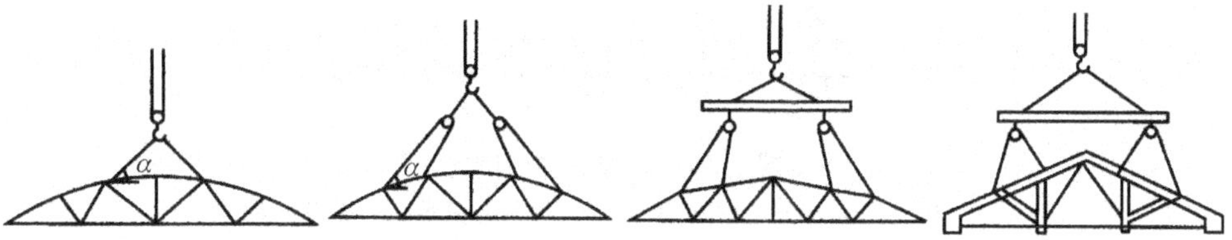

(a) 跨度小于等于18 m时　(b) 跨度大于18 m时　(c) 跨度大于30 m时　(d) 三角形组合屋架

图 6-25　屋架的吊装

(2) 屋架的扶直与就位。钢筋混凝土屋架一般在施工现场平卧浇筑，吊装前应将屋架扶直就位。屋架是平面受力构件，侧向刚度差。扶直时由于自重会改变杆件的受力性质，容易造成屋架损伤，所以必须采取有效措施或合理的扶直方法。

按照起重机与屋架相对位置的不同，屋架扶直分为正向扶直和反向扶直两种方法：

① 正向扶直：起重机位于屋架下弦一侧，吊钩对准屋架中心。屋架绑扎起吊过程中，应使屋架以下弦为轴心，缓慢旋转为直立状态。

② 反向扶直：起重机位于屋架上弦一侧，吊钩对准屋架中心。屋架绑扎起吊过程中，使屋架以下弦为轴心，缓慢旋转为直立状态。

正向扶直和反向扶直的最大不同点是：起重机在起吊过程中，对于正向扶直时要升钩并升臂；而在反向扶直时要升钩并降臂。一般将构件在操作中升臂比降臂较安全，故应尽量采用正向扶直。

屋架扶直后，应立即进行就位。就位指移放在吊装前最近的便于操作的位置。屋架就位位置应在事先加以考虑，它与屋架的安装方法，起重机械的性能有关，还应考虑到屋架的安装顺序，两端朝向，尽量少占场地，便利吊装。就位位置一般靠柱边斜放或以 3～5 榀为一组平行于柱边。屋架就位后，应用 8 号铁丝、支撑等与已安装的柱或其他固定体相互拉结，以保持稳定。

(3) 屋架的吊升、对位与临时固定。在屋架吊离地面约 300 mm 时，将屋架引至吊装位置下方，然后再将屋架吊升超过柱顶一些，进行屋架与柱顶的对位。

屋架对位应以建筑物的定位轴线为准，对位成功后，立即进行临时固定。第一榀屋架的临时固定，可利用屋架与抗风柱连接，也可用缆风绳固定；以后榀屋架可用工具式支撑与前一榀屋架连接，如图 6-26，6-27 所示。

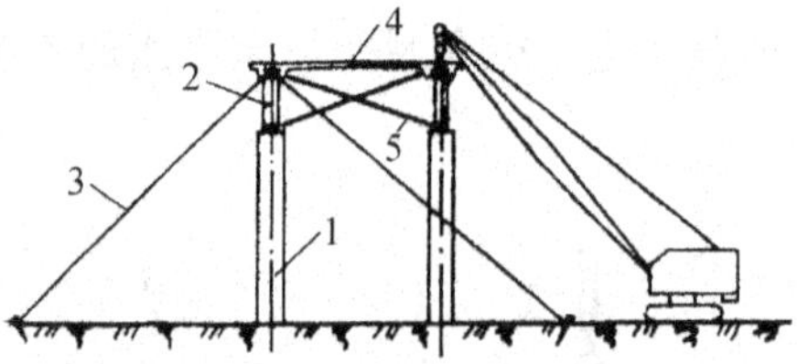

图 6-26 屋架的临时固定

1—柱子；2—屋架；3—缆风绳；4—屋架矫正器；5—起重机械

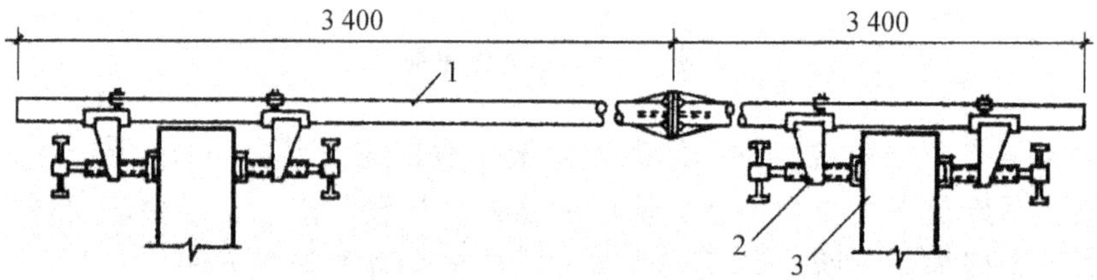

图 6-27 屋架校正器

1—钢管；2—支脚；3—屋架上弦

（4）屋架的校正与最后固定。屋架的垂直度应用垂球或经纬仪检查校正，如图 6-28 所示，有偏差时采用工具式支撑纠正，并在柱顶加垫铁片稳定。屋架校正完毕后，应立即按设计规定用螺母或电焊固定，待屋架固定后，起重机方可松卸吊钩。

中、小型屋架，一般均用单机吊装，当屋架跨度大于 24 m 或重量较大时，应采用双机抬吊。

5. 天窗架的吊装

一般情况下，天窗架是单独进行吊装的。吊装时应等天窗架两侧的屋面板吊装后再进行，并用工具式夹具或绑扎木杆临时加固。等对天窗架的垂直度和位置校正后，即可进行焊接固定。

也可在地面上先将天窗架与屋架拼装成整体后同时吊装。这种吊装对起重机的起重量和起重高度要求较高，须慎重对待。

6. 屋面板的吊装

单层工业厂房的屋面板，一般为大型的槽形板，板四角吊环就是为起吊时用的，也可一次起吊多块屋面板，如图 6-29 所示。

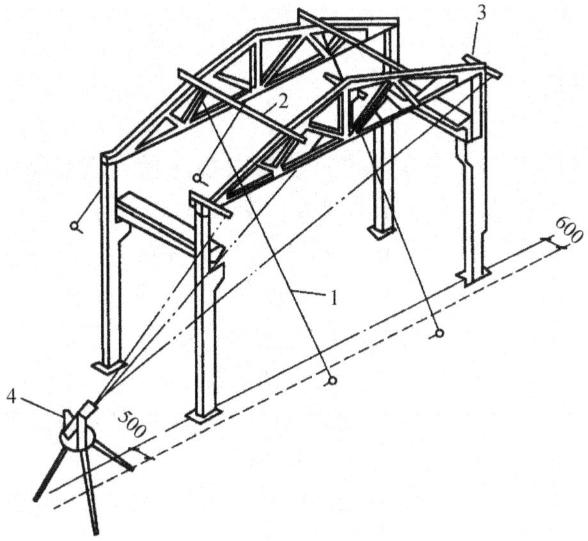

图 6-28　屋架的矫正

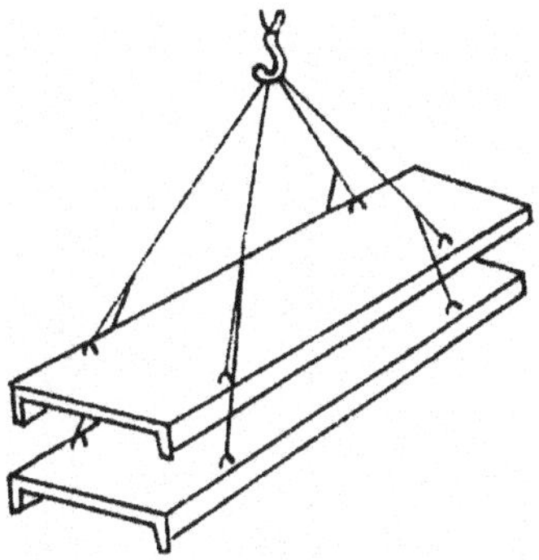

图 6-29　屋面板的吊装

为了避免屋架承受半边荷载，屋面板吊装的顺序应自两边檐口开始，对称地向屋架中点铺放；在每块板对位后应立即电焊固定，必须保证有 3 个角点焊接。

6.2.2　结构吊装方案

结构吊装方案重点包括起重机的选择、结构安装方法、起重机的开行路线及停机位置、构件的平面布置与运输堆放等问题。

1. 起重机的选择

起重机是结构安装工程的主导设备，它的选择直接影响结构安装的方法，起重机的开行路线以及构件的平面布置。

起重机的选择，应根据厂房外形尺寸，构件尺寸和重量，以及安装位置和施工现场条件等因素综合考虑。对于一般中小型工业厂房，由于外形平面尺寸较大，构件的重量与安装高度却不大，因此选用履带式起重机最为适宜。对于大跨度的重型工业厂房，则应选用大型的履带式起重机，牵缆式拨杆或重型塔吊等进行吊装。

起重机类型确定后，还要进一步选择起重机的型号，了解起重臂的长度以及起重量、起重高度、起重半径等，使这些参数值均能满足结构吊装的要求。

（1）起重量。起重机的起重量必须大于所安装最重构件的重量与索具重量之和。

$$Q \geqslant Q_1 + Q_2$$

式中：Q——起重机的起重量；

Q_1——所吊最重构件的重量；

Q_2——索具的重量。

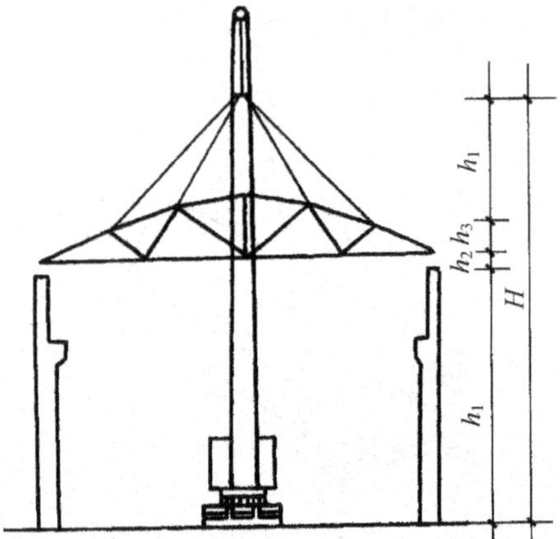

图 6-30　起重机吊装高度验算图

（2）起重高度。起重机的起重高度必须满足所吊装构件的高度要求，如图 6-30 所示。

$$H \geqslant h_1 + h_2 + h_3 + h_4$$

式中：H——起重机的起重高度（m）；

h_1——安装点的支座表面高度，从停机地面算起（m）；

h_2——安装对位时的空隙高度，不小于0.3m；

h_3——绑扎点至构件吊起时底面的距离（m）；

h_4——绑扎点至吊钩中心的索具高度（m）。

（3）起重半径。起重半径的确定，可以按 3 种情况考虑：

① 当起重机可以开到构件附近去吊装时，对起重半径没有什么要求，只要计算出起重量和起重高度后，便可以查阅起重机资料来选择起重机的型号及起重臂长度，并可查得在一定起重量 Q 及起重高度 H 下的起重半径 R；还可为确定起重机的开行路线以及停机位置作参考。

② 当起重机不能开到构件附近去吊装时，应根据实际所要求的起重半径 R、起重量 Q 和起重高度 H 这三个参数，查阅起重机起重性能表或曲线来选择起重机的型号及起重臂的长度。

③ 当起重臂需跨过已安装好的构件（屋架或天窗架）进行吊装时，应计算起重臂与已安装好的构件不相碰的最小伸臂长度。计算方法有数解法和图解法如图 6-31 所示。

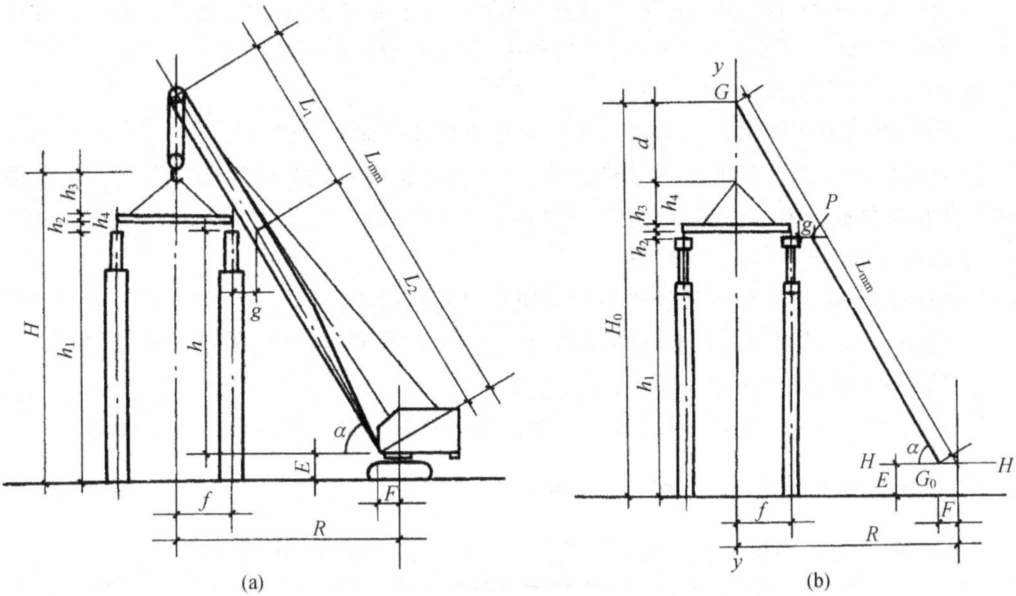

图 6-31　最小臂长验算

（a）数解法；（b）图解法

数解法需计算满足吊装要求的最小起重臂长，可按下式计算：

$$L \geqslant L_1 + L_2 = h/\sin\alpha + (a + g)/\cos\alpha$$

式中：L——起重臂最小长度（m）；

h——起重臂下铰点至屋面板吊装支座的垂直高度（m），$h = h_1 - E$；

h_1——停机地面至屋面板吊装支座的高度（m）；

a——起重吊钩需跨过已安装好结构的水平距离（m）；

g——起重臂轴线与已安装好结构之间在已安构件顶面标高的水平距离，至少取 1 m。为了使起重臂长度最小，可把上式进行一次微分，并令 $\mathrm{d}L/\mathrm{d}\alpha = 0$。

在 α 的可能区间（0，π /2）内仅有

$$\alpha = \arctan\sqrt[3]{\frac{h}{a + g}}$$

又由 $d2L/d\alpha2 > 0$ 知，L 有最小值。

代入 α 值，即可求出最小起重臂的长度。当计算起重半径时：

$$R = F + L\cos\alpha$$

式中：F——起重臂下铰点至回转轴中心的水平距离（m）。

根据 R 和 L 可查用起重机性能表或性能曲线，复核起重量 Q 及起重高度 H，如能满足构件吊装要求，即可根据 R 值确定起重机吊装屋面板的停机位置。

图解法，作图的方法步骤如下：

① 按比例绘出构件的安装标高，柱距中心线和停机地面线；

② 在柱距中心线上定出臂杆顶端位置 A（d 为吊钩中心到臂杆顶端定滑轮中心的最小距离，是保证滑轮组和、正常工作的空间）；

③ 根据 $g=1\ \mathrm{m}$ 定出 P 点位置；

④ 根据起重机的 E 值，绘出平行于停机面的直线 H-H；

⑤ 连接 A、P 并延长使之与 H-H 相交于一点 B（此点为起重臂下端的铰点中心）；

⑥ 高于 A 得到 A_1，连接 A_1、P，得 B_1 等；

⑦ 量出 AB、A_1B_1 等线段中的最小长度，即为所求的起重臂最小长度近似值。

2. 结构安装方法（或称结构吊装顺序）

单层工业厂房的结构吊装，通常有两种方法：分件吊装法和综合吊装法。

（1）分件吊装法。分件吊装法就是起重机每开行一次只安装一类或一、二种构件。通常分三次开行即可吊完全部构件。这种吊装法的一般顺序是：起重机第一次开行，安装柱子；第二次开行，吊装吊车梁、连系梁及柱向支撑；第三次开行，吊装屋架、天窗架，屋面板及屋面支撑等。

分件吊装法的主要优点是：

① 构件便于校正；

② 构件可以分批进场，供应亦较单一，吊装现场不会过分拥挤；

③ 对起重机来说，一次开行只吊装一种或两种构件，使吊具变换次数少，而且操作容易熟练，有利于提高安装效率；

④ 可以根据不同构件类型，选用不同性能的起重机（大机械可吊大件，小机械可吊小件）有利于发挥机械效率，减少施工费用。

分件吊装法的缺点是：不能为后续工程及早地提供工作面；起重机开行路线长。

（2）综合吊装法，又称节间吊装法。这种方法是：一台起重机每移动一次，就吊装完一个节间内的全部构件。其顺序是：先吊装完这一节间柱子，柱子固定后立即吊装这个节间的吊车梁、屋架和屋面板等构件；完成这一节间吊装后，起重机移至下一个节间进行吊装，直至厂房结构构件吊装完毕。

综合吊装法的主要优点是：

① 由于是以节间为单位进行吊装，因此其他后续工种可以进入已吊装完的节间内进行工作，有利于加速整个工程的进度。

② 起重机开行路线短。

综合吊装法的缺点是：由于同时吊装多种类型构件，机械不能发挥最大效率；构件供应现场拥挤，校正困难。故目前较少采用此法。

3. 起重机的开行路线及停机位置

起重机的开行路线及停机位置，与起重机的性能、构件的尺寸、重量、构件的平面位置、构件的供应方式以及吊装方法等问题有关。

当吊装屋架、屋面板等屋面构件时，起重机大多是沿着跨中开行的。

当吊装柱子时，根据厂房跨度大小、柱子尺寸和重量，以及起重机性能，可以沿着跨中开行，也可以沿着跨边开行。

如果用 L 表示厂房跨度，用 b 表示柱的开间距离，用 a 表示起重机开行路线到跨边的距离，那么，起重机除了满足起重量、起重高度要求以外，起重半径 R 还应满足一定条件，如：

当 $R \geqslant L/2$ 时，起重机可沿着跨中开行，每个停机位置可吊装两根柱子；

当 $R < L/2$ 时，起重机则需沿着跨边开行，每个停机位置只能吊装一根柱子；

当柱子的就位布置在跨外时，起重机沿着跨外开行，停机位置与跨边开行相似；

例如一个单跨单层工业厂房，如果采用分件吊装法进行吊装，起重机的开行路线及停机位置如图 6-32 所示。

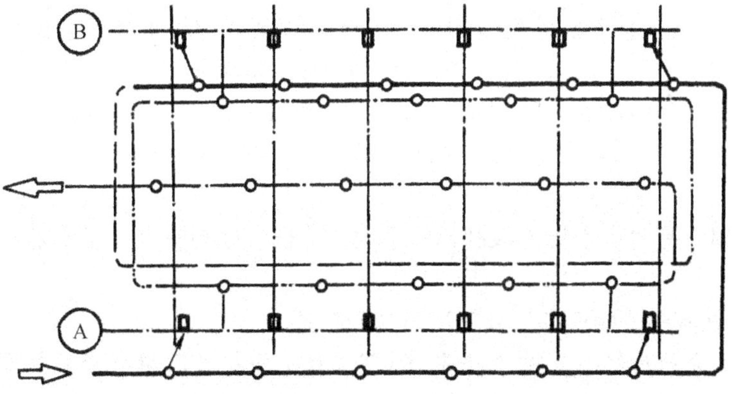

图 6-32　起重机的开行路线及停机位置示意图

4. 构件的平面布置与运输堆放

单层工业厂房构件的平面布置，是吊装工程中一件很重要的工作，如果构件布置得合理，可以免除构件在场内的二次搬运，充分发挥机械效益，提高劳动生产率。

关于构件的平面布置，它与吊装方法、起重机性能、构件制作方法等有关。所以应该在确定了吊装方法和起重机后，根据施工现场的实际情况，进行制定平面布置堆放构件。

构件的平面布置，分为预制阶段的平面布置和吊装阶段的平面布置两种。

(1) 预制阶段的平面布置。需要在施工现场预制的构件，通常有：柱子、屋架、吊车梁等，其他构件一般由构件工厂或现场以外制作，运来进行吊装。

① 柱子的布置：柱子的布置有斜向布置和纵向布置两种，是配合柱起吊方法而排列的。柱的起吊方法有旋转法和滑行法两种。

a. 三点共弧旋转法吊升的布置，如图6-33所示。

布置步骤如下：

确定起重机开行路线到柱基中心距离 a。其值与基坑大小，起重机的性能，构件的尺寸和重量有关。a 的最大值不能超过起重机吊装该柱时的最大起重半径 R；a 值也不宜取得太小，以免起重机与基坑距离太近而失稳。另外应注意当起重机回转时，其尾部不得与其他物体相碰。综合这些因素后，可决定 a 的大小，即可画出起重机的开行路线。

确定起重机停机位置。按旋转法要求：吊点、柱脚与柱基中心三者均在以起重半径 R 为圆弧的线上，柱脚靠近基础。所以，先以杯形基础中心 M 为圆心，以 R 为半径画弧与开行路线相交于 O 点，O 点即为停机点。

确定柱子预制时的场地位置。以 O 点为圆心，以 R 为半径画弧，在弧线上靠近柱基的弧上选一点 K 为柱脚位置；又以 K 为圆心，以柱脚到吊点距离为半径画弧，两弧相交于 S 点，以 KS 为中心线画出柱的模板图，即为柱子预制时的场地位置。最后标出柱顶、柱脚与柱到纵轴线的距离（A、B、C、D），即为支模时的依据。

布置柱子时，还应注意牛腿的朝向问题，要使吊装以后，其牛腿朝向符合设计要求。因此，当柱子在跨内预制或就位时，牛腿应朝向起重机；若柱子在跨外布置，牛腿应背向起重机。

柱子布置时，有时由于场地限制或柱子太长，很难做到三点共弧，那么可以安排两点共弧。

b. 柱脚与柱基中心两点共弧旋转法吊升的布置。

两点共弧有两种办法：一种是将柱脚与柱基中心安排在起重半径 R 的圆弧上，另一种是将吊点与柱脚安排在起重半径 R 的同一弧上。其布置方法与三点共弧旋转法吊升的布置方法原理相同。

c. 滑行法吊升的布置。

吊点与柱基中心安排在起重半径 R 的同一弧上，如图6-34所示。其布置方法与三点共弧旋转法吊升的布置方法原理相同。

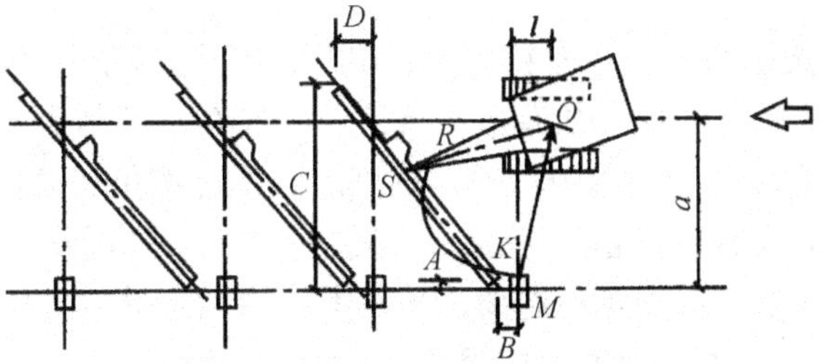

图 6-34　旋转起吊法（三点共弧）

为了节约模板及场地，对于矩形柱可以采用叠浇；可以排成两行进行预制。

② 屋架的布置：屋架一般在跨内平卧叠浇进行预制，每 3～4 榀叠放一处。布置方式有三种：斜向布置、正反斜向布置和正反纵向布置，如图 6-35 所示。

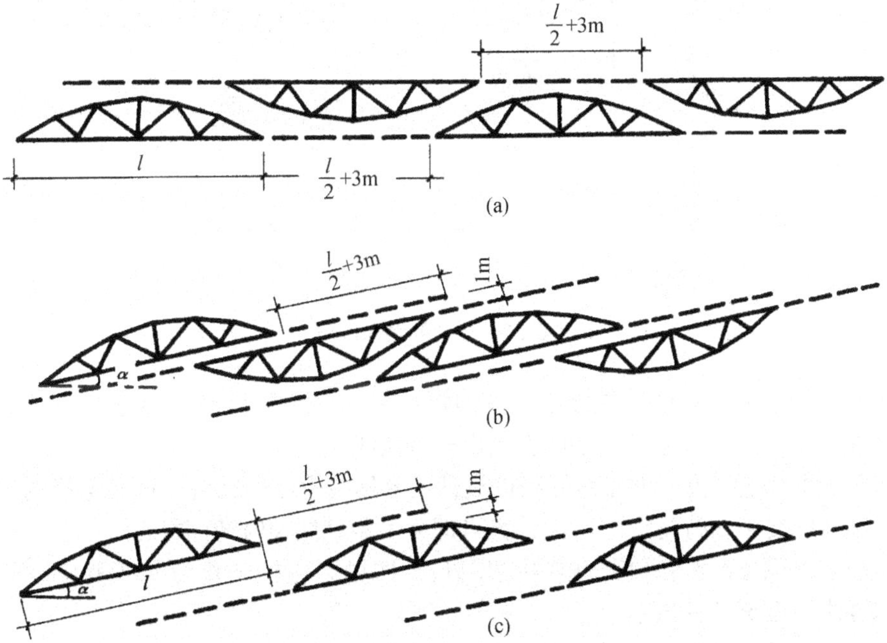

图 6-35　屋架的布置

（a）正、反纵向布置；（b）正、反斜向布置；（c）斜向布置

上述三种布置中，"1/2 +3 m" 考虑钢管抽芯法预留孔的两端抽管空间，"1 m" 考虑支模空间。应优先考虑采用斜向布置，因为它便于屋架的扶直和就位；只有当场地受限制时，才用后两种布置形式。另外还应注意其他要求：如屋架两端的朝向、预埋件的位

置等。

③ 吊车梁、天窗架的布置：吊车梁、天窗架可靠近柱基础顺纵轴方向或略为倾斜布置，也可以布置在两柱基空档处。如有运输条件，一般在工厂制作。

（2）吊装阶段的平面布置。由于柱子在预制时，即已按吊装阶段的堆放要求进行了布置，所以柱子在两个阶段的布置是一致的。一般先吊柱子，以便腾出场地堆放其他构件。所以吊装阶段构件的堆放，主要是指屋架、吊车梁、屋面板等构件。

① 屋架的吊装阶段布置：为了适应吊装阶段吊装屋架的工艺要求，首先用起重机把屋架由平卧转为直立，这叫屋架的扶直或翻身起扳。屋架扶直以后，用起重机把屋架吊起并移到吊装前的堆放位置，叫就位。堆放方式一般有两种：即斜向就位和纵向就位。

a. 斜向就位（如图 6-36 所示）

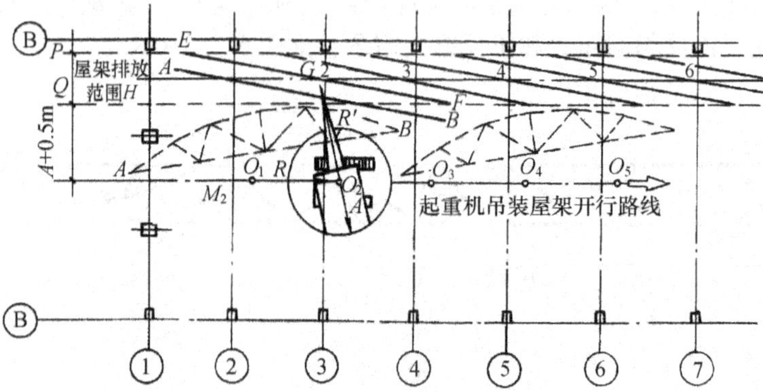

图 6-36 屋架的斜向堆放

确定起重机吊装屋架时的开行路线及停机位置：吊装屋架时，起重机一般沿跨中开行。需要在跨中标出开行路线（在图上画出开行路线）。

停机位置的确定，是以要吊装屋架的设计位置轴线中心为圆心，以所选择的起重半径 R 为半径画弧线交于开行路线于 O 点，该点即为吊装该屋架时的停机点。

确定屋架的就位范围：屋架宜靠柱边就位，即可利用柱子作为屋架就位后的临时支撑。所以要求屋架离开柱边不小于 0.2 m。

外边线：场地受限制时，屋架端头可以伸出跨外一些。这样，首先可以定出屋架就位的外边线 P-P。

内边线：起重机在吊装时要回转，若起重机尾部至回转中心距离为 A，那么在距离起重机开行路线 $A+0.5$ m 范围内不宜有构件堆放。所以，由此可定出内边线 Q-Q；在 P-P 和 Q-Q 两线间，即为屋架的就位范围。

确定屋架的就位位置：屋架就位范围确定之后，画出 P-P 与 Q-Q 的中心线 H-H，那么就位后屋架的中心点均应在 H-H 线上。

屋架斜向就位位置确定方法是：以停机点 O_2 为圆心，起重半径 R 为半径，画弧线交于 H-H 线上于 G 点，G 点即为② 轴线就位后屋架的中点。再以 G 点为圆心，以屋架跨度的 1/2 为半径，画线交于 P-P、Q-Q 两线于 E 和 F 点，连接 EF，即为②轴线屋架就位的位置。其他屋架就位位置均应平行此屋架。

只有①轴线的屋架，当已安装好抗风柱时，需要退到②轴线屋架附近就位。

b. 纵向就位（如图 6-37 所示）

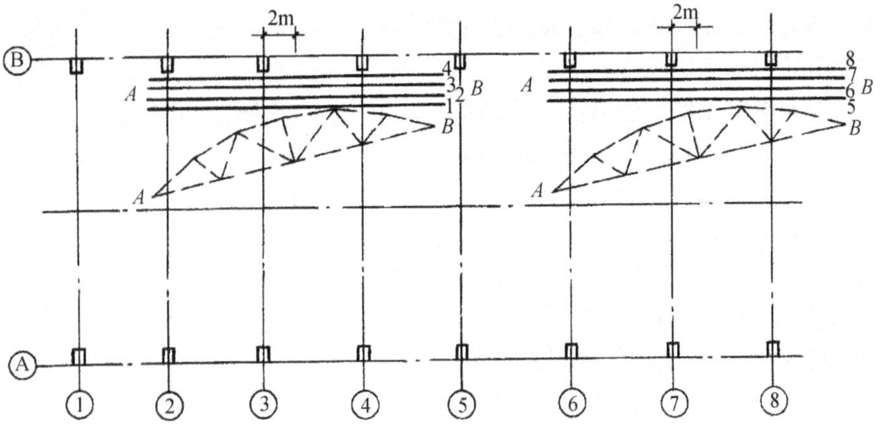

图 6-37　屋架的纵向堆放

屋架纵向就位，一般以 4～5 榀为一组靠近边柱顺轴线纵向排列。屋架与柱之间，屋架与屋架之间的净距不小于 0.2 m，相互之间用铅丝绑扎牢靠。每组之间应留出 3 m 左右的间距，作为横向通道。

每组屋架就位中心线，应安排在该组屋架倒数第二榀安装轴线之后 2 m 外。这样可以避免在已安装好的屋架下绑扎和起吊屋架；起吊以后也不会和已安装好的屋架相碰。

② 吊车梁、连系梁、天窗架和屋面板的运输堆放：单层工业厂房的吊车梁、连系梁、天窗架和屋面板等，一般在预制厂集中生产，然后运至工地安装。

构件运至现场后，应按施工组织设计规定位置，按编号及吊装顺序进行堆放。

吊车梁、连系梁、天窗架的就位位置，一般在吊装位置的柱列附近，不论跨内跨外均可，条件允许时也可随运输随吊装。

屋面板则由起重机吊装时的起重半径确定。当在跨内布置时，约后退 3～4 个节间沿柱边堆放；在跨外布置时，应后退 1～2 个节间靠柱边堆放，以在屋架吊装停机点附近、起重半径内旋转路程短为标准。每 6～8 块为一叠堆放。

思考与练习题

1. 自行杆式起重机有哪几种类型？各有什么特点？

2. 履带式起重机有哪几个主要参数？它们之间的相互关系如何？如何查起重机性能表及性能曲线？如何进行稳定验算？

3. 当起重机的 R 或 H 不能满足时，可采取什么措施？

4. 塔式起重机有哪几种类型？试述其适用范围。

5. 试述滑轮组的组成及表示方法。

6. 机构安装中常用的钢丝绳有哪些规格？使用中应注意哪些问题？

7. 横吊梁有哪几种形式？简述其适用范围。

8. 单层工业厂房结构吊装的准备工作有哪些主要内容？

9. 柱绑扎有哪几种方法？试述其适用范围。

10. 试述柱子吊升工艺及方法。吊点选择应考虑什么原则？

11. 双机抬吊旋转法如何工作？

12. 如何进行柱的对位与临时固定？

13. 试述柱的校正和最后固定方法。

14. 吊车梁的校正方法有哪些？如何进行最后固定？

15. 试述屋架的扶直就位方法及绑扎点的选择。

16. 屋架如何绑扎、吊升、对位、临时固定、校正和最后固定？

17. 分件安装法和综合安装法有何区别？简述其优缺点及适用范围。

18. 起重机安装柱、屋架、屋面板时，其工作参数及起重机的型号应如何确定？

19. 现场预制柱有几种平面布置方式？如何确定其位置？

20. 屋架的预制和安装就位有几种布置方式？如何确定其位置？

21. 装配式框架结构安装如何选择起重机？塔式起重机的平面布置方案有哪几种？

22. 试述装配式框架结构柱的安装、校正和接头方法。

23. 吊装过程中应注意哪些安全事项？

24. 试述升板法施工原理及特点。

25. 升板法对柱的预制、安装和板的制作有何要求？

26. 升板法中如何减少差异？

27. 某车间跨度24 m，柱距6 m，天窗架顶面标高为18 m，屋面板厚0.24 m。现用履带式起重机安装天窗屋面板，其停机面为 -0.2 m，起重臂底铰距地面高度 $E=2.1$ m，试用图解法确定起重机的最小臂长。

28. 某厂房柱重 28 t，柱宽 0.8 m，现用一点绑扎双机抬吊，试对起重机进行负荷分配，要求最大负荷一台为 20 t，另一台为 15 t，求需加垫木的厚度。

29. 某厂房柱的牛腿标高 8 m，吊车梁长 6 m，高 0.8 m，当起重机停机面标高为 -0.3 m时，试计算安装吊车梁的起重高度。

30. 某车间跨度 24 m，柱距 6 m，天窗架顶面标高 18 m，屋面板厚度 240 mm，试选择履带式起重机的最小臂长（停机面标高 -0.2 m，起重臂底铰中心距地面高度 2.1 m）。

31. 某车间跨度 21 m，柱距 6 m，吊柱时，起重机分别沿纵轴线的跨内和跨外一侧开行。当起重半径为 7 m，开行路线距柱纵轴线为 5.5 m 时，试对柱作“三点共弧”布置，并确定停机点。

32. 某单层工业厂房跨度为 18 m，柱距为 6 m，9 个节间，选用 W1-100 型履带式起重机进行结构安装，安装屋架时的起重半径为 9 m，试绘制屋架的斜向就位图。

第7章　防水工程

主要内容

屋面工程及地下防水工程的施工。

学习要求

掌握卷材防水屋面的概念、构造及各构造层的作用；了解卷材防水屋面各种原材料的特性、配比及使用要求；掌握卷材防水屋面各构造层的施工方法及技术要求。掌握涂料防水屋面的概念；了解防水涂料的分类及各类防水涂料的成膜原理；熟悉涂料防水屋面的施工方法。掌握刚性防水屋面的概念；了解刚性防水屋面的材料要求；熟悉刚性防水屋面的构造及施工方法。了解防水混凝土结构施工、水泥砂浆防水层施工、卷材防水层施工；掌握施工工艺，熟悉结构施工方法，了解原材料要求及配比调整。熟悉各种防水屋面和地下防水工程的施工要求。

防水工程包括屋面防水和地下防水。

屋面防水主要是防止雨雪对屋面间歇性浸透作用；地下防水则主要是防止地下水对建（构）筑物的经常性浸透作用。因此，防水工程是建筑工程的一项重要工程，其施工质量的好坏，直接影响建（构）筑物的使用寿命和使用条件。

按照防水方法区分，屋面工程常用的有卷材防水屋面、涂膜防水屋面、刚性防水屋面、金属防水屋面、复合防水屋面及块材防水屋面等。

地下工程常用的有卷材防水层、防水混凝土结构、水泥砂浆防水层和沥青胶结材料防水层。

7.1　屋面防水工程

7.1.1　卷材防水屋面

卷材防水屋面是目前屋面防水的主要方法，尤其在重要的工业与民用建筑工程中应用十分广泛。卷材防水屋面通常是采用胶结材料将沥青防水卷材、高聚物改性沥青防水卷材、合成高分子防水卷材等柔性防水材料粘成一整片能防水的屋面覆盖层。胶结材料取决于卷材的种类，若采用沥青卷材，则以沥青胶结材料做粘贴层，一般为热铺；若采用高聚物改性沥青防水卷材或合成高分子防水卷材，则以特制的胶粘剂作粘贴层，一般为冷铺。

1. 卷材防水屋面的构造

卷材防水屋面一般由结构层、隔气层、保温层、找平层、防水层和保护层组成（如图 7-1）。其中隔气层和保温层在一定的气温条件和使用条件下可不设。

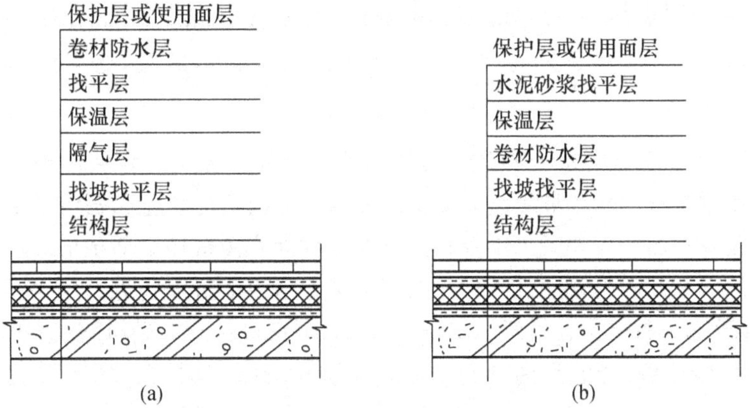

图 7-1　卷材防水屋面构造层次示意图

（a）正置式屋面；（b）倒置式屋面

卷材防水屋面属柔性防水屋面，其优点是：自重轻，防水性能较好，尤其是防水层具有良好的柔韧性，能适应一定程度的结构振动和胀缩变形；缺点是：造价高，沥青卷材易老化、起鼓，耐久性差，施工工序多，功效低，维修工作量大，产生渗漏时修补找漏困难等。

2. 卷材防水屋面的材料要求

（1）沥青。沥青是一种有机胶凝材料。在土木工程中，目前常用的是石油沥青。石油沥青按其用途可分为建筑石油沥青、道路石油沥青和普通石油沥青 3 种。建筑石油沥青黏性较高，多用于建筑物的屋面及地下工程防水；道路石油沥青因温度稳定性差，黏性较低，在建筑工程中一般不单独使用，而是与建筑石油沥青掺配经氧化处理后使用。

针入度、延伸度和软化点是划分沥青牌号的依据。工程上通常根据针入度指标确定牌号，每个牌号则应保证相应的延伸度和软化点。例如，建筑石油沥青按针入度划分为 10

号、30号乙、30号甲3种。在同品种的石油沥青中，其牌号增大时，针入度和延伸度增大，而软化点则减小。沥青牌号的选用，应根据当地的气温及屋面坡度情况综合考虑，气温高坡度大，则选用小牌号，以防止流淌；气温低坡度小，要选用大牌号，以减小脆裂。石油沥青牌号及主要技术质量标准见表7-1。

表7-1 建筑石油沥青的主要指标

指标	牌号		
	30号甲	30号乙	10号
针入度（25℃时）	21～40	21～40	5～20
延伸度（25℃时不小于）（cm）	3	3	1
软化点不低于（℃）	70	60	95

沥青储存时，应按不同品种、牌号分别存放，避免雨水、阳光直接淋晒，并要远离火源。

（2）卷材。

① 沥青卷材。沥青防水卷材按制造方法的不同可分为浸渍（有胎）和辊压（无胎）两种。石油沥青卷材又称油毡和油纸。油毡是用高软化点的石油沥青涂盖油纸的两面，再撒上一层滑石粉或云母片而成。油纸是用低软化点的石油沥青浸渍原纸而成的。建筑工程中常用的有石油沥青油毡和石油沥青油纸两种。根据每平方米原纸质量（克），石油沥青油毡有200号、350号和500号3种标号，油纸有200号和350号两种标号。卷材防水屋面工程用油毡一般应采用标号不低于350号的石油沥青油毡。油毡和油纸在运输、堆放时应竖直搁置，高度不超过两层；应储存在阴凉通风的室内，避免日晒雨淋及高温高热。石油沥青油毡防水卷材其外观质量必须满足以下要求：不允许有孔洞、硌伤，不允许露胎、涂盖不均；折纹、折皱距卷芯1 000 mm以外，长度不大于100 mm；裂纹距卷芯1 000 mm以外，长度不大于10 mm；边缘裂口小于20 mm，缺边长度小于50 mm；每卷卷材的接头不超过1处，较短的一段不小于2 500 mm，接头处应加长150 mm。沥青防水卷材规格及技术性能要求见表7-2。

表7-2 沥青防水卷材规格及技术性能要求

标号	宽度（mm）	每卷面积（m^2）	每卷质量（kg）	性能要求			
				纵向拉力（N）	耐热度	柔性	不透水性
350号	915 1 000	200±0.3 200±0.3	粉毡≥28.5 片毡≥31.5	25±2℃时≥340	28±2℃ 2 h不流淌，无集中性气泡	绕直径20 mm圆棒无裂纹	压力≥0.10 N/mm^2 保持时间≥30 min
500号	915 1 000	200±0.3 200±0.3	粉毡≥39.5 片毡≥42.5	25±2℃时≥440		绕直径25 mm圆棒无裂纹	压力≥0.10 N/mm^2 保持时间≥30 min

② 高聚物改性沥青卷材。高聚物改性沥青防水卷材是以合成高分子聚合物改性沥青为涂盖层，纤维织物或纤维毡为胎体，粉状、粒状、片状或薄膜材料为覆盖材料制成可卷曲的片状材料。目前，我国所使用的有 SBS 改性沥青柔性卷材、APP 改性沥青卷材、铝箔塑胶卷材、化纤胎改性沥青卷材、废胶粉改性沥青耐低温卷材等。高聚物改性沥青防水卷材其外观质量必须满足以下要求：不允许有孔洞、缺边、裂口；边缘不整齐不超过 10 mm；不允许胎体露白、未浸透；撒布材料粒度、颜色均匀；每一卷卷材的接头不超过 1 处，较短的一段不应小于 1 000 mm，接头处应加长 150 mm。高聚物改性沥青防水卷材规格见表 7-3，其物理性能见表 7-4。

表 7-3　高聚物改性沥青防水卷材规格

种类	厚度（mm）	宽度（mm）	每卷长度（m）
高聚物改性沥青防水卷材	2.0	≥1 000	15.0～20.0
	3.0	≥1 000	10.0
	4.0	≥1 000	7.5
	5.0	≥1 000	5.0

表 7-4　高聚物改性沥青防水卷材技术性能要求

项目		性能要求		
		聚酯毡胎体	玻纤胎体	聚乙烯胎体
拉力（N/50 mm）		≥450	纵向≥350 横向≥250	≥100
延伸率（%）		最大拉力时≥30	—	断裂时≥200
耐热度（℃，2 h）		SBS 卷材 90，APP 卷材 110，无滑动、流淌、滴落		PEE 卷材 90，无流淌、起泡
低温柔度（℃）		SBS 卷材 -180，APP 卷材 -5，PEE 卷材 -10 3 mm 厚 $r=15$ mm；4 mm 厚 $r=25$ mm；3s 弯 180°无裂纹		
不透水性	压力（MPa）	≥0.3	≥0.2	≥0.3
	保持时间（min）	≥3.0		

③ 合成高分子卷材。成高分子防水卷材是以合成橡胶、合成树脂或二者的共混体为基料，加入适量的化学助剂和填充料等，经不同的工序加工而成可卷曲的片状防水材料；或把上述材料与合成纤维等复合形成两层或两层以上的可卷曲的片状防水材料。目前，常用的有三元乙丙橡胶防水卷材、氯化聚乙烯防水卷材、氯化聚乙烯-橡胶共混体防水卷材、氯硫化聚乙烯防水卷材等。合成高分子防水卷材其外观质量必须满足以下要求：折痕每卷不超过 2 处，总长度不超过 20 mm；不允许有大于 0.5 mm 的杂质颗粒，每 1 m^2 不超过

9 mm^2；胶块每卷不超过 6 处，每处面积不大于 4 mm^2；凹痕每卷不超过 6 处，深度不超过本身厚度的 30%，树脂类卷材深度不超过 15%；每卷的接头，橡胶类卷材每 20 m 不超过 1 处，较短的一段不应小于 3000 mm，接头处应加长 150 mm，树脂类 20 m 长度内不允许有接头。合成高分子防水卷材的规格见表 7-5，物理性能见表 7-6。

表 7-5 合成高分子防水卷材规格

<table>
<tr><th>种类</th><th>厚度（mm）</th><th>宽度（mm）</th><th>每卷长度（m）</th></tr>
<tr><td rowspan="4">合成高分子防水卷材</td><td>1.0</td><td>≥1000</td><td>20.0</td></tr>
<tr><td>1.2</td><td>≥1000</td><td>20.0</td></tr>
<tr><td>1.5</td><td>≥1000</td><td>20.0</td></tr>
<tr><td>2.0</td><td>≥1000</td><td>10.0</td></tr>
</table>

表 7-6 合成高分子防水卷材技术要求

<table>
<tr><th colspan="2" rowspan="2">项目</th><th colspan="4">性能要求</th></tr>
<tr><th>硫化橡胶类</th><th>非硫化橡胶类</th><th>树脂类</th><th>纤维增强类</th></tr>
<tr><td colspan="2">断裂拉伸强度（MPa）</td><td>≥6</td><td>≥3</td><td>≥10</td><td>≥9</td></tr>
<tr><td colspan="2">扯断伸长率（%）</td><td>≥400</td><td>≥200</td><td>≥200</td><td>≥10</td></tr>
<tr><td colspan="2">低温弯折（℃）</td><td>-30</td><td>-20</td><td>-20</td><td>-20</td></tr>
<tr><td rowspan="2">不透水性</td><td>压力（MPa）</td><td>≥0.3</td><td>≥0.2</td><td>≥0.3</td><td>≥0.3</td></tr>
<tr><td>保持时间（min）</td><td colspan="4">≥30</td></tr>
<tr><td colspan="2">加热收缩率（%）</td><td><1.2</td><td><2.0</td><td><2.0</td><td><1.0</td></tr>
<tr><td rowspan="2">热老化保持率（80℃，168 h）</td><td>断裂拉伸强度</td><td colspan="4">≥80%</td></tr>
<tr><td>扯断伸长率</td><td colspan="4">≥70%</td></tr>
</table>

（3）冷底子油。冷底子油是用 10 号或 30 号石油沥青加入挥发性溶剂配制而成的溶液。石油沥青与轻柴油或煤油以 4∶6 的配合比调制而成的冷底子油为慢挥发性冷底子油，涂喷后 12～48 h 干燥；石油沥青与汽油或苯以 3∶7 的配合比调制而成的冷底子油为快挥发性冷底子油，涂喷后 5～10 h 干燥。调制时先将熬好的沥青倒入料桶中，再加入溶剂，并不停地搅拌至沥青全部溶化为止。

冷底子油具有较强的渗透性和憎水性，并使沥青胶结材料与找平层之间的粘接力增强。喷涂冷底子油的时间，一般应为找平层干燥后。若需在潮湿的找平层上喷涂冷底子油，则应待找平层的水泥砂浆略具有强度能够操作时方可进行。冷底子油可喷涂或涂刷，待冷底子油油层干燥后即可铺贴卷材。

（4）沥青胶结材料。沥青胶结材料是石油沥青按一定配合比掺入填充料（粉状或纤维状矿物质）混合熬制而成的。用于粘贴油毡作防水层或作为沥青防水涂层以及接头填缝之用。

在沥青胶结材料中加入填充料的作用是：提高耐热度、增加韧性、增强抗老化能力。填充料的掺量：采用粉状填充料（滑石粉等）时，掺入量为沥青质量的 10%~25%，采用纤维状填充料（石棉粉等）时，掺入量为沥青质量的 5%~10%。填充料的含水率不宜大于 3%。

沥青胶结材料的主要技术性能指标是耐热度、柔韧性和黏结力。其标号用耐热度表示，标号为 S-60～S-85。使用时，如屋面坡度大且当地历年室外极端最高气温高时，应选用标号较高的胶结材料，反之选用标号较低的胶结材料。其标号的具体选用见表 7-7。

表 7-7 沥青胶结材料标号选用

屋面坡度	历年室外极端最高温度（℃）	沥青胶结材料的标号
1%~3%	<38 38～41 41～45	S-60 S-65 S-70
3%~15%	<38 38～41 41～45	S-65 S-70 S-75
15%~25%	<38 38～41 41～45	S-75 S-80 S-85

配制沥青胶结材料，常用的是 10 号、30 号和 60 号石油沥青，若单独采用一种标号的沥青不能满足要求时，可采用两种标号的沥青混合配制。其配合比应根据选定的标号及使用的材料由试验确定，在施工中按确定的配合比严格配料。

熬制沥青胶结材料时，应先将沥青破碎成 80～100 mm 块状料再放入锅中加热溶化，使其完全脱水至不再起泡沫时，除去杂质物，再将预热过的填充料缓慢加入，同时不停地搅拌，直至达到规定熬制温度，除去浮石杂质即熬制完成。沥青胶结材料的加热温度和时间对其质量有极大的影响。温度必须按规定严格控制（如表 7-8），熬制时间以 3～4 小时为宜。若熬制温度过高，时间过长，则沥青质增多，油分减少，韧性差，黏结力降低，易老化，这对施工操作、工程质量及耐久性都有不良影响。

表 7-8 沥青胶结材料加热和使用温度

类别	加热温度（℃）	使用温度（℃）	说明
普通石油沥青或搭配建筑石油沥青的普通石油沥青胶结材料	不应高于 280	不宜低于 240	1. 加热时间以 3～4 h 为宜； 2. 沥青胶结材料应当天用完
建筑石油沥青胶结材料	不应高于 240	不宜低于 190	

（5）胶粘剂。胶粘剂是高聚物改性沥青卷材和合成高分子卷材的粘贴材料。高聚物改性沥青卷材的胶粘剂主要有氯丁橡胶改性沥青胶粘剂、CCTP 抗腐耐水冷胶料等。前者由氯丁橡胶加入沥青和助剂以及溶剂等配置而成，外观为黑色液体，主要用于卷材与基层、卷材与卷材之间的粘贴；后者是由煤沥青经氯化聚烯烃改性而制成的一种溶剂型胶粘剂，具有良好的抗腐蚀、耐酸碱、防水和耐低温等性能。合成高分子卷材的胶粘剂主要有氯丁系胶粘剂（404 胶）、丁基胶粘剂、BX-12 胶粘剂等。

3. 卷材防水屋面的施工

防水层施工前，应将油毡上滑石粉或云母粉刷干净，以增加油毡与沥青胶的黏结能力。

（1）沥青卷材防水屋面的施工。

① 基层要求。基层质量的好坏，对保证油毡铺贴质量关系密切，施工时必须重视，一般采用水泥砂浆、细石混凝土或沥青砂浆找平层作为基层，沥青砂浆可增强油毡与找平层的黏结力，但需热施工，一般应用较少；水泥砂浆配合比为 1∶3（体积比），水泥强度等级不低于 32. 5 级；沥青砂浆配合比为 1∶8（60 号或 75 号石油沥青和沙的重量比）。找平层厚度为 15～35 mm，找平层应平整坚实，采用水泥砂浆找平层时，水泥砂浆抹平收水后应二次压光，充分养护，不得有松动、起壳、起沙等现象。在与突出屋面结构的连接处以及在基层的转角处，均应做成钝角或半径为 100～150 mm 的圆弧形。为防止由于温差及混凝土构件收缩而使防水屋面开裂，找平层应留分隔缝，缝宽一般为 20 mm，缝应留在预制板支承边的端缝处，其纵横向最大间距，当找平层采用水泥砂浆或细石混凝土时，不宜大于 6 m；采用沥青砂浆时，则不宜大于 4 m。并于缝口上加铺 200～300 mm 宽的油毡条，用沥青胶结材料单边点贴，以防结构变形将防水层拉裂。

待水泥砂浆找平层基本干燥后，将基层清扫干净，于铺贴油毡前 1～2 天涂刷冷底子油一遍（沥青砂浆找平层可不刷），涂刷要薄而均匀，不得有漏刷、麻点或气泡现象，也可用机械喷涂。待冷底子油干燥后，立即铺贴油毡，以防基层浸水。

② 卷材铺贴。卷材铺贴前应先熬制好沥青胶结材料和清除卷材表面的撒料。沥青胶结材料的沥青成分应与卷材中沥青成分相同。卷材铺贴层数一般为 2～3 层，沥青胶结材

料铺贴厚度一般在 1～1.5 mm 之间，最厚不得超过 2 mm。

卷材的铺贴方向应根据屋面坡度或是否受振动荷载而确定。当屋面坡度小于 3% 时，宜平行于屋脊铺贴；屋面坡度大于 15% 或屋面受振动时，应垂直于屋脊铺贴；屋面坡度在 3%～15% 之间时，可平行或垂直于屋脊铺贴。卷材防水屋面的坡度不宜超过 25%，否则应在短边搭接处将卷材用钉子钉入找平层内固定，以防卷材下滑。此外，在铺贴卷材时，上下层卷材不得相互垂直。

铺贴卷材应采用搭接方法，搭接宽度与铺贴方法有关。上下两层卷材应错开 1/3 卷材宽，相邻两卷材短边搭接缝应错开不小于 500 mm，各层卷材的搭接宽度，长边不应小于 70 mm，短边不应小于 100 mm。平行屋脊的搭接缝，应顺流水方向搭接；垂直屋脊的搭接缝，应顺主导风向搭接。各层卷材的搭接缝必须用沥青黏结材料仔细封严，以防渗漏。

平行屋脊铺贴时，由檐口开始，各层油毡的排列如图 7-2 所示。平行屋脊铺贴不但可减少垂直缝，渗水的可能性小；而且铺贴效率高，材料损耗少。但在高温影响下，卷材容易滑溜，因此只能用于屋面坡度小于 3% 的屋面防水卷材铺贴。

垂直屋脊铺贴时，则应从屋脊开始向檐口进行，以免造成沥青胶过厚而铺贴不平。每副卷材都应铺过屋脊不小于 200 mm，屋脊处不得留设短边搭接缝，以增强屋脊的防水和耐久性（如图 7-3）。

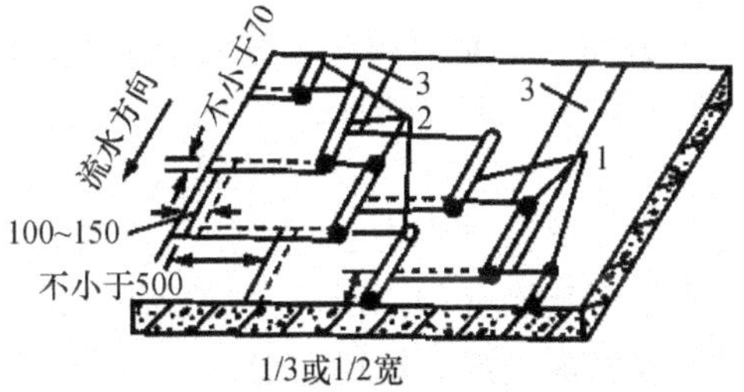

图 7-2　卷材平行屋脊铺贴搭接要求

1—第一层卷材；2—第二层卷材铺贴；3—干铺卷材条宽 300

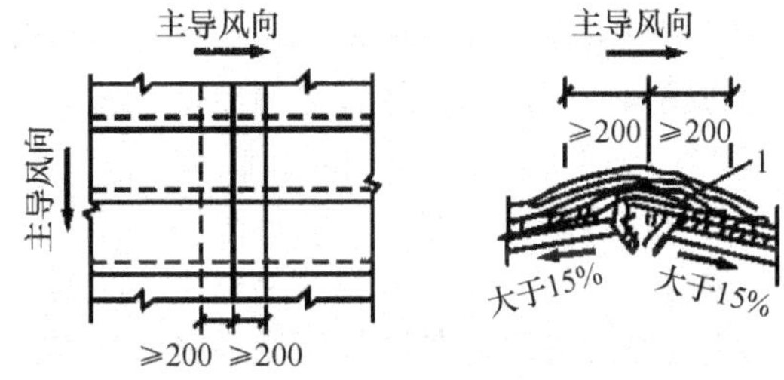

图 7-3　卷材垂直于屋脊处铺贴要求

（a）平面；（b）剖面

铺贴多跨和有高低跨的房屋时，应按先高后低，先远后近的顺序进行。对同一坡面，应先做好屋面排水比较集中的部位（屋面与落水口的连接处、檐口、檐沟、天沟和斜沟等处），并应由屋面最低标高处向上施工，使卷材按水流方向搭接。

卷材铺贴方法有满粘法、空铺法、条粘法、点粘法等 4 种。满粘法（又称全粘法），即在铺设防水卷材时，卷材与基层采用全部粘贴的施工方法，是一种传统的施工方法，如过去常采用此种方法进行石油沥青防水卷材三毡四油叠层铺贴。适用于屋面面积较小，屋面结构变形不大，找平层干燥的屋面条件。空铺法即在铺贴防水卷材时，卷材与基层仅在四周一定范围内粘贴，其余部分不粘贴的施工方法。铺贴时，在檐口、屋脊和屋面的转角处及突出屋面的连接处，卷材与找平层应满涂沥青胶结材料其粘贴宽度不得小于800 mm，卷材与卷材的搭接缝、卷材与卷材之间应满贴。适用于基层湿度过大、找平层的水蒸气难以由排气道排入大气的屋面。条粘法即在铺贴防水卷材时，卷材与基层采用条状黏结的施工方法，每幅卷材与基层的黏结面不少于两条，每条宽度不应小于150 mm。在搭接缝、卷材与卷材之间等处亦应满贴。适用于采用留槽排汽不能可靠解决卷材防水层开裂和起鼓的无保温层或基层潮湿的排汽屋面。点粘法则是指铺贴卷材时，卷材与基层采用点状粘贴的施工方法。要求每平方米面积内至少有5个黏结点，每点面积不小于100 mm×100 mm，搭接缝、防水层周边一定范围内与基层均应满粘牢固。适用于温差较大而基层又十分潮湿的排汽屋面。

沥青在热能、阳光、空气等的长期作用下，内部成分将逐渐老化，为延长防水层的寿命，通常要设置保护层，保护层材料有绿豆沙、云母、蛭石、水泥砂浆、细石混凝土和块体材料等。

（2）高聚物改性沥青卷材防水屋面施工。

① 基层处理。高聚物改性沥青卷材防水屋面可用水泥砂浆、沥青砂浆和细石混凝土找平层作基层。要求找平层抹光压平，坡度符合设计要求，不允许有起沙、掉灰和凹凸不平等缺陷存在，其含水率一般不宜大于9%，找平层不应有局部积水现象。找平层与凸起物（如女儿墙、烟囱、通气孔、变形缝）相连接的阴角，应做成均匀光滑的小圆角；找平层与檐口、排水口、沟脊等相连接的转角，应抹成光滑一致的圆弧形。

② 施工要点。高聚物改性沥青卷材施工方法有冷粘剂冷贴法和火焰热熔法两种。

冷粘法施工的卷材主要是指SBS改性沥青卷材、APP改性沥青卷材、铝箔塑胶改性沥青卷材等。施工前应清除基层表面的凸起物，并将尘土杂物等扫除干净，随后用基层处理剂进行基层处理，基层处理剂系由汽油等溶剂稀释胶粘剂制成，涂刷时要均匀一致。待基层处理剂干燥后，可先对排水口、管根等容易发生渗漏的薄弱部位，在其中心200 mm范围内，均匀涂刷一层胶粘剂，涂刷厚度以1 mm左右为宜。干燥后即可形成一层无接缝和弹塑性的整体增强层。铺贴卷材时，应根据卷材的配置方案（一般坡度小于3%时，卷材应平行于屋脊配置；坡度大于15%时，卷材应垂直于屋脊配置；坡度在3%~15%之间时，可根据现场条件自由选定），在流水坡度的下坡开始弹出基准线，边涂刷胶结剂边向前滚铺卷材，并及时辊压压实。用毛刷涂刷时，蘸胶液应饱满，涂刷要均匀。滚铺卷材不要卷入空气和异物。平面与立面相连接触的卷材，应由下向上压缝铺贴，并使卷材紧贴阴角，不允许有明显的空鼓现象存在。当立面卷材超过300 mm时，应用氯丁系胶结剂（404胶）进行粘贴或用木砖钉木压条与粘贴并用的方法处理，以达到粘贴牢固和封闭严密的目的。卷材纵横搭接宽度为100 mm，一般接缝用胶结剂粘合，也可采用汽油喷灯进行加热熔接，以后者效果更为理想。对卷材搭接缝的边缘以及末端收头部位，应刮抹膏状胶粘剂进行黏合封闭处理，其宽度不应小于10 mm。必要时，也可经过密封处理的末端收头处，再用掺入水泥重量的20%的108胶水泥砂浆进行压缝处理。

热熔法施工的卷材主要以APP改性沥青卷材较为适宜。采用热熔法施工可节省冷粘剂，降低防水工程造价，特别是当气温较低时或屋面某层略有湿气时尤其适合。基层处理时，必须待涂刷基层处理剂8h以上方能进行施工作业。火焰加热器的喷嘴距卷材面的距离应适中，一般为0.5 m左右，幅宽内加热应均匀。以卷材表面熔融至光亮黑色为度，不得过分加热或烧穿卷材。卷材表面热熔后应立即铺贴，滚铺时应排除卷材下面的空气，使其平展不得有折皱，并辊压粘贴牢固。搭接部位经热风焊枪加热后粘贴牢固。溢出的自粘胶刮平缝口。

为屏蔽或反射阳光辐射和延长卷材的使用寿命，在防水层铺设工作完成后，可在防水层表面上采用边涂刷冷粘剂边铺撒蛭石粉保护层或均匀涂刷银色或绿色涂料作保护层。

高聚物改性沥青防水卷材严禁在雨雪天进行施工，五级风及以上时不得施工，气温低于0℃时不宜施工。

(3) 合成高分子卷材防水屋面施工。合成高分子卷材防水屋面应以水泥砂浆找平层作为基层，其配合比为1∶3（体积比），厚度为15～30 mm，其平整度用2 m长直尺检查，最大空隙不应超过5 mm，空隙仅允许平缓变化。如预制构件（无保温层时）接头部位高低不齐或凹坑较大时，可用掺108胶（占水泥量的15%）的1∶2.5～1∶3水泥砂浆找平，基层与凸出屋面结构相连接的转角，应抹成均匀一致和平整光滑的圆角，而基层与檐口、天沟、排水口等相连接的转角则应做成半径为100～200 mm光滑的圆弧。基层必须干燥，其含水率一般不应大于9%。

待基层表面清理干净后，即可涂布基层处理剂，一般是将聚氨酯涂膜防水材料的甲料、乙料、二甲苯按1∶1.5∶3的配合比搅拌均匀，然后将其均匀涂布在基层表面上，干燥4 h以上，即可进行后续工序的施工。在铺贴卷材前需有聚氨酯甲料和乙料按1∶1.5的配合比搅拌均匀后，涂刷在阴角、排水口和通气孔根部周围作增强处理。其涂刷宽度为距离中心200 mm以上，厚度以1.5 mm左右为宜，固化时间应大于24 h。

待上述工序均完成后，将卷材展开摊铺在平整干净的基层上，用辊刷蘸满氯丁系胶结剂，均匀涂布在卷材上，涂布厚度要均匀，不得漏涂，但沿搭接缝部位100 mm处不得涂胶。涂胶粘剂后静置10～20 min，待胶粘剂结膜干燥到不粘手指时，将卷材用纸筒芯卷好，然后再将胶粘剂均匀涂布在基层处理剂已基本干燥的洁净基层上经过10～20 min干燥，接触时不沾手指，即可铺贴卷材。卷材铺贴原则是：铺设多跨或者高低跨屋面时，应按先高跨后低跨，先远后近的顺序进行。卷材应顺长方向进行配制，并使卷材长方向与水流坡度垂直，其长边搭接应顺流水坡度方向。卷材的铺贴应根据配置方案，沿先弹出的基准线，将已涂布胶粘剂的卷材圆筒从流水下坡开始展铺，卷材不得有折皱，也不得用力拉伸卷材，并应排除卷材下面的空气，辊压粘贴牢固。卷材铺好后，应将搭接部位的结合面清扫干净，采用与卷材相配套的接缝专用剂，在搭接缝结合面上均匀涂刷，待其干燥不粘手指后，辊压粘牢。除此之外，接缝口应采用密封材料封严，其宽度不应小于 10 mm。

合成高分子卷材防水屋面保护层施工与高聚物改性沥青卷材防水屋面保护层施工要求相同。

7.1.2 涂膜防水屋面

涂膜防水屋面是将液态的防水材料，在干燥的环境下分遍涂布在屋面找平层上，干燥后转化为固态防水膜。

1. 防水涂料

防水涂料是一种流态或半流态物质，涂布在屋面基层表面，经溶剂或水分挥发，或各组分间的化学反应，形成有一定弹性和一定厚度的薄膜，使基层表面与水隔绝，起到防水密封作用。防水涂料能在屋面上形成无接缝的防水涂层，涂膜层的整体性好，并能在复杂基层上形成连续的整体防水层。因此特别适用于形状复杂的屋面，或在Ⅰ级、Ⅱ级防水设防的屋面上作为一道防水层与卷材复合使用，可以很好地弥补卷材防水层接缝防水可靠性差的缺陷，也可以与卷材复合共同组成一道防水层，在防水等级为Ⅲ级的屋面上使用。

防水涂料按其组成材料可分为沥青基防水涂料，改性沥青防水涂料，合成高分子防水涂料，沥青基涂料由于性能低劣、施工要求高，已被淘汰。

高聚物改性沥青防水涂料是以沥青为基料，用合成高分子聚合物进行改性，配制而成的水乳型、溶剂型或热熔型防水涂料。高聚物改性沥青防水涂料在柔韧性、抗裂性、强度、耐高低温性能、使用寿命等方面都比沥青基材料有了较大的改善。常用的品种有氯丁橡胶改性沥青涂料、丁基橡胶改性沥青涂料、丁苯橡胶改性沥青涂料、SBS 改性沥青涂料和 APP 改性沥青涂料等。改性沥青防水涂料的原材料来源广泛、性能适中、价格低廉，仍是适合我国国情的防水材料之一。但水乳型和溶剂型改性沥青涂料存在每遍涂层不能太厚，需多遍涂刷才能达到设计要求的厚度，水乳型涂料干燥时间长，溶剂型涂料溶剂挥发造成环境污染的缺点。近年来我国引进和开发的热熔聚合物改性沥青防水涂料，防水性能好，耐老化好，价格低，而且在南方多雨地区施工更便利，它不需要养护、也不受干燥时间限制，涂料冷却后就可以成膜，具有设计要求的防水能力，不用担心下雨对涂膜层造成损害，大大加快施工进度。同时能在气温 -10 ℃以内的低温条件下施工，这也大大降低了施工对环境的条件要求，而且该涂料是一种弹塑性材料，在黏附于基层的同时，可追随基层变形而延展，避免了受基层开裂影响而破坏防水层现象，具有良好的抗变形能力，成膜后形成连续无接缝的防水层，防水质量的可靠性大大提高。热熔改性沥青防水涂料是优点比较突出的改性沥青防水涂料。此外，国外已开始利用纳米技术生产具有核壳结构的聚合物改性沥青乳液防水涂料，其粒径在 10～100 nm 之间，可制作成固含量超过 70% 的防水涂料，采用喷枪直接喷涂，在喷涂的同时加入纤维。这是防水涂料发展的方向之一。

合成高分子防水涂料是以合成橡胶或合成树脂为主要成膜物质配制而成的水乳型或溶剂型防水涂料。根据成膜机理分为反应固化型、挥发固化型和聚合物水泥防水涂料三类。由于合成高分子材料本身的优异性能，故以此为原料制成的合成高分子防水涂料有较高的强度和延伸率，优良的柔韧性、耐高低温性能、耐久性和防水能力。常用的品种有丙烯酸防水涂料、EVA 防水涂料、聚氨酯防水涂料、沥青聚氨酯防水涂料、硅橡胶防水涂料、聚合物水泥防水涂料等。过去还有 PVC 胶泥、焦油聚氨酯防水涂料等，由于这两种防水涂料含有煤焦油和少量挥发性溶剂，对环境的污染非常严重，已被列为淘汰产品，现在已逐步被沥青聚氨酯防水涂料所替代。丙烯酸防水涂料、EVA 防水涂料和硅橡胶防水涂料以水作为分散介质，无毒、无味、不燃，不污染环境，属环保型防水涂料，可在常温下冷施工作业。但水乳型涂料每遍涂层不能太厚，以利于水分挥发，使涂层干燥成膜，故要达到设计规定的厚度必须多次涂刷成膜。而且 EVA 防水涂料的耐水性较差，不宜用于长期浸水环境。聚氨酯防水涂料属双组分材料，是通过组分间的化学反应由液态变为固态，所以易于形成较厚的防水涂膜，涂膜具有橡胶的弹性，抗拉强度高，延伸性好，对基层裂缝有较强的适应性；但该涂料耐紫外线能力较差，且具有一定 的可燃性和毒性，会对环境造成一定的污染。聚合物水泥涂料是由有机聚合物和无机粉料复合而成的双组份防水涂料，既具有有机材料弹性高、又有无机材料耐久性好的优点，能在表面潮湿的基层上施工，在屋面上形成的防水涂膜强度高，耐候性、耐久性好，耐高温达 140℃，能与水泥类基面牢固黏结；无毒、无害、无污染，是适合现代社会发展需要的绿色防水材料。

2. 涂膜防水屋面施工

涂膜防水常规施工程序是：施工准备工作→板缝处理及基层施工→基层检查及处理→涂刷基层处理剂→节点和特殊部位附加增强处理→涂布防水涂料、铺贴胎体增强材料→防水层清理与检查整修→保护层施工。

涂膜防水应根据防水涂料的品种分层分遍涂布，不得一次涂成；应待先涂的涂层干燥成膜后，方可涂后一遍涂料；需铺设胎体增强材料时，屋面坡度小于 15% 可平行屋脊铺设，屋面坡度大于 15% 时应垂直屋脊铺设；胎体长边搭接宽度不应小于 50 mm，短边搭接宽度不应小于 70 mm；采用两层胎体增强材料时，上下层不得相互垂直铺设，搭接缝应错开，其间距不应小于幅宽的 1/3。

高聚物改性沥青防水涂料，在屋面防水等级为Ⅱ级时不应小于 3 mm；合成高分子防水涂料，在屋面防水等级为Ⅲ级时不应小于 1.5 mm。

防水涂膜应分层分遍涂布，第一层一般不需要刷冷底子油。待先涂的涂层干燥成膜后，方可涂布后一遍涂料，干燥时间视当地温度和湿度而定，一般为 4～24 h。板端、板缝、檐口与屋面板交接处，先干铺一层宽度为 150～300 mm 塑料薄膜缓冲层。铺贴玻璃丝布或毡片应采用搭接法，长边搭接宽度不小于 70 mm，短边搭接宽度不小于 100 mm，上下两层及相邻两幅的搭接缝应错开 1/3 幅宽，但上下两层不得互相垂直铺贴。涂膜防水屋面应设涂层保护层。

7.1.3 刚性防水屋面

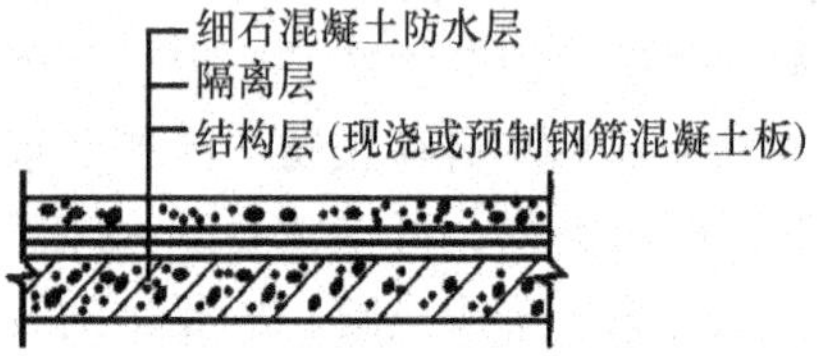

图 7-4 刚性防水屋面构造

刚性防水屋面是用细石混凝土、块体材料或补偿收缩混凝土等材料作屋面防水层，依靠混凝土密实并采取一定的构造措施，以达到防水的目的。根据防水层所用材料的不同，刚性防水屋面可分为细石混凝土防水屋面，补偿收缩混凝土防水屋面，预应力混凝土防水屋面等多种。现就细石混凝土防水屋面施工简述如下。

1. 细石混凝土的要求

细石混凝土不得使用火山灰质水泥；沙采用粒径 0.3～0.5 mm 的中粗沙，粗骨料含泥量不应大于 1%；细骨料含泥量不应大于 2%；水采用自来水或可饮用的天然水；混凝土强度不应低于 C20，每立方米混凝土水泥用量不少于 330 kg，水灰比不应大于 0.55；含沙率宜为 35%～40%；灰沙比宜为 1∶2～1∶2.5。

2. 细石混凝土施工

(1) 分格缝留置。分格缝又称分仓缝，应按设计要求设置，如设计无明确规定，留设原则为：分格缝应设在屋面板的支承端、屋面转折处、防水层与突出层面结构的交接处，其纵横间距不宜大于 6 m。一般为一间一分格，分格面积不超过 20 m^2；分格缝上口宽为 30 mm，下口宽为 20 mm，应嵌填密封材料。

(2) 防水层细石混凝土浇捣。在混凝土浇捣前，应清除隔离层表面浮渣、杂物，先在隔离层上刷水泥浆一道，使防水层与隔离层紧密结合，随即浇筑细石混凝土。混凝土的浇捣按先远后近、先高后低的原则进行。施工时，一个分格缝范围内的混凝土必须一次浇完，不得留施工缝；分格缝做成直立反边，并与板一次浇筑成型。

(3) 密封材料嵌缝。密封材料嵌缝必须密实、连续、饱满、黏结牢固，无气泡、开裂、脱落等缺陷。密封防水部位的基层应牢固，表面应平整、密实，不得有蜂窝、麻面、起皮和起沙现象；嵌填密封材料的基层应干净、干燥。密封防水处理的基层，应涂刷与密封材料相配套的基层处理剂，处理剂应配比准确，搅拌均匀。

为了减小结构变形对防水层的不利影响，可将防水层和结构层完全脱离，在结构层和防水层之间增加一层厚度为10～20 mm的黏土砂浆，或铺贴卷材隔离层。

7.2 地下防水工程

地下工程的防水方案，一般可分为3类：

(1) 防水混凝土结构。依靠防水混凝土本身的抗渗性和密实性来进行防水。本身既是承重、维护结构，又是防水层。因此，它具有施工简便、工期较短、改善劳动条件、节省工程造价等优点，是解决地下防水的有效途径，从而被广泛采用。

(2) 加防水层。即在结构物的外侧增加防水层以达到防水的目的。常用的防水层有水泥砂浆、卷材、沥青黏结料和金属防水层等，可根据不同的工程对象、防水要求及施工条件选用。

(3) 渗排水防水层。即利用盲沟、渗排水层等措施来排除附近的水源以达到防水的目的。适用于形状复杂、受高温影响、地下水为上层滞水且防水要求较高的地下建筑。

7.2.1 防水混凝土结构

1. 防水混凝土结构的材料要求

采用的水泥强度等级不应低于32.5级；沙宜用中沙，含泥量不得大于30%，泥块含量不得大于1.0%；石子的粒径宜为5～40 mm，含泥量不得大于1.0%，泥块含量不得大于0.5%；用水采用一般饮用水或天然洁净水；外加剂的技术性能，应符合国家或行业标准一等品及以上的质量要求。

防水混凝土的配合比应根据设计要求确定。每立方米混凝土的水泥用量不少于300 kg，水灰比不宜大于0.55，沙率宜为35%～40%，灰沙比宜为1:2～1:2.5，混凝土的坍落度不宜大于50 mm。

2. 防水混凝土结构的施工要点

支模模板严密不漏浆，有足够的刚度、强度和稳定性，固定模板的铁件不能穿过防水混凝土，结构用钢筋不得触击模板，避免形成渗水路径。搅拌符合一般普通混凝土搅拌原则。防水混凝土必须用机械充分均匀拌和，不得用人工搅拌，搅拌时间比普通混凝土搅拌时间略长，一般为120 s。运输中防止漏浆和离析泌水现象，如果发生泌水离析，应在浇筑前进行二次拌和。浇筑、振捣浇筑前应清理模板内的杂质、积水，模板应湿水。施工缝的要求：施工缝是防水较薄弱的部位，应不留或少留施工缝。施工缝的做法见图 7-5 所示。养护与拆模养护对防水混凝土的抗渗性能影响很大，特别是早期湿润养护更为重要，如果早期失水，将导致防水混凝土的抗渗性大幅度降低。

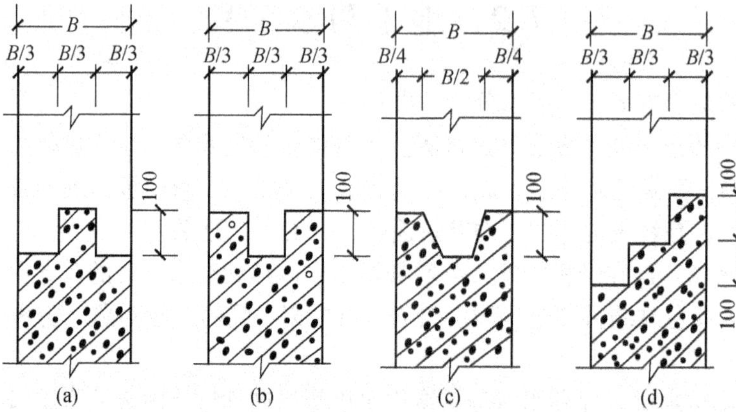

图 7-5 企口缝

（a）凸缝；（b）凹缝；（c）v 形缝；（d）阶形缝

7.2.2 水泥砂浆防水层

水泥砂浆防水层是在混凝土或砌砖的基层上用多层抹面的水泥砂浆等构成的防水层，它是利用抹压均匀、密实，并交替施工构成坚硬封闭的整体，具有较高的抗渗能力(2.5~3.0 MPa，30 d 无渗漏)，以达到阻止压力水的渗透作用。适用于承受一定静水压力的地下和地上钢筋混凝土、混凝土和砖石砌体等防水工程。

1. 材料要求

防水混凝土的配合比应根据设计要求确定。每立方米混凝土的水泥用量不少于 300 kg，水灰比不宜大于0.55，沙率宜为35%~40%，灰沙比宜为1∶2~1∶2.5，混凝土的坍落度不宜大于 50 mm。

2. 水泥砂浆防水层施工要点

水泥砂浆铺抹前，基层的混凝土和砌筑砂浆强度不低于设计值的 80%；基层表面应坚实、平整、粗糙、洁净，并充分湿润，无积水；基层表面的孔洞、缝隙应用与防水层相同的砂浆填塞抹平。基层处理包括清理、浇水、刷洗、补平等工序，应使基层表面保持湿润、清洁、平整、坚实、粗糙。

与基层结合的第一层水泥浆是用水泥和水拌和而成，水灰比为 0.55～0.60；其他层水泥浆的水灰比为 0.37～0.40；水泥砂浆由水泥、沙、水拌和而成，水灰比为 0.40～0.50，灰沙比为 1.5～2.0。

水泥砂浆防水层，在迎水面基层的防水层一般采用“五层抹面法”，如图 7-6；背水面基层的防水层一般采用“四层抹面法”。防水层的施工缝需留斜坡阶梯形槎；一般留在地面上，见图 7-7。

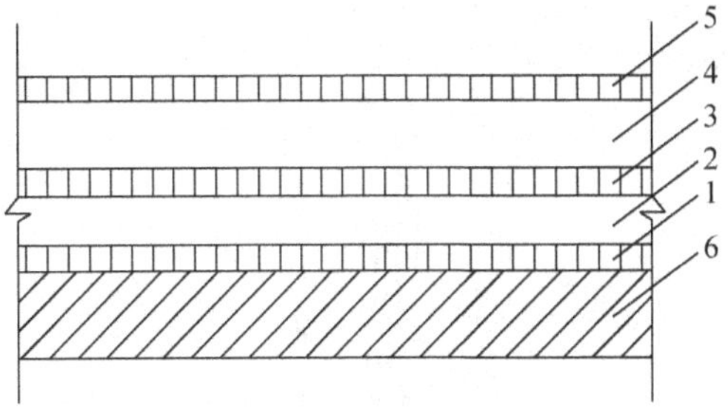

图 7-6　五层交叉抹面做法

1、3—素灰层；2、4—砂浆层；
5—水泥浆层；6—结构基础

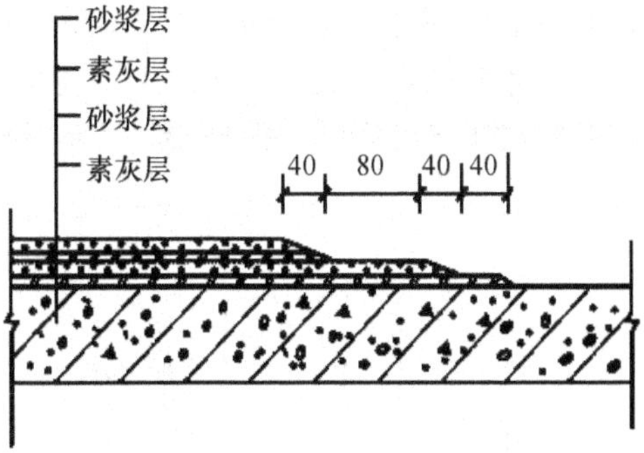

图 7-7　防水层留槎方法

水泥砂浆防水层施工完毕后应立即进行养护，对于地上防水部分应浇水养护，地下潮湿部位则不必浇水。

7.2.3　卷材防水层

卷材防水层应采用高聚物改性沥青防水卷材和合成高分子防水卷材。所选用的基层处理剂、胶粘剂、密封材料等配套材料，均应与铺贴卷材材性相容。卷材防水层应在地下工程主体迎水面铺贴。卷材防水层是依靠结构的刚度由多层卷材铺贴而成的，要求结构层坚固、形式简单，粘贴卷材的基层面要平整干燥。

地下防水工程一般把卷材防水层设在建筑结构的外侧，称为外防水；受压力水的作用紧压在结构上，防水效果好。外防水有两种施工方法，即外防外贴法和外防内贴法。

1．外防外贴法施工

外防外贴法（如图7-8）是在垫层上先铺贴好底板卷材防水层，进行地下需防水结构的混凝土底板与墙体施工，待墙体侧模拆除后，再将卷材防水层直接铺贴在墙面上，然后砌筑保护墙。外防外贴法的施工顺序是先在混凝土底板垫层上做1∶3的水泥砂浆找平层，待其干燥后，再铺贴底板卷材防水层，并在四周伸出与墙身卷材防水层搭接。保护墙分为两部分，下部为永久性保护墙，高度不小于B＋100 mm（B为底板厚度）；上部为临时保护墙，高度一般为300 mm，用石灰砂浆砌筑，以便拆除。保护墙砌筑完毕后，再将伸出的卷材搭接接头临时贴在保护墙上。然后进行混凝土底板与墙身施工，墙体拆模后，在墙面上抹水泥砂浆找平层并刷冷底子油，再将临时保护墙拆除，找出各层卷材搭接接头，并将其表面清理干净。

卷材防水层的铺设工艺：墙上卷材应垂直方向铺贴，相邻卷材搭接宽度应不小于100 mm，上下层卷材的接缝应相互错开1/3～1/2卷材宽度。墙面上铺贴的卷材如需接长时，应用阶梯形接缝相连接，上层卷材盖过下层卷材不应少于150 mm，见图7-9。卷材防水层粘贴工艺分冷粘法铺贴卷材和热熔法铺贴卷材。

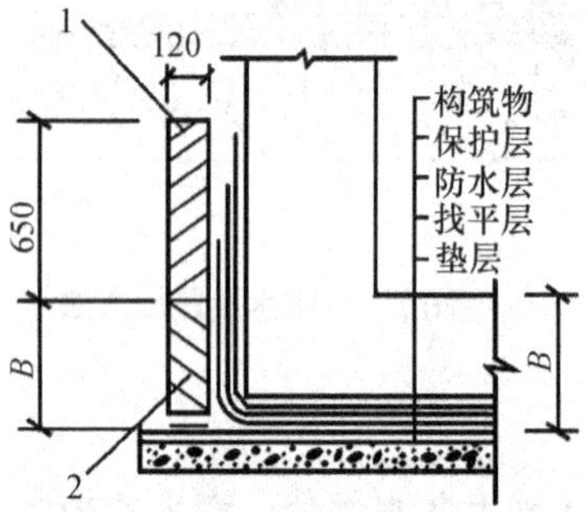

图7-8　外贴法

1—临时保护墙；2—永久保护墙

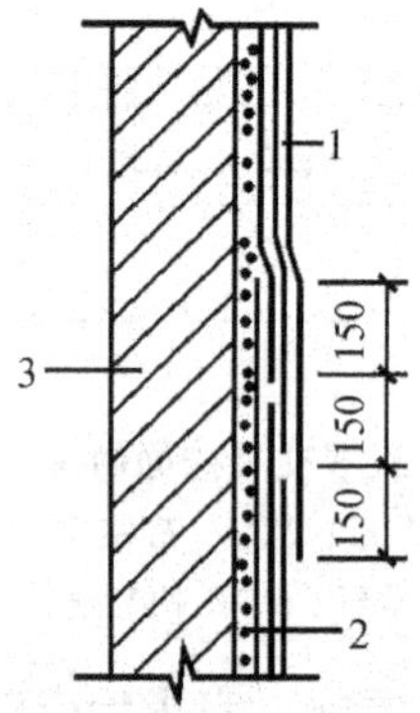

图7-9　阶梯形接缝

1—卷材防水层；2—找平层；3—墙体结构

2．外防内贴法施工

外防内贴法（如图7-10）是在垫层四周先砌筑保护墙，然后将卷材防水层铺贴在垫层与保护墙上，最后进行地下需防水结构的混凝土底板与墙体施工。外防内贴法的施工是先在混凝土底板垫层四周砌筑永久性保护墙，在垫层表面上及保护墙内表面上抹1∶3水泥砂浆找平层，待其基本干燥并满涂冷底子油后，沿保护墙及底板铺贴防水卷材。铺贴完毕后，在立面上应在涂刷防水层最后一道沥青胶时，趁热粘上干净的热沙或散麻丝，待其冷却后，立即抹一层 10～20 mm 厚的 1∶3 水泥砂浆保护层；在平面上铺设一层 30～50 mm 厚的 1∶3 水泥砂浆或细石混凝土保护层，最后再进行需防水结构的混凝土底板和墙体施工。

内贴法与外贴法相比，其优点是：卷材防水层施工较简便，底板与墙体防水层可一次铺贴完，不必留接槎，施工占地面积较小。但也存在着结构不均匀沉降对防水层影响大，易出现渗漏水现象，竣工后出现渗漏水修补较难等缺点。

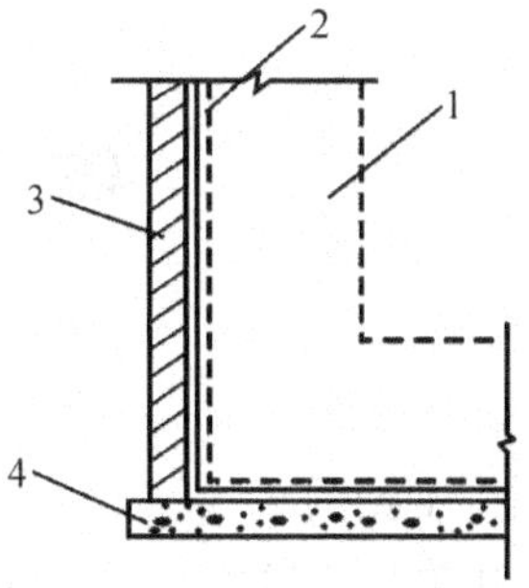

图 7-10　内贴法

1—待施工的构筑物；2—防水层；3—保护层；4—垫层

铺贴卷材的基层必须牢固，无松动现象，基层表面应平整洁净，阴阳角处均应做成圆弧形或钝角。卷材铺贴前，宜使基层表面干燥，在平面上铺贴卷材时，若基层表面干燥有困难，则在第一层卷材可用沥青胶结材料铺贴在潮湿的基层上，但应使卷材与基层贴紧。必要时卷材层数应比设计层数增加一层。在立面上铺贴卷材时，为提高卷材与基层的黏结，基层表面应涂冷底子油，待冷底子油干燥后再铺贴。铺贴卷材时，每层沥青胶涂刷应均匀，其厚度一般为 1.5～2.5 mm。外贴法铺贴卷材应先铺平面，后铺立面，平立面交接处应交叉搭接；内贴法宜先铺立面，后铺平面。铺贴立面卷材时，应先铺转角后铺大面。卷材的搭接长度要求为：长边不应小于 100 mm，短边不应小于 150 mm。上下两层和相邻两幅卷材的接缝应相互错开 1/3 幅宽，并不得相互垂直铺贴。在平面与立面转角处，卷材的接缝应留在平面上距立面不小于 600 mm 处。所有转角处均应铺贴附加层。附加层可用两层同样的卷材或一层抗拉强度较高的卷材。附加层应按加固处的形状仔细粘贴紧密，卷材与基层、卷材与卷材间必须粘贴紧密，多余的沥青胶结材料应挤出，搭接缝必须用沥青胶仔细封严，最后一层卷材铺贴好后，应在其表面上均匀地涂刷一层厚为 1～1.5 mm的热沥青胶结材料。

思考与练习题

1. 简述卷材防水屋面对材料的要求及施工要求。
2. 什么是冷底子油？什么是胶粘剂？
3. 沥青卷材防水屋面有哪些铺贴方法？如何铺贴？
4. 简述高聚物改性沥青卷材防水屋面施工方法。
5. 简述地下工程的防水方案。
6. 简述地下防水工程卷材防水层外防水的施工方法。

第8章　建筑施工组织概论

主要内容

建筑施工组织的研究对象、工程项目的建设程序、施工组织设计的内容、工程项目的组成。

学习重点

工程项目的建设程序、工程项目的组成。

学习重点

了解建筑施工组织的研究对象和任务；掌握工程项目的建设程序、施工组织设计的内容；掌握工程项目的组成。

每一个建设项目都必须经过投资决策、计划立项、勘察设计、施工安装和竣工验收等阶段的工作，才能最终形成满足特定使用功能和价值要求的建筑或土木工程产品，投入生产或使用。随着社会经济的发展和建筑技术的进步，现代建筑产品的复杂性越来越明显，体现在施工过程中参与施工的工种、施工机具、建筑材料和构配件的种类很多，结构的类型和功能的要求等方面。运用科学有效的方法对整个施工过程进行施工组织和管理，最终达到提高施工工程的工程质量，缩短施工工期、降低工程成本等目的，实现安全文明施工，这就是建筑施工组织和管理的根本任务。

8.1　建筑施工组织的研究对象和任务

建筑施工组织是研究工程建设统筹安排与系统管理客观规律，制定建筑工程施工最合理组织与管理方法的一门学科。具体来说，施工组织的任务就是在充分理解建设意图和要求的基础上，提供各阶段的施工准备工作内容，对于人力、资金、材料、机械和施工方法等进行科学安排，协调施工中各单位、各工种之间、资源与时间之间、各项资源之间的合理关系，达到优质量、低消耗、高效率地完成施工任务。

施工组织的研究对象千差万别，现代的建筑物和构筑物无论从结构上、规模上、体形上还是功能上都在不断发展变化，给施工带来许多更加复杂的问题。面对施工中的这些问题，需要科学地加以分析，提出经济和技术可行的施工方案和组织措施，这是在施工前施工管理人员必须解决的问题。

8.2 工程项目基本建设程序

8.2.1 工程项目的种类

工程项目的种类繁多，为了适应科学管理的需要，可以从不同的角度进行分类，按照专业可分为建筑工程、公路工程、水电工程、港口工程、铁路工程等；按照建设性质可分为新建项目、扩建项目、改建项目、迁建项目和恢复项目；按照管理的差别可分为建设项目、设计项目、工程咨询项目和施工项目；按投资作用可分为生产性项目（工业建设项目、农业建设项目、基础设施建设项目和商业建设项目四种）和非生产性建设项目；按照项目规模可分为大型、中型和小型 3 种；按项目的效益和市场需求可分为竞争性项目、基础性项目和公益性项目 3 种；按其组成可分为单项工程、单位（子单位）工程、分部（子分部）工程和分项工程。如图 8-1 所示。

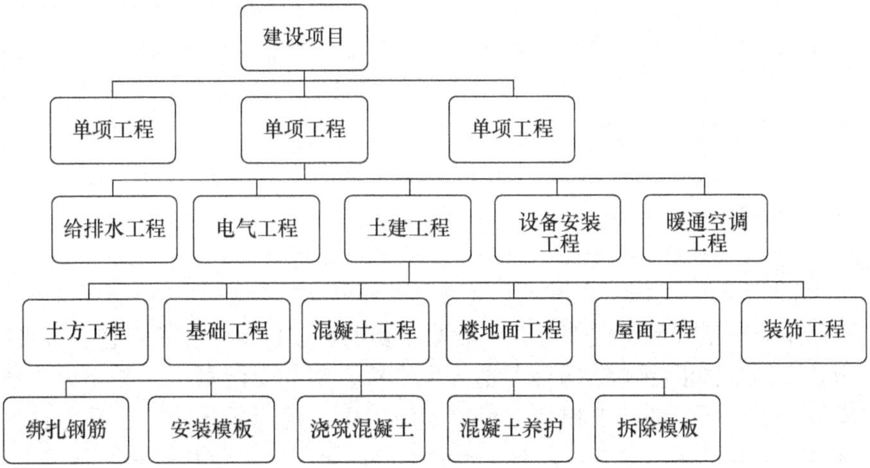

图 8-1 工程项目的分解

1. 单项工程

单项工程是指在一个工程项目中，具有独立的设计文件，竣工后可以独立发挥生产能力或效益的一组配套齐全的工程项目。单项工程是工程项目的组成部分，一个工程项目有时可以仅包括一个单项工程，也可以包括许多单项工程。单项工程体现了建设项目的主要建设内容，其施工条件往往具有相对的独立性。非生产性的工程项目的单项工程，例如一所学校的图书馆、学生宿舍楼、食堂、教学楼、办公楼等。生产性工程项目的单项工程，一般是指能独立生产的车间、各种仓库、实验楼等。

2. 单位（子单位）工程

单位工程是指具备独立施工条件并能形成独立使用功能的建筑及构筑物。对于建筑规模较大的单位工程，可将其能形成独立使用功能的部分作为一个子单位工程。

单位工程是单项工程的组成部分。例如，工业厂房工程中的土建工程、设备安装工程、工业管道工程等分部是单项工程中所包含的不同性质的单位工程。

3. 分部（子分部）工程

分部工程是单位工程的组成部分，应按专业性质、建筑部位确定。一般工业与民用建筑工程的分部工程包括：地基与基础工程、主体结构工程、装饰装修工程、屋面工程、给排水及采暖工程、电气工程、智能建筑工程、通风与空调工程、电梯工程。

当分部工程较大或较复杂时，可按材料种类、施工特点、施工程序、专业系统及类别等将其划分为若干个子分部工程。例如，地基与基础分部工程又可细分为无支护土方、有支护土方、地基与基础处理、桩基、地下防水、混凝土基础、砌体基础、劲钢（管）混凝土、钢结构等子分部工程；主体结构分部工程又可细分为混凝土结构、劲钢（管）混凝土、砌体结构、钢结构、木结构。网架和索膜结构等子分部工程；建筑装饰装修分部工程有可细分为地面、抹灰、门窗、吊顶、轻质隔墙、饰面板（砖）、幕墙、涂饰、裱糊与软包、细部等子分部工程。

4. 分项工程

分项工程是分部工程的组成部分，一般按主要工程、材料、施工工艺、设备类别等进行划分。例如主体结构混凝土结构可以划分为模板、钢筋、混凝土、预应力、现浇结构、装配式结构等分项工程。分项工程是工程项目施工生产活动的基础，也是计量工程用工、用料和机械台班消耗的基本单元；同时，也是工程质量形成的直接过程。分项工程既有其作业活动的独立性，又有相互联系相互制约的整体性。

8.2.2 工程项目的建设程序

工程项目建设程序是指工程项目从策划、评估、决策、设计、施工到竣工验收、投入生产或交付使用的整个建设过程中，各个阶段、各个步骤、各个环节的先后顺序是拟建建设项目在整个建设过程中必须遵循的客观规律，是工程项目科学决策和顺利进行的重要保证。

各个国家或国际组织在工程项目的建设程序上可能有所差异，但是按照项目发展的内在规律，项目的几个发展阶段之间存在严格的先后次序，可以进行交叉，但是顺序不能颠倒。

我国的建设程序可划分项目建议书、可行性研究、勘察设计、施工准备、建设实施、生产准备、竣工验收、后评价 8 个阶段。这 8 个阶段还可以概括为 4 大阶段：项目决策阶段、勘察设计阶段、建设施工阶段和竣工验收交付使用阶段。

1．项目决策阶段

项目决策阶段包括提出建设项目建议书和项目技术经济可行性研究两个环节。

（1）项目建议书。项目建议书是拟建项目单位向主管部门提出的要求建设某一项目的建议性文件，是对工程项目建设的轮廓设想。项目建议书并不是项目的最终决策，而仅仅是为可行性研究提供依据和基础。

项目建议书的内容视项目的不同而有繁有简，但一般应包括以下几方面内容：项目提出的必要性和依据；产品方案、拟建规模和建设地点的初步的设想；资源情况、建设条件、协作关系和设备技术引进国别、厂商的初步分析；投资估算、资金筹措及还贷方案设想；项目进度安排；经济效益和社会效益的初步估计。

对于政府投资项目项目建议书按要求编制完成后，应根据建设规模和限额划分分别报送有关部门审批、项目建议书经批准后，可以进行可行性研究工作，但并不表明项目非上不可，批准的项目建议书不是项目的最终决策。

（2）可行性研究。项目建议书经批准后，应紧接着进行可行性研究工作。可行性研究是项目决策的核心，是对建设项目在技术上、工程上和经济上是否可行，进行全面的科学分析论证工作，是技术经济的深入论证阶段，为项目决策提供可靠的技术经济依据。其研究的主要内容是：项目提出的背景、项目概况及投资的必要性；产品需求、价格预测及市场风险分析；资源条件评价（对资源开发项目而言）；建设规模及产品方案的技术经济分析；建厂条件与厂址方案；技术方案、设备方案和工程方案；主要原材料、燃料供应；总图、运输与公共辅助工程；节能、节水措施；环境影响评价；劳动安全卫生与消防；组织机构与人力资源配置；项目实施进度；投资估算及融资方案；财务评价和国民经济评价；社会评价和风险分析；研究结论与建议。

我国对可行性研究报告的审批权限做出明确规定，必须按规定将编制好的可行性研究报告送交有关部门审批。其中，属中央投资、中央和地方合资的大中型和限额以上的项目的可行性研究评估报告要报送国家计委审批，国家计委审批是根据行业归口主管部门和国家专业投资公司的意见以及有资格的工程咨询公司的评估意见；总投资2亿元以上的项目，不论是中央项目还是地方项目，都要经国家计委审查后报国务院审批；中央各部门所属小型和限额以下项目由各部门审批；地方投资2亿元以下项目，由地方计委审批。

经批准的可行性依据报告是初步设计的依据，不得随意修改和变更。

2. 勘察设计阶段

这个阶段主要是根据批准的可行性研究报告，成立项目法人，进行工程地质勘察、初步设计和施工图设计、编制设计概算、安排年度建设计划、投资计划，进行施工准备等工作。

工程项目的设计工作一般划分为两个阶段，即初步设计和施工图设计。重大项目和技术复杂项目，可根据需要在初步设计阶段后增加技术设计阶段。

（1）初步设计。根据对批准的可行性研究报告所提出的内容进行概略的设计，作出初步的实施方案，目的是为了阐明在指定的地点、时间和投资控制数额内，拟建项目在技术上的可行性和经济上的合理性，并通过对工程项目所作出的基本技术经济规定，编制项目总概算。

初步设计不得随意改变被批准的可行性研究报告所确定的建设规模。产品方案、工程标准、建设地址和总投资等控制目标。如果初步设计提出的总概算超过可行性研究报告总投资的10%以上或其他主要指标需要变更，应说明原因和计算依据，并重新向原审批单位报批可行性研究报告。

（2）技术设计。在初步设计的基础上，根据更详细的调查研究资料，进一步解决初步设计中的重大技术问题，如建筑结构、工艺流程、设备选型及数量确定等，使工程项目的设计更具体，更完善，技术经济指标达到最优。

（3）施工图设计。根据初步设计或技术设计的要求，结合现场实际情况，完成建筑、结构、水、电、气、工业管道以及场内道路等全部施工图纸，工程说明书、结构计算书以及施工图预算等。在工艺方面，应具体确定各种设备的型号、规格及各种非标准设备的制造加工图和安装图。

3. 建设施工阶段

（1）建设准备。项目在开工建设之前要切实做好各项准备工作，其主要内容包括：征地、拆迁和场地平整；完成施工用水、电、通信、道路等接通工作；组织招标，选择工程监理单位、承包单位及设备、材料供应商；准备必要的施工图纸；办理开工报建手续。包括工程质量监督手续的办理和施工许可证的办理。工程投资额在30万元以下或者建筑面积在300 m^2 以下的建筑工程，可以不申请办理施工许可证。

(2) 施工阶段。工程项目经批准新开工建设，项目即进入施工安装阶段、项目新开工时间，是指工程项目设计文件中规定的任何一项永久性工程第一次正式破土开槽开始施工的日期。不需要开槽的工程，正式开始打桩的日期就是开工日期。

施工安装活动应按照工程设计要求、施工合同条款及施工组织设计，在保证工程质量、工期、成本及安全、环保等目标的前提下进行，达到竣工验收标准后，由施工单位移交给建设单位，最后交付使用。

4. 竣工验收交付使用

(1) 竣工验收。当工程项目按设计文件的规定内容和施工图纸的要求全部建完后，便可组织竣工验收。竣工验收是基本建设过程的最后阶段，是项目投资转入生产使用的标志，是全面考核基本建设成果、检验工程设计和施工质量的重要步骤。竣工验收对于促进建设项目及时投产、发挥投资效益、总结建设经验、都具有重要作用。

(2) 项目后评价。建设项目一般经过 1~2 年生产运营（或使用）后，要进行一次系统的项目后评价。工程项目竣工验收或通过销售交付使用，只是工程建设完成的标志，工程项目建设和运营是否达到投资决策时所确定的目标，只有经过生产经营或销售取得实际投资效果后，才能进行正确的判断。

项目后评价的基本方法是对比法。就是将工程项目建成投产后所取得的实际效果、经济效益和社会效益、环境保护等情况与前期决策阶段的预测情况相对比，目的是肯定成绩、总结经验、研究问题、吸取教训、提出建议、改进工作，不断提高项目决策水平和管理水平。工程项目后评价主要从两个方面进行。

① 效益后评价。对投资效益、财务效益、技术进步、规模效益、可行性研究深度等进行评价；

② 过程后评价。是指对工程项目的立项决策、设计施工、竣工投产、生产运营等全过程进行评价。

8.3　施工组织设计的分类和内容

8.3.1　施工组织设计的概念

施工组织设计是指根据拟建工程的特点，对人力、材料、机械、资金、施工方法等方面的因素作全面的、科学的、合理的安排。并形成指定拟建工程施工的技术、经济和组织的综合性文件。

8.3.2 施工组织设计的作用

(1) 施工组织设计是做好施工准备工作的重要保证和主要依据;

(2) 施工组织设计是编制施工预算和施工计划的主要依据;

(3) 施工组织设计是对拟建工程的施工过程实施科学管理的重要指导文件;

(4) 施工组织设计是检查工程项目施工进度、质量和成本三大核心目标的主要依据之一。

编制施工组织设计可以保证拟建工程项目顺利进行,并且取得良好的施工效果,所以编制一份符合拟建项目实际情况的施工组织设计文件是很必要。

8.3.3 施工组织设计的分类和内容

1. 按编制阶段的不同分类

(1) 投标前编制的施工组织设计。在投标前由经营管理层组织编制的施工组织设计,具有一定的规划性,其目的是为了能够中标取得一定的经济效益。

(2) 签订工程承包合同后编制的施工组织设计。在签订工程承包合同后,由项目管理层编制的施工组织设计,具有一定的作业性和指导性,其目的是为了提高施工效率和取得一定的经济效益。

2. 按编制对象范围的不同分类

(1) 施工组织总设计。施工组织总设计是以一个建设项目或群体工程为编制对象,用以指导整个建设项目或群体工程施工全过程各项施工活动的技术、经济和组织的全局性、综合性文件。

施工组织总设计的作用主要是确定施工方案,综合分析施工的技术合理性和经济可行性,为建设单位编制基本建设计划,为施工企业编制年度计划提供依据。其内容主要包括:工程项目的工程概况;施工部署;施工总进度计划;各项资源需要量计划及施工准备工作计划;施工总平面图;技术经济指标分析。

(2) 单位工程施工组织设计。单位工程施工组织设计是以一个单位工程或一个交工系统工程为编制对象,用以指导单位工程施工全过程的各项施工活动的技术、经济和组织的综合性文件。

单位工程施工组织设计的内容主要包括:单位工程概况及其施工特点分析;施工方案;单位工程施工进度计划;资源需用量计划与施工准备工作计划;单位工程施工平面图;质量、安全、节约及冬雨季施工的技术组织保证措施;技术经济指标分析。

（3）分部分项工程施工组织设计。分部分项工程施工组织设计是以分部分项工程为编制对象，用以具体指导其施工全过程的各项施工活动的技术、经济和组织的综合性文件。分部分项工程施工组织设计是直接指导现场施工和编制月度、旬度作业计划的依据。

分部分项工程施工组织设计的主要内容：分部分项工程概况及其施工特点分析；施工方法及施工机械的选择；分部分项工程施工进度计划；分部分项工程施工准备计划；资源需用量计划；作业区施工平面布置图；技术组织保证措施。

（4）专项施工组织设计。专项施工组织设计是以某一专项技术为编制对象，用以指导施工的综合体文件。例如对于重要的安全技术、质量技术等。

8.3.4　施工组织设计的编制原则

（1）认真贯彻国家对于基本建设的各项方针政策，严格执行基本建设程序；

（2）遵循建筑施工工艺及其技术规律，坚持合理的施工工艺和施工顺序；

（3）采用流水施工原理、网络计划技术及线性规划方法组织有节奏、连续和均衡的施工，科学地安排施工进度计划；

（4）统筹合理地安排冬季、雨季施工项目，保证施工的连续性和均衡性；

（5）认真贯彻执行建筑工业化方针，提高建筑工业化水平；

（6）学习国内外先进施工技术，科学地确定施工方案，贯彻执行施工技术规范，操作规程，提高工程质量，确保安全施工，降低工程成本。

（7）科学布置施工现场，尽量减少施工用地和临时设施；

（8）合理储存物资，充分利用当地资源。

8.3.5　施工组织设计的实施

施工组织设计的编制，只是为实施拟建工程项目的生产过程提供一个可行的技术和经济方案，这份指导性文件的经济和技术效果，还必须通过工程的实践去验证。施工组织设计实施实际上是通过施工的整个过程来考核和检验一个静态平衡方案，以达到项目预定的目标。所以为保证工程项目的目标顺利实现，必须保证施工组织设计的顺利实施，因此要做好以下几方面的工作：

（1）做好施工组织设计交底；

（2）制定贯彻施工组织设计的管理规章制度；

（3）推行项目经理责任制和成本核算制；

（4）统筹安排、综合平衡；

（5）做好各项施工准备工作。

思考与练习题

1. 什么是工程项目？工程项目由哪些工作内容组成？
2. 简述工程项目的基本建设程序。
3. 简述施工组织如何分类？包括哪些内容？
4. 编制施工组织设计应遵守哪些原则？

第 9 章　流水施工原理

主要内容

流水施工的基本概念、特点、基本参数及其计算方式和几种组织方式。

学习重点

流水施工的空间参数、时间参数、工艺参数；流水施工的 3 种施工组织方式。

学习要求

熟悉流水施工的基本概念；理解流水施工的特点；掌握流水施工基本参数及其计算方式；掌握流水施工的几种组织方式。

9.1　流水施工的基本概念

流水施工方法是组织施工的一种科学的方法。建筑安装工程的流水施工与一般工业生产流水作业有相似之处，也有不同之处。不同之处在于工业生产中生产者是固定不动的，各种产品在流水线上由前一个工序流向后一个工序；而在建筑施工中各个施工段的位置是固定的，专业施工队则由前一个施工段流向后一个施工段连续施工。

9.1.1　施工组织方式

任何一个建筑工程都是由许多施工过程组成的，每一个施工过程可以组织一个或多个施工队来进行施工，可以采用依次施工、平行施工和流水施工 3 种形式组织施工。现将这 3 种方式的特点分析如下。

1. 依次施工组织方式

依次施工是将若干个相关的施工过程，按照一定的施工顺序：前一个施工过程完成以后，后一个施工过程才开始施工；或前一个施工段完成后，后一个施工段才开始施工。这是一种最基本的，同时也是最原始的施工组织方式。

【例 9-1】某四幢相同的砌体结构房屋的基础工程，划分为基槽挖土，混凝土垫层、砖砌基础、回填土 4 个施工过程，每个施工过程安排一个施工队组，一班制施工，其中，每幢楼挖土方工作队由 16 人组成，2 天完成；垫层工作队由 30 人组成，1 天完成；砌基础工作队由 20 人组成，3 天完成；回填土工作队由 10 人组成，1 天完成。按照依次施工组织方式，进度计划安排如图 9-1、图 9-2 所示。

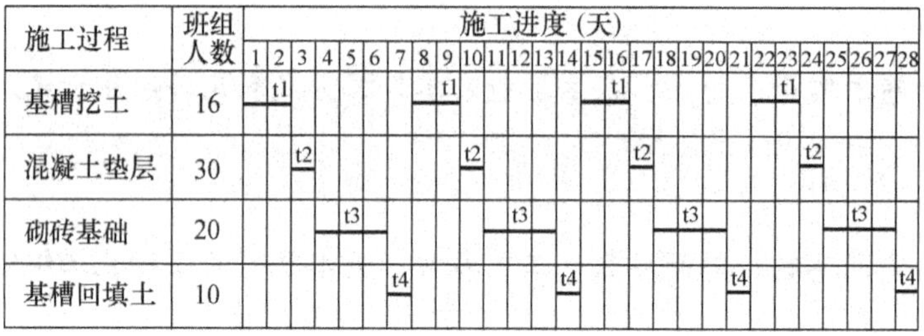

图 9-1　按幢（或施工段）依次施工

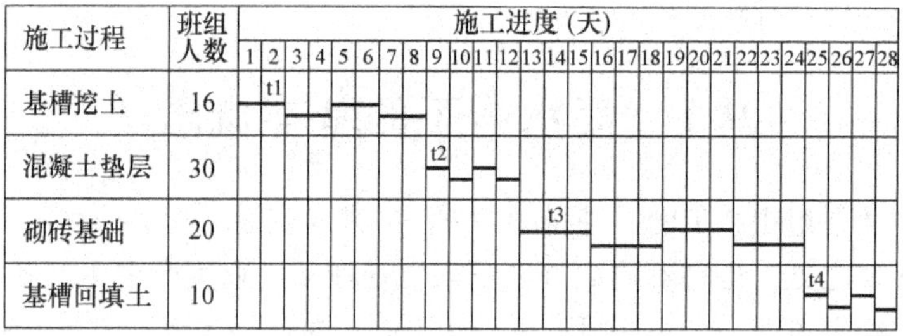

图 9-2　按施工过程依次施工

由表可以看出，依次施工组织方式的优点是同时投入的劳动力和物资资源较少，便于组织施工和管理施工现场。其缺点如下：

（1）工期较长；

（2）按施工段依次施工时，施工过程不连续，工人出现窝工的情况；

（3）按施工过程依次施工时，工作面出现空闲的情况。

因此，依次施工组织方式适用于工程规模较小，施工工作面又有限的情况。

2. 平行施工组织方式

平行施工组织方式是工程任务的各个施工段同时开工同时完成的一种施工组织方式。在例 9-1 中，如果采用平行施工组织方式，其施工进度计划如图 9-3 所示。

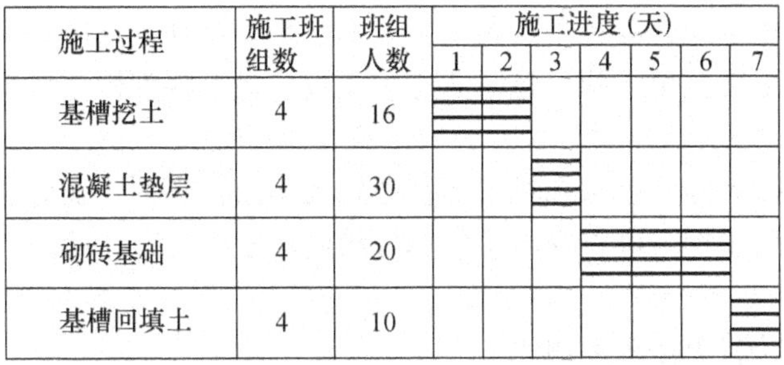

图 9-3　平行施工

其优点是充分利用了工作面，大大缩短了工期。其缺点是单位时间内投入的施工对组数成倍增加，材料供应集中；机具设备、临时设施、仓库和堆场面积也相应增加，加大了施工现场管理的难度，并增加了施工管理费用，也不利于劳动生产率的提高。

平行施工组织方式适用于工期要求紧，规模较大的建筑群，各方面的资源能够保证供应。

3．流水施工组织方式

流水施工方式是将拟建工程项目中的每一个施工对象分为若干个施工过程，所有的施工过程按一定的时间间隔依次投入施工，各个施工过程陆续开工、陆续竣工，使同一施工过程的施工队伍保持连续、均衡施工，不同的施工过程最大限度地搭接施工的组织方式。

在例 9-1 中，采用流水施工组织方式，其施工进度计划如图 9-4 所示。

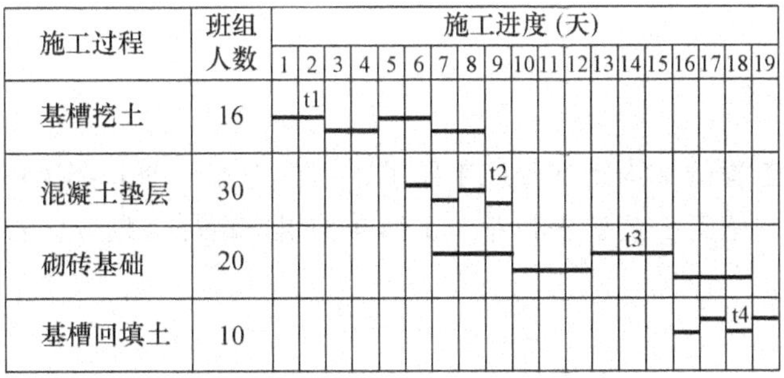

图 9-4　流水施工

流水施工的特点：

(1) 较充分地利用工作面，缩短了工期；

（2）实现专业化生产，有利于提高施工技术水平和劳动生产率；

（3）保持连续施工，相邻两个施工队之间实现了最大限度地搭接同时充分发挥施工机械的生产效率；

（4）单位时间投入的劳动力和材料等资源较为均衡，有利于资源供应的组织；

（5）降低了工程成本，可以提高承包单位的经济效益。

9.1.2 流水施工的技术经济效果

流水施工是在依次施工和平行施工的基础上产生的，它既克服了依次施工和平行施工的缺点，又具有它们两者的优点。它的特点是施工的连续性和均衡性，使各种资源可以均衡地使用，使施工企业的生产能力可以充分地发挥，劳动力得到了合理的安排和使用，从而带来了较好的技术经济效果，具体可归纳为以下几点：

（1）按专业工种建立劳动组织，实行生产专业化，有利于劳动生产率的不断提高；

（2）科学地安排施工进度，使各施工过程在保证连续施工的条件下，最大限度地实现搭接施工，从而减少了因组织不善而造成的停工、窝工损失，合理地利用了施工的时间和空间，有效地缩短了施工工期；

（3）由于施工的连续性、均衡性，使劳动消耗、物资供应、机械设备利用等处于相对平稳状态，能充分发挥管理水平，降低工程成本。

9.1.3 组织流水施工的条件

在社会化大生产的条件下，流水施工其实就是分工协作与成批生产。组织流水施工的条件主要有以下几点。

1. 划分施工过程

首先根据拟建工程的结构特征及施工要求，划分为若干个分部工程，每个分部过程又根据工程量的大小、施工工艺要求和专业工作队的组成情况，划分为若干个分项工程（即施工过程）。

2. 划分施工段

根据流水施工的组织需要，将拟建工程在平面或空间上，划分为劳动量大致相等的若干个施工段。

3. 每个施工过程组织独立的专业工作队

每个施工过程尽量组织独立的专业工作队或者是混合队组，这样可以使每个施工队按施工顺序依次地、连续地从一个施工段转移到另一个施工段进行相同的施工作业。

4. 保证主要施工过程的施工队组必须连续、均衡地施工

对工程量较大，施工工期较长的主要施工过程，必须组织连续、均衡地施工；对于次要施工过程，可以采用与相邻施工过程合并等方式，以利于组织流失施工以及缩短工期。

5. 不同的施工过程尽量组织平行搭接施工

按照施工先后顺序要求，不同的施工过程，在有工作面的条件下，除必须的技术和组织间歇时间外，尽量组织平行搭接施工，以缩短施工工期。

9.1.4 流水施工的表达形式

1. 横道图表示法

流水施工的横道图表示如图 9-5 所示，其中，横坐标表示施工持续时间，纵坐标表示施工过程。水平段上的标号表示施工段编号。

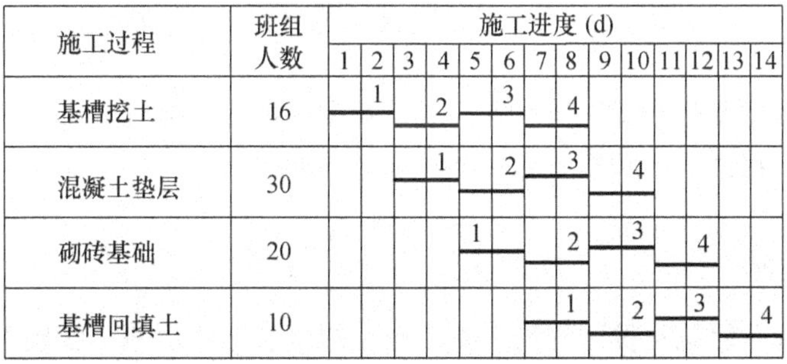

图 9-5　流水施工横道图

2. 垂直图表示法

某基础工程流水施工的垂直图如图 9-6 所示。图中的横坐标表示持续时间；纵坐标表示流水施工所处的空间位置，即施工段的编号。n 条斜向线段表示 n 个施工过程或专业工作队的施工进度。

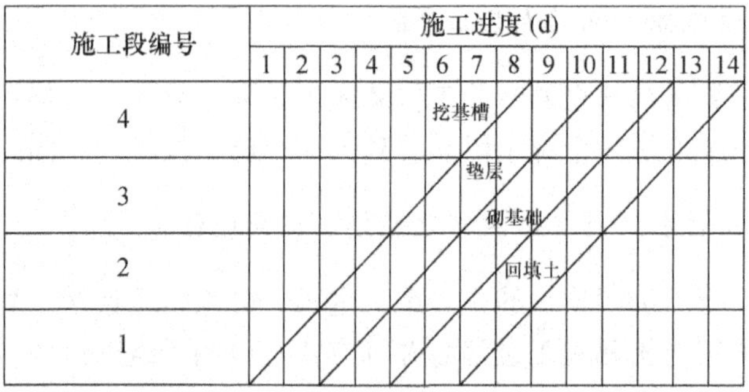

图 9-6 垂直图

垂直图表示法的优点是：施工过程及其先后顺序表达清楚，时间和空间状况形象直观，斜向进度线的斜率可以直观地表示出各施工过程的进展速度，但编制实际工程进度计划难度较大。

3. 网络图表示法

流水施工网络图进度计划包括单代号和双代号网络图两种表达方式，详细内容见第十章。

9.2 流水施工的主要参数

流水施工参数主要是指组织流水施工时，用类描述工艺流程、空间布置和时间安排等方面的状态参数，包括工艺参数、空间参数和时间参数。

9.2.1 工艺参数

工艺参数是指在组织建设工程流水施工时，用以表达流水施工在施工工艺上开展顺序及其特征的参数。通常包括施工过程和流水强度两个参数。

1. 施工过程数

施工过程数是指参与一组流水的施工过程数目，一般用 n 表示。

(1) 施工过程的分类。施工过程一般分 3 类，即建造类施工过程、运输类施工过程和制备类施工过程。

① 制备类施工过程。是指为了提高建筑产品生产的工厂化、机械化和生产能力而形

成的施工过程。如砂浆、混凝土、各类制品、门窗等的制备过程和混凝土构件的预制过程。

② 建造类施工过程。是指在施工对象空间上直接进行加工，最终形成建筑产品的施工过程。如建筑物或构筑物的主体结构工程、装饰装修工程等。

③ 运输类施工过程。是指将建筑材料、各类构配件、成品、制品和设备等运到工地仓库或施工现场使用地点的施工过程。由于建造类施工过程占有施工对象的空间，直接影响工期的长短，因此，必须列入施工进度计划，并多作为主导施工过程。运输类与制备类施工过程一般不占有施工对象的工作面，不影响工期，所以不需要列入流水施工进度计划中。

（2）施工过程划分的影响因素有：① 施工计划的性质与作用；② 施工方案及工程结构；③ 劳动组织及劳动量大小；④ 施工过程的内容和工作范围。

2．流水强度

流水强度是指流水施工的某施工过程在单位时间内所完成的工程量。一般用 V_i 表示。计算公式如下：

$$V_i = \sum_{i=1}^{x} R_i \cdot S_i \tag{9-1}$$

式中：V_i——某施工过程 i 的流水强度；

R_i——投入该施工过程中的第 i 种资源量（施工机械台班数或工人数）；

S_i——投入该施工过程中第 i 种资源的产量定额；

x——投入该施工过程中的资源种类数。

9.2.2　空间参数

空间参数是指在组织流水施工时，用以表达流水施工在空间布置上开展状态的参数。空间参数主要有：工作面和施工段。

1．工作面

工作面是指供某专业工种的工人或某种机械进行施工的活动空间。工作面的大小，表明能安排施工人数或机械台班的多少。工作面的大小是根据相应工种单位时间内的产量定额、安全施工的要求来确定。工作面确定的合理与否，直接影响专业工作队的生产效率。因此，必须合理确定工作面。主要工种工作面参考数据表如表 9-1 所示。

表 9-1 主要工种工作面参考数据表

工作项目	每个技工的工作面	说明
砖基础	7.6 m/人	以 11/2 砖计，2 砖乘以 0.8，3 砖乘以 0.55
砌砖墙	8.5 m/人	以 1 砖计，11/2 砖乘以 0.7，2 砖乘以 0.57
毛石墙基	3 m/人	以 60 cm 计
毛石墙	3.3 m/人	以 40 cm 计
混凝土柱、墙基础	8 m^3/人	机拌、机捣
混凝土设备基础	7 m^3/人	机拌、机捣
现浇钢筋混凝土柱	2.45 m^3/人	机拌、机捣
现浇钢筋混凝土梁	3.20 m^3/人	机拌、机捣
现浇钢筋混凝土墙	5 m^3/人	机拌、机捣
现浇钢筋混凝土楼板	5.3 m^3/人	机拌、机捣
预制钢筋混凝土柱	3.6 m^3/人	机拌、机捣
预制钢筋混凝土梁	3.6 m^3/人	机拌、机捣
预制钢筋混凝土屋架	2.7 m^3/人	机拌、机捣
预制钢筋混凝土平板、空心板	1.91 m^3/人	机拌、机捣
预制钢筋混凝土大型屋面板	2.62 m^3/人	机拌、机捣
混凝土地坪及面层	40 m^2/人	机拌、机捣
外墙抹灰	16 m^2/人	—
内墙抹灰	18.5 m^2/人	—
卷材屋面	18.5 m^2/人	—
防水水泥砂浆屋面	16 m^2/人	—
门窗安装	11 m^2/人	—

2. 施工段

将施工对象在平面或空间上划分成若干个劳动量大致相等的施工段落，称为施工段或流水段。施工段的数目一般用 m 表示。

划分施工段的目的是为了保证不同的施工队组能在不同的施工段上同时进行施工，为流水施工创造条件。一般情况下，一个施工段在同一时间内，只安排一个专业工作队施工，各专业工作队遵循施工工艺顺序依次投入施工，同一时间在不同的施工段上平行施工，使流水施工均衡地进行。组织流水施工时，划分合理数量的施工段，充分利用工作面，避免窝工，并且尽可能缩短工期。

划分施工段的原则：

（1）各施工段的劳动量要大致相同，相差幅度不宜超过 10%~15%；

（2）要有足够的工作面，以保证相应数量的工人、施工机械的生产效率，满足合理劳动组织的要求；

（3）施工段的划分界限要有利于结构的整体性，应尽可能与结构界限相吻合（如在伸缩缝、沉降缝等），尽量划分在对结构整体性影响小的位置。

（4）施工段的数目要合理。数目过多，会降低施工速度，延长工期；过少，不利于工作面的充分利用。

（5）对于多层建筑物、构筑物或需要分层施工的工程，应既分施工段，又分施工层，各专业工作队依次完成第一施工层中各施工段任务后，再转入第二施工层的施工段上作业，依次类推。以确保相应专业队在施工段与施工层之间，组织连续、均衡，有节奏地流水施工。

施工段（m）与施工过程（n）之间可能有下述 3 种情况：

当 $m=n$ 时，工作队连续施工，施工段上始终有工作队在工作，即施工段上无停歇，比较理想；

当 $m>n$ 时，工作队仍是连续施工，但施工段有空闲停歇；

当 $m<n$ 时，工作队在一个工程中不能连续施工而窝工。

9.2.3 时间参数

时间参数是指在组织流水施工时，用以表达流水施工在时间安排上所处状态的参数，主要包括流水节拍、流水步距、流水施工工期、搭接时间和间歇时间等。

1. 流水节拍

流水节拍是指在组织流水施工时，某个专业工作队在一个施工段上完成施工任务所需要的施工时间。用符号 t_i 表示（$i=1$、2……）。

流水节拍是流水施工的主要参数之一，它决定了流水施工的速度和节奏。同一施工过程的流水节拍，主要由所采用的施工方法、施工机械以及在工作面允许的前提下投入施工的工人数、机械台数和采用的工作班次等因素有关。流水节拍的确定方法一般有定额计算法、经验估算法和工期计算法。

（1）定额计算法。如果已有定额标准时，可按下式确定流水节拍。

$$t_i = \frac{Q_i}{S_i R_i N_i} = \frac{p_i}{R_i N_i} \tag{9-2}$$

或

$$t_i = \frac{Q_i H_i}{R_i N_i} = \frac{P_i}{R_i N_i} \tag{9-3}$$

式中：t_i——某施工过程的流水节拍；

Q_i——某施工过程在某施工段上的工程量；

S_i——某施工队组的计划产量定额；

H_i——某施工队组的计划时间定额；

P_i——在一施工段上完成某施工过程所需的劳动量（工日数）或机械台班量；

R_i——某施工过程的施工队组人数或机械台数；

N_i——每天工作班制。

（2）经验估算法。一般先估算出该流水节拍的最长、最短和最可能3种时间，并据此求出期望时间，作为某专业工作队在某施工段上的流水节拍。一般按下式进行计算：

$$t_i = \frac{(a + 4c + b)}{6} \tag{9-4}$$

式中：t_i——某施工过程的流水节拍；

a——某施工过程的最短估算时间；

b——某施工过程的最长估算时间；

c——某施工过程的正常估算时间。

这种方法用于采用新工艺、新方法和新材料等没有定额可循的工程。

（3）工期计算法。对某些施工任务的规定日期必须完成的工程项目，往往采用倒排进度法。具体步骤如下：

① 根据工期倒排进度，确定某施工过程的工作延续时间；

② 确定某施工过程在某施工段上的流水节拍。如果同一施工过程的流水节拍不等，则用估算法；如果流水节拍相等，可按下列公式进行计算

$$t_i = \frac{T}{m} \tag{9-5}$$

式中：t_i——某施工过程的流水节拍；

T——某施工过程的工期；

m——某施工过程的施工段数。

在确定流水节拍的时候，要考虑很多相关因素，比如，施工班组人数要适宜，既要满足最小劳动组合人数要求，又要满足最小工作面的要求。工作班制要恰当，既要考虑机械的台班效率也要考虑台班产量的大小等因素。

2. 流水步距

流水步距是指组织流水施工时，相邻两个施工过程（或专业工作队）相继进入同一施工段开始施工的最小间隔时间。用符号 $K_{i,i+1}$（i 表示前一个施工过程，$i+1$ 表示后一个施工过程）。它是流水施工的主要参数之一。

流水节拍的数目取决于相邻参加流水的施工过程数。如果施工过程数为 n 个，则流水步距的总数为 $n-1$ 个。

流水步距的大小，对工期有着较大的影响。一般，流水步距的大小取决于相邻两个施工过程（或专业工作队）在各个施工段上的流水节拍及流水施工的组织方式。

确定流水步距时，一般应满足以下基本要求：

（1）主要施工队能够连续施工；

（2）始终保持工艺顺序，满足工艺要求；

（3）实现最大限度地合理搭接；

（4）保证工作质量，满足安全生产。

3. 平行搭接时间

在组织流水施工时，相邻两个专业工作队在同一施工段上的关系，通常采用前后衔接关系，即前者全部结束后者才能开始。有时为了缩短工期，在工作面运行的情况下，也可以采用前后两者平行搭接，即前一个施工队完成部分施工任务后，后者提前进入同一施工段，两者在用一施工段上平行搭接施工，这个搭接时间称为平行搭接时间，用 $C_{i,i+1}$表示。

4. 技术和组织间歇时间

根据间歇时间出现的原因不同，间歇时间可以分为工艺间歇时间和组织间歇时间。在组织流水施工时，有些施工过程完成后，后续施工过程不能立即投入施工，必须有足够的间歇时间。由建筑材料或现浇构件工艺性质决定的间歇时间称为工艺间歇，用 $G_{i,i+1}$表示。由施工组织原因造成的间歇时间称为组织间歇，用 $Z_{i,i+1}$表示。

5. 工期

流水施工工期是指从第一个专业工作队投入流水施工开始，到最后一个专业工作队完成流水施工为止的整个持续时间。

$$T = \sum K_{i,i+1} + T_n + \sum G_{i,i+1} + \sum Z_{i,i+1} - \sum C_{i,i+1} \tag{9-6}$$

式中：T—— 流水施工工期；

$\sum K_{i,i+1}$—— 流水施工中各流水步距之和；

T_n—— 流水施工中最后一个施工过程的持续时间；

$\sum G_{i,i+1}$—— 第 i 个施工过程与第 $i+1$ 个施工过程之间的工艺间歇时间；

$\sum Z_{i,i+1}$—— 第 i 个施工过程与第 $i+1$ 个施工过程之间的组织间歇时间；

$\sum C_{i,i+1}$—— 第 i 个施工过程与第 $i+1$ 个施工过程之间的平行搭接时间。

9.3 流水施工的组织方式

流水施工的节拍决定了施工的节奏，由于建筑工程的多样性，各分部分项工程的特点和工程量差异较大，所以多数情况下，各施工过程的流水节拍不一定相等，甚至一个施工过程的各个施工段上的流水节拍也不完全相等，那么流水节拍的规律不同，决定了流水步距、流水施工工期的计算方法等也不同。根据流水施工节奏特征的不同，将流水施工分为有节奏流水施工和无节奏流水施工两大类。其中，有节奏流水施工又可分为等节奏流水和异节奏流水。

9.3.1 等节奏流水施工

等节奏流水施工是指同一施工过程在各施工段上的流水节拍都相等，并且不同的施工过程之间的流水节拍也相等的一种流水施工组织方式，也称为固定节拍流水施工或全等节拍流水施工，是一种最理想的流水施工方式。

1. 等节奏流水施工的特征

（1）所有施工过程在各个施工段上的流水节拍均相等，即

$$t_1 = t_2 = t_3 = t_4 = t_5 = \cdots = t_n = t$$

（2）相邻施工过程的流水步距均相等，且等于流水节拍，即

$$K_{1,2} = K_{2,3} = K_{3,4} = K_{4,5} = \cdots = K_{n-1,n} = t$$

（3）各专业工作队在各施工段上能够连续作业，施工段之间没有空闲时间；

（4）专业工作队数等于施工过程数，即每一个施工过程均有一个专业工作队来完成所有施工段上的任务。

2. 等节奏流水施工的工期计算

公式9-7、9-8为等节奏流水施工的工期计算。如图9-7所示，在无间歇和平行搭接时间的情况下，可按公式（9-7）计算工期

$$T = (n-1)t + m \cdot t = (n-1+m)t \tag{9-7}$$

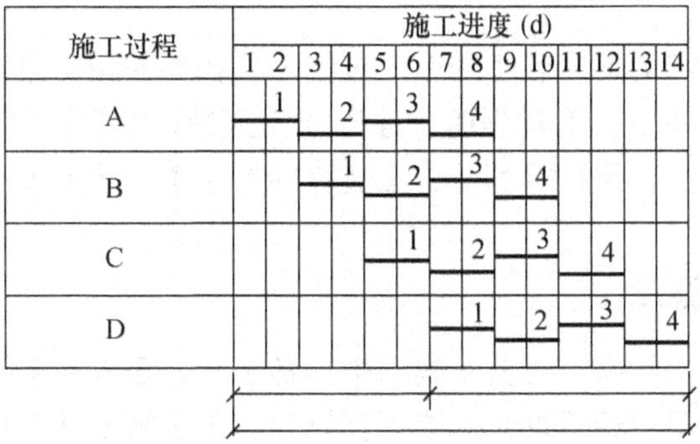

图 9-7　等节奏流水施工（一）

如图 9-8 所示，在有间歇时间或者平行搭接时间的情况下，可按公式 9-8 计算工期

$$\begin{aligned} T &= (n-1)t + m \cdot t + \sum G + \sum Z - \sum C \\ &= (n-1+m)t + \sum G + \sum Z - \sum C \end{aligned} \tag{9-8}$$

式中：T—— 流水施工工期；

n—— 施工过程数；

m—— 施工段数；

$\sum G$—— 工艺间歇时间之和；

$\sum Z$—— 组织间歇时间之和；

$\sum C$ ——平行搭接时间之和。

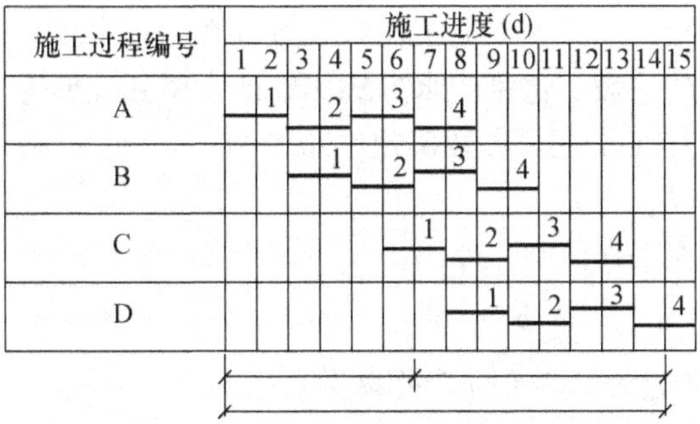

图 9-8　等节奏流水施工（二）

3. 等节奏流水施工的组织方式

先划分施工过程，将劳动量较小的施工过程与其相邻的施工过程进行合并，以使其流水节拍相等；然后确定主要施工过程的专业工作队人数，根据已知条件计算其流水节拍；最后根据确定的流水节拍，再计算其他施工过程的专业工作队人数。

9.3.2 异节奏流水施工

异节奏流水施工是指在有节奏流水施工中，各施工过程的流水节拍各自相等但不同施工过程之间的流水节拍不尽相等的流水施工。异节奏流水施工又可以分为成倍节拍流水施工和不等节拍流水施工两种方式。

1. 成倍节拍流水施工

成倍节拍流水施工是指在组织异节奏流水施工时，不同施工过程之间的流水节拍不完全相等，但是各施工过程的流水节拍均以其中最小流水节拍的整数倍的流水施工。

（1）成倍节拍流水施工的特点

① 同一施工过程在其各个施工段上的流水节拍均相等；不同施工过程的流水节拍不全相等，成倍数关系。

② 任何两个相邻专业工作队之间的流水步距均等于所有流水节拍中的最小流水节拍。

（2）成倍节拍流水施工的组织方式。根据工程对象和施工要求，划分若干个施工过程；其次根据各施工过程的内容、要求及其工程量，计算每个施工段所需的劳动量，然后根据施工队人数及组成，确定劳动量最少的施工过程的流水节拍；最后确定其他劳动量较大的施工过程的流水节拍，用调整专业工作队人数或其他技术组织措施的方法，使它们的流水节拍等于最小节拍的倍数。这种流水方式比较适合用到线形等工程中。

（3）成倍节拍流水施工的主要参数确定

流水步距：$K_{i,i+1} = K_b$

每个施工过程的专业工作队数：$b_i = t_i / K_b$

专业工作队总数目：$n_1 = \sum b_i$

式中：b_i——某施工过程所需专业工作队数；

t_i——某施工过程的流水节拍；

n_1——专业工作队总数目；

K_b——各施工过程的流水节拍的最大公约数。

（4）成倍节拍流水施工的工期计算：

$$T=(n_1-1)k+\sum G+\sum Z-\sum C+mk$$
$$=(n_1+m-1)k+\sum G+\sum Z-\sum C \quad (9\text{-}9)$$

式中：n_1——专业工作队数目；

其他符号同前所述。

【例 9-2】某工程分 A、B、C3 个施工过程，分为 6 个施工段，流水节拍分为 $t_A=4\text{d}$，$t_B=6\text{d}$，$t_C=2\text{d}$，试组织成倍节拍流水施工，并绘制流水施工进度表。

解：（1）确定流水步距　$K=K_b=2\text{d}$

（2）确定每个施工过程的专业工作队组数；

$B_A=t_A/K_b=4/2=2$ 个

$B_B=t_B/K_b=6/2=3$ 个

$B_C=t_C/K_b=2/2=1$ 个

专业工作队总数　$n_1=\sum b_i=2+3+1=6$ 个

（3）该流水施工的工期

$$T=(n_1+m-1)k+\sum G+\sum Z-\sum C=(6+6-1)\times 2=22\text{d}$$

（4）绘制流水施工进度表如图 9-9 所示

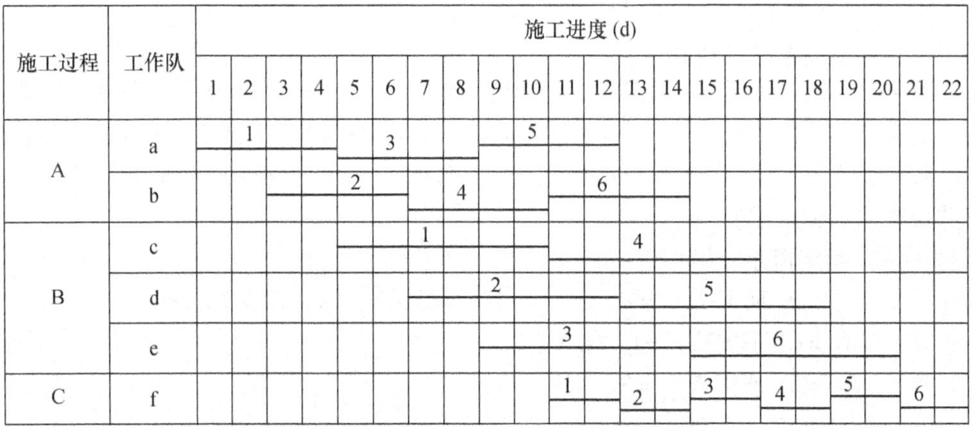

图 9-9　成倍节拍流水施工进度计划

2. 不等节拍流水施工

不等节拍流水施工又称为异步距异节拍流水施工。

（1）不等节拍流水施工的特征

① 同一施工过程在其各个施工段上的流水节拍均相等；不同施工过程的流水节拍不全相等；

② 相邻施工过程之间的流水步距不尽相等；

③ 专业工作队数等于施工过程数；

④ 各专业工作队能够在施工段上连续作业，但有的施工段之间可能有空闲。

（2）不等节拍流水施工的基本要求

组织不等节拍流水施工时，各专业工作队尽可能依次在各施工段上连续施工，允许有些施工段出现空闲，但不允许多个施工班组在同一施工段交叉作业，更不允许发生工艺顺序颠倒的情况。

（3）不等节拍流水施工的主要参数确定

流水步距 $$K_{i,i+1}\begin{cases} = t_i & （当 t_i \leqslant t_{i+1}） \\ = mt_i - (m-1)\ t_{i+1} & （当 t_i \geqslant t_{i+1}） \end{cases}$$

式中：t_i——第 i 个施工过程的流水节拍；

t_{i+1}——第 $i+1$ 个施工过程的流水节拍。

（4）不等节拍流水施工的工期计算：

$$T = \sum K_{i,i+1} + mt_n + \sum G + \sum Z - \sum C$$

式中：t_n——最后一个施工过程的流水节拍；

其他符号同前所述。

【例 9-3】某工程划分为 A、B、C、D 4 个施工过程，分 3 个施工段组织施工，各施工过程的流水节拍分别为 $t_A=4$d，$t_B=3$d，$t_C=3$d，$t_C=7$d；施工过程 B 后有 3 天的组织间歇时间，施工过程 C 与 D 平行搭接 1 天时间，求各施工过程之间的流水步距及该工程的工期，并绘制流水施工进度表。

解：（1）确定流水步距

$t_A > t_B$ 所以 $K_{A,B} = mt_A - (m-1)t_B = 3\times4-(3-1)\times3 = 6d$

$t_B = t_C$ 所以 $K_{B,C} = t_B = t_C = 3$d

$t_C < t_D$ 所以 $K_{C,D} = 3$d

（2）计算流水工期

$$T = \sum K_{i,i+1} + mtn + \sum G + \sum Z - \sum C$$
$$= (6+3+3) + 3\times7 + 3 - 1 = 35\text{d}$$

流水步距也可以采用后面介绍的潘特考夫斯基法计算求得。

绘制流水施工进度计划如图 9-10 所示。

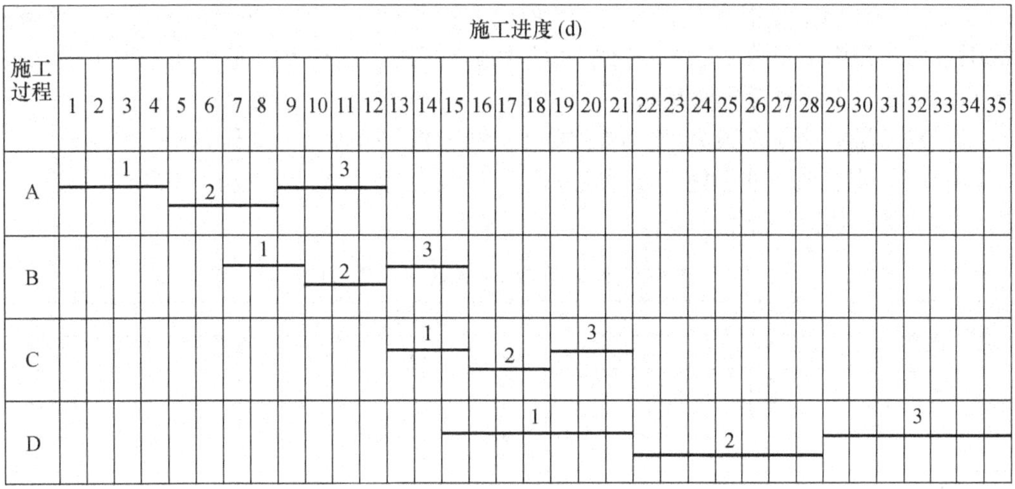

图 9-10　某工程异步距流水施工进度计划

9.3.3　无节奏流水施工

无节奏流水施工是指同一施工过程在各个施工段上的流水节拍不完全相等的一种流水施工。在实际施工过程中，每个施工工程在各个施工段上的工程量不一定完全相等，或者各专业工作队的生产效率有较大的差异，所以导致流水节拍不完全相等。那么此时很难组织等节奏流水施工和异节奏流水施工，只能按照施工顺序的要求，使相邻两个专业工作队在开工时间上最大限度地、合理地搭接。这种流水施工形式是最普遍的。

1. 无节奏流水施工的特征

(1) 各施工过程在各个施工段上的流水节拍不完全相等；
(2) 相邻施工过程之间的流水步距不全相等；
(3) 各专业工作队在各施工段上能够连续作业，但有的施工段之间可能有空闲时间；
(4) 专业工作队数等于施工过程数；

2. 流水步距的确定

在无节奏流水施工

其计算步骤如下：

(1) 每一个施工过程在各个施工段上的流水节拍依次累加，求得各施工过程流水节拍的累加数列。

（2）将相邻施工过程流水节拍累加数列中的后者错后一位，相减后求得一个差数列。通常用累加求和错位相减去最大差值法来计算流水步距，这种方法是由潘特考夫斯基首先提出的，故也称为潘特考夫斯基法。

（3）在差数列当中取最大值，这个数值就是这两个相邻施工过程的流水步距。

【例 9-5】 某工程由 4 个施工过程组成，分 5 个施工段进行流水施工，其流水节拍（d），见表 9-2，试确定流水步距。

表 9-2　某工程流水节拍表（单位/d）

施工过程	施工段				
	①	②	③	④	⑤
A	2	3	3	2	2
B	3	2	2	3	4
C	3	4	2	3	1
D	3	2	4	2	2

解：（1）求各施工过程流水节拍的累加数列

施工过程 A：2，5，8，10，12

施工过程 B：3，5，7，10，14

施工过程 C：3，7，9，12，13

施工过程 D：3，5，9，11，13

（2）错位相减求得差数列：

A 与 B：2，5，8，10，12

<u>－　　3，5，7，10　14</u>

2，2，3，3，2，－14

B 与 C：3，5，7，10，14

<u>－　　3，7，9，12，13</u>

3，2，0，1，2，－13

C 与 D：3，7，9，12，13

<u>－　　3，5，9，11，13</u>

3，4，4，3，2，－13

（3）在差数列中取最大值即流水步距：

施工工程 A 与 B 之间的流水步距：$K_{A,B}=\max[2,2,3,3,2,-14]=3(d)$

施工工程 B 与 C 之间的流水步距：$K_{B,C}=\max[3,2,0,1,2,-13]=3(d)$

施工工程 C 与 D 之间的流水步距：$K_{C,D}=\max[3,4,4,3,2,-13]=4(d)$

计算结果如图 9-11 所示。

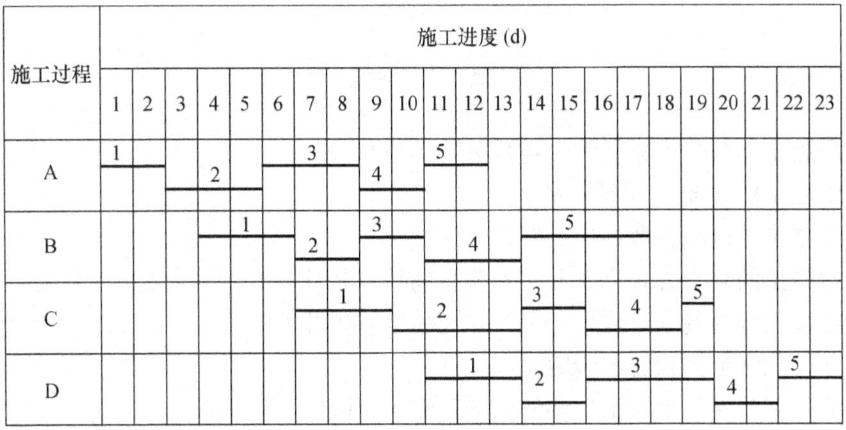

图 9-11　某工程无节奏流水施工进度计划

3. 无节奏流水施工的工期计算

$$T = \sum K_{i,i+1} + \sum tn + \sum G + \sum Z - \sum C \tag{9-12}$$

式中：$\sum K_{i,i+1}$—— 流水步距之和；

$\sum tn$—— 最后一个施工过程在各个施工段上的流水节拍之和。

$\sum G$—— 工艺间歇时间之和；

$\sum Z$—— 组织间歇时间之和；

$\sum C$ ——平行搭接时间之和。

计算结果如图 9-20 所示。

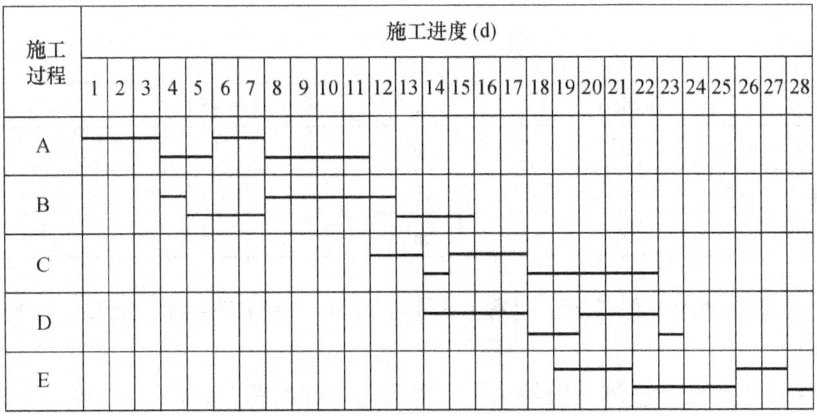

图 9-12　某工程无节奏流水施工进度计划

思考与练习题

1. 组织施工的方式有哪几种？各自的特点是什么？

2. 流水施工的主要参数有哪些？

3. 流水施工的时间参数如何确定？

4. 流水施工的基本方式有哪几种？各自的特点是什么？

5. 施工段划分的基本要求是什么？如何划分施工段？

6. 什么是流水节拍和流水步距？

7. 什么是无节奏流水施工？如何确定其流水步距？

8. 某工程3个施工过程Ⅰ、Ⅱ、Ⅲ，每个施工过程均划分为4个施工段，设$t_{\mathrm{I}}=2\,\mathrm{d}$，$t_{\mathrm{II}}=4\,\mathrm{d}$，$t_{\mathrm{III}}=3\,\mathrm{d}$，试分别计算依次施工、平行施工及流水施工的工期，并绘制各自的施工进度计划。

9. 某住宅有4个单元，划分为4个施工段，其基础工程的施工过程分为：① 土方开挖；② 铺设垫层；③ 绑扎钢筋；④ 浇捣混凝土；⑤ 砌筑砖基础；⑥ 回填土。各施工过程的工程量、每一工日（或台班）的产量定额、专业工作队人数（或机械台班）如表题9所示，由于铺设垫层施工过程和回填土施工过程的工程量较少，为简化流水施工的组织，将垫层与回填土这两个施工过程所需要的时间作为间歇时间来处理，各自预留1 d时间。浇捣混凝土与砌墙基础之间的工艺间歇为2 d。

表题9　各施工工程的工程量表

施工过程	工程量	单位	产量定额	人数（台数）
挖土	780	m^3	65	1台
垫层	42	m^3	—	—
绑扎钢筋	10800	kg	450	2
浇混凝土	216	m^3	1.5	12
砌墙基	330	m^3	1.25	22
回填土	350	m^3	—	—

问题：计算该基础工程各施工过程在各施工段上的流水节拍和工期，并绘制流水施工的横道计划。

10. 某工程采用装配整体式框架结构，平面图形如图题10所示，主体结构施工顺序划分为：柱、梁、板、节点、拟分为3段组织流水施工，每层的流水节拍如表题10所示。

图题 10　框架结构平等图形

表题 10　每层流水节拍

序号	施工过程	流水节拍		
		一段	二段	三段
1	柱	2	5	3
2	梁	2	4	3
3	板	1	3	2
4	节点	3	5	4

问题：按最优的方案组织同一楼层的无节奏流水施工，并绘制流水施工横道计划。

11. 某工程项目由 A、B、C 3 个分项工程组成，它划分为 6 个施工段。各分项工程在各个施工段上的持续时间依次为 6 d、2 d 和 4 d，试编制成倍节拍流水施工方案。

第 10 章　网络计划技术

主要内容

双代号网络计划、单代号网络计划、双代号时标网络计划、网络计划的优化。

学习重点

双代号网络计划、单代号网络计划、双代号时标网络计划的绘制及时间参数的计算、工期优化及费用优化。

学习要求

熟悉网络计划技术的概念、分类、要素；掌握双代号网络图的绘制及时间参数计算；掌握单代号网络图的绘制及时间参数计算；掌握双代号时标网络图的绘制及时间参数的判读；熟悉网络计划的时间优化及费用优化。

网络计划技术是20世纪50年代后期发展起来的一种科学的计划管理和系统分析方法，本章介绍了网络计划技术的基本概念，常用的双代号网络计划、单代号网络计划、双代号时标网络计划以及网络计划的优化等。运用本章网络计划的理论、技术和方法，将有利于大中型建设项目进度目标的规划和控制。

10.1　基本概念

10.1.1　横道图与网络图的对比分析

建筑工程施工进度计划是通过施工进度图表来表达建筑产品的施工过程、工艺顺序和相互搭接、逻辑关系的，目前主要有横道图和网络计划技术两种表达方式。

横道图，简单明了、直观易懂、容易掌握、便于检查和计算资源需求状况。但在表现内容上有许多不足之处，如不能全面而准确的反应各项工作之间相互制约、相互依赖、相互影响的关系；不能反映出整个工程的主次部分，即关键工作与非关键工作；难以在有限的资源下合理组织施工、挖掘计划的潜力；不能准确评价计划经济指标；不能应用计算机技术。

网络计划技术，能够全面、明确地反映出整个计划中各工作之间相互制约和相互依赖的关系；通过时间参数的计算，找出影响工程进度计划的关键工作和关键线路，抓住主要矛盾，更好地运用和调配人力和资源，从而降低成本，缩短工期；通过实践参数的计算，可预知各项工作提前或推迟完成对整个工程的影响程度，便于进行有效控制和监督，加强施工管理；通过优化，可在若干可行方案中找出最优方案；利用计算机对复杂的计划进行计算、调整和优化，从而提高管理效率。但是，难以清楚、直观地反映流水作业情况及人力资源的需要量变化情况。

10.1.2　网络计划的分类

网络计划的表达形式是网络图。所谓网络图，是指由箭线和节点组成的，用来表示工作流程的有向、有序的网状图形。

1. 按照参数的含义分类

网络计划中，按照节点和箭线等参数所表示的含义不同，可以分为双代号网络图和单代号网络图两大类。

双代号网络图，由箭线及其两端节点的编号表示工作，即构成双代号网络图的基本单元。如图 10-1 所示。单代号网络图，又称节点式网络图，由一个节点表示一项工作，以实箭线表示工作之间的逻辑关系。如图 10-2 所示。

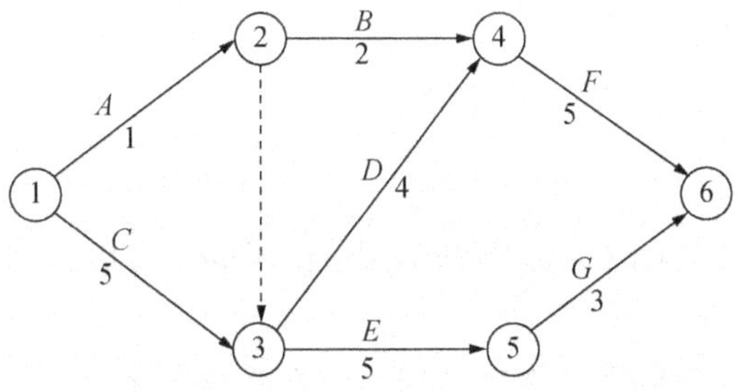

图 10-1　双代号网络图

2. 按照目标分类

网络计划中，按照计划的目标不同，可以分为单目标网络计划和多目标网络计划。

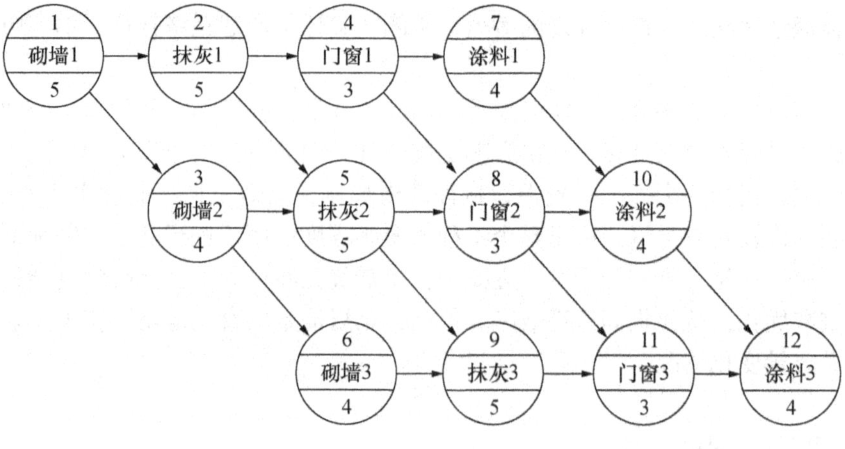

图 10-2　单代号网络图

只有一个终点节点的网络计划是单目标网络计划，如图 10-3 所示。终点节点不只一个的网络计划是多目标网络计划，如图 10-4 所示。

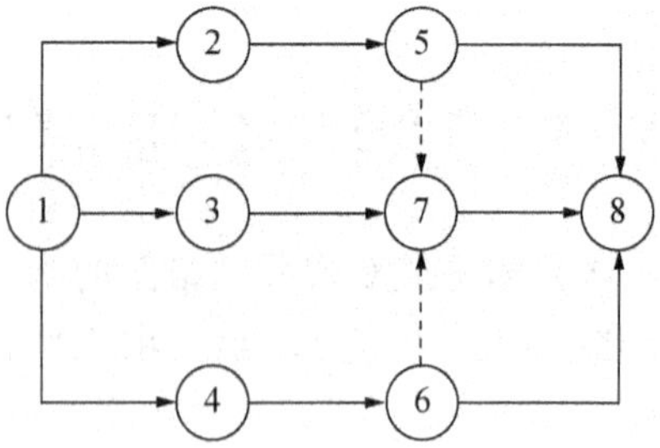

图 10-3　单目标网络计划

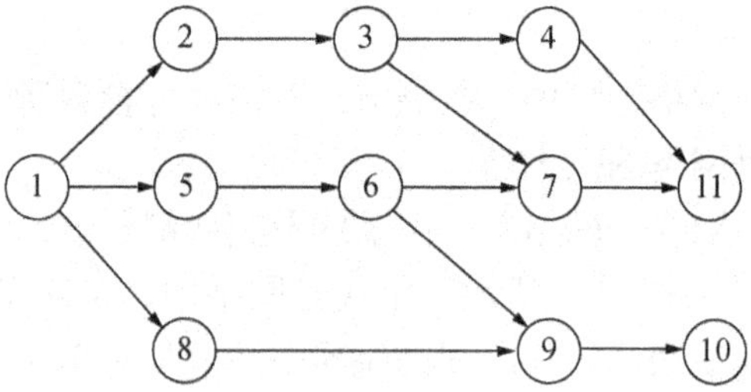

图 10-4　多目标网络计划

3. 按照层次分类

网络计划中，按照计划的工程对象和使用范围不同，可以分为总网络计划和局部网络计划。

以整个计划任务为对象编制的网络计划，称为总网络计划。以计划任务的某一部分为对象编制的网络计划，称为局部网络计划。

4. 按照时间表达方式分类

网络计划中，按照计划的时间表达方式不同，可以分为时标网络计划和非时标网络计划。

工作的持续时间以时间坐标为尺度绘制的网络计划，称为时标网络计划，如图 10-5 所示。工作的持续时间以数字形式标注在箭线下方，而不按时间坐标绘制的网络计划，称为非时标网络计划。

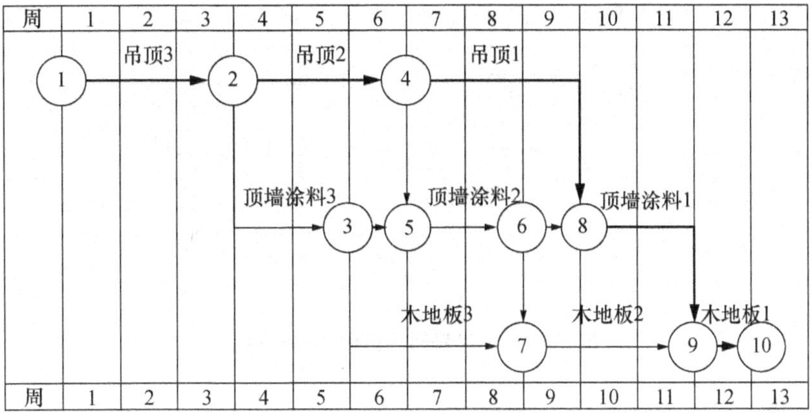

图 10-5　双代号时标网络图

10.1.3　网络计划的基本要素

以双代号网络图为例，基本要素包括实箭线、虚箭线、节点、节点编号、线路。

1. 实箭线

（1）在双代号网络图中，一条箭线表示一项工作（又称工序、作业或活动），如砌墙、抹灰等。而工作所包括的范围可大可小，既可以是一道工序，也可以是一个分项工程或一个分部工程，甚至是一个单位工程。在双代号网络图中，将工作的名称标注在箭线的下方。

如何确定一项工作的范围，取决于所绘制的双代号网络图的作用，是控制性的或是指导性的。

（2）一条箭线表示一项工作所消耗的时间和（或）资源。一般来讲，每项工作的完成都需要消耗一定的时间和资源，如绑扎钢筋、浇筑混凝土等，但是也存在一些只消耗时间而不消耗资源的工作，如混凝土养护、砂浆干燥等技术间歇（如果将这些技术间歇当做工作来对待的话）。在双代号网络图中，将工作所消耗的时间和资源标注在箭线的上方。如图 10-6 所示。

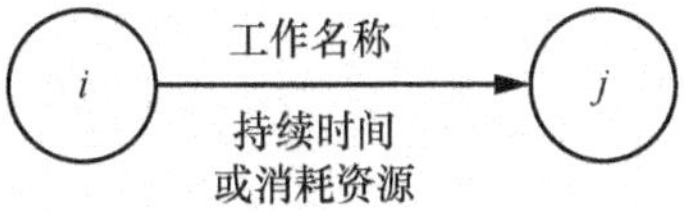

图 10-6　双代号网络图的一项工作

（3）在无时标的网络图中，箭线的长短并不反映该工作占用时间的长短。

(4) 箭尾端表示该项工作的开始，箭头端则表示该项工作的结束。箭线的方向表示工作进行的方向和前进的路线。

(5) 箭线的形式可以是直线、斜线或折线，必要时也可以为曲线。但是绘图时应该以水平直线为主，如图 10-7 所示。

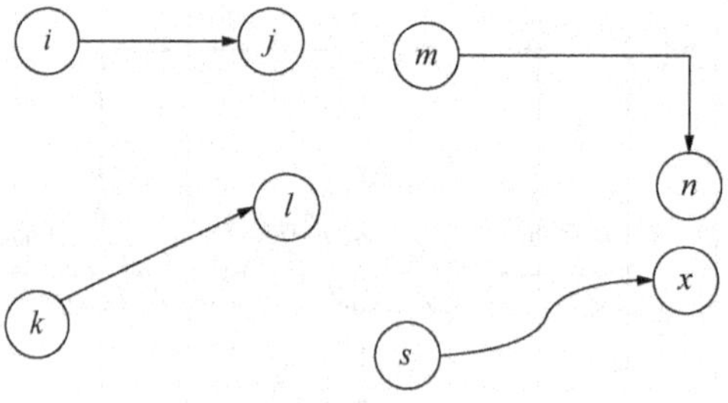

图 10-7 双代号网络图的实箭线形式

2. 虚箭线

虚箭线又称虚工作，它表示一项虚拟的工作，既不占用时间、也不消耗资源，只表示前后相邻工作之间的逻辑关系，用带箭头的虚线，即虚箭线来表示，如图 10-8 所示。

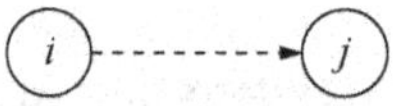

图 10-8 双代号网路图的虚箭线

虚箭线可起到联系、区分和断路作用，是双代号网络图中表达一些工作之间的相互联系、相互制约关系，从而保证逻辑关系正确的必要手段。

(1) 联系作用。图 10-9 中 4 项工作的逻辑关系为：挖土方Ⅱ完成后才能进行挖土方Ⅲ、做垫层Ⅱ两项工作，而做垫层Ⅰ完成后进行做垫层Ⅱ。挖土方Ⅱ完成后其紧后工作为挖土方Ⅲ，做垫层Ⅰ完成后其紧后工作为做垫层Ⅱ，两个关系很容易表达，但是做垫层Ⅱ又为挖土方Ⅱ的紧后工作，为把两者正确的联系起来，必须要加入虚工作 $i-j$。

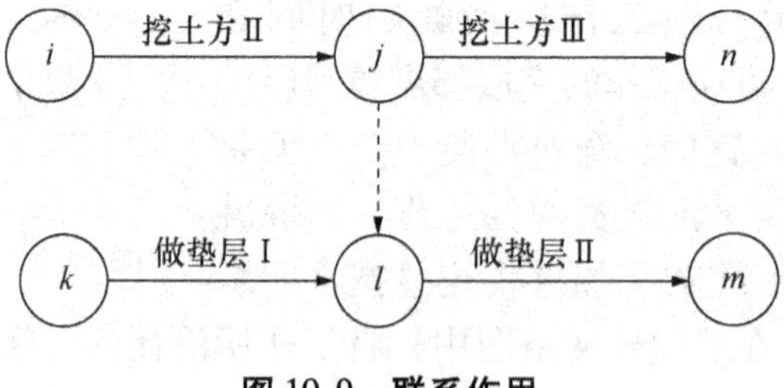

图 10-9 联系作用

(2) 区分作用。如果两项工作用同一代号来表示，则不能明确表达该代号所指是哪一项工作。如图 10-10（a）所示。

图 10-10（a）中 3 项工作的逻辑关系为：A、B 两项工作同时开始，待 A、B 全部完成后，工作 C 开始。但是，A、B 均用工作 1-2 来表示，易混淆。为了区分 A、B 两项工作，需要加入虚工作，如图 10-10（b）所示。

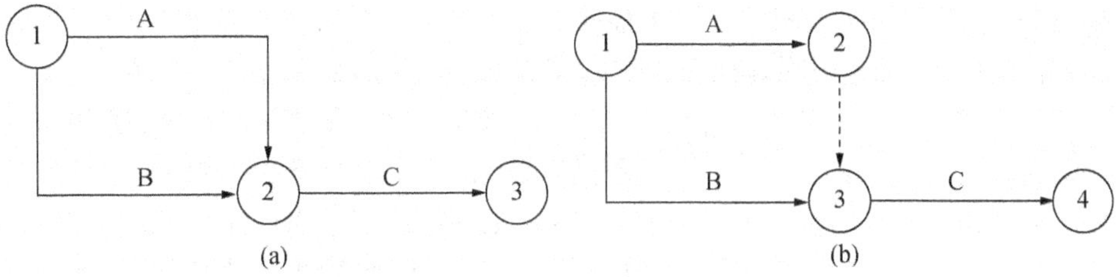

图 10-10　区分作用

（3）断路作用。图 10-11（a）中，支模板、绑钢筋、浇筑混凝土 3 个施工过程在 3 个施工段进行流水施工。但是浇 1 与支 2 在逻辑上并无联系，但支 2 却成了浇 1 的紧前工作之一。采用更多的虚箭线，把没有关系的两项或多项工作断开。如图 10-11（b）所示。

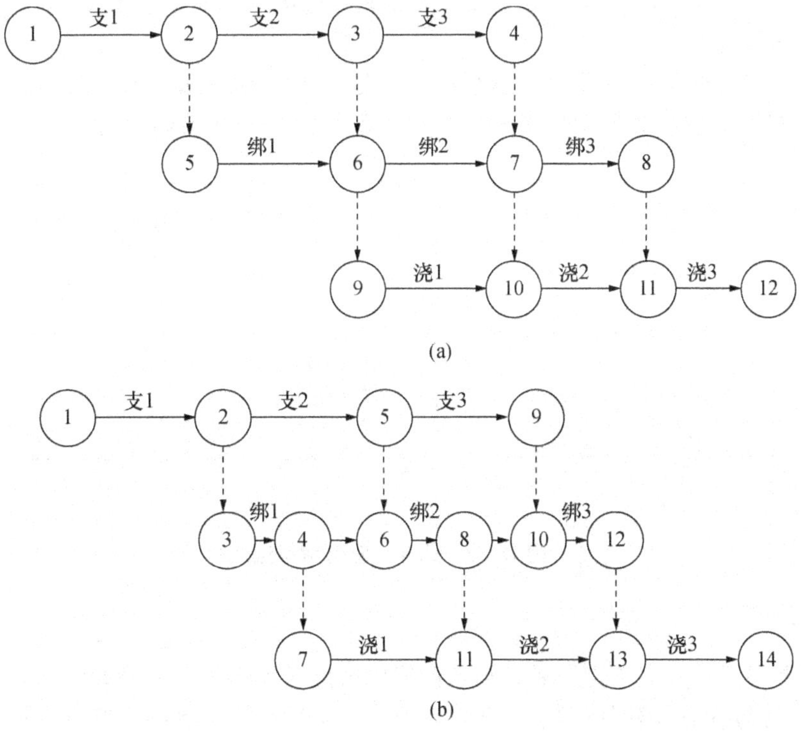

图 10-11　断路作用

3. 节点

(1) 在双代号网络图中，节点代表一项工作的开始或结束，常用圆圈表示。箭尾的节点称为该箭线所示工作的开始节点，箭头的节点称为该工作的完成节点。

(2) 在一个完整的网络图中，除了最前的起点节点和最后的终点节点外，其余任何一个节点都具有双重含义——既是前面工作的完成点，又是后面工作的开始点。

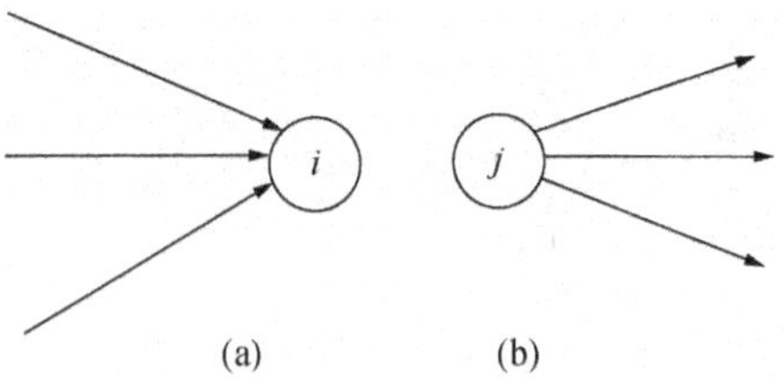

图 10-12 内向箭线与外向箭线

(3) 节点仅为前后两项工作的交接点，只是一个“瞬间”概念，因此它既不消耗时间，也不消耗资源。

(4) 根据箭线与节点的指向关系，箭线可以被分为外向箭线和内向箭线。从某节点引出的箭线称为该节点的外向箭线；指向某节点的箭线称为该节点的内向箭线。如图 10-12 所示。

4. 节点编号

在双代号网络图中，一项工作可以用其箭线两端节点内的号码来表示，以方便网络图的检查、计算与使用。

对一个网络图中的所有节点应进行统一编号，不得有缺编和重号现象。对于每一项工作而言，其箭头节点的号码应大于箭尾节点的号码，即顺着箭线方向由小到大，如图 10-13 所示。

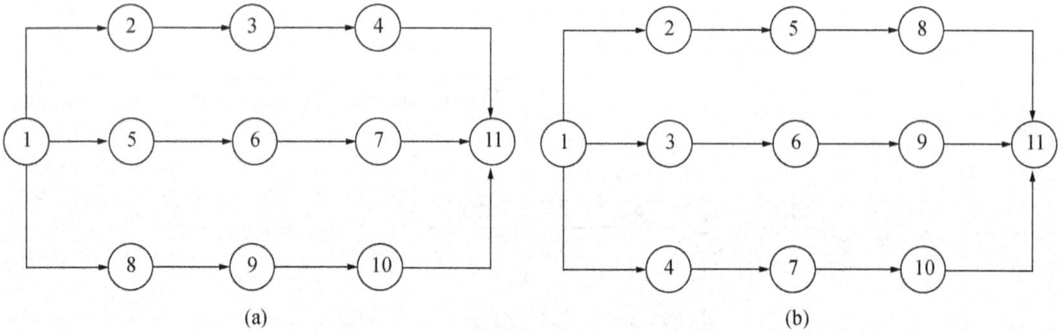

图 10-13 水平、垂直编号法

5. 线路

在网络图中，从起点节点开始，沿着箭线的方向顺序通过一系列箭线与节点，最后到达终点节点所经过的通路叫线路。一个网络图中，从起点节点到终点节点，往往不止一条线路，如图 10-14 所示。

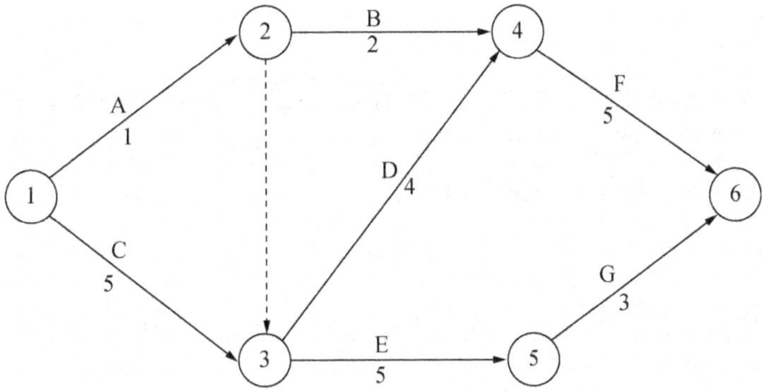

图 10-14　线路

图 10-14 中所示双代号网络图，从起点节点①到终点节点⑥，共有①→②→④→⑥，①→②→③→④→⑥，①→②→③→⑤→⑥，①→③→④→⑥，①→③→⑤→⑥ 5 条线路。

10.1.4　网络计划的工作关系

1. 紧前工作

紧排在本工作之前的工作称为本工作的紧前工作。双代号网络图中，本工作与紧前工作之间可能有虚工作，如图 10-15 所示。

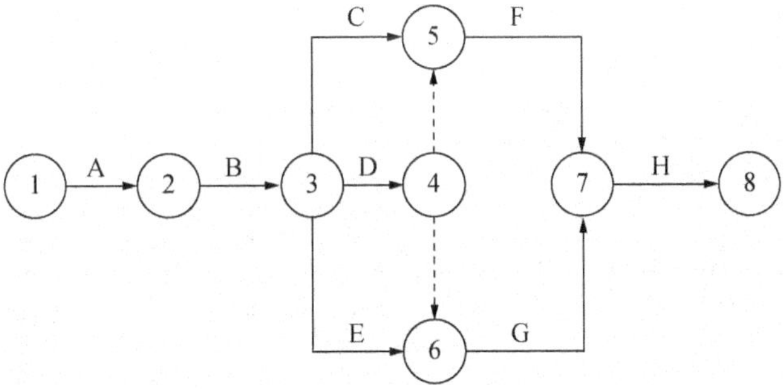

图 10-15　工作关系

图 10-15 所示双代号网络图中，工作 A 为工作 B 的紧前工作；工作 C、D 为工作 F 的紧前工作，但是工作 D 与工作 F 之间有一条虚箭线；工作 D、E 为工作 G 的紧前工作，但是工作 D 与工作 G 之间有一条虚箭线。

2. 紧后工作

紧排在本工作之后的工作，称为本工作的紧后工作。双代号网络图中，本工作和紧后工作之间可能有虚工作。图 10-15 中，工作 C、D、E 3 项工作为工作 B 的紧后工作；工作 D 与其紧后工作 G、F 之间各有一条虚箭线。

3. 平行工作

可以与本工作同时进行的工作，称为本工作的平行工作。图 10-15 中，工作 C、D、E 3 项工作为平行工作。

4. 逻辑关系

工作之间相互依赖或制约的关系，称为逻辑关系。工作之间的逻辑关系包括工艺关系和组织关系两种。

(1) 工艺关系。工艺关系是指生产工艺上客观存在的先后顺序关系，或是非生产性工作之间由工作程序决定的先后顺序关系。如，建筑工程施工，先基础、后主体；先结构、后装修；先土建，后安装。工艺关系是不能随意改变的，如图 10-16 所示室内装修的工艺顺序为：吊顶→涂料→木地板。

(2) 组织关系。组织关系是指在不违反工艺关系的前提下，人为安排工作的先后顺序。如，建筑群中各个建筑物的先后施工顺序；同一施工过程的不同流水施工段的先后施工顺序等。组织关系可以根据施工现场的具体情况，按照安全、经济、高效的原则统筹安排。如图 10-16 所示室内装修的吊顶施工过程，按照吊顶 3→吊顶 2→吊顶 1 的顺序进行施工，为组织关系。

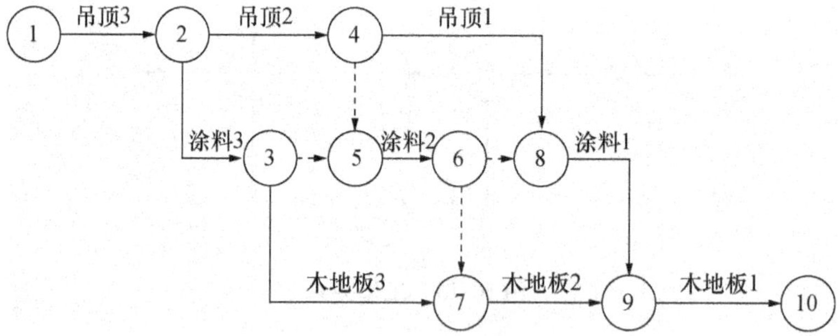

图 10-16 逻辑关系

10.1.5　网络计划的关键工作和关键线路

线路上总的工作持续时间最长的线路，称为关键线路，其余线路称为非关键线路。

位于关键线路上的工作，称为关键工作。

关键工作完成的快慢直接影响整个网络计划工期的实现。一般情况下，一个网络图中至少有一条关键线路。关键线路不是一成不变的，在一定的条件下，关键线路和非关键线路会相互转化。非关键线路都有若干机动时间，即时差，意味着工作完成日期容许适当的变动而不影响工作。

关键线路宜用粗箭线、双箭线或彩色箭线标注，以突出关键线路在整个网络计划中的重要位置。

10.2　网络计划的绘制

10.2.1　双代号网络图的绘制

1．双代号网络图的绘制规则

（1）双代号网络图必须正确表达已定的逻辑关系，如表 10-1 所示。

表 10-1　双代号网络图常用的逻辑关系模型

序号	工作间的逻辑关系	表示方法	说明
1	A 工作完成进行 B 工作	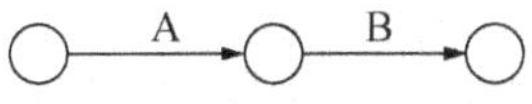	A 工作制约着 B 工作的开始，B 工作依赖着 A 工作
2	A、B、C 3 项工作同时开始	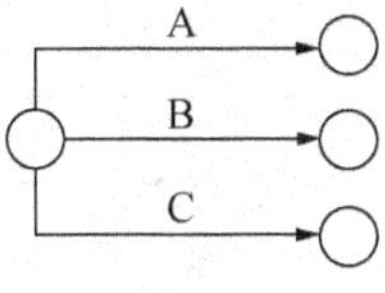	A、B、C 3 项工作称为平行工作
3	A、B、C 3 项工作同时结束	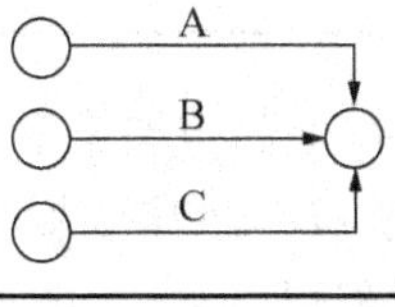	A、B、C 3 项工作称为平行工作

（续表）

序号	工作间的逻辑关系	表示方法	说明
4	有 A、B、C 3 项工作。只有 A 完成，B、C 才能开始	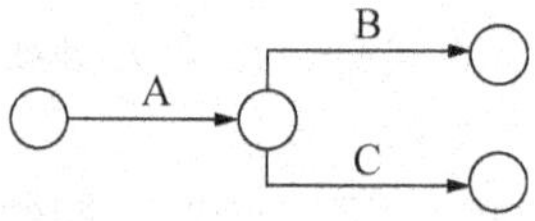	A 工作制约着 B、C 工作的开始，B、C 为平行工作
5	有 A、B、C 3 项工作。C 工作只有在 A、B 完成才能开始	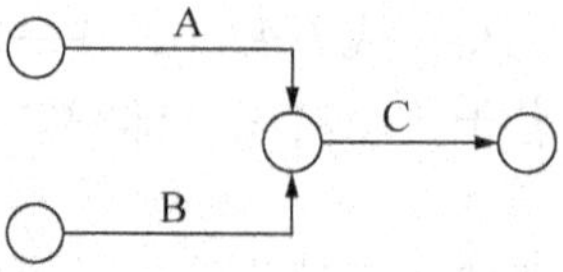	C 工作依赖着 A、B 工作，A、B 为平行工作
6	有 A、B、C、D 4 项工作。只有 A、B 完成，C、D 才能开始	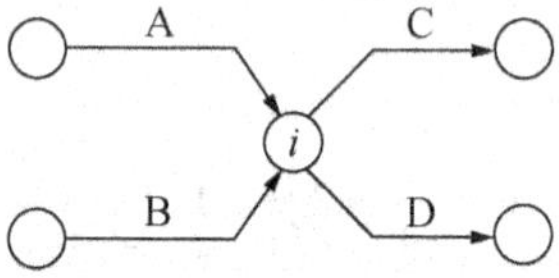	通过中间节点 i 正确地表达了 A、B、C、D 工作之间的关系
7	有 A、B、C、D 4 项工作。A 完成 C 才能开始，A、B 完成 D 才能开始	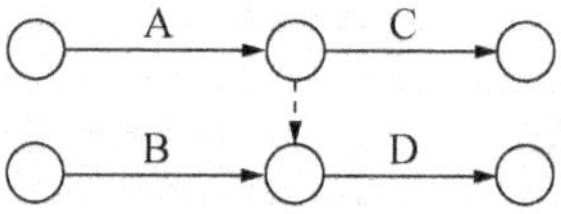	D 与 A 之间引入了逻辑连接（虚工作），从而正确地表达了它们之间的制约关系
8	有 A、B、C、D、E 5 项工作。A、B 完成 C 才能开始，B、D 完成 E 才能开始	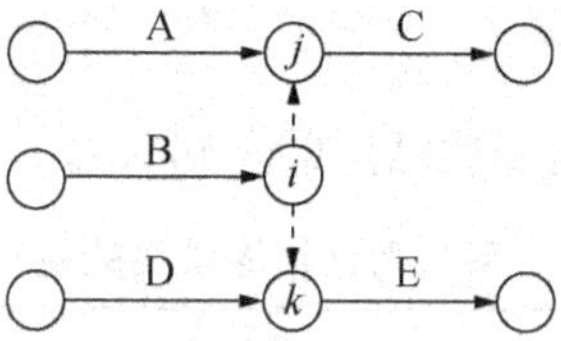	虚工作 i-j 反映出 C 工作受到 B 工作的制约；虚工作 i-k 反映出 E 工作受到 B 工作的制约
9	有 A、B、C、D、E 5 项工作。A、B、C 完成 D 才能开始，B、C 完成 E 才能开始	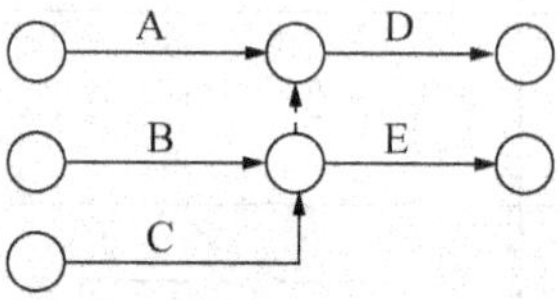	虚工作反映出 D 工作受到 B、C 工作的制约
10	A、B 两项工作分 3 个施工段，平行施工	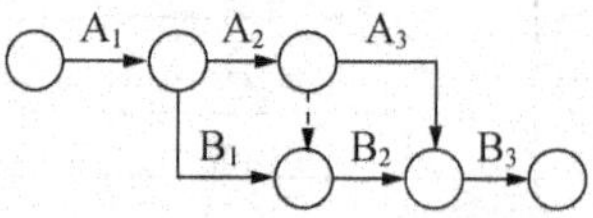	每个工种工程建立专业工作队，在每个施工段上进行流水作业

（2）双代号网络图中，只能有一个起点节点；在不分期完成任务的网络计划（单目标网络计划）中，应只有一个终点节点；而其他节点均应是中间节点。

（3）双代号网络图中严禁出现循环回路，如图 10-17 所示的双代号网络图出现循环回路是错误的。

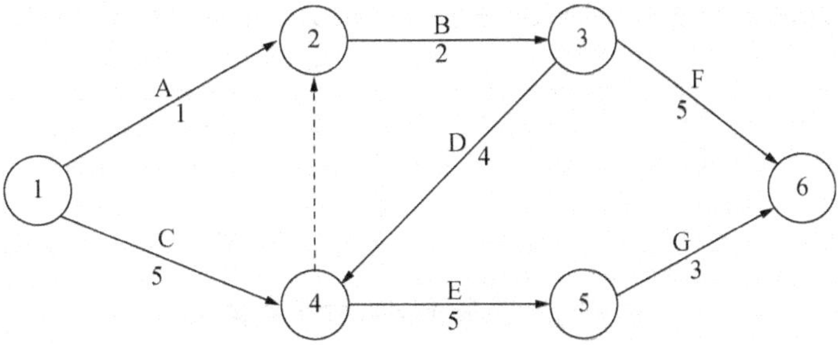

图 10-17　有循环回路错误的网络图

（4）网络图中不允许出现相同编号的工作，如图 10-18 所示。

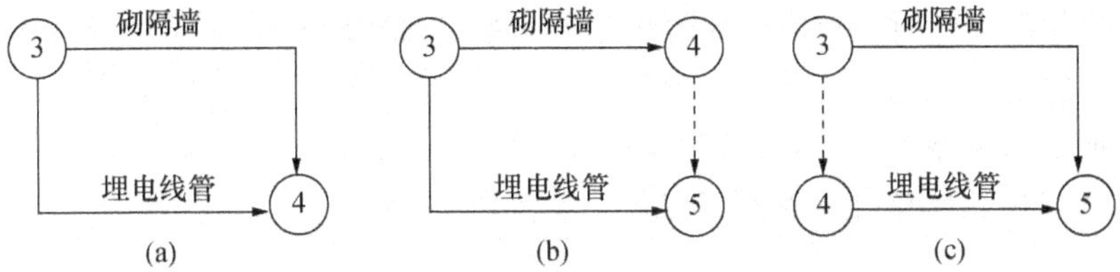

图 10-18　相同编号工作示意图

（5）不允许出现无开始节点或无完成节点的工作，如图 10-19、图 10-20 所示。

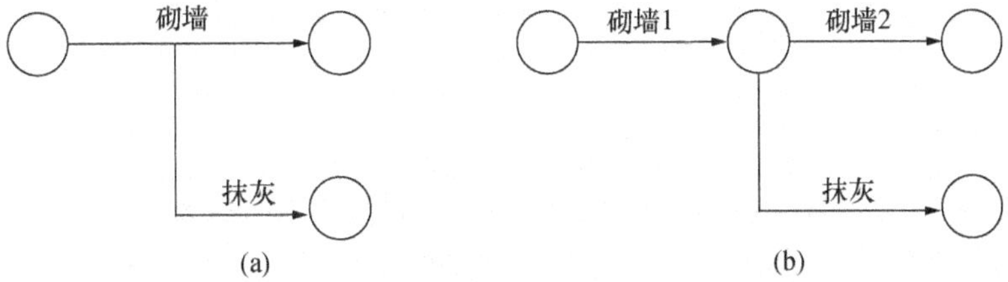

图 10-19　无开始节点工作示意图

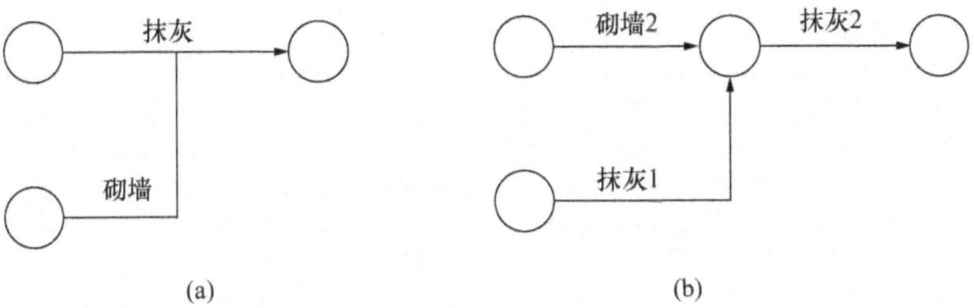

图 10-20　无完成节点工作示意图

(6) 在节点之间，严禁出现带双向箭头或无箭头的箭线。如图 10-21 所示。

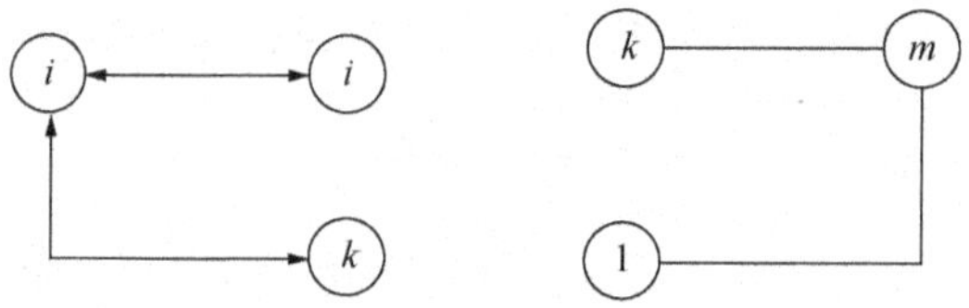

图 10-21 双向箭头或无箭头的箭线

2. 双代号网络图的绘制方法

(1) 双代号网络图要布局规整、条理清晰、重点突出。

绘制双代号网络图时，首先，应尽量采用水平箭线和垂直箭线而形成网格结构，尽量减少斜箭线，使网络图规整、清晰。其次，应尽量把关键工作和关键线路布置在中心位置，尽可能把密切相连的工作安排在一起，以突出重点，便于使用。

(2) 双代号网络图中交叉箭线的处理方法如图 10-22 所示。

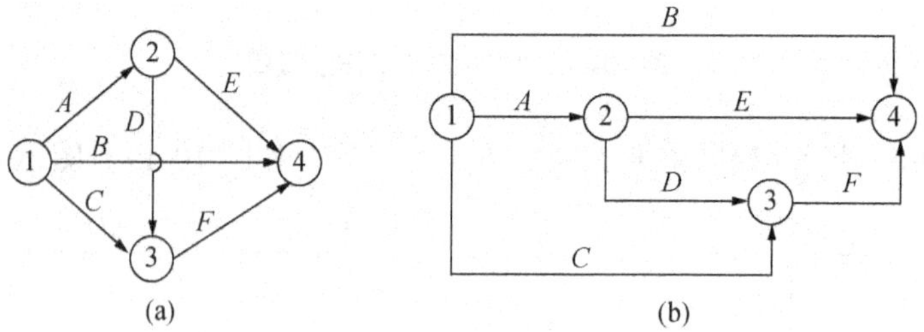

图 10-22 交叉箭线的处理

(a) 有交叉和斜向箭线的网络图；(b) 调整后的网络图

(3) 双代号网络图中起点节点和终点节点的“母线法”，如图 10-23 所示。

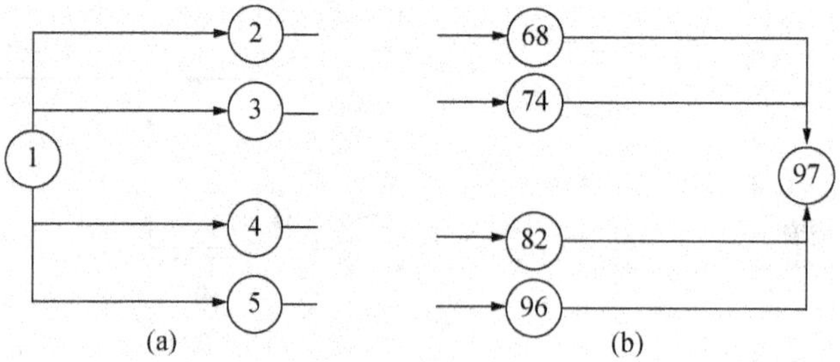

图 10-23 母线法

（4）双代号网络图的排列方法，如图 10-24 所示。

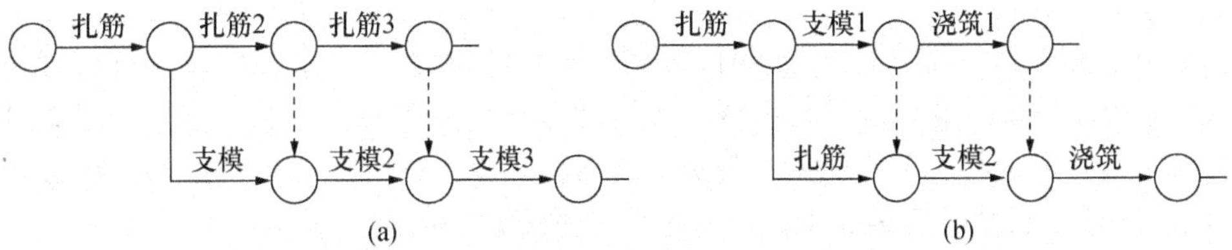

图 10-24　双代号网络图的排列方法

（5）尽量减少不必要的箭线和节点，如图 10-25 所示。

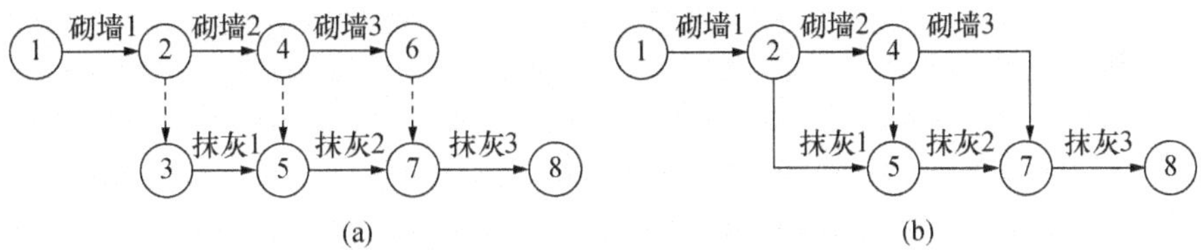

图 10-25　双代号网络图的简化示意

（a）有多余节点和虚箭线的网络图；（b）简化后的网络图

3. 双代号网络图的绘制实例

已知：某工程各项工作之间的关系，如表 10-2 所示，试根据双代号网络图的绘图规则绘制双代号网络图。

表 10-2　各项工作关系

本工作	A	B	C	D	E	F	G	H
紧前工作	—	A	B	B	B	DE	CE	FG

解：（1）确定紧后工作，如表 10-3 所示。

表 10-3　紧后工作的确定

本工作	A	B	C	D	E	F	G	H
紧前工作	—	A	B	B	B	DE	CE	FG
紧后工作	B	CDE	G	F	FG	H	H	—

（2）根据紧后工作绘制草图。A 工作的紧前工作为“—”，表示没有紧前工作，即为整个网络计划的起点工作。画草图时，从起点工作开始，一步一步地画出每个工作的紧后工作。当两个工作有共同的紧后工作时，其中一个直接画，另一个用虚工作进行连接。在画图时，如果出现箭线要跨越其他箭线，可以调整平行工作的上下位置关系，尽量避免箭线的交叉。当有多个起点工作或多个终点工作时，可以采用母线法进行绘制。H 工作的紧后工作为“—”，表示没有紧后工作，即为整个网络计划的终点工作。

（3）根据草图绘制正式图（如图 10-26 所示）。

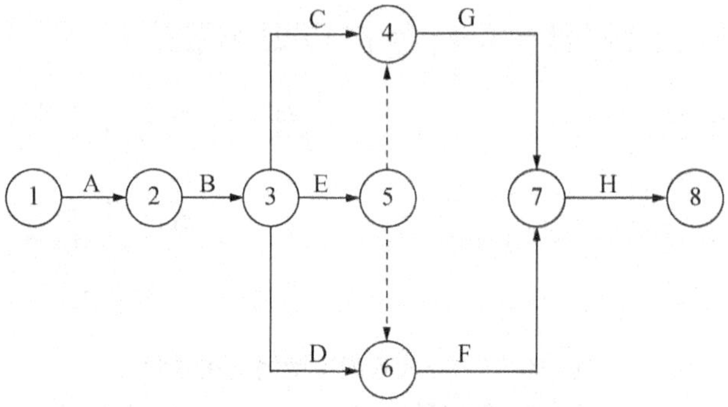

图 10-26 双代号网络图绘制实例

10.2.2 单代号网络图的绘制

1．单代号网络图的绘制规则

（1）单代号网络图必须正确表述已定的逻辑关系。

（2）单代号网络图中，严禁出现闭合回路。

（3）单代号网络图中，严禁出现双向箭头或无箭头的连线。

（4）单代号网络图中，严禁出现没有箭尾节点或箭头节点的箭线。

（5）单代号网络图中，箭线不宜交叉。

（6）单代号网络图中，只能有一个起点节点和一个终点节点。当单代号网络图中有多项起点节点或多项终点节点值时，应在网络图的两端分别设置一个虚拟的起点节点或终点节点。

（7）单代号网络图中，不允许出现有重复编号的工作。一个编号只能代表一项工作，而且箭头节点的编号要大于箭尾节点的编号。

2. 单代号网络图的绘制方法

单代号网络图的绘制与双代号网络图的绘制方法基本相同，由于单代号网络图的逻辑关系容易表达，绘制方法更为方便。

(1) 绘制没有紧前工作的工作，当单代号网络图中有多项起点节点时，应该按照绘制规则，在网络图的起始端设置一个虚拟的起点节点。

(2) 依次绘制各项工作，一直到终点节点。当单代号网络图中有多项终点节点时，应该按照绘制规则，在网络图的结束端设置一个虚拟的终点节点。

(3) 检查、修改、调整后形成正式的单代号网络图。

3. 单代号网络图的绘制实例

已知各项工作之间的关系，如表 10-4 所示，试根据单代号网络图的绘制规则绘制单代号网络图。

表 10-4　各项工作间的关系

本工作	A	B	C	D	E	F	G	H	I
持续时间	5	5	4	3	5	4	3	3	3
紧前工作	—	—	—	B	BC	C	D	E	F
紧后工作	G	DE	EF	G	H	I	—	—	—

解：(1) 绘制没有紧前工作的工作，即 A、B、C 三项工作。单代号网络图要求只能有一个起点节点，所以在 A、B、C 三项工作之前增加一个虚拟的起点节点 S_t。

(2) 依次绘制各项工作，一直到终点节点。B 完成 D 开始，C 完成 F 开始，B、C 都完成 E 开始；D 完成 G 开始，E 完成 H 开始，F 完成 I 开始。该网络图中，G、H、I 三项工作均无紧后工作，即均为终点节点，按照绘制规则，在网络图的结束端设置一个虚拟的终点节点 F_n。

(3) 检查、修改、调整后形成正式的单代号网络图，如图 10-27 所示。

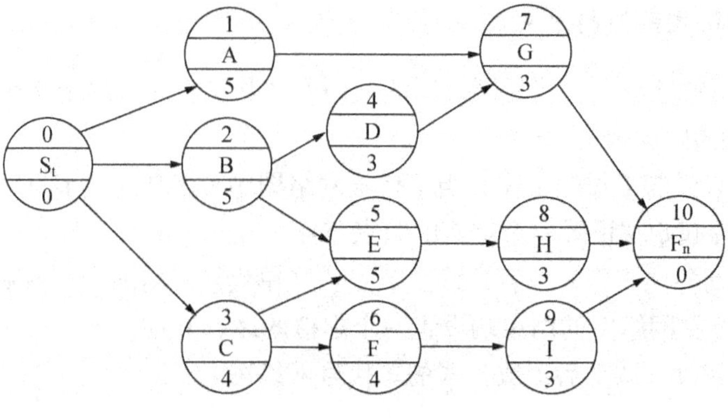

图 10-27 单代号网络图绘制实例

10.3 网络计划时间参数的计算

双代号网络图的绘制，只是用网络的形式表达出了工作之间的逻辑关系。还必须通过计算求出工期，得到一定的时间参数。

10.3.1 时间参数的概念及表示符号

1. 工作最早开始时间

工作最早开始时间亦称工作最早可能开始时间。它是指紧前工作全都完成，具备了本工作开始的必要条件的最早时刻。工作 $i-j$ 的最早开始时间用 ES_{i-j} 表示。

2. 工作最早完成时间

工作最早完成时间亦称工作最早可能完成时间。它是指一项工作如果按最早开始时间开始的情况下，该工作可能完成的最早时刻。工作 $i-j$ 的最早完成时间用 EF_{i-j} 表示，其值等于该工作最早开始时间与其持续时间之和。计算公式如下：

$$EF_{i-j}=ES_{i-j}+D_{i-j}$$

3. 工作最迟完成时间

工作最迟完成时间亦称工作最迟必须完成时间。它是指在不影响整个工程任务按期完成的条件下，一项工作必须完成的最迟时刻，工作 $i-j$ 的最迟完成时间用 LF_{i-j} 表示。

4. 工作最迟开始时间

工作的最迟开始时间亦称最迟必须开始时间。它是在保证工作按最迟完成时间完成的条件下，该工作必须开始的最迟时刻。本工作的最迟开始时间用 LS_{i-j} 表示，计算方法如下：

$$LS_{i-j} = LF_{i-j} - D_{i-j} = \min\{LS_{j-k}\} - D_{i-j}$$

5. 总时差

工作时差是指在网络图的非关键工作中存在的机动时间，或者说是在不致影响工期或下一项工作开始的情况下，一项工作最多允许推迟的时间。它表明工作有多大的机动时间可以利用，时差越大，工作的时间潜力也越大。常用的时差有工作总时差（TF）和工作的自由时差（FF）。

工作总时差是指在不影响工期的前提下，一项工作所拥有机动时间的最大值。工作 $i-j$ 的总时差用 TF_{i-j} 表示。

6. 自由时差

自由时差是总时差的一部分，是指一项工作在不影响其紧后工作最早开始的前提下，可以灵活使用的机动时间。用符号 FF_{i-j} 表示。

10.3.2　双代号网络图的时间参数计算

1. 最早时间的计算

最早时间包括工作最早开始时间（ES）和工作最早完成时间（EF）。

（1）计算顺序。由于最早开始时间是以紧前工作的最早开始或最早完成时间为依据，所以，它的计算必须在各项紧前工作都计算后才能进行。因此该种参数的计算，必须从双代号网络图的起点节点开始，顺着箭线的方向逐项进行，直到终点节点为止。

某项工作的最早开始时间计算后，应立即将其最早完成时间计算出来，以便于其紧后工作的计算。

（2）计算方法。凡与起点节点相连的工作都是计划的起始工作，当未规定其最早开始时间 ES_{i-j} 时，其值都定为零

即　$$ES_{i-j} = 0 \quad (i = 1)$$

所有其他工作的最早开始时间的计算方法是：将其所有紧前工作 $h-i$ 的最早开始时间 ES_{h-i} 分别与各工作的持续时间 D_{h-i} 相加，取和数中的最大值，即各紧前工作最早完成时间的最大值。如下式：

$$ES_{i-j} = \max\{ES_{h-i} + D_{h-i}\} = \max\{EF_{h-i}\}$$

式中：ES_{h-i}——工作 $i-j$ 的紧前工作 $h-i$ 的最早开始时间；

D_{h-i}——工作 $i-j$ 的紧前工作 $h-i$ 的持续时间；

EF_{h-i}——工作 $i-j$ 的紧前工作 $h-i$ 的最早完成时间。

2. 最迟时间的计算

最迟时间包括工作最迟完成时间（LF）和工作最迟开始时间（LS）。

（1）计算顺序。最迟时间的计算需依据计划工期或紧后工作的要求进行。因此，应从网络图的终点节点开始，逆着箭线方向朝起点节点依次逐项计算，从而使整个计算工作形成一个逆着箭线方向的减法过程。

（2）计算方法。网络计划中最后（结束）工作 $i-n$ 的最迟完成时间 LF_{i-n}应按计划工期 TP 确定，即

$$LF_{i-n} = TP$$

其他工作 $i-j$ 的最迟完成时间的计算方法是：从其所有紧后工作 $j-k$ 的最迟完成时间 LF_{j-k}分别减去各自的持续时间 D_{j-k}，取差值中的最小值，即各紧后工作最迟开始时间的最小值。就是说，本工作的最迟结束时间不得影响任何紧后工作，进而不影响工期。计算公式如下：

$$LF_{i-j} = \min\{LF_{j-k} - D_{j-k}\} = \min\{LS_{j-k}\}$$

$$LS_{i-j} = LF_{i-j} - D_{i-j} = \min\{LS_{j-k}\} - D_{i-j}$$

3. 总时差

（1）计算方法。工作总时差等于工作最早开始时间到最迟完成时间这段极限活动范围，再扣除工作本身必需的持续时间所剩余的差值。用公式表达如下：

$$TF_{i-j} = LF_{i-j} - ES_{i-j} - D_{i-j}$$

$$TF_{i-j} = LF_{i-j} - (ES_{i-j} + D_{i-j}) = LF_{i-j} - EF_{i-j}$$

或
$$TF_{i-j} = (LF_{i-j} - D_{i-j}) - ES_{i-j} = LS_{i-j} - ES_{i-j}$$

（2）计算目的。通过工作总时差的计算，可以方便地找出网络图中的关键工作和关键线路。总时差为零者，意味着该工作没有机动时间，即为关键工作，由关键工作所构成的线路，就是关键线路。

关键线路至少有一条，但不见得只有一条。

工作总时差是网络计划调整与优化的基础，是控制施工进度、确保工期的重要依据。

4. 自由时差

(1) 计算方法。自由时差等于本工作最早开始时间到紧后工作最早开始时间这段极限活动范围，再扣除工作本身必需的持续时间所剩余的差值。用公式表达如下：

$$FF_{i-j}=ES_{j-k}-ES_{i-j}-D_{i-j}$$

经稍加变换可得：

$$FF_{i-j}=ES_{j-k}-(ES_{i-j}+D_{i-j})=ES_{j-k}-E_{f-i}$$

用紧后工作的最早开始时间减本工作的最早完成时间即可。对于网络计划的结束工作，应将计划工期看作紧后工作的最早开始时间进行计算。

最后工作的自由时差均等于总时差。当计划工期等于计算工期时，总时差为零者，自由时差亦为零。当计划工期不等于计算工期时，最后关键工作的自由时差与其总时差相等，其他关键工作的自由时差均为零。

(2) 计算目的。自由时差的利用不会对其他工作产生影响，因此常利用它来变动工作的开始时间或增加持续时间，以达到工期调整和资源优化的目的。

10.3.3 双代号网络图时间参数计算实例

已知：某双代号网络计划如图 10-28 所示，试计算时间参数。

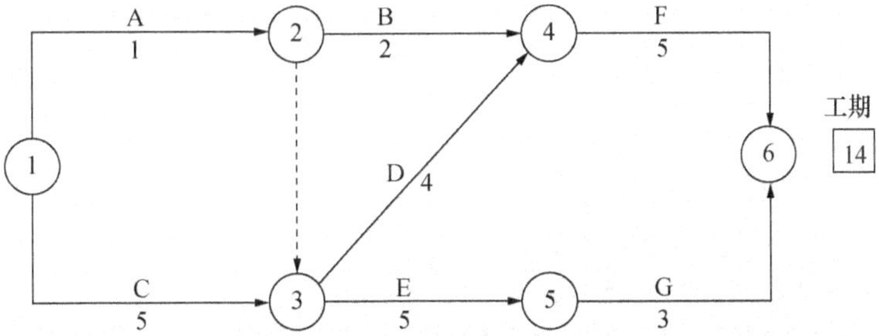

图 10-28　某双代号网络图

解：

1. 最早时间的计算

(1) $ES_{i-j}=0\quad(i=1)$

即　$ES_{1-2}=0$；$ES_{1-3}=0$；

(2) $EF_{i-j}=ES_{i-j}+Di-j$

即　$EF_{1-2}=0+1=1$；$EF_{1-3}=0+5=5$。

(3) $ES_{i-j}=\max\{ES_{h-i}+D_{h-i}\}=\max\{EF_{h-i}\}$

即　$ES_{2-4}=1$；$ES_{2-3}=1$；$ES_{3-4}=\max\{1,\ 5\}=5$；$ES_{3-5}=\max\{1,\ 5\}=5$；

$EF_{2-4}=1+2=3$；$EF_{2-3}=1+0=$；$ES_{3-4}=5+4=9$；$ES_{3-5}=5+5=10$；

$ES_{4-6}=\max\{9,\ 3\}=9$；$ES_{5-6}=10$

$EF_{4-6}=9+5=14$；$EF_{5-6}=10+3=13$

填入计算结果，如图 10-29（a）所示。

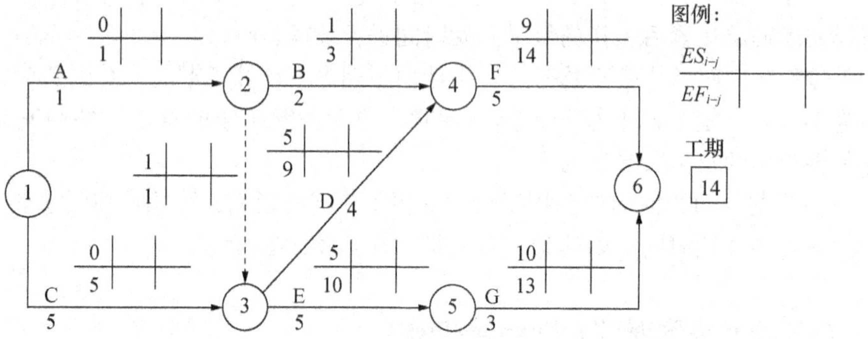

图 10-29（a）　双代号网络图时间参数计算过程之一

2. 最迟时间的计算

(1) $LF_{i-n}=TP$

即　$LF_{4-6}=14$；$LF_{5-6}=14$；

(2) $LS_{i-j}=LF_{i-j}-D_{i-j}=\min\{LS_{j-k}\}-D_{i-j}$

即　$LS4-6=14-5=9$；$LS5-6=14-3=11$；

(3) $LF_{i-j}=\min\{LF_{j-k}-D_{j-k}\}=\min\{LS_{j-k}\}$

即　$LF_{2-4}=9$；$LF_{3-4}=9$；$LF_{3-5}=11$；

$LS_{2-4}=9-2=7$；$LS3-4=9-4=5$；$LS_{3-5}=11-5=6$；

$LF_{2-3}=\min\{5,\ 6\}=5$；$LF_{1-3}=\min\{5,\ 6\}=5$；

$LS_{2-3}=5-0=5$；$LS_{1-3}=5-5=0$；

$LF_{1-2}=\min\{5,\ 7\}=5$；

$LS_{1-2}=5-1=4$；

填入计算结果，如图 10-29（b）所示。

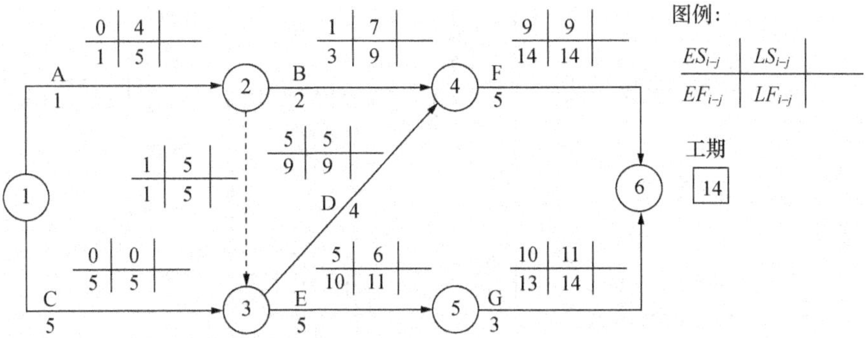

图 10-29（b）　双代号网络图时间参数计算过程之二

3．总时差

$$TF_{i-j} = (LF_{i-j} - D_{i-j}) - ES_{i-j} = LS_{i-j} - ES_{i-j}$$

即　$TF_{1-2} = 4 - 0 = 1$；$TF_{2-3} = 5 - 1 = 4$；$TF_{1-3} = 0 - 0 = 0$；$TF_{2-4} = -1 = 6$；

$TF_{3-4} = 5 - 5 = 0$；$TF_{3-5} = 6 - 5 = 1$；$TF_{4-6} = 9 - 9 = 0$；$TF_{5-6} = 11 - 10 = 1$；

填入计算结果，如图 10-29（c）所示。

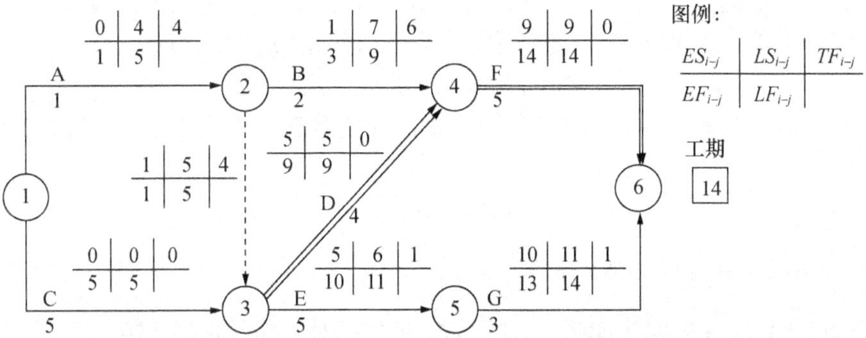

图 10-29（c）　双代号网络图时间参数计算过程之三

4．自由时差

$$FF_{i-j} = ES_{j-k} - (ES_{i-j} + D_{i-j}) = ES_{j-k} - EF_{i-j}$$

即　$FF_{1-2} = 1 - 1 = 0$；$FF_{2-3} = 5 - 1 = 4$；$FF_{1-3} = 5 - 5 = 0$；$FF_{2-4} = 9 - 3 = 6$；

$FF_{3-4} = 9 - 9 = 0$；$FF_{3-5} = 10 - 10 = 0$；$FF_{4-6} = 14 - 14 = 0$；$FF_{5-6} = 14 - 13 = 1$。

填入计算结果，如图 10-29（d）所示。

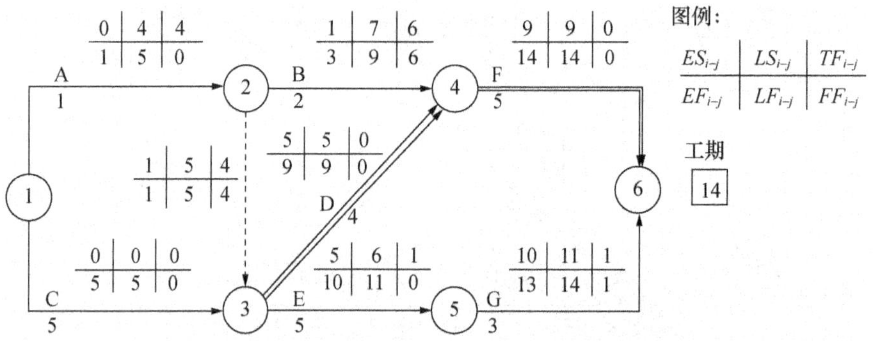

图 10-29（d） 双代号网络图时间参数计算过程之四

10.3.4 单代号网络图的时间参数计算

1. 工作最早时间的计算

工作最早时间包括最早开始时间和最早完成时间。计算顺序为：从起点节点开始，顺箭头方向依次进行。

（1）最早开始时间。起点节点（起始工作）的最早开始时间如无规定，其值为零；其他工作的最早开始时间等于其紧前工作最早完成时间的最大值，即：

$$ES_i = \max\{EF_h\}$$

（2）最早完成时间。一项工作的最早完成时间就等于其最早开始时间与本工作持续时间之和，即：

$$EF_i = ES_i + D_i$$

2. 相邻两项工作时间间隔的计算

相邻两项工作存在着时间间隔，i 工作与 j 工作的时间间隔记为 LAG_{i-j}。

时间间隔是指相邻两项工作之间，后项工作的最早开始时间与前项工作的最早完成时间之差。计算公式为：

$$LAG_{i-j} = ES_j - EF_i$$

3. 工作总时差的计算

工作总时差应从网络计划的终点节点开始，逆着箭线方向依次逐项计算。

（1）终点节点所代表工作 n 的总时差 TF_n 值应为：

$$TF_n = TP - EF_n$$

（2）其他工作 i 的总时差 TF_i 应为：

$$TF_i = \min\{TF_j + LAG_{i-j}\}$$

4. 工作自由时差的计算

工作自由时差的计算没有顺序要求，常按以下规定进行：

（1）终点节点所代表工作 n 的自由时差 FF_n 值应为：

$$FF_n = TP - EF_n$$

（2）其他工作 i 的自由时差 TF_i 应为：

$$FF_i = \min\{LAG_{i-j}\}$$

5. 工作最迟时间的计算

工作最迟时间包括最迟完成时间和最迟开始时间。

（1）最迟完成时间。终点节点的最迟完成时间等于计划工期。即：

$$LF_n = TP$$

其他工作的最迟完成时间等于其各紧后工作最迟开始时间的最小值。即：

$$LF_i = \min\{LS_j\}$$

或等于本工作最早完成时间与总时差之和。即：

$$LF_i = EF_i + TF_i$$

（2）最迟开始时间。工作的最迟开始时间等于其最迟完成时间减去本工作的持续时间，即：

$$LS_i = LF_i - D_i$$

或等于本工作最早开始时间与总时差之和。即：

$$LS_i = TF_i + ES_i$$

以上各项时间参数的计算顺序是：

$$ES_i \to EF_i \to T_c \to TP \to LAG_{i-j} \to TF_i \to FF_i \to LF_i \to LS_i。$$

此外，也可以按双代号网络图的计算方法进行计算，其计算顺序是：

$$ES_i \to EF_i \to T_c \to TP \to LF_i \to LS_i \to TF_i \to FF_i \to LAG_{i-j}。$$

6. 确定关键工作和关键线路

同双代号网络图一样，单代号网络图中总时差为最小值的工作也是关键工作。当计划工期等于计算工期时，总时差最小值为零，则总时差为零的工作就是关键工作。

单代号网络图的关键线路可以通过工作之间的时间间隔 LAG_{i-j} 来判断，即自终点节点至起点节点的全部 $LAG\ i-j=0$ 的线路均为关键线路。如图 10-30 所示。

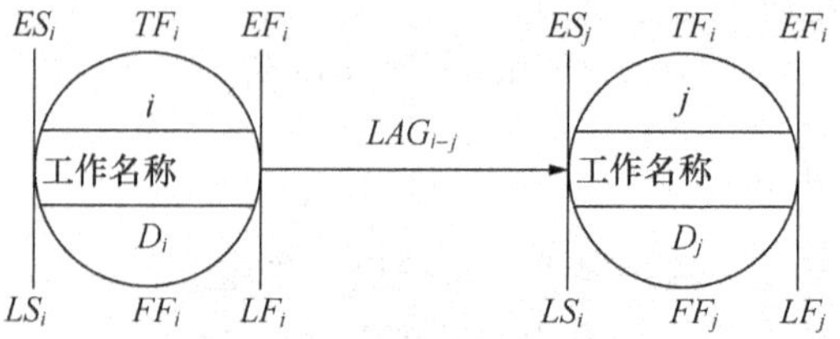

图 10-30 单代号网络图时间参数

10.3.5 单代号网络图的时间参数计算实例

已知：以某单代号网络计划如图 10-31 所示，试计算其时间参数。

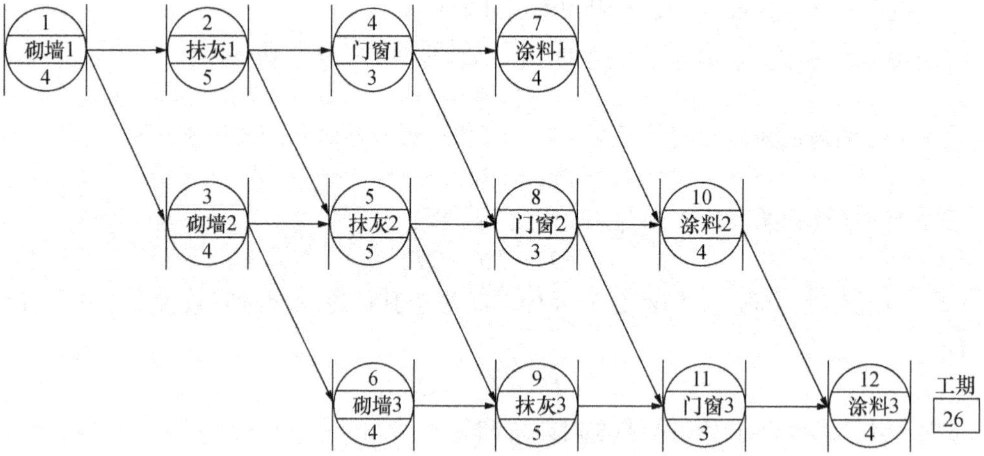

图 10-31 某单代号网路图

解：

1．最早时间

$$ES_i = \max\{EF_h\} \quad EF_i = ES_i + D_i$$

即

$ES_1 = 0$，$EF_1 = 0 + 4 = 4$；$ES_2 = ES_3 = 4$，$EF_2 = 4 + 5 = 9$，$EF_3 = 4 + 4 = 8$；

$ES_4 = 9$，$EF_4 = 9 + 3 = 12$；$ES_5 = \max\{9, 8\} = 9$，$EF_5 = 9 + 5 = 14$；

$ES_6 = 8$，$EF_6 = 8 + 4 = 12$；$ES_7 = 12$，$EF_7 = 12 + 4 = 16$；

$ES_8 = \max\{12, 14\} = 14$，$EF_8 = 14 + 3 = 17$；

$ES_9 = \max\{14,\ 12\} = 14$，$EF_9 = 14 + 5 = 19$；

$ES_{10} = \max\{16,\ 17\} = 17$，$EF_{10} = 17 + 4 = 21$；

$ES_{11} = \max\{17,\ 19\} = 19$，$EF_{11} = 19 + 3 = 22$；

$ES_{12} = \max\{21,\ 22\} = 22$，$EF_{12} = 22 + 4 = 26$。

2. 相邻工作时间间隔

$$LAG_{i-j} = ES_j - EF_i$$

即

LAG_1，$2 = 4 - 4 = 0$，LAG_1，$3 = 4 - 4 = 0$，LAG_2，$4 = 9 - 9 = 0$，LAG_2，$5 = 9 - 9 = 0$，
LAG_3，$5 = 9 - 8 = 1$，LAG_3，$6 = 8 - 8 = 0$，LAG_4，$7 = 12 - 12 = 0$，$LAG4$，$8 = 14 - 12 = 2$，
LAG_5，$8 = 14 - 14 = 0$，LAG_5，$9 = 14 - 14 = 0$，LAG_6，$9 = 14 - 12 = 2$，
LAG_7，$10 = 17 - 16 = 1$；LAG_8，$10 = 17 - 17 = 0$，LAG_8，$11 = 19 - 17 = 2$，
LAG_9，$11 = 19 - 19 = 0$；LAG_{10}，$12 = 22 - 21 = 1$，$LAG_{22} - 22 = 0$。

3. 总时差

$$TF_n = TP - EF_n \quad TF_i = \min\{TF_j + LAG_{i-j}\}$$

即

$TF_{12} = 26 - 26 = 0$；$TF_{11} = 0 + 0 = 0$；$TF_{10} = 0 + 1 = 1$；$TF_9 = 0 + 0 = 0$；

$TF_8 = \min\{0 + 1,\ 2 + 0\} = 1$；$TF_7 = 1 + 1 = 2$；$TF_6 = 2 + 0 = 2$；

$TF_5 = \min\{0 + 0,\ 0 + 0\} = 0$；$TF_4 = \min\{0 + 2,\ 2 + 1\} = 2$；

$F_3 = \min\{1 + 0,\ 0 + 2\} = 1$；$TF_2 = \min\{0 + 2,\ 0 + 0\} = 0$；

$TF_1 = \min\{0 + 0,\ 0 + 1\} = 0$

4. 自由时差

$$FF_n = TP - EF_n \quad FF_i = \min\{LAG_{i-j}\}$$

即

$FF_1 = \min\{0,\ 0\} = 0$；$FF_2 = \min\{0,\ 0\} = 0$；$FF_3 = \min\{1,\ 0\} = 0$；

$FF_4 = \min\{0,\ 2\} = 0$；$FF_5 = \min\{0,\ 0\} = 0$；$FF_6 = 2$；$FF_7 = 1$；

$FF_8 = \min\{0,\ 2\} = 0$；$FF_9 = 0$；$FF_{10} = 1$；$FF_{11} = 0$；$FF_{12} = 26 - 26 = 0$

5. 最迟时间

$$LF_n = TP \quad LF_i = \min\{LS_j\} \quad LS_i = LF_i - D_i$$

即

$LF_{12}=26$，$LS_{12}=26-4=22$；$LF_{11}=22$，$LS_{11}=22-3=19$；$LF_{10}=22$，
$LS_{10}=22-4=18$；$LF_9=19$，$LS_9=19-5=14$；$LF_8=\min\{18，19\}=18$，
$LS_8=18-3=15$；$LF_7=18$，$LS_7=18-4=14$；$LF_6=14$，$LS_6=14-4=10$；
$LF_5=\min\{14，15\}=14$，$LS_5=14-5=9$；$LF_4=\min\{14，15\}=14$，
$LS_4=14-3=11$；$LF_3=\min\{9，10\}=9$，$LS_3=9-4=5$；$LF_2=\min\{11，9\}=9$，
$LS_2=9-5=4$；$LF_1=\min\{4，5\}=4$，$LS_1=4-4=0$。

填入计算结果，如图 10-32 所示。

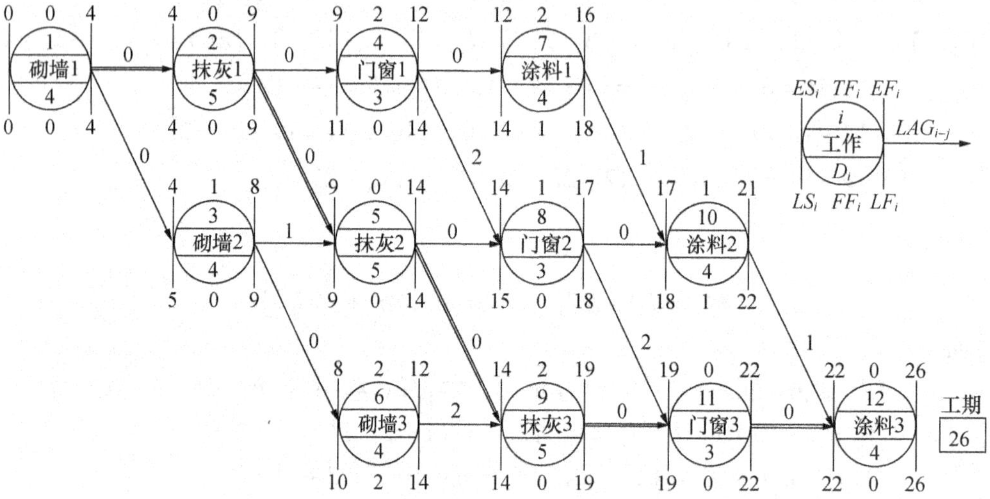

图 10-32 单代号网络计划时间参数计算结果

10.4 双代号时标网络图

10.4.1 双代号时标网络图的概念与特点

双代号时标网络图，是以时间坐标为尺度编制的双代号网络计划。它通过箭线的长度及节点的位置，可以明确表达工作的持续时间及工作之间恰当的时间关系，是目前工程中常用的一种网络计划形式。

双代号时标网络计划是横道图和网络图的“二合一”，具有以下特点：

① 能够清楚地展现计划的时间进程。

② 直接显示各项工作的开始与完成时间、工作的自由时差和关键线路。

③ 可以通过叠加确定各个时段的材料、机具、设备及人力等资源的需要。

④ 由于箭线的长度受到时间坐标的制约，故绘图比较麻烦。

10.4.2　双代号时标网络图的绘制

1. 绘制要求

(1) 双代号时标网络图需绘制在带有时间坐标的表格上。

(2) 节点中心必须对准时间坐标的刻度线，以避免误会。

(3) 以实箭线表示工作，以虚箭线表示虚工作，以水平波形线表示自由时差或与紧后工作之间的时间间隔。

(4) 箭线宜采用水平箭线或水平段与垂直段组成的箭线形式，不宜用斜箭线。虚工作必须用垂直虚箭线表示，其自由时差应用水平波形线表示。

(5) 双代号时标网络图宜按最早时间编制，以保证实施的可靠性。

2. 绘制方法

双代号时标网络图的编制应在绘制草图后，直接进行绘制或经计算后按时间参数绘制。

(1) 按时间参数绘制法。即计算出时间参数并找出关键线路后，再绘制成时标网络计划。

① 绘制时标表。

② 将每项工作的箭尾节点按最早开始时间定位在时标表上，其布局应与无时标网络计划基本相当，然后编号。

③ 用实箭线形式绘制出工作箭线，当某些工作箭线的长度不足以达到该工作的完成节点时，用波形线补足，箭头画在波形线与节点连接处。

④ 用垂直虚箭线绘制虚工作，虚工作的自由时差也用水平波形线补足。

(2) 直接绘制法。

① 绘制时标表。

② 将起点节点定位于时标表的起始刻度线上。

③ 按工作的持续时间在时标表上绘制起点节点的外向箭线。

④ 工作的箭头节点必须在其所有的内向箭线绘出以后，定位在这些内向箭线中最晚

完成的实箭线箭头处。

⑤ 某些内向实箭线长度不足以到达该箭头节点时，用波形线补足。虚箭线应垂直绘制，如果虚箭线的开始节点和结束节点之间有水平距离时，也以波形线补足；

⑥ 用上述方法自左至右依次确定其他节点的位置。

3．绘制示例

某装修工程有三个楼层，有吊顶、顶墙涂料和铺木地板三个施工过程。其中每层吊顶确定为三周、顶墙涂料定为两周、铺木地板定为一周完成，如图 10-33 所示。试绘制时标网络计划。

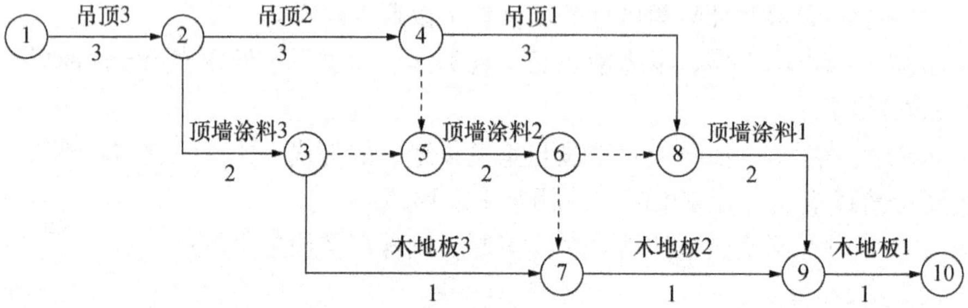

图 10-33

按照双代号时标网络图的直接绘制法，绘制双代号时标网络图如图 10-34 所示：

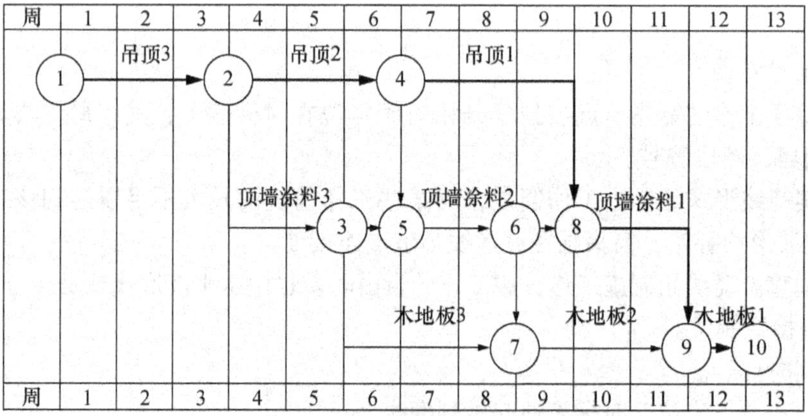

图 10-34　双代号时标网络图绘制实例

10.4.3　双代号时标网络图时间参数的判定与推算

1. “计划工期”的判定

终点节点与起点节点所在位置的时标差值，即为时标网络计划的“计划工期”。当起点节点处于时标表的零点时，终点节点所处的时标点即是计划工期。

2. 最早时间的判定

工作箭线箭尾节点中心所对应的时标值，为该工作的最早开始时间。箭头节点中心或与波形线相连接的实箭线右端的时标值，为该工作的最早完成时间。

3. 自由时差值的判定

在时标网络计划中，工作的自由时差值等于其波形线的水平投影长度。

4. 总时差的推算

在时标网络计划中，工作的总时差应自右向左逐个推算。

(1) 以终点节点为完成节点的工作，其总时差为计划工期与本工作最早完成时间之差。即：

$$TF_{i-n} = TP - EF_{i-n}$$

(2) 其他工作的总时差，等于诸紧后工作总时差的最小值与本工作自由时差之和。即：

$$TF_{i-j} = \min\{TF_{j-k}\} + FF_{i-j}$$

5. 最迟时间的推算

由于已知最早开始时间和最早完成时间，又知道了总时差，故工作的最迟完成和最迟开始时间可分别用以下两公式算出：

$$LF_{i-j} = TF_{i-j} + EF_{i-j}$$

$$LS_{i-j} = TF_{i-j} + ES_{i-j}$$

10.5　网络计划优化

网络计划的优化是指在满足给定网络计划的约束条件下，按照某一衡量指标，通过不断改善网络计划的初始方案来寻求一个最优的计划方案。

根据网络计划优化的条件和目标不同，通常有工期优化、费用优化和资源优化等3种。

10.5.1 工期优化

工期优化是在网络计划的工期不满足要求时，通过压缩计算工期以达到要求工期目标，或在一定约束条件下使工期最短的过程。

网络计划工期优化的基本方法，是在不改变网络计划中各项工作之间的逻辑关系的前提下，通过压缩关键工作的持续时间来达到优化的目标。在工期优化的过程当中，按照经济合理的原则，不能将关键工作压缩成非关键工作。必须要注意的是，在工期优化的过程当中，如果出现多条关键线路，必须要将各条关键线路的总持续时间压缩相同的数值；否则，不能有效地缩短工期。

1. 关键工作的选择

在确定需缩短持续时间的关键工作时，应按以下几个方面进行选择：

① 缩短持续时间对质量和安全影响不大的工作；

② 有充足备用资源的工作；

③ 缩短持续时间所需增加的工人或材料最少的工作；

④ 缩短持续时间所需增加的费用最少的工作。

2. 网络计划的工期优化步骤

（1）求出计算工期并找出关键线路及关键工作。

（2）按要求工期计算出工期应缩短的时间目标 ΔT：

$$\Delta T = T_c - T_r$$

式中：T_c——计算工期；

T_r——要求工期。

（3）确定各关键工作能缩短的持续时间。

（4）将应优先缩短的关键工作压缩至最短持续时间，并找出新关键线路。若此时被压缩的工作变成了非关键工作，则应将其持续时间延长，使之仍为关键工作。

（5）若计算工期仍超过要求工期，则重复以上步骤，直到满足工期要求或工期已不能再缩短为止。

（6）当所有关键工作的持续时间都已经达到其能够缩短的极限而寻求不到继续缩短工期的方案，但网络计划的计算工期仍不能满足要求工期时，应该对网络计划的原技术方案、组织方案进行调整，或者对要求工期重新审定。

3. 工期优化实例

已知：某工程双代号网络计划如图 10-35 所示，图中箭线下方括号外数字为工作的正常持续时间，括号内数字为最短持续时间；箭线上方括号内数字为优选系数，该系数综合考虑质量、安全和费用增加情况而确定。现在要求工期为 18 天，试对该网络计划进行工期优化。

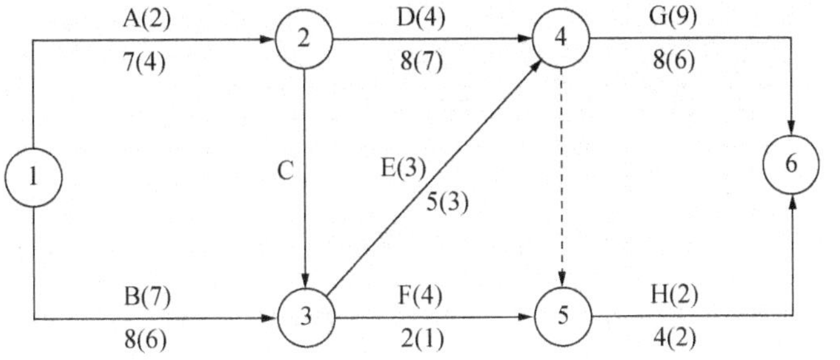

图 10-35　某工程双代号网络计划图

解：(1) 根据网络计划中各项工作的正常持续时间，用标号法确定网络计划的计算工期和关键线路，如图 10-36 (a) 所示。关键线路为①→②→④→⑥。

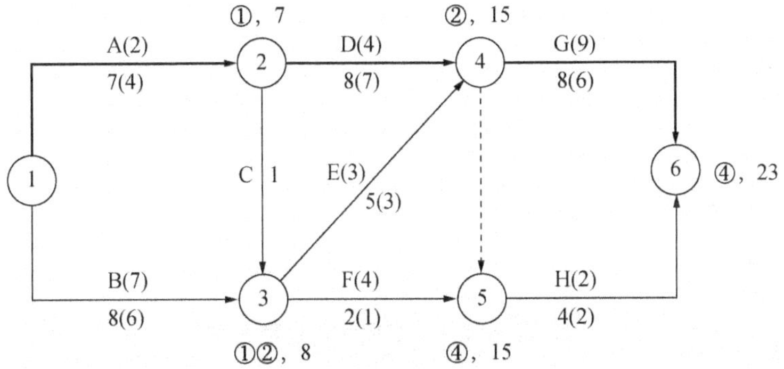

图 10-36 (a)　工期优化过程之一

(2) 计算应缩短的时间：$\Delta T = T_c - T_r = 23 - 18 = 5$ 天

(3) 由于关键工作为 A、D、G，其中工作 A 的优选系数最小，故而将工作 A 作为优先压缩对象。

(4) 将关键工作 A 的持续时间 7 压缩至最短持续时间 4，利用标号法确定新的计算工期和关键线路，如图 10-36 (b) 所示。

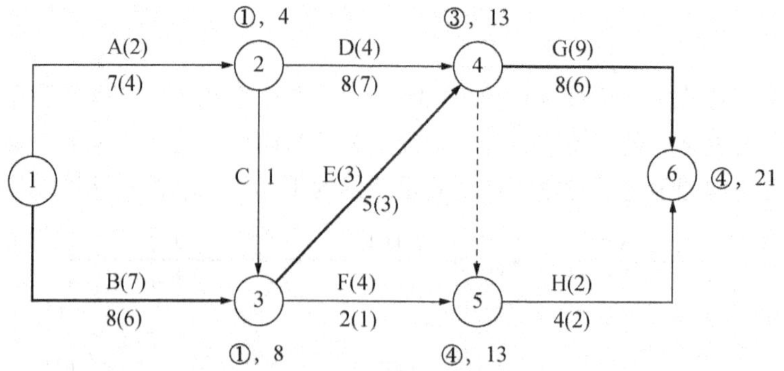

图 10-36（b） 工期优化过程之二

关键工作 A 被压缩成非关键工作，故而将持续时间 4 延长至 5，使之成为关键工作。新的网络计划中出现两条关键线路，即①→②→④→⑥，①→③→④→⑥。工期为 21 天。如图 10-36（c）所示。

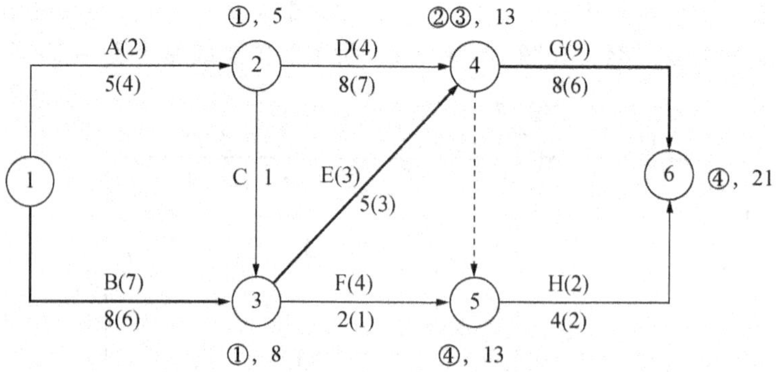

图 10-36（c） 工期优化过程之三

（5）由于新的工期为 21 天，仍然大于要求工期 18 天，故而需要继续压缩。在图 10-36（c）所示的网络计划中有以下 3 个压缩方案。

方案一：同时压缩 A、B，组合优选系数为 2 + 7 = 9；

方案二：同时压缩 D、E，组合优选系数为 4 + 3 = 7；

方案三：压缩 G，优选系数为 9。

在上述压缩方案中，方案二的优选系数最小，故而选择同时压缩 D、E。计算工期为 20 天，关键线路仍为①→②→④→⑥，①→③→④→⑥。如图 10-36（d）所示。

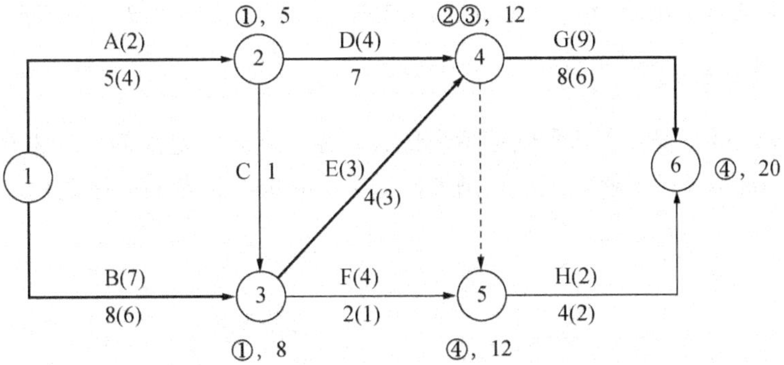

图 10-36（d）　工期优化过程之四

（6）由于图 10-36（d）所示的网络计划的计算工期为 20 天，仍然大于要求工期 18 天，故而需要继续压缩。工作 D 已经压缩至最短时间，不能再压缩。方案一与方案三的优选系数相同，但是方案三只需要压缩一项工作，故而选择方案三，即压缩工作 G 的持续时间 8 为最短持续时间 6。

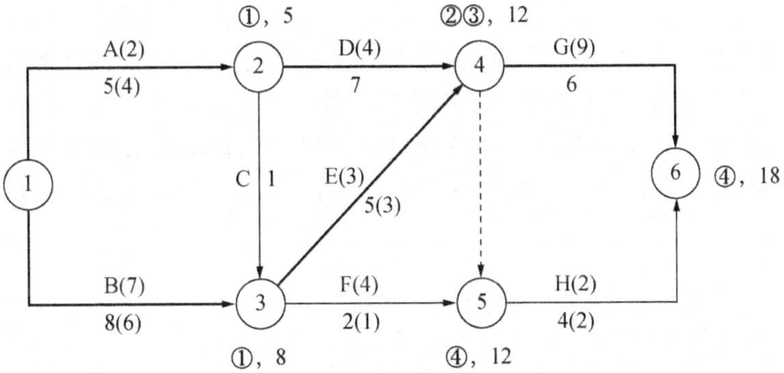

图 10-36（e）　工期优化过程之五

压缩后的网络计划如图 10-36（d）工期优化过程之四所示，新的计算工期为 18 天，关键线路仍为①→②→④→⑥，①→③→④→⑥。

因为新的计算工期等于要求工期，故而不需要继续压缩。

10.5.2　费用优化

在一定范围内，工程的施工费用随着工期的变化而变化，在工期与费用之间存在着最优解的平衡点。费用优化就是寻求最低成本时的最优工期及其相应进度计划，或按要求工期寻求最低成本及其相应进度计划的过程。因此费用优化又叫工期-成本优化。

1. 工期与成本的关系

工程的成本包括工程直接费和间接费两部分。在一定时间范围内，工程直接费随着工期的增加而减少，而间接费则随着工期的增加而增大，它们与工期的关系曲线如图 10-37 所示。

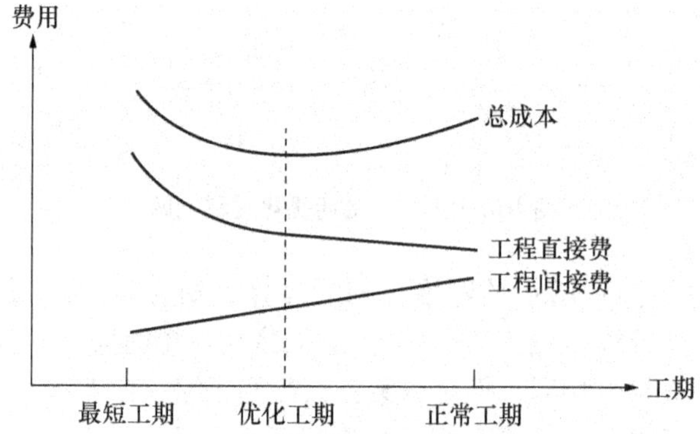

图 10-37 工期－费用关系曲线

工程的总成本曲线是将不同工期的直接费和间接费叠加而成，其最低点就是费用优化所寻求的目标。该点所对应的工期，就是网络计划成本最低时的最优工期。

为了简化计算，工作的直接费与工作时间之间的关系被近似地认为是直线关系，如图 10-38 所示。工作的工作时间每缩短单位时间增加的直接费，称为直接费率。

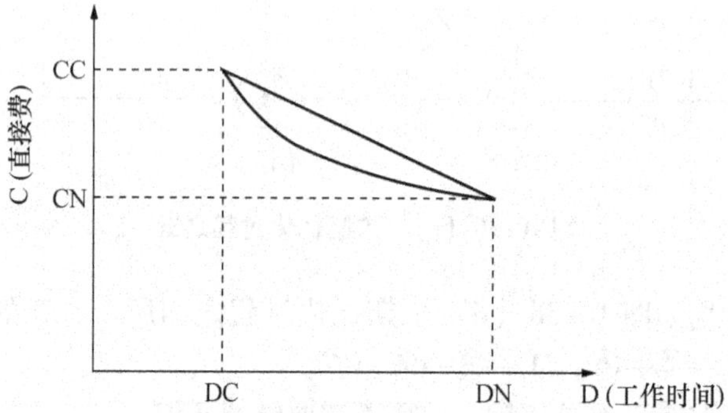

图 10-38 直接费－工作时间关系曲线

$$\Delta C_{i-j} = (CC_{i-j} - CN_{i-j})/(DN_{i-j} - DC_{i-j})$$

式中：ΔC_{i-j}——工作 $i-j$ 的直接费率；

CC_{i-j}——按照最短工作时间完成工作 $i-j$ 时所需的直接费；

CN_{i-j}——按照正常工作时间完成工作 $i-j$ 时所需的直接费；

DN_{i-j}——工作 $i-j$ 的正常工作时间；

DC_{i-j}——工作 $i-j$ 的最短工作时间。

间接费主要是用于整个工程在组织和管理中的各种经营费用，属于整个工程项目，一般情况下，工期越短，间接费越小，间接费与总工期近似呈线性关系。单位时间间接费的曲率，称为间接费率，用 ΔC 表示。

如图 10-38 所示，由直接费和间接费曲线叠加完成的成本曲线是一个马鞍形曲线，从图中可以看出，在正常工期和最短工期之间，缩短工期会引起直接费的增加和间接费的减少，延长工期会引起直接费的减少和间接费的增加。当直接费和间接费之和最低时的工期才是总成本最低时的工期，称为最优工期。

2. 费用优化的方法

费用优化的方法：不断地在网络计划中找出直接费率最小的关键工作，缩短其持续时间，同时考虑间接费随工期缩短而减少的数值，最后求得工程总成本最低时的最优工期或按照要求工期求得最低成本的计划安排。即，不断压缩关键线路上有压缩可能且费用最少的工作。具体的优化步骤为：

① 按照工作的正常持续时间确定计算工期和关键线路。

② 计算各项工作的直接费率。

③ 当只有一条关键线路时，找出直接费率最小的一项关键工作，作为缩短工作时间的对象；当有多条关键线路是，找出组合直接费率最小的一组关键工作，作为缩短工作时间的对象。

④ 对于选定的缩短工作时间的对象，首先比较其直接费率或组合直接费率与工程间接费率的大小：如果大于，说明压缩关键工作的持续时间会使工程总费用增加，即在此之前的方案为最优方案；如果等于，说明压缩关键工作的持续时间不会使工程总费用增加，应该缩短关键工作的持续时间；如果小于，说明压缩关键工作的持续时间会使工程总费用减少，应该缩短关键工作的持续时间。

⑤ 需要缩短关键工作的持续时间时，缩短值的确定应该符合以下的原则：缩短后工作的持续时间不能小于最短持续时间；缩短持续时间的工作不能变成非关键工作。

⑥ 计算关键工作的持续时间缩短后相应增加的总费用。

⑦ 重复③~⑥步骤，直至计算工期满足要求工期或被压缩对象的直接费率或组合直接费率大于工程间接费率为止。

⑧ 计算优化后工程的总费用。

3. 费用优化实例

已知：某双代号网络计划如图10-39所示，图中箭线下方括号外的数字为工作的正常时间，括号内数字为最短持续时间；箭线上方括号外数字为工作的正常持续时间完成时所需的直接费，括号内数字为工作最短持续时间完成时所需的直接费。该工程的间接费率为1万/天，试对其进行费用优化。

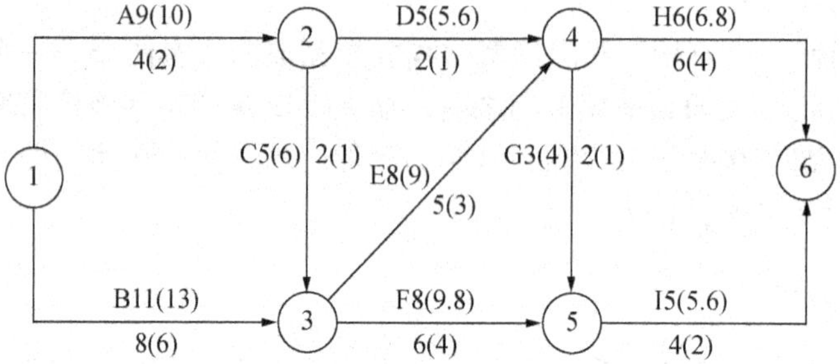

图10-39 费用优化实例

解：(1) 根据工作的正常持续时间，用标号法确定网络计划的计算工期和关键线路，如图10-40所示。计算工期为19天，关键线路为①→③→④→⑤→⑥，①→③→④→⑥。

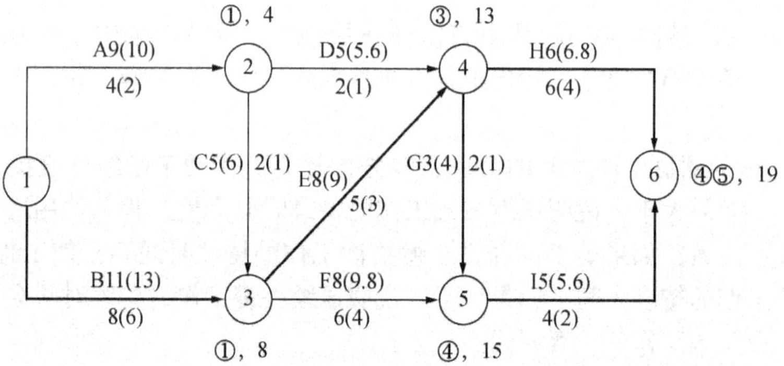

图10-40 时间参数计算

(2) 计算各项工作的直接费率：

$$\Delta C_{1-2} = (10-9)/(4-2) = 0.5(\text{万/天})$$

$$\Delta C_{1-3} = (13-11)/(8-6) = 1(\text{万/天})$$

$$\Delta C_{2-3} = (6-5)/(2-1) = 1(\text{万/天})$$

$$\Delta C_{2-4}=(5.6-5)/(2-1)=0.6(\text{万/天})$$
$$\Delta C_{3-4}=(9-8)/(5-3)=0.5(\text{万/天})$$
$$\Delta C_{3-5}=(9.8-9)/(6-4)=0.9(\text{万/天})$$
$$\Delta C_{4-5}=(4-3)/(2-1)=1(\text{万/天})$$
$$\Delta C_{4-6}=(6.8-6)/(6-4)=0.4(\text{万/天})$$
$$\Delta C_{5-6}=(5.6-5)/(4-2)=0.3(\text{万/天})$$

(3) 计算工程总费用

直接费总和 =9 +11 +5 +5 +8 +8 +3 +6 +5 =60（万）

间接费总和 =1 ×19 =19（万）

工程总费用 =60 +19 =79（万）

(4) 通过压缩关键工作的工作时间进行费用优化，优化过程列于表 10-2，优化后的网络计划如图 10-41 所示。

表 10-2 优化过程

压缩次数	被压缩工作代号	被压缩工作名称	直接费率（万/天）	费率差（万/天）	缩短时间	费用增加值（万）	总工期（天）	总费用（万）
0	—	—	—	—	—	—	19	79
1	3 -4	E	0.5	-0.5	1	-0.5	18	78.5
2	4 -6，5 -6	HI	0.7	-0.3	2	-0.6	16	77.9
3	1 -3	B	1	0	2	0	14	77.9
4	1 -2，1 -3	AB	1.5	+0.5	—	—	—	—

第一次优化，如图 10-40（a）所示。

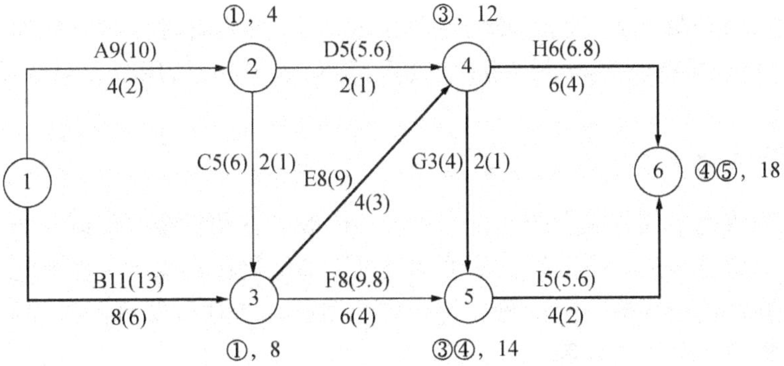

图 10-40（a）

第二次优化，如图 10-40（b）所示

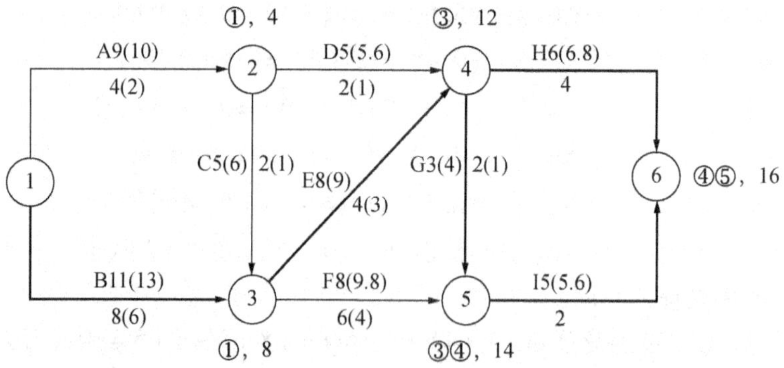

图 10-40（b）

第三次优化，如图 10-40（c）所示。

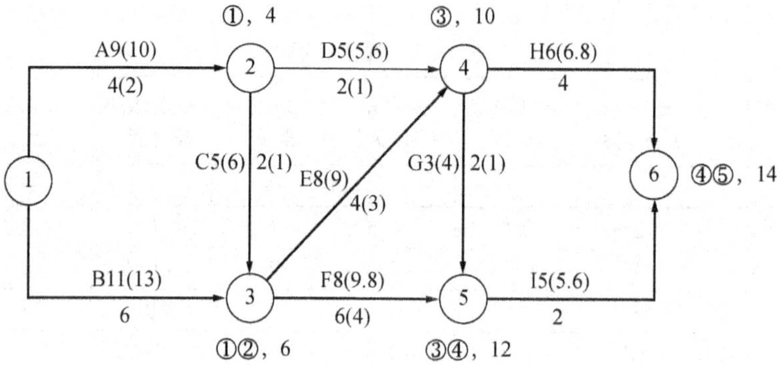

图 10-40（c）

上述计算结果表明，本工程的最优工期为 16 天，与此同时相对应的最低工程总费用为 77.9 万元，比正常持续时间的网络计划缩短了 5 天，且总费用减少 1.1 万元。

10.5.3 资源优化

资源是为完成施工任务所需的人力、材料、机械设备和资金等的统称。完成一项工程任务所需的资源量基本上是不变的，不可能通过资源优化将其减少。资源优化是通过改变工作的开始时间，使资源按时间的分布符合优化目标。如在资源有限时如何使工期最短，当工期一定时如何使资源均衡等。

1. “资源有限，工期最短”的优化

该优化是通过调整计划安排，以满足资源限制条件，并使工期增加最少的过程。具体步骤如下：

① 按照各项工作的最早开始时间安排进度计划，即按照最早时间绘制的双代号时标网络计划，并计算每个时间单位的资源需要量。

② 从计划开始日期起，逐个检查每个时段（每个时间单位资源需要量相同的时间段）资源需要量是否超过所能供应的资源限量。如果整个工期范围内，每个时段的资源需要量均能满足资源限量的要求，则可行的优化方案就已编制完成；否则，转入下一步。

③ 分析超过资源限量的时段。如果在该时段内有几项工作平行作业，则采取将一项工作安排在与之平行的另一项工作之后进行的方法，以降低该时段的资源需要量。

④ 绘制调整后的网络计划，重新计算每个时间单位的资源需要量。

⑤ 重复步骤②~④，直至网络计划整个工期范围内每个单位时间的资源需要量均能满足资源限量为止。

2. “工期固定，资源均衡”的优化

按照方差值最小的优化思想，“工期固定，资源均衡”的优化可以按照如下步骤进行：

① 按照各项工作的最早开始时间安排进度计划，即按照最早时间绘制的双代号时标网络计划，并计算每个时间单位的资源需要量。

② 从网络计划的终点节点开始，按照工作完成节点编号值从大到小的顺序依次进行调整。当某一节点同时作为多项工作的完成节点时，应该先调整开始时间较迟的工作。

在调整工作时，一项工作能够右移或左移的条件：

A. 工作具有机动时间，在不影响工期的前提下能够右移或左移；

B. 工作满足判别公式 $R_{j+1}+r_k \leqslant R_i$ 或 $R_{i-1}+r_k \leqslant R_j$。

只有同时满足以上两个条件，才能调整该项工作，将其右移或左移至相应位置。

③ 当所有工作均按照上述顺序自右向左进行多次调整，直到所有工作既不能右移，也不能左移为止。

第 11 章　单位工程施工组织设计

主要内容

单位工程施工组织概述、工程概况、施工方案、单位工程施工进度计划、单位工程施工平面图、技术经济指标、单位工程施工组织设计实例。

学习重点

施工方案、单位工程施工进度计划、单位工程施工平面图、技术经济指标。

学习要求

掌握单位工程施工组织设计的编制内容与方法；了解单位工程施工组织设计的编制实例。

单位工程施工组织设计是建筑施工企业组织和指导单位工程施工全过程各项活动的技术经济文件。它是基层施工单位编制季度、月度、旬度施工作业计划、分部分项工程作业设计及劳动力、材料、预制构件、施工机具等供应计划的主要依据，也是建筑施工企业加强生产管理的一项重要工作。本章主要叙述单位工程施工组织设计的编制内容和方法。

11.1　概　　述

单位工程施工组织设计一般由施工单位的工程项目主管工程师负责编制，并根据工程项目的大小，报公司总工程师审批或备案。它必须在工程开工前编制完成，以作为工程施工技术资料准备的重要内容和关键成果，并应经该工程监理单位的总监理工程师批准方可实施。

11.1.1　单位工程施工组织设计的编制依据

（1）主管部门的批示文件及有关要求；

（2）经过会审的施工图；

（3）施工企业年度施工计划；
（4）施工组织总设计；
（5）工程预算文件及有关定额；
（6）建设单位对工程施工可能提供的条件；
（7）施工条件；
（8）施工现场的勘察资料；
（9）有关的规范、规程和标准；
（10）有关的参考资料及施工组织设计实例。

11.1.2　单位工程施工组织设计的编制程序

单位工程施工组织设计的编制程序，是指单位工程施工组织设计各个组成部分形成的先后次序以及相互之间的制约关系。如图 11-1 所示。

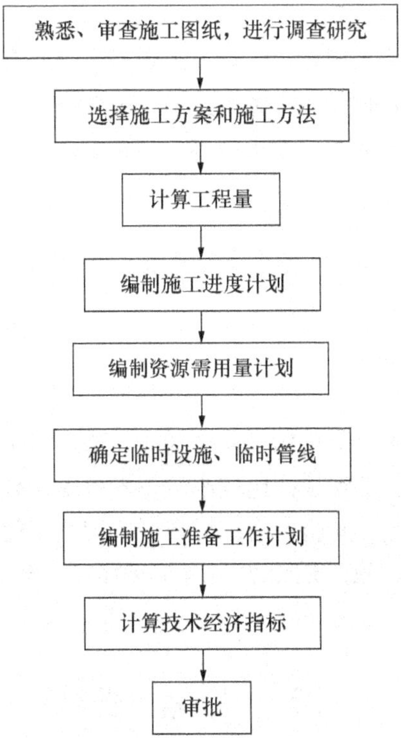

图 11-1　单位工程施工组织设计编制程序

11.1.3 单位工程施工组织设计的编制内容

根据工程的性质、规模、结构特点、技术复杂难易程度和施工条件等，单位工程施工组织设计编制内容的深度和广度也不尽相同。但一般来说应包括下述主要内容。

1. 工程概况及施工特点分析

主要包括工程建设概况、设计概况、施工特点分析和施工条件等内容。

2. 单位工程施工方案

主要包括确定各分部分项工程的施工顺序、施工方法和选择适用的施工机械、制订主要技术组织措施。详见本章第三节。

3. 单位工程施工进度计划表

主要包括确定各分部分项工程名称、计算工程量、计算劳动量和机械台班量、计算工作延续时间、确定施工班组人数及安排施工进度，编制施工准备工作计划及劳动力、主要材料、预制构件、施工机具需要量计划等内容。详见本章第四节。

4. 单位工程施工平面图

主要包括确定起重机械、垂直运输机械、搅拌站、临时设施、材料及预制构件堆场布置，运输道路布置，临时供水、供电管线的布置等内容，详见本章第五节。

5. 主要技术经济指标

主要包括工期指标、工程质量指标、安全指标、降低成本指标等内容。

对于建筑结构比较简单、工程规模比较小、技术要求比较低，且采用传统施工方法组织施工的一般工业与民用建筑，其施工组织设计可以编制得简单一些，称为“施工方案”。其内容一般只包括施工方案、施工进度表、施工平面图，辅以扼要的文字说明，简称为“一案一表一图”。

11.2 工程概况

工程概况包括工程建设概况、工程建设地点特征、建筑结构设计概况、施工条件和工程施工特点分析5方面内容。

1. 工程建设概况

主要介绍拟建工程的建设单位，工程名称、性质、用途和建设的目的，资金来源及工程造价，开竣工日期，设计单位、施工单位、监理单位，施工图纸情况，施工合同是否签订，上级有关文件或要求，以及组织施工的指导思想等。

2. 工程建设地点特征

主要介绍拟建工程的地理位置、地形、地貌、地质、水文地质、气温、冬雨季时间、主导风向、风力和地震烈度等。

3. 建筑、结构设计概况

主要根据施工图纸、结合调查资料，简练地概括工程全貌、综合分析，突出重点问题。对新结构、新材料、新技术、新工艺及施工的难点作重点说明。

(1) 建筑设计概况主要介绍拟建工程的建筑面积、平面形状和平面组合情况、层数、层高、总高、总长、总宽等尺寸及室内外装修的情况。

(2) 结构设计概况主要介绍基础的类型，埋置深度，设备基础的形式，主体结构的类型，墙、柱、梁、板的材料及截面尺寸，预制构件的类型及安装位置，楼梯构造及形式等。

4. 施工条件

主要介绍“三通一平”的情况，当地的交通运输条件，资源生产及供应情况，施工现场大小及周围环境情况，预制构件生产及供应情况，施工单位机械、设备、劳动力的落实情况，内部承包方式、劳动组织形式及施工管理水平，现场临时设施、供水、供电问题的解决。

5. 工程施工特点分析

主要介绍拟建工程施工特点和施工中关键问题、难点所在，以便突出重点、抓住关键，使施工顺利进行，提高施工单位的经济效益和管理水平。

11.3　单位工程施工方案

施工方案的选择是单位工程施工组织设计中的重要环节，是决定整个工程全局的关键。施工方案选择的恰当与否，将直接影响到单位工程的施工效率、进度安排、施工质量、施工安全、工期长短。因此，我们必须在若干个初步方案的基础上进行认真分析比较，力求选择出一个最经济、最合理的施工方案。在选择施工方案时应着重研究以下 3 个方面的内容：确定各分部分项工程的施工顺序；确定主要分部分项工程的施工方法和选择适用的施工机械；制订主要技术组织措施，进行流水施工。

11.3.1 施工顺序的确定

1. 确定施工顺序应遵循的基本原则

确定合理的施工顺序是选择施工方案首先应考虑的问题。

施工顺序是指工程开工后各分部分项工程施工的先后次序。确定施工顺序既是为了按照客观的施工规律组织施工，也是为了解决工种之间的合理搭接，保证工程质量和施工安全的前提下，充分利用空间，以达到缩短工期的目的。

(1) 先地下，后地上。指的是地上工程开始之前，把管道、线路等地下设施、土方工程和基础工程全部完成或基本完成。坚固耐用的建筑需要有一个坚实的基础，从工艺的角度也必须先地下后地上，地下工程施工时应做到先深后浅。这样可以避免对地上部分施工产生干扰，从而带来施工不便，造成浪费，影响工程质量。

(2) 先主体，后围护。指的是框架结构建筑和装配式单层工业厂房施工中，先上主体结构，后上围护工程。同时框架主体结构与围护工程在总的施工顺序上要合理搭接，一般来说，多层建筑以少搭接为宜，而高层建筑则应尽量搭接施工，以缩短施工工期；而装配式单层工业厂房主体结构与围护工程一般不搭接。

(3) 先结构，后装修。是就一般情况而言，先结构，后装修有时为了缩短施工工期，也可以有部分合理的搭接。

(4) 先土建，后设备。指的是不论是民用建筑还是工业建筑，一般来说，土建施工应先于水、暖、煤、卫、电等建筑设备的施工。但它们之间更多的是穿插配合关系，尤其在装修阶段，要从保证施工质量、降低成本的角度，处理好相互之间的关系。

当然，以上原则并不是一成不变的，在特殊情况下，如在冬季施工之前，应尽可能完成土建和围护工程，以利于施工中的防寒和室内作业的开展，从而达到改善工人的劳动环境，缩短工期的目的；又如大板建筑施工，大板承重结构部分和某些装饰部分宜在加工厂同时完成。随着我国施工技术的发展、企业经营管理水平的提高和在特殊情况下，以上原则也在进一步完善之中。

2. 确定施工顺序应满足的基本要求

（1）必须符合施工工艺的要求；
（2）必须与施工方法协调一致；
（3）必须考虑施工组织的要求；
（4）必须考虑施工质量的要求；
（5）必须考虑当地的气候条件；
（6）必须考虑安全施工的要求。

3. 多层混合结构民用房屋的施工顺序

多层混合结构民用房屋的施工，按照房屋结构各部位不同的施工特点，可分为基础工程、主体工程、屋面及装修工程 3 个施工阶段。

（1）基础工程阶段施工顺序。基础工程是指室内地面以下的工程。基础工程施工阶段的施工顺序比较容易确定，一般是挖土方→垫层→基础→回填土。具体内容视工程设计而定。

如有桩的基础工程，应另列桩基础工程。如有地下室，其施工过程和施工顺序一般是挖土方→垫层→地下室底板→地下室墙、柱结构→地下室顶板→防水层及保护层→回填土。但由于地下室结构、构造不同，有些施工内容应有一定的配合和交叉。

在基础工程施工阶段，挖土方与做垫层这两道工序，在施工安排上要紧凑，时间间隔不宜太长，必要时可将挖土方与做垫层合并为一个施工过程。在施工中，可以采取集中兵力，分段流水进行施工，以避免基槽（坑）土方开挖后，垫层施工未能及时进行，使基槽（坑）浸水或受冻害，从而使地基承载力下降，造成工程质量事故或引起工程量、劳动力、机械等资源的增加。还应注意混凝土垫层施工后必须有一定的技术间歇时间，使之具有一定的强度后再进行下道工序的施工。各种管沟的挖土、铺设等施工过程，应尽可能与基础工程施工配合，采取平行搭接施工。回填土一般在基础工程完工后一次性分层、对称夯填，以避免基础浸泡和为后道工序施工创造条件。当回填土工程量较大且工期较紧时，也可将回填土分段与主体结构搭接进行，室内回填土可安排在室内装修施工前进行。

（2）主体工程阶段施工顺序。主体工程是指基础工程以上，屋面板以下的所有工程。这一施工阶段的施工过程主要包括：安装起重垂直运输机械设备，搭设脚手架，墙体砌筑，现浇柱、梁、板、雨篷、阳台、楼梯等施工内容。

其中砌墙和现浇楼板是主体工程阶段施工的主导施工过程。两者在各楼层中交替进行，应注意使它们在施工中保持均衡、连续、有节奏地进行。并以它们为主组织流水施工，根据每个施工段的砌墙和现浇楼板工程量、工人人数、吊装机械的效率、施工组织的安排等计算确定流水节拍大小，而其他施工过程则应配合砌墙和现浇楼板组织流水，搭接进行施工。如脚手架搭设应配合砌墙和现浇楼板逐段逐层进行；其他现浇钢筋混凝土构件的支模板、绑钢筋可安排在现浇楼板的同时或墙体砌筑的最后一步插入，要及时做好模板、钢筋的加工制作工作，以免影响后续工程的按期投入。

（3）屋面及装修工程施工顺序。屋面工程的施工，应根据屋面的设计要求逐层进行。柔性屋面按照找平层→保温层→找平层→柔性防水层→保护隔热层的施工顺序依次进行。

刚性屋面按照找平层→保温层→找平层→刚性防水层→隔热层施工顺序依次进行，其中细石混凝土防水层、分仓缝施工应在主体结构完成后开始并尽快完成，以便为顺利进行室内装修创造条件。屋面工程施工在一般情况下不划分流水段，可以和装修工程搭接施工。

（4）装修装饰工程（外装修工程）。装修工程的施工可分为室外装修（檐沟、女儿墙、外墙、勒脚、散水、台阶、明沟、水落管等）和室内装修（天棚、墙面、楼地面、踢脚线、楼梯、门窗、五金及木作、油漆及玻璃等）两个方面的内容。

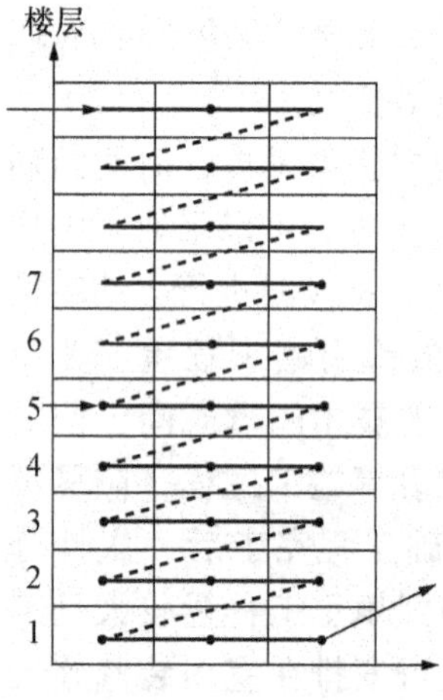

图 11-2　自上而下的施工流向（水平向下）

室外装修工程一般采用自上而下的施工顺序，是在屋面工程全部完工后室外抹灰从顶层至底层依次逐层向下进行。其施工流向一般为水平向下，如图 11-2 所示。采用这种顺序方案的优点是：可以使房屋在主体结构完成后，有足够的沉降和收缩期，从而可以保证装修工程质量，同时便于脚手架的及时拆除。

（5）装修装饰工程（内装修工程）。根据装修工程的质量、工期、施工安全以及施工条件，其施工顺序、施工流向不尽相同。室内装修的流向有：自上而下、自下而上、自下而中再自上而中 3 种。

室内装修整体顺序自上而下的施工顺序是指主体工程及屋面防水层完工后，室内抹灰从顶层往底层依次逐层向下进行。其施工流向又可分为水平向下和垂直向下两种，通常采用水平向下的施工流向，如图 11-3 所示。采用自上而下施工顺序的优点是：可以使房屋主体结构完成后，有足够的沉降和收缩期，沉降变化趋向稳定，这样可保证屋面防水工程质量，不易产生屋面渗漏水，也能保证室内装修质量，可以减少或避免各工种操作互相交叉，便于组织施工，有利于施工安全，而且楼层清理也很方便。其缺点是：不能与主体及屋面工程施工搭接，故总工期相应拖长。

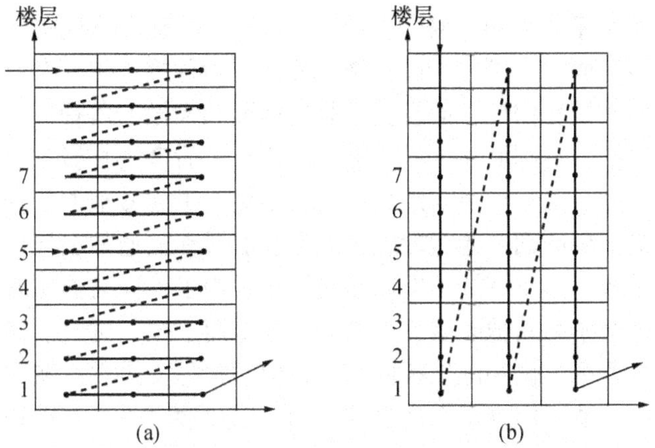

图 11-3　自上而下的施工流向

（a）水平向下；（b）垂直向下

室内装修自下而上的施工顺序是指主体结构施工到 3 层以上时（有两层楼板，以确保底层施工安全），室内抹灰从底层开始逐层向上进行，一般与主体结构平行。其施工流向又可分为水平向上和垂直向上两种，通常采用水平向上的施工流向，如图 11-4 所示。为了防止雨水或施工用水从上层楼板渗漏，而影响装修质量，应先做好上层楼板的面层，再进行本层天棚、墙面、楼地面的饰面。采用自下而上施工顺序的优点是：可以与主体结构平行搭接施工，可以缩短工期。其缺点是：同时施工的工序多、人员多、工序间交叉作业多，要采取必要的安全措施；材料供应集中，施工机具负担重，现场施工组织和管理比较复杂。因此只有当工期紧迫时室内装修才考虑采取自下而上的施工顺序。

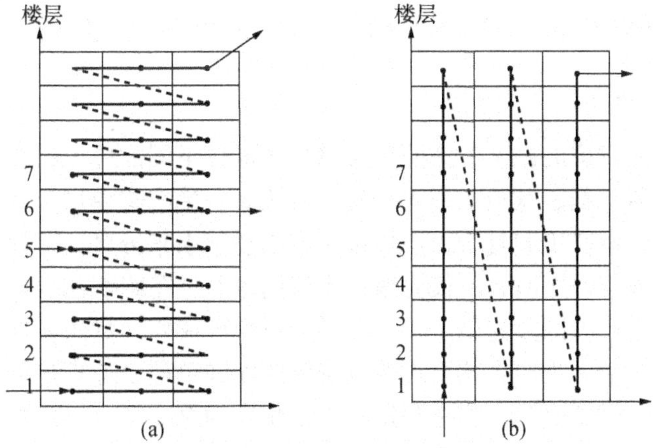

图 11-4　自下而上的施工流向

（a）水平向上；（b）垂直向上

室内装修的单元顺序即在同一楼层内天棚、墙面、楼地面之间的施工顺序，一般有两种：楼地面→天棚→墙面，天棚→墙面→楼地面。这两种施工顺序各有利弊。前者便于清理地面基层，楼地面质量易保证，而且便于收集墙面和天棚的落地灰，从而节约材料，但要注意楼地面成品保护，否则后道工序不能及时进行。后者则在楼地面施工之前，必须将落地灰清扫干净，否则会影响面层与结构层间的黏结，引起楼地面起壳，而且楼地面施工用水的渗漏可能影响下层墙面、天棚的施工质量。底层地面通常在最后进行。

楼梯间和楼梯踏步，由于在施工期间易受损坏，为了保证装修工程质量，楼梯间和踏步装修往往安排在整个室内其他装修完工之后，自上而下统一进行。门窗的安装可在抹灰之前或之后进行，主要视气候和施工条件而定，但通常是安排在抹灰之后进行的。而油漆和安装玻璃次序是应先油漆门窗扇，后安装玻璃，以免油漆时弄脏玻璃，塑钢及铝合金门窗不受此限制。

在装修工程阶段，还需考虑室内装修与室外装修的先后顺序，这与施工条件和天气变化有关。通常有先内后外，先外后内，内外同时进行这 3 种施工顺序。当室内有水磨石楼面时，应先做水磨石楼面，再做室外装修，以免施工时渗漏水影响室外装修质量；当采用单排脚手架砌墙时，由于留有脚手眼需要填补，应先做室外装修，拆除脚手架，同时填补脚手眼，再做室内装修；当装饰工人较少时，则不宜采用内外同时施工的施工顺序。一般说来，采用先外后内的施工顺序较为有利。

4. 混凝土框架结构房屋的施工顺序

钢筋混凝土框架结构房屋的施工也可分基础、主体、屋面及装修工程 3 个阶段。它在主体工程施工时与混合结构房屋有所区别，即框架柱框架梁板交替进行，也采用框架柱梁板同时进行，墙体工程则与框架柱梁板搭接施工。其他工程的施工顺序与混合结构房屋相同。

5. 装配式单层工业厂房施工顺序

装配式单层工业厂房的施工，按照厂房结构各部位不同的施工特点，一般分为基础工程、预制工程、吊装工程、其他工程 4 个施工阶段。在装配式单层工业厂房施工中，有的由于工程规模较大，生产工艺复杂，厂房按生产工艺要求来分区、分段。因此在确定装配式单层工业厂房的施工顺序时，不仅要考虑土建施工及施工组织的要求，而且还要研究生产工艺流程，即先生产的区段先施工，以尽早交付生产使用，尽快发挥基本建设投资的效益。所以工程规模较大、生产工艺要求较复杂的装配式单层工业厂房的施工时，要分期分批进行，分期分批交付试生产，这是确定其施工顺序的总要求。下面根据中小型装配式单层工业厂房各施工阶段来叙述施工顺序。

（1）基础工程。装配式单层工业厂房的柱基大多采用钢筋混凝土杯形基础。基础工程施工阶段的施工过程和施工顺序一般是挖土→垫层→钢筋混凝土杯形基础（也可分为绑钢筋、支模板、浇混凝土、养护、拆模）→回填土。如有桩基础工程，则应另列桩基础工程。回填土必须在基础工程完工后及时地、一次性、分层、对称夯实，以保证工程基础质量并及时提供现场预制场地。

装配式单层工业厂房往往都有设备基础，有两种施工顺序方案，即封闭式和敞开式施工。封闭式施工，是指厂房柱基础先施工，设备基础在结构吊装后施工。它适用于设备基础埋置浅（不超过厂房柱基础埋置深度）、体积小、土质较好、距柱基础较远和在厂房结构吊装后对厂房结构稳定性并无影响的情况。采用封闭式施工的优点是土建工作面大，有利于构件现场预制、吊装构件的就位，便于选择合适的起重机械和开行路线；围护工程能及早完工，设备基础能在室内施工，不受气候影响，可以减少设备基础施工时的防雨、防寒及防暑等的费用；有时还可以利用厂房内的桥式吊车为设备基础施工服务。缺点是出现某些重复性工作，如部分柱基回填土的重复挖填；设备基础施工条件差，场地拥挤，其基坑不宜采用机械开挖；当厂房所在地点土质不佳，设备基础基坑开挖过程中，容易造成土体不稳定，需增加加固措施费用。敞开式施工，是指厂房柱基础与设备基础同时施工或设备基础先施工。它的适用范围、优缺点与封闭式施工正好相反。这两种施顺序方案，各有优缺点，究竟采用哪一种施工顺序方案，应根据工程的具体情况，仔细分析、对比后加以确定。

(2) 预制工程阶段施工顺序。装配式单层工业厂房的钢筋混凝土结构构件较多。一般包括：柱子、基础梁、连系梁、吊车梁、支撑、屋架、天窗架、天窗端壁、屋面板、天沟及檐沟板等构件。

目前，装配式单层工业厂房构件的预制方式，一般采用加工厂预制和现场预制（在拟建车间内部、外部）相结合的预制方式。这里着重阐述现场预制的施工顺序。

非预应力预制构件制作的施工顺序是：支模→绑钢筋→预埋铁件→浇混凝土→养护→拆模。

后张法预应力预制构件制作的施工顺序是：支模→扎筋→预埋铁件→孔道留设→浇混凝土→养护→拆模→预应力钢筋的张拉、锚固→孔道灌浆。

(3) 吊装工程阶段施工顺序。结构吊装工程是整个装配式单层工业厂房施工中的主导施工过程。其内容依次为：柱子、基础梁、吊车梁、连系梁、屋架、天窗架、屋面板等构件的吊装、校正和固定。

吊装的顺序取决于吊装方法。采用分件吊装法时，其吊装顺序是：第一次开行吊装柱子，随后校正与固定；第二次开行吊装基础梁、吊车梁、连系梁；第三次开行吊装屋盖构件。有时也可将第二次开行、第三次开行合并为一次开行。若采用综合吊装法时，其吊装顺序是：先吊装 4 或 6 根柱子，迅速校正固定，再吊装基础梁、吊车梁、连系梁及屋盖等构件，如此逐个节间吊装，直至整个厂房吊装完毕。

装配式单层工业厂房两端山墙往往设有抗风柱，抗风柱有两种吊装顺序：在吊装柱子的同时先吊装该跨一端的抗风柱，另一端的抗风柱则待屋盖吊装完之后进行；全部抗风柱均待屋盖吊装完之后进行。

(4) 其他工程阶段施工顺序。其他工程阶段主要包括围护工程、屋面工程、装修工程、设备安装工程等内容。这一阶段总的施工顺序是：围护工程→屋面工程→装修工程→设备安装工程，但有时也可互相交叉、平行搭接施工。

围护工程的施工过程和施工顺序是：搭设垂直运输设备（一般选用井架）→砌墙（脚手架搭设与之配合进行）→现浇门框、雨篷等。

屋面工程在屋盖构件吊装完毕，垂直运输设备搭好后，就可安排施工，其施工过程和施工顺序与前述多层混合结构民用房屋基本相同。

装修工程包括室外装修和室内装修，两者可平行进行，并可与其他施工过程交叉进行，通常不占总工期。室外装修一般采用自上而下的施工顺序；室内按屋面板底→内墙→地面的顺序进行施工；门窗安装在粉刷中穿插进行。设备安装包括水、暖、煤、卫、电和生产设备安装。水、暖、煤、卫、电安装与前述多层混合结构民用房屋基本相同。而生产设备的安装，则由于专业性强、技术要求高等，一般由专业公司分包安装。

上面所述多层混合结构民用房屋、钢筋混凝土框架结构房屋和装配式单层工业厂房的施工顺序，仅适用于一般情况。建筑施工顺序的确定既是一个复杂的过程，又是一个发展的过程，它随着科学技术的发展，人们观念的更新而在不断的变化。因此，针对每一个单位工程，必须根据其施工特点和具体情况，合理确定施工顺序。

11.3.2 施工方法和施工机械

正确选择施工方法和施工机械是制订施工方案的关键。单位工程各个分部分项工程均可采用各种不同的施工方法和施工机械进行施工，而每一种施工方法和施工机械又都有其优缺点。因此，我们必须从先进、经济、合理的角度出发，选择施工方法和施工机械，以达到提高工程质量、降低工程成本、提高劳动生产率和加快工程进度的预期效果。

1. 选择施工方法和施工机械的主要依据

在单位工程施工中，施工方法和施工机械的选择主要应根据工程建筑结构特点、质量要求、工期长短、资源供应条件、现场施工条件、施工单位的技术装备水平和管理水平等因素综合考虑来进行。

2. 选择施工方法和施工机械的基本要求

(1) 应考虑主要分部分项工程的要求；
(2) 应符合施工组织总设计的要求；
(3) 应满足施工技术的要求；
(4) 应考虑如何符合工厂化、机械化的要求；
(5) 应符合先进、合理、可行、经济的要求；
(6) 应满足工期、质量、成本和安全的要求。

11.3.3 主要分部分项工程的施工方法和施工机械选择

1. 土方工程

(1) 确定土方开挖方法、工作面宽度、放坡坡度、土壁支撑形式，排水措施，计算土方开挖量、回填量、外运量。
(2) 选择土方工程施工所需机具型号和数量。

2. 基础工程

(1) 桩基础施工中应根据桩型及工期选择所需机具型号和数量。
(2) 浅基础施工中应根据垫层、承台、基础的施工要点，选择所需机械的型号和数量。
(3) 地下室施工中应根据防水要求，留置、处理施工缝，大体积混凝土的浇筑要点，模板及支撑要求。

3. 砌筑工程

(1) 砌筑工程中根据砌体的组砌方式、砌筑方法及质量要求，进行弹线、立皮数杆、标高控制和轴线引测；
(2) 选择砌筑工程中所需机具型号和数量。

4. 钢筋混凝土工程

(1) 确定模板类型及支模方法，进行模板支撑设计；
(2) 确定钢筋的加工、绑扎、焊接方法，选择所需机具型号和数量；
(3) 确定混凝土的搅拌、运输、浇筑、振捣、养护、施工缝的留置和处理，选择所需机具型号和数量；

（4）确定预应力钢筋混凝土的施工方法，选择所需机具型号和数量。

5. 结构吊装工程

（1）确定构件的预制、运输及堆放要求，选择所需机具型号和数量；
（2）确定构件的吊装方法，选择所需机具型号和数量。

6. 屋面工程

（1）屋面工程防水各层的做法、施工方法，选择所需机具型号和数量。
（2）屋面工程施工中所用材料及运输方式。

7. 装修工程

（1）确定材料运输方式、堆放位置、工艺流程和施工组织；
（2）选择所需机具型号和数量。

8. 现场垂直、水平运输及脚手架等搭设

（1）确定垂直运输及水平运输方式、布置位置、开行路线，选择垂直运输及水平运输机具型号和数量；
（2）根据不同建筑类型，确定脚手架所用材料、搭设方法及安全网的挂设方法。

11.3.4 技术经济分析

施工方案的技术经济分析是选择最优方案的重要途径。首先拟定在技术上可行的几个施工方案，采用定性分析或定量分析的方法进行比较，然后选择出一个工期短、成本低、质量好、材料省、劳动力安排合理的最优方案。

施工方案的技术经济分析涉及的因素多而复杂，一般来说施工方案的技术经济分析有定性分析和定量分析两种。

1. 定性分析

施工方案的定性分析是人们根据自己的个人实践和一般的经验，对若干个施工方案进行优缺点比较，从中选择出比较合理的施工方案。如技术上是否可行、安全上是否可靠、经济上是否合理、资源上能否满足要求等。此方法比较简单，但主观随意性较大。

2. 定量分析

施工方案的定量分析是通过计算施工方案的几个相同的主要技术经济指标，进行综合分析比较选择出各项指标较好的施工方案。这种方法比较客观，但指标的确定和计算比较复杂。主要的评价指标有以下几种：

（1）工期指标。是指工程开工至竣工的全部日历天数，反映建设速度，是影响投资效益的主要指标。

当要求工程尽快完成以便尽早投入生产或使用时，选择施工方案就要在确保工程质量、安全和成本较低的条件下，优先考虑缩短工期，在钢筋混凝土工程主体施工时往往用增加模板的套数来缩短主体工程的施工工期。

（2）机械化程度指标。是指工程全部实物工程量中机械完成量的比重，是衡量施工方案的重要指标之一。

在考虑施工方案时应尽量提高施工机械化程度，降低工人的劳动强度。从我国国情出发，采用土洋结合的办法，积极扩大机械化施工的范围，有效提高机械化施工程度。

$$\text{施工机械化程度}=\frac{\text{机械完成的实物工程量}}{\text{全部实物工程量}}\times 100\%$$

（3）主要材料节约指标。反映若干施工方案的主要材料节约情况。

$$\text{主要材料节约指标}=\frac{\text{主要材料节约量}}{\text{预算材料用量}}\times 100\%$$

（4）降低成本指标。综合反映工程项目或分部分项工程由于采用不同的施工方案而产生不同的经济效果。其指标可以用降低成本额和降低成本率来表示。

$$\text{降低成本额}=\text{预算成本}-\text{计划成本}$$

$$\text{降低成本率}=\frac{\text{降低成本额}}{\text{预算成本}}\times 100\%$$

（5）劳动消耗量指标。反映工程的机械化程度。机械化程度系数越高，劳动生产率就越高，劳动消耗量就越少。劳动消耗量由主要用工、准备用工、辅助用工组成。

11.4　单位工程施工进度计划

单位工程施工进度计划是在施工方案的基础上，根据规定工期和技术物资供应条件，遵循工程的施工顺序，用图表形式表示各分部分项工程搭接关系及工程开、竣工时间的一种计划安排。主要的表现形式有横道图和网络计划两种。

单位工程施工进度计划是施工组织设计的重要内容，主要作用是确定各分部分项工程的施工时间及其相互之间的衔接、穿插、平行搭接、协作配合等关系；确定所需的劳动力、机械、材料等资源量；指导现场的施工安排，确保施工任务的如期完成。

单位工程施工进度计划根据工程规模的大小、结构的复杂难易程度、工期长短、资源供应情况等因素考虑，根据其作用，一般可分为控制性和指导性进度计划两类。控制性进度计划按分部工程来划分施工过程，控制各分部工程的施工时间及其相互搭接配合关系。它主要适用于工程结构较复杂，规模较大，工期较长而需跨年度施工的工程（如宾馆体育场、火车站候车大楼等大型公共建筑），还适用虽然工程规模不大或结构不复杂但各种资源（劳动力、机械、材料等）不落实的情况，以及由于建筑结构等可能变化的情况。指导性进度计划按分项工程或施工工序来划分施工过程，具体确定各施工过程的施工时间及其相互搭接、配合关系。它适用于任务具体而明确、施工条件基本落实、各项资源供应正常，施工工期不太长的工程。

单位工程施工进度计划的编制依据主要包括：施工图、工艺图及有关标准图等技术资料；施工组织总设计对本工程的要求；施工工期要求；施工方案；施工定额以及施工资源供应情况。

单位工程施工进度计划的编制程序如图 11-5 所示。

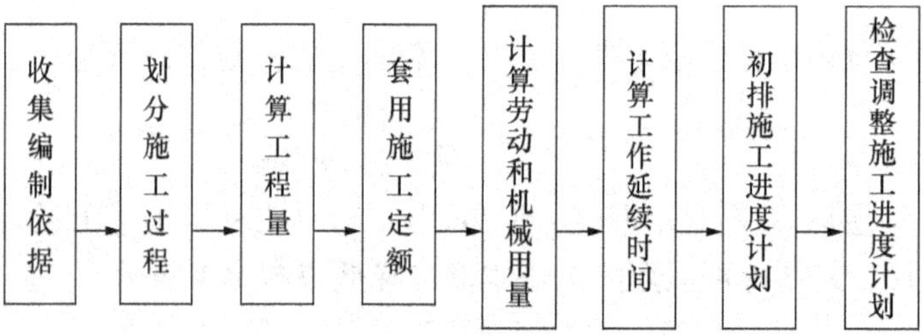

图 11-5 单位工程施工进度计划的编制程序

11.4.1 划分施工过程

编制单位工程施工进度计划时，首先按照图纸和施工顺序把拟建单位工程的各个施工过程列出，并结合施工方案加以适当整理，使其成为编制单位工程施工进度计划需要的施工过程。

施工过程是包含一定工作内容的施工过程，是进度计划的基本组成单元。在划分施工过程时，应该注意下列问题。

1. 明确施工过程划分的内容

施工进度计划中所列出的施工过程是否参与流水施工过程，不占有工作面和工期的过程不列入。

2. 掌握施工过程划分的粗细程度

施工过程内容的多少，划分的粗细程度，应该根据计划的具体需要来决定。一般，单位工程进度计划的过程，应该明确到分项工程或更加具体，以满足知道施工作业的要求。

3. 施工过程的划分应与施工方案一致

由于施工方案的不同，会影响到施工过程的划分数量以及施工顺序。

4. 妥善处理非流水施工过程

非流水施工过程虽然不占有工作面或工期，但是要有总体的配合以及需要统计所占用的资源。

11.4.2 计算工程量

当确定了施工过程之后，应计算每个施工过程的工程量。工程量应根据施工图纸、工程量计算规则及相应的施工方法进行计算。实际就是按工程的几何形状进行计算。计算时应注意以下几个问题。

1. 注意工程量的计量单位

每个施工过程的工程量的计量单位应与采用的施工定额的计量单位相一致。如模板工程以平方米为计量单位；绑扎钢筋以吨为单位计算；混凝土以立方米为计量单位等。这样，在计算劳动量、材料消耗量及机械台班量时就可直接套用施工定额，不再进行换算。

2. 注意采用的施工方法

计算工程量时，应与采用的施工方法相一致，以便计算的工程量与施工的实际情况相符合。例如：挖土时是否放坡，是否加工作面，坡度和工作面尺寸是多少；开挖方式是单独开挖、条形开挖，还是整片开挖等，不同的开挖方式，土方量相差是很大的。

3. 正确取用预算文件中的工程量

如果编制单位工程施工进度计划时，已编制出预算文件（施工图预算或施工预算），则工程量可从预算文件中抄出并汇总。若施工进度计划中某些施工过程与预算文件的内容不同或有出入（如计量单位、计算规则、采用的定额等），则应根据施工实际情况加以修改，调整或重新计算。

11.4.3 套用施工定额

确定了施工过程及其工程量之后，即可套用施工定额（当地实际采用的劳动定额及机械台班定额），以确定劳动量和机械台班量。

在套用国家或当地颁发的定额时，必须注意结合本单位工人的技术等级、实际操作水平，施工机械情况和施工现场条件等因素，确定定额的实际水平，使计算出来的劳动量、机械台班量符合实际需要。

有些采用新技术、新材料、新工艺或特殊施工方法的施工过程，定额中尚未编入，这时可参考类似施工过程的定额、经验资料，按实际情况确定。

11.4.4 计算劳动量及机械台班量

根据工程量及确定采用的施工定额，即可进行劳动量及机械台班量的计算。

1. 劳动量的计算

劳动量也称劳动工日数。凡是采用手工操作为主的施工过程，其劳动量均可按下式计算：

$$P_i = \frac{Q_i}{S_i} \quad \text{或} \quad P_i = Q_i \times H_i$$

式中：P_i——某施工过程所需劳动量，工日；

Q_i——该施工过程的工程量，m^3、m^2、m、t；

S_i——该施工过程采用的产量定额，m^3/工日、m^2/工日、m/工日、t/工日；

H_i——该施工过程采用的时间定额，工日/m^3、工日/m^2、工日/m、工日/t。

【例 11-1】 某砌体结构工程基槽人工挖基槽的工程量为 700 m^3，查劳动定额可得人工挖基槽的产量定额为 3.5 m^3/工日，试计算完成基槽人工挖土所需的劳动量。

解：

$$P = \frac{Q}{S} = \frac{700}{3.5} = 200 \text{（工日）}$$

故，完成基槽人工挖工所需劳动量为 200 工日。

2. 机械台班量的计算

凡是采用机械为主的施工过程，可按下式计算其所需的机械台班数。

$$P_{机械} = \frac{Q_{机械}}{S_{机械}} \text{或} P_{机械} = Q_{机械} \times H_{机械}$$

式中：$P_{机械}$——某施工过程所需的机械台班量，台班；

$Q_{机械}$——机械完成的工程量，m^3、t、件等；

$S_{机械}$——机械的产量定额，m^3/台班、t/台班等；

$H_{机械}$——机械的时间定额，台班/m^3、台班/t 等。

【例 11-2】某工程基础土方采用 W-100 型反铲挖土机，机械挖土方量为 2 400 m^3，经计算采用的反铲挖土机的台班产量为 120 m^3/台班。试计算该反铲挖土机所需的台班量。

解：

$$P_{机械}=\frac{Q_{机械}}{S_{机械}}=\frac{2\,400}{120}=20\ （台班）$$

故，该反铲挖土机需 20 台班。

11.4.5 计算确定施工过程的持续时间

施工过程持续时间的确定方法有 3 种：经验估算法、定额计算法和倒排计划法。

1. 经验估算法

经验估算法也称三时估算法，即先估计出完成该施工过程的最乐观时间、最悲观时间和最可能时间三种施工时间，再根据下面公式计算出该施工过程的持续时间。这种方法适用于新结构、新技术、新工艺、新材料等无定额可循的施工过程。

$$D=\frac{(A+4B+C)}{6}$$

式中：A——最乐观的时间估算（最短的时间）；

B——最可能的时间估算（最正常的时间）；

C——最悲观的时间估算（最长的时间）。

2. 定额计算法

这种方法是根据施工过程需要的劳动量或机械台班量，以及配备的劳动人数或机械台数，确定施工过程持续时间。

$$D=\frac{P}{N\times R}$$

$$D_{机械}=\frac{P_{机械}}{N_{机械}\times R_{机械}}$$

式中：D——某手工操作为主的施工过程持续时间，天；

P——该施工过程所需的劳动量，工日；

R——该施工过程所配备的施工班组人数，人；

N——每天采用的工作班制，班；

$D_{机械}$——某机械施工为主的施工过程的持续时间，天；

$P_{机械}$——该施工过程所需的机械台班数，台班；

$R_{机械}$——该施工过程所配备的机械台数，台；

$N_{机械}$—— 每天采用的工作台班，台班。

从上述公式可知，要计算确定某施工过程持续时间，除已确定的 P 或 $P_{机械}$外，还必须先确定 R、$R_{机械}$及 N、$N_{机械}$的数值。

要确定施工班组人数 R 或施工机械台班数 $R_{机械}$，除了考虑必须能获得或能配备的施工班组人数（特别是技术工人人数）或施工机械台数之外，在实际工作中，还必须结合施工现场的具体条件、最小工作面与最小劳动组合人数的要求以及机械施工的工作面大小、机械效率、机械必要的停歇维修与保养时间等因素考虑，才能符合实际可能和要求的施工班组人数及机械台数。

每天工作班制确定，当工期允许、劳动力和施工机械周转使用不紧迫、施工工艺上无连续施工要求时，通常采用一班制施工，在建筑业中往往采用1.25 班即10 小时。当工期较紧或为了提高施工机械的使用率及加快机械的周转使用，或工艺上要求连续施工时，某些施工项目可考虑二班甚至三班制施工。但采用多班制施工，必然增加有关设施及费用，因此，须慎重研究确定。

【例 11-3】某工程条形基础混凝土垫层浇筑所需的劳动量为 600 工日，每天采用三班制施工，每班安排 20 人施工。试计算完成混凝土垫层的浇筑所需的时间。

解：

$$D=\frac{P}{(N\times R)}=\frac{600}{(3\times 20)}=10(\text{天})$$

故，取 D 为 10 天。

3. 计划倒排法

这种方法根据施工的工期要求，先确定施工过程的延续时间及工作班制，再确定施工班组人数（R）或机械台数（$R_{机械}$）。计算公式如下：

$$R=\frac{P}{(N\times D)}$$

$$R_{机械}=P_{机械}/(N_{机械}\times D_{机械})$$

【例 11-4】某工程砌筑墙体所需的劳动量为 830 工日，要求在 20 天内完成，采用一班制施工。试计算每班所需的工人数量。

解：

$$R=\frac{P}{(N\times D)}=\frac{830}{(1\times 20)}=41.5(\text{人})$$

故，取 R 为 42 人。

如果按上式计算出来的结果，超过了本部门现有的人数或机械台数，则要求有关部门进行平衡、调度及支持。或从技术上、组织上采用措施。如组织平行立体交叉流水施工，提高混凝土早期强度及采用多班组、多班制的施工等。

11.4.6　初排施工进度（以横道图为例）

上述各项计算内容确定之后，即可编制施工进度计划的初步方案。一般的编制方法有根据施工经验直接安排和按照工艺组合组织流水的施工安排。

1. 根据施工经验直接安排的方法

这种方法是根据经验资料及有关计算，直接在进度表上画出进度线。其一般步骤是：先安排主导施工过程的施工进度，然后再安排其余施工过程，它应尽可能配合主导施工过程并最大限度地搭接，形成施工进度计划的初步方案。总的原则应使每个施工过程尽可能早地投入施工。

2. 按照工艺组合组织流水的施工方法

这种方法就是先按各施工过程（即工艺组合流水）初排流水进度线，然后将各工艺组合最大限度地搭接起来。

无论采用上述哪一种方法编排进度，都应注意以下问题：

① 每个施工过程的进度线都应该用横道粗实线表示；

② 每个施工过程的进度线所表示的时间应该与计算确定的持续时间一致；

③ 每个施工过程的施工起止时间应该根据施工工艺顺序及组织顺序确定。

11.4.7　检查与调整施工进度计划

施工进度计划初步方案编出后，应根据与业主和有关部门的要求、合同规定及施工条件等，先检查各施工过程之间的施工顺序是否合理、工期是否满足要求、劳动力等资源消耗是否均衡，然后再进行调整，直至满足要求，正式形成施工进度计划。总的要求是在合理的工期下尽可能地连续施工，这样便于资源的合理安排。

11.4.8　编制资源需要量计划

单位工程施工进度计划编制确定以后，便可编制劳动力需要量计划；编制主要材料、预制构件、门窗等的需要量和加工计划；编制施工机具及周转材料的需要量和进场计划的。它们是做好劳动力与物资的供应、平衡、调度、落实的依据，也是施工单位编制施工作业计划的主要依据之一。以下简要叙述各计划表的编制内容及其基本要求。

1. 劳动力需要量计划

本表反映单位工程施工中所需要的各种技术工人、普工人数。一般要求按月分旬编制计划。主要根据确定的施工进度计划提出，其方法是按进度表上每天需要的施工人数，分工种进行统计，得出每天所需工种及人数、按时间进度要求汇总编出。其表格参见表 11-1 所示。

表 11-1 劳动力需要量计划

序号	工种名称	人数	月份							
			1	2	3	4	5	6	7	…

2. 主要材料需要量计划

这种计划是根据施工预算、材料消耗定额和施工进度计划编制的，主要反映施工过程中各种主要材料的需要量，作为备料、供料和确定仓库、堆场面积及运输量的依据。其表格参见表 11-2 所示。

表 11-2 主要材料需要量计划

序号	建材名称	单位	数量	规格	月份					
					1	2	3	4	5	…

3. 施工机具需要量计划

施工机具需要量计划是根据施工预算、施工方案、施工进度计划和机械台班定额编制的，主要反映施工所需机械和器具的名称、型号、数量及使用时间。其表格参见表 11-3 所示。

表 11-3 机具名称需要量计划

序号	机械名称	型号	数量	现场使用起止时间	机械进场或安装时间	机械退场及拆卸时间	供应单位

4. 预制构件需要量计划

预制构件需要量计划是根据施工图、施工方案及施工进度计划要求编制的。主要反映施工中各种预制构件的需要量及供应日期，并作为落实加工单位以及按所需规格、数量和使用时间组织构件进场的依据。其表格参见表 11-4 所示。

表 11-4　预制构件需要量计划

序号	构件名称	规格	型号	单位	数量	安装部位	运到现场日期	制作单位

11.5　单位工程施工平面图

单位工程施工平面图，是对拟建工程的施工现场，根据施工需要的有关内容，按一定的规则而作出的平面和空间的规划。它是单位工程施工组织设计的重要组成部分。

11.5.1　单位工程施工平面图设计的意义和内容

组织拟建工程的施工，施工现场必须具备一定的施工条件，除了做好必要的“三通一平”工作之外，还应布置施工机械、临时堆场、仓库、办公室等生产性和非生产性临时设施，这些设施均应按照一定的原则，结合拟建工程的施工特点和施工现场的具体条件，作出一个合理、适用、经济的平面布置和空间规划方案，并规模不大的混合结构和框架结构工程，由于工期不长，施工也不复杂。因此，这些工程往往只要反映其主要施工阶段的现场平面规划布置，一般是考虑主体结构施工阶段的施工平面布置，当然也要兼顾其他施工阶段的需要。如混合结构工程的施工，在主体结构施工阶段要反映在施工平面图上的内容最多，但随着主体结构施工的结束，现场砌块、构件等的堆场将空出来，某些大型施工机械将拆除退场，施工现场也就变得宽松了，但应注意是否增加砂浆搅拌机的数量和相应堆场的面积。

单位工程施工平面图一般包括以下内容。

① 单位工程施工区域范围内，将已建的和拟建的地上的、地下的建筑物及构筑物的平面尺寸、位置标注出来，并标注出河流、湖泊等的位置和尺寸以及指北针、风向玫瑰图等。

② 拟建工程所需的起重机械、垂直运输设备、搅拌机械及其他机械的布置位置，起重机械开行的线路及方向等。

③ 施工道路的布置、现场出入口位置等。

④ 各种预制构件堆放及预制场地所需面积、布置位置；大宗材料堆场的面积、位置确定；仓库的面积和位置确定；装配式结构构件的就位位置确定。

⑤ 生产性及非生产性临时设施的名称、面积、位置的确定。

⑥ 临时供电、供水、供热等管线的布置；水源、电源、变压器位置确定；现场排水沟渠及排水方向的考虑。

⑦ 土方工程的弃土及取土地点等有关说明。

⑧ 劳动保护、安全、防火及防洪设施布置以及其他需要的布置内容。

11.5.2 单位工程施工平面图设计的依据和原则

在设计施工平面图之前，必须熟悉施工现场与周围的地理环境；调查研究，收集有关技术经济资料；对拟建工程的工程概况、施工方案、施工进度及有关要求进行分析研究。只有这样，才能使施工平面图设计的内容与施工现场及工程施工的实际情况相符合。

1. 单位工程施工平面图设计主要依据

(1) 自然条件调查资料。

(2) 技术经济条件调查资料

(3) 拟建工程施工图纸及有关资料。

(4) 一切已有和拟建的地上、地下的管道位置。

(5) 建筑区域的竖向设计资料和土方平衡图。这对布置水、电管线、安排土方的挖填及确定取土、弃土地点很重要。

(6) 施工方案与进度计划。

(7) 根据各种主要材料、半成品、预制构件加工生产计划、需要量计划及施工进度要求等资料，设计材料堆场、仓库等的面积和位置。

(8) 建设单位能提供的已建房屋及其他生活设施的面积等有关情况。以便决定施工现场临时设施的搭设数量。

(9) 现场必须搭建的有关生产作业场所的规模要求，以便确定其面积和位置。

(10) 其他需要掌握的有关资料和特殊要求。

2. 单位工程施工平面图设计原则

(1) 在确保安全施工以及使现场施工能比较顺利进行的条件下，要布置紧凑，少占或不占农田，尽可能减少施工占地面积。

(2) 最大限度缩短场内运距，尽可能减少二次搬运。

(3) 在保证工程施工顺利进行的条件下，尽量减少临时设施的搭设。

(4) 各项布置内容，应符合劳动保护、技术安全、防火和防洪的要求。根据上述原则及施工现场的实际情况，尽可能进行多方案施工平面图设计。并从满足施工要求的程度；施工占地面积及利用率；各种临时设施的数量、面积、所需费用；场内各种主要材料、半成品（混凝土、砂浆等）、构件的运距和运量大小；各种水电管线的敷设长度；施工道路的长度、宽度；安全及劳动保护是否符合要求等进行分析比较，选择出合理、安全、经济、可行的布置方案。

11.5.3　单位工程施工平面设计的步骤

1. 确定起重机械的位置

起重机械的位置直接影响仓库、堆场、砂浆和混凝土制备站的位置，以及道路和水、电线路的布置等。因此应予以首先考虑。

布置固定式垂直运输设备，例如：井架、龙门架、施工电梯等，主要根据机械性能、建筑物的平面和大小、施工段的划分、材料进场方向和道路情况而定。其目的是充分发挥起重机械的能力并使地面和楼面上的水平运距最小。一般说来，当建筑物各部位的高度相同时，尽量布置在建筑物的中部，但不要放在出入口的位置；当建筑物各部位的高度不同时，布置在高的一侧。若有可能，井架、龙门架、施工电梯的位置，以布置在建筑的窗口处为宜，以避免砌墙留搓和减少井架拆除后的修补工作。固定式起重运输设备中卷扬机的位置不应距离起重机过近，以便司机的视线能够看到起重机的整个升降过程。

建筑物的平面应尽可能处于吊臂回转半径之内，以便直接将材料和构件运至任何施工地点，尽量避免出现“死角”（见图 11-6）。塔式起重机的安装位置，主要取决于建筑物的平面布置、形状、高度和吊装方法等。塔吊离建筑物的距离（B）应该考虑脚手架的宽度、建筑物悬挑部位的宽度、安全距离、回转半径（R）等内容。

2. 确定搅拌站、仓库和材料、构件堆场以及工厂的位置

(1) 搅拌站、仓库和材料、构件堆场的位置应尽量靠近使用地点或在起重机起重能力范围内，并考虑到运输和装卸的方便。

建筑物基础和第一施工层所用的材料，应该布置在建筑物的四周。材料堆放位置应与基槽边缘保持一定的安全距离，以免造成基槽土壁的塌方事故；第二施工层以上所用的材

料，应布置在起重机附近；沙、砾石等大宗材料应尽量布置在搅拌站附近；当多种材料同时布置时，对大宗的、重大的和先期使用的材料，应尽量在起重机附近布置，少量的、轻的和后期使用的材料，则可布置的稍远一些；根据不同的施工阶段使用不同材料的特点，在同一位置上可先后布置不同的材料。

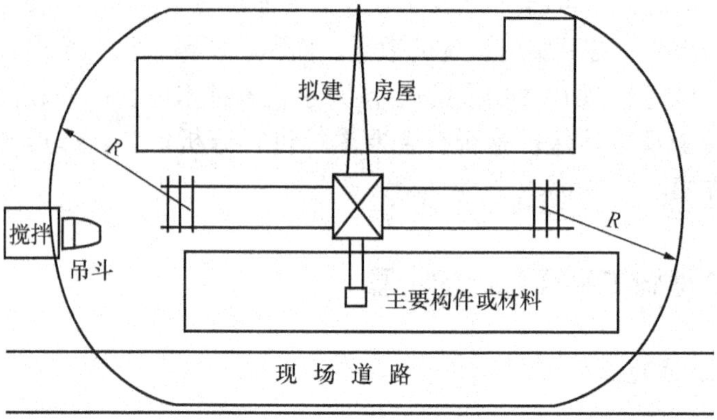

图 11-6 塔吊的服务范围

(2) 根据起重机械的类型，搅拌站、仓库和堆场位置又有以下几种布置方式：

当采用固定式垂直运输设备时，须经起重机运送的材料和构件堆场位置，以及仓库和搅拌站的位置应尽量靠近起重机布置，以缩短运距或减少二次搬运；当采用塔式起重机进行垂直运输时，材料和构件堆场的位置，以及仓库和搅拌站出料口的位置，应布置在塔式起重机的有效起重半径内；当采用无轨自行式起重机进行水平和垂直运输时，材料、构件堆场、仓库和搅拌站等应沿起重机运行路线布置。且其位置应在起重臂的最大外伸长度范围内。

木工棚和钢筋加工棚的位置可考虑布置在建筑物四周以外的地方，但应有一定的场地堆放木材、钢筋和成品。石灰仓库和淋灰池的位置要接近砂浆搅拌站并在下风向；沥青堆场及熬制锅的位置要离开易燃仓库或堆场，并布置在下风向。

3. 运输道路的布置

运输道路的布置主要解决运输和消防两个问题。现场主要道路应尽可能利用永久性道路的路面或路基，以节约费用。现场道路布置时要保证行驶畅通，使运输工具有回转的可能性。因此，运输线路最好绕建筑物布置成环形道路。道路宽度大于 3.5 米。

4. 临时设施的布置

(1) 临时设施分类、内容。施工现场的临时设施可分为生产性与非生产性两大类。

生产性临时设施内容包括：在现场制作加工的作业棚，如木工棚、钢筋加工棚、白铁加工棚；各种材料库、棚，如水泥库、油料库、卷材库、沥青棚、石灰棚；各种机械操作棚，如搅拌机棚、卷扬机棚、电焊机棚；各种生产性用房，如锅炉房、烘炉房、机修房、水泵房、空气压缩机房等；其他设施，如变压器等。非生产性临时设施内容包括：各种生产管理办公用房、会议室、文化文娱室、福利性用房、医务、宿舍、食堂、浴室、开水房，警卫传达室，厕所等。

（2）单位工程临时设施布置。布置临时设施，应遵循使用方便、有利施工、尽量合并搭建、符合防火安全的原则；同时结合现场地形和条件、施工道路的规划等因素分析考虑它们的布置。各种临时设施均不能布置在拟建工程（或后续开工工程）、拟建地下管沟、取土、弃土等地点。

各种临时设施尽可能采用活动式、装拆式结构或就地取材。施工现场范围应设置临时围墙、围网或围笆。

5. 布置水电管网

（1）施工用临时给水管，一般由建设单位的干管或施工用干管接到用水地点。布置有枝状、环状和混合状等方式，应根据工程实际情况从经济和保证供水两个方面去考虑其布置方式。管径的大小、龙头数目根据工程规模由计算确定。管道可埋置于地下，也可铺设在地面上，视气温情况和使用期限而定。工地内要设消火栓，消火栓距离建筑物应不小于5 米，也不应大于25 米，距离路边不大于2 米。条件允许时，可利用城市或建设单位的永久消防设施。有时，为了防止供水的意外中断，可在建筑物附近设置简易蓄水池，储存一定数量的生产和消防用水。如果水压不足时，尚应设置高压水泵。

（2）为了便于排除地面水和地下水，要及时修通永久性下水道，并结合现场地形在建筑物四周设置排泄地面水和地下水的沟渠。

（3）施工中的临时供电，应在全工地性施工总平面图中一并考虑。只有独立的单位工程施工时才根据计算出的现场用电量选用变压器或由业主原有变压器供电。变压器的位置应布置在现场边缘高压线接入处，但不宜布置在交通要道口处。现场导线宜采用绝缘线架空或电缆布置。

11.6　单位工程技术组织措施

任何一个工程的施工，都必须严格执行现行的建筑安装工程施工及验收规范、建筑安装工程质量检验及评定标准、建筑安装工程技术操作规程、建筑工程建设标准强制性条文等有关法律法规，并根据工程特点、施工中的难点和施工现场的实际情况，制订相应技术组织措施。

11.6.1 技术措施

对采用新材料、新结构、新工艺、新技术的工程，以及高耸、大跨度、重型构件、深基础等特殊工程，在施工中应制定相应的技术措施。其内容一般包括：

① 要表明的平面、剖面示意图以及工程量一览表；

② 施工方法的特殊要求、工艺流程、技术要求；

③ 水下混凝土及冬雨季施工措施；

④ 材料、构件和机具的特点，使用方法及需用量。

11.6.2 质量保证和提高措施

保证和提高质量的关键是对施工组织设计的工程对象经常发生的质量通病制定防治措施，要从全面质量管理的高度，将措施订到实处，建立质量体系，保证"PDCA"循环的正常运转。对采用的新工艺、新材料、新技术和新结构，必须制定有针对性的技术措施，以保证和提高工程质量。

保证和提高工程质量措施，可以按照各主要分部分项工程施工质量要求提出，也可以按照工程施工质量要求提出。具体来讲，可以从以下几个方面考虑：

① 保证定位放线、轴线尺寸、标高测量等准确无误的措施；

② 保证地基承载力、基础、地下结构及防水施工质量的措施；

③ 保证主体结构等关键部位施工质量的措施；

④ 保证屋面、装修工程施工质量的措施；

⑤ 保证采用新材料、新结构、新工艺、新技术的工程施工质量的措施；

⑥ 保证和提高工程质量的组织措施，如现场管理机构的设置、人员培训、建立质量检验制度等。

11.6.3 安全施工措施

加强劳动保护保障安全生产，是国家保障劳动人民生命安全的一项重要政策。也是进行工程施工的一项基本原则。为此，应提出有针对性的施工安全保障措施，从而杜绝施工中安全事故的发生。施工安全措施，可以从以下几个方面考虑：

① 保证土方边坡稳定措施；

② 脚手架、吊篮、安全网的设置及各类洞口防止人员坠落措施；

③ 外用电梯、井架及塔吊等垂直运输机具的拉结要求和防倒塌措施；

④ 安全用电和机电设备防短路、防触电措施；

⑤ 易燃、易爆、有毒作业场所的防火、防暴、防毒措施；

⑥ 季节性安全措施。如雨期的防洪、防雨，夏期的防暑降温，冬期的防滑、防火、防冻措施等；

⑦ 现场周围通行道路及居民安全保护隔离措施；

⑧ 确保施工安全的宣传、教育及检查等组织措施。

11.6.4 成本降低措施

应根据工程具体情况，按分部分项工程提出相应的节约措施，计算有关技术经济指标，分别列出节约工料数量与金额数字，以便衡量降低工程成本的效果。其内容一般包括：

① 合理进行土方平衡调配，以节约台班费；

② 综合利用吊装机械，减少吊次，以节约台班费；

③ 提高模板安装精度，采用整装整拆，加速模板周转，以节约木材或钢材；

④ 混凝土、砂浆中掺加外加剂或掺混合料，以节约水泥；

⑤ 采用先进的钢材焊接技术以节约钢材；

⑥ 构件及半成品采用预制拼装、整体安装的方法，以节约人工费、机械费等。

这些措施必须是不影响工程质量的，能保证施工的，能保证安全的，并要正确处理好降低成本、提高质量和缩短工期三者之间的关系，对各项措施要计算经济效果。

11.6.5 季节性施工措施

当工程施工跨越冬季和雨季时，就要制定冬期施工措施或雨季施工措施，目的是保证质量、保证安全、保证工期、保证节约。

冬季因为气温、降雪量不同，工程部位及施工内容不同，施工单位的条件不同，应该采用不同的冬期施工措施，以达到保温、防冻、改善操作环境、保证质量、控制工期、安全施工、减少浪费的目的。

雨季施工措施，根据工程所在地的雨量、雨期及施工工程的特点进行制定。要在防淋、防潮、防泡、防淹、防拖延工期等方面，分别采用“疏导”、“遮盖”、“排水”、“防雷”、“合理储存”、“改变施工顺序”、“避雨施工”、“加固防陷”等措施。

11.6.6 防止环境污染措施

为了保护环境、防止污染，尤其是防止在城市施工中造成污染，在编制施工方案是应该提出防止污染的措施。主要包括：防止施工废水污染的措施；防止废气污染的措施；防止垃圾粉尘污染的措施；防止噪声污染的措施等。在制定此类措施时，必须遵守有关施工现场及环境保护的有关规定。

11.6.7 现场文明施工措施

（1）施工现场设置围栏与标牌，出入口交通安全，道路畅通，场地平整，安全与消防设施齐全；

（2）临时设施的规划与搭设应符合生产、生活和环境卫生要求；

（3）各种建筑材料、半成品、构件的堆放与管理有序；

（4）散碎材料、施工垃圾的运输及防止各种环境污染；

（5）及时进行成品保护及施工机具保养。

11.7 单位工程施工组织设计实例

11.7.1 工程概况

工程名称：××公寓。

工程地址：位于××市××村东北侧，××路南面。

业主：××房地产有限公司。

设计单位：××设计院。

建筑面积：78 067 m^2。

地上：地上 26 层。

地下：地下 4 层。

建筑物檐高：76.70 m。

结构类型：主体采用框-剪力墙结构体系，标准层层高为 2.75 m。基础为筏板基础。基础底板顶标高 -14.40 m。

11.7.2　施工部署

1. 工程目标

（1）质量目标：本工程按照国家标准：《建筑安装工程质量检验评定统一标准》（GBJ 300—1988）的要求进行质量检查评定。

（2）工期目标：服务业主，满足合同工期要求。本工程计划 2008.08.01 日开工，2008.10.13 日基坑施工完毕，具备打垫层条件。

（3）安全文明施工目标：严格管理，落实责任，有条不紊，创××市安全文明施工样板工地。

（4）管理目标：我们将充分利用我们在生产经营、技术管理中的各种优势，实行现代化管理，保证工程在管理、质量、文明，作风上均创出一流水平。

2. 组织机构

（1）本工程全面实行项目法施工，工程项目管理是以高效率地实现项目目标为目的，以项目经理负责制为核心，以项目合同和成本核算制为主要内容，并对工程项目进行全过程，全方位的计划、组织、协调、控制的管理制度。其宗旨是“总部服务控制，项目授权管理，专业施工保障，社会协力合作”。工程实施中推行全面质量管理，严格按 ISO 9002 标准体系运作。

（2）项目经理部依据业主要求和公司对项目的规划和决策，具体制定和实施总体方针目标，包括工期、质量、安全等，公司对项目经理部进行方针目标考核。除公司对项目进行目标考核外，同时项目经理部还接受业主和社会各方的监督和检查，最终为项目实现目标管理提供保障。

（3）按照公司项目管理组织条例，我公司将委派富有丰富施工经验的人员组成项目经理部。派驻的项目经理部在公司总部的控制和协调下进行本工程的施工管理。

（4）为规范本项目的管理工作，项目经理部将执行公司颁发的《项目管理手册》、《质量保证手册》、《CI 工作手册》。

11.7.3　降水工程

1. 工程概况

拟建工程主体采用框－剪力墙结构体系，地上 26 层，地下 4 层，建筑物檐高 76.70 m，

槽深 -17.90 m。为保证基坑开挖及建筑施工的正常进行，必须先做基坑降水疏干工作，使坑底保持无水的作业环境。

2. 工程地质及水文地质概况

根据××勘察院工程地质基础研究报告，本工程所在地区处于永定河洪冲积扇的北部边缘，地层自上而下分述为：

A. 杂填土：杂色，湿，稍密，层厚 0.80～2.80 m，层底标高为 39.68～41.79 m；

B. 沙质粉土：褐黄～灰黄色，饱和，中密，层厚 1.70～4.90 m，层底标高 35.78～40.09 m；

C. 粉质黏土：黄灰～褐黄色，饱和，中密，可塑，层厚 3.50～7.80 m，层底标高 29.10～33.15 m；

E. 粉细沙：灰黄～褐黄色，饱和，中密～密实，层厚 1.20～6.80 m，层底标高 25.67～31.39 m；

F. 粘质粉土：褐黄～灰黄色，湿～饱和，中密～密实，层厚 2.40～8.30 m，层底标高 21.68～25.45 m；

G. 粉质黏土：褐黄～灰黄色，湿～饱和，中密～密实，可塑～硬塑，层厚 2.80～5.80 m，层底标高 18.13～19.40 m；

H. 粉细沙：褐黄色，饱和，中密～密实，层厚 0～350 m，层底标高 15.08～18.96 m；

I. 粉质黏土：褐黄～灰黄色，湿～饱和，中密，可塑～硬塑，层厚 8.10～17.80 m，层底标高 0.55～7.30 m；

J. 粉细沙：褐黄色，饱和，密实，层厚 0.70～6.00 m，层底标高 -1.84～5.30 m；

粉质黏土：褐黄色，湿～饱和，密实，可塑～硬塑，层厚 4.10～15.30 m，层底标高 -15.77～ -9.14 m；

K. 卵砾石：杂色，饱和，密实，一般粒径为 2～4 cm，最大达 12 cm。充填黏性土和沙，局部渐变为圆砾层。其厚度为 5.90 m，层底标高为 -21.35 m；

L. 黏质粉土：褐黄色，湿，密实。该层已揭穿的厚度 >1.20 m，层底标高低于 -22.55 m；

根据工程地质勘察报告，场区内的水文地质情况，可概述如下：

层次	地下水类型	水位埋深（m）	水位标高（m）
第一层	上层滞水	0.70～2.90	39.65～42.16
第二层	潜　　水	11.00～12.90	29.53～31.57
第三层	微承压水	23.70～23.80	18.68～18.87

第一层上层滞水，水位平均埋深于 -1.80 m。主要含水层为粉土层；第二层潜水，水位平均埋深于 -11.95 m。含水层为 10.00～14.00 m 深度范围内的粉细沙，水量丰富；第

三层微承压水，水位平均埋深于 -23.75 m。主要含水层为沙层；

考虑本次施工基槽开挖深度为 -17.90 m，因此降水水位应大于 -18.40 m，才对基槽开挖及底板施工有利。

3. 降水设计方案

(1) 施工方法。根据勘察报告，第一层上层滞水和第二层潜水对本次施工有直接影响。上层滞水含水层为粉土层，渗透性差，不易降尽。潜水含水层为粉细沙层，渗透均一，较容易抽降。但该层层底即为粉质黏土及黏土隔水层，对降水较为不利。

这种地层采用轻型井点或大口井辅以渗水沙井方法降水，较为理想。可结合我们以往成功的降水经验，如采用轻型井点方法降水，根据实际槽深需要双排双层，占地面积大，大量增加了土方量且拖长了工期，是很不经济的；而我们在与之具有相同地层的现代南洋大厦降水，即采用大口井辅以渗水沙井的方法降水，我们在每两口降水井中间设一口沙井，通过对降水过程的观察和在土方开挖过程中对降水效果的分析上，沙井并没有起到良好的渗水作用。因此，本工程我们采用深井井点的方法进行降水，且适当增加降水井的数量，缩小井间距，使其排水量增大，能达到迅速干槽的效果，保证深基础正常施工。

(2) 排降水量估算。降水井深度：

$$H \leqslant H_1 + h + IL = 17.90 + 0.5 + 1/10 \times 47 = 23.1\ (\mathrm{m})$$

本工程取 $H = 30$ m

式中：H_1——井点埋设至坑底面的距离（m）；

h——降低后地下水位至基坑中心底面的距离，取 $h = 0.5$ m。

I——地下水降落坡度，环形井点为 1/10。

L——井点至基坑中心的水平距离（m）；

基坑涌水量估算：

$$\begin{aligned} Q &= \frac{1.366k(2H-S)S}{\lg R - \lg x} \\ &= 1.366 \times 5 \times (2 \times 11 - 16.6) \times 16.6/\lg 70 - \lg 47 \\ &= 3\,604\ (\mathrm{m^3/d}) \end{aligned}$$

式中：k——土的渗透系数（$\mathrm{m^3/d}$），取 $k = 5\ \mathrm{m^3/d}$；

H——含水层厚度（m），取 $H = 11$ m；

S——水位降低值（m），取 $S = 17.9 - 1.8 + 0.5 = 16.6$ m；

R——抽水影响半径（m），取经验值 $R = 70$ m。

x——基坑假想半径（m），取 $x = 47$ m。

单井涌水量估算：

$$q=\frac{1.366k(2H-S)S}{\lg R-\lg r}$$
$$=1.366\times5\times(2\times11-16.6)\times16.6/\lg70-\lg0.4$$
$$=273\ (\mathrm{m^3/d})$$

（3）井点布置。按基槽排降水量及现场实际情况，降水疏干井设在基坑四周，距基坑壁1.50 m，呈帷幕。降水井设计参数如下：

井距：6 m　　井深：30 m

井径：ϕ800 mm　　共设：54 口其中设4 口观测井

成井：反循环钻机　　滤管：无沙滤水管 ϕ400 mm

滤料：2~3 毫米，水洗豆石

（4）地下水不可预见性很强，如果第二层潜水水量很大，影响基础施工，再采取基坑内局部降水，施工方法同坑边大井相同，该降水井在底板浇筑完成后封死。

（5）排水路线选择。在井点外侧环形围放排水主管，水力坡度3‰，埋于地下0.50m深处，由井点抽取的水汇集排水主管排入市政污水管道。根据场地污水管口的位置，分别选择1~3 个排水口。

4. 施工组织设计

（1）施工准备。

① 测量放线。测量放线依据现场红线桩为基准总成，±0.00 标高采用精密测距仪（AGA112）和经纬仪，并根据井点布置图放线定位。放线经复核后报监理部门确认方可进行施工。

② 施工用电、用水配置。

A. 依据投入的机械设备用电功率统计，抽水期间最大功率为118.8 千瓦，交叉作业期间，工程需用电如果不够，请求甲方配备150 千瓦柴油发电机组。

B. 依据用水设备和施工经验，需用水量5~10 m³/h，直径50 mm 管，就能满足施工用水。

③ 打井机械及井点设备。

打井机械可根据工期要求变更。井点设备是由井点管、连接管、排水主管及抽水设备等组成。具体如下：

序号	设备名称	规　格	单　位	数　量
1	反循环钻机		台	2
2	潜水泵	QY_{12}~25~2.2	套	54（备用5 台）
3	动力总配电箱	200A	个	6

（续表）

序号	设备名称	规　　格	单　　位	数　　量
4	动力分配电箱	100A	个	18
5	排水主管	4 寸	米	330
6	排水胶管	2×4×20	米	1 620
7	弯联管	2×4×1.5	根	54
8	钢丝绳	6×9×19	米	1 620
9	卡扣		个	108
10	空压机	6^3	台	1
11	止回阀		个	54

④ 人员组织安排

A. 降水处组织机构如下：

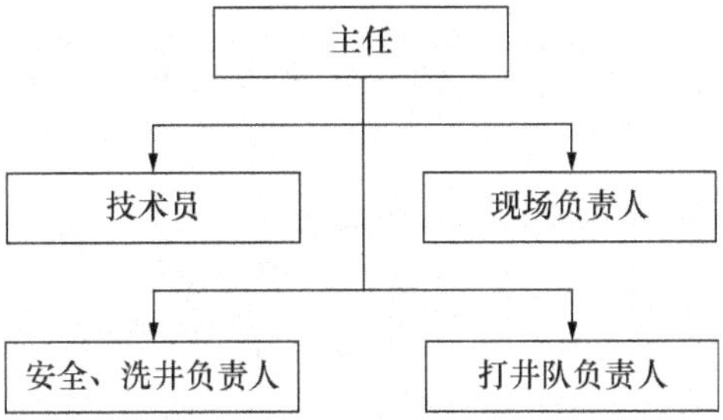

B. 劳动力安排如下：

工种	管理人员	电工	机械工	打井人员	降水工
人数	2	1	2	20	4

C. 各工种职责要求如下：

工　　种	职　　责
主任	负责现场打井总协调，打井分包队伍的管理，井料质量的控制和验收
技术员	负责施工方案的编制
现场负责人	负责打井分包队伍的现场管理，打井质量的控制
安全、洗井负责人	负责现场施工的安全工作、安排洗井作业
打井队负责人	负责安排打井作业，管理打井队日常工作

（续表）

工　　种	职　　　　　责
机械工、降水工	负责洗井、现场降水设备安装、维护，更换坏泵
打井工	负责打井工作，钻孔、下井管、井料
电工	负责电箱、水泵接线，现场临电、电箱的维护

（2）施工工艺。井位放样→作井口、安护筒→钻机就位、钻孔→吊放井管→回填管壁与井壁间的过滤层→安装排水主管→洗井→试抽→正常抽水。

（3）施工步骤。

① 测量放线，定好井位，按施工图放出井的中心点。

② 以定好的井位点为中心，800 mm 为直径作圆，向下开 0.50 m 作为井口。

③ 用反循环钻机向下钻孔，钻至要求深度。

A. 反循环是将压缩空气通过管路送至汽水混合室，使其与钻杆内的水掺混，从而形成比重小于 1 的掺汽水流。在钻杆外侧水柱压力的作用下，钻杆内掺气水流挟带泥浆不断上升，将泥浆水排出井外。

B. 钻进时要不断向孔内大量供水，使孔内水位高出地下水位，利用水位差所产生的静水压力保持孔壁稳定。

C. 从加接钻杆的数量和入水深度判断钻进深度。

D. 估摸达到设计深度并深入 0.50～1 m 时，停止钻进。

④ 成孔后，在井口搭设井字架，作为简易提升架安井管。将直径为 400 mm 无沙滤水管下入孔内。井底用黏土封口，井管接头用塑料布包扎，要牢固以防反沙。

A. 检查井管有无残缺、断裂及弯曲情况。

B. 将底层管堵与第一节井管公母接口接上，在外对称放上 3 根竹枇，用铁丝固定两圈。

C. 将提升用钢丝绳一头固定在井字架上，另一头套住管堵的凹槽稳定后缓缓下降。

D. 使井管居于井孔正中，避免倾斜，并固定。

E. 下降第二节井管时，注意连接的公母接口，动作要轻缓，不能猛降猛放。

⑤ 安装完井管后，在无沙滤水井管外侧与井壁之间填砾料。

A. 砾料应缓慢填入，防止冲歪井管，一次不可填入过多。

B. 接近井口 1.50 米处，用黏土封严，以防地面水、雨水流入。

⑥ 成井完毕后，立即用空压机洗井或清水抽洗。

A. 将空压机空气管及喷嘴放进井内，先洗上面井壁，然后逐渐将水管下入井底。

B. 打开空压机，空气将快速经各管壁向井壁呈漩涡状喷射，借汽水混合冲力迅速破坏泥浆壁，并将泥浆及细沙携带到井外，直至水清沙尽。

⑦ 在潜水泵出水口处绑上胶管，下沉潜水泵至井底 0.5 米处。

⑧ 在井点管外侧，布设排水主管，将潜水泵上的胶管与排水主管用弯联管相连；安装抽水控制线路；试抽水

⑨ 检修漏水主管，翻转、不出水的水泵组；二次抽水，检修水泵无漏水、反转等现象为止。

⑩ 正式抽水；测定每个管井初始水位、流量；日常监控。

(4) 降水井质量要求。

① 井管必须直立于井中心，上端应保持水平

② 井的顶角偏斜不得超过 1 度，以保证泵组上下井道通畅。

③ 无沙滤水管接口要用塑料布封堵。

④ 每打完一口井要用量井器测量井深，以保证井深偏差≤20 mm。

⑤ 成孔孔径 800 mm，偏差≤10 cm。

⑥ 吊放井管，检查管内外是否有杂物、黏土，以防影响透水性。

⑦ 洗井后的泥沙量控制在 10% 以内。

⑧ 作好成井工序交接检验。

5. 工期安排

工程进度计划如表所示：

工期 / 项目	进度计划（天）																		
	1	2	3	4	5	6	7	8	9	10	11	12	13	14	15	16	17	19	20
打井	—	—	—	—	—	—	—	—	—										
洗井		—	—	—	—	—	—	—	—	—									
安装排水管线						—	—	—	—	—	—								
安装抽水控制线路								—	—	—	—								
试抽水											—								
正常抽水												—	—	—	—	—	—	—	

6. 监测与控制

(1) 正常出水规律为“先大后小，先混后清”。为防范抽水带走土层中的细颗粒。在降水时要随时注意抽出的地下水是否有浑浊现象。抽出的水中泥沙含量过大不但会增加周围的沉降，而且会使井管堵塞，井点失效。

(2) 降水必然会形成降水漏斗，从而造成周围地面的沉降，建立地基沉降系统观测

网，定期进行水位和沉降观测。以便及时了解沉降对周围环境的影响，如果沉降较大应及时采取补救措施。

（3）做基础护坡桩时，值班人员应随时观测邻近降水井含沙量的变化，防止泥浆水渗入井内。如发现井内出水变浑浊，应及时注水洗井，将泥浆水排除以防淤井。

（4）井点降水对周围建筑物造成沉降是由于地下水流动的原因，可采取以下措施预防：

在邻近被保护建筑物一侧注意观测水位，适时间隔井位抽水，甚至停止抽水。确保井点管周围沙滤层厚度和施工质量，井点管上部 1.50 m 围内用黏土封死，亦可防止将土粒带出。

（5）观测周围建筑物的沉降，请测量公司协助作出沉降观测。

11.7.4 护坡工程

1. 基坑支护方案设计

某工程坑预留槽 1.0 m，基坑周长约 317 m。上部 3 m 土方摘帽后以挡土墙进行支护，下部采用 ϕ800 灌注桩加两道锚杆进行支护，采用理正深基坑支护软件进行计算，桩配筋采用等效矩形截面非对称按弯矩配筋，方案设计如下：

（1）护坡桩。

桩数	211 根
桩径	800 mm
桩距	1.5 m
桩顶标高	-3.5 m
桩长	19.5 m
钢筋笼长	20.0 m
嵌固深度	5.0 m
纵向配筋	主动侧 4ϕ25 +4ϕ28（局部）被动侧 4ϕ25 +6ϕ28（局部）
混凝土强度	C25
主筋保护层	50 mm

（2）锚杆。

	第一道	第二道
数量	141 根	211 根
间距	2.25 m（三桩两锚）	1.5 m（一桩一锚）
竖向位置	-3.0 m	-10.0 m
倾角	20°	15°

（续表）

	第一道	第二道
自由段长度	12.0 m	8.0 m
锚固段长度	15.0 m	17.0 m
1570 级钢绞线	3 根 7ϕ5	5 根 7ϕ5
定位支架间距	2.0 m	2.0 m
水泥浆体强度	20 Mpa	20 MPa
普通硅酸盐水泥	425#	425#
水泥浆水灰比	0.5	0.5
反力梁	混凝土连梁	2I36b 工字钢梁
设计轴力	338 kN	823 kN
预加轴力	237 kN	576 kN

（3）混凝土连梁。

截面尺寸	800 mm × 500 mm
纵向配筋	12ϕ22
混凝土强度	C 25
主筋保护层	25 m

（4）钢梁：2I36b。

（5）挡土墙。

墙高	3 m
墙厚	370 mm
构造柱截面尺寸	370 mm × 370 mm
构造柱间距	3.0 m
构造柱纵向配筋	5ϕ22
主筋保护层	25 mm
挡土墙压顶梁截面尺寸	200 × 370 mm^2
压顶梁纵向配筋	4ϕ16
主筋保护层	25 mm

（6）桩间土处理。用挂网抹灰处理，以防桩间土流失。

2. 施工整体部署

（1）为给结构施工尽快创造工作面，我公司将尽快组织管理机构，做好各道工序的设备、人员的进场工作，在降水的前提下，拟采用进口旋挖钻机成孔，或反循环钻机成孔。

（2）施工流程图。

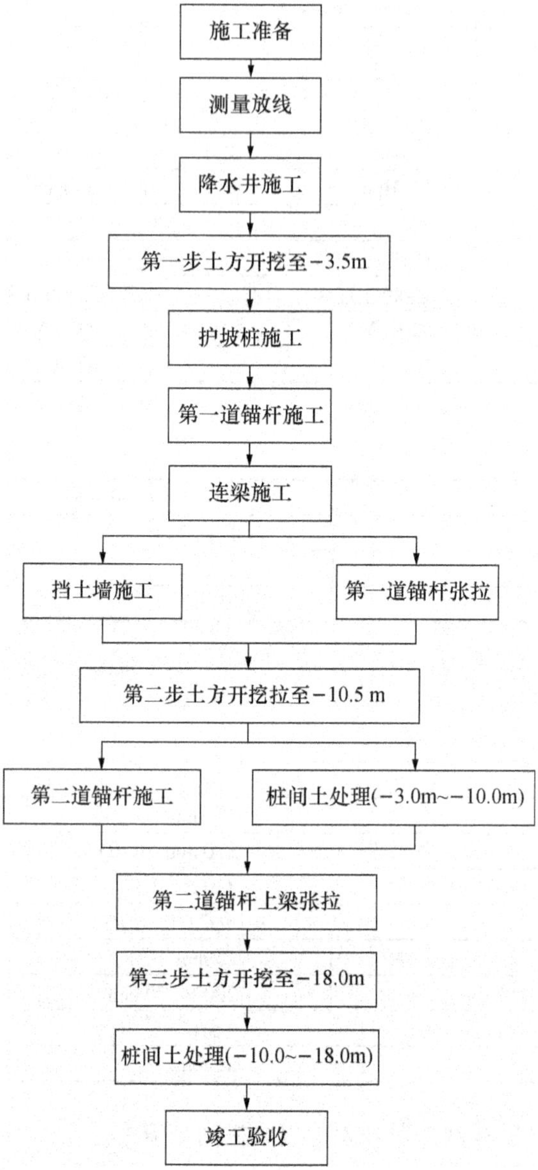

3．施工准备

（1）场地准备。进场前请甲方协助做好“三通一平”工作，并提供场地内地下障碍

物及各种管线的埋设情况。（我公司可提供电缆探测仪器）

（2）人员组织。我公司全力配备优秀而富有经验的施工管理及技术人员，成立公司总指挥部，组织项目管理班子建立质量保证体系。管理体系及组织机构图如下：

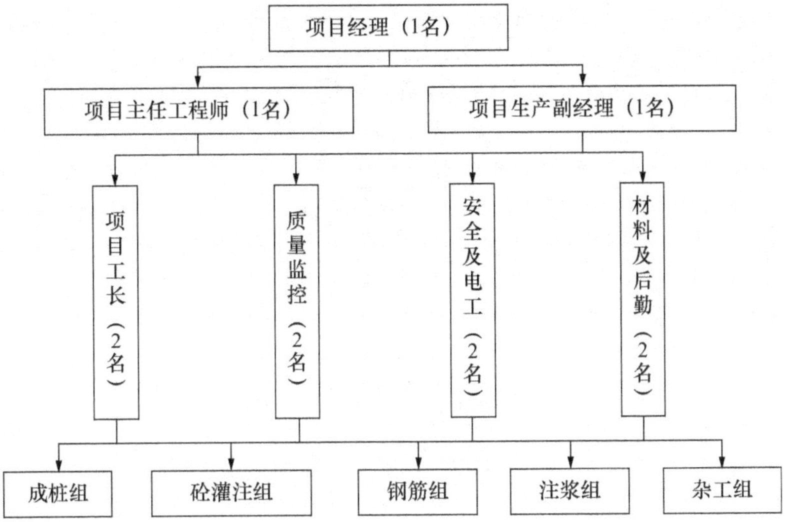

其他：配套技工与杂工若干。

（3）机械设备一览表，如下：

设备名称	设备型号	数量
旋挖钻机	R-618，R-622	2 台
国产锚杆机		2 台
履带吊	16T	1 台
注浆设备		2 套
钢筋切割机	GJ51-32	1 台
钢筋弯曲机	WJ40-1	1 台
电焊机	BX-300	3 台
张拉设备		1 套

（4）材料的准备。进场的水泥、钢筋、沙、石等材料应做复试并做标识；可能进行雨季施工，准备防水材料。

4．护坡桩施工

（1）工艺流程。采用旋挖钻机无循环液成孔，具体工艺流程如下：

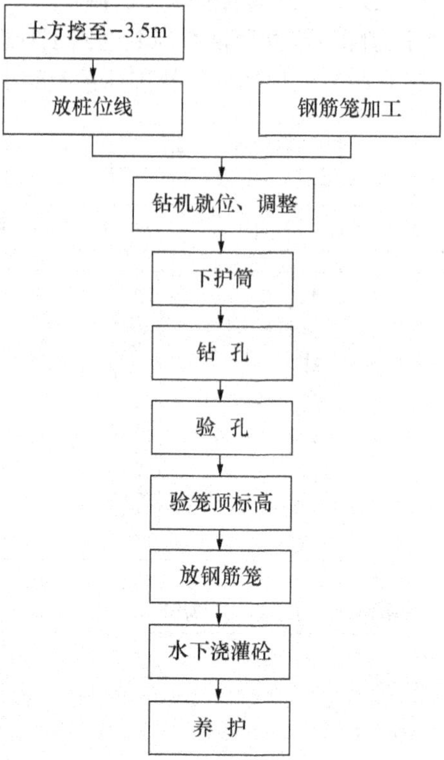

（2）质量标准。钢筋笼制作允许偏差如下：

项目	允许偏差（mm）
主筋间距	±10
箍筋间距	±20
钢筋笼直径	±10
钢筋笼长度	±100

护坡桩的混凝土试块要由专人负责，每20根做两组试块，一组标养，一组同条件养护。未尽事项要严格执行《混凝土加工工程施工及验收规范》及《建筑桩基技术规范》规定。

5．锚杆施工

（1）工艺流程如下图所示：

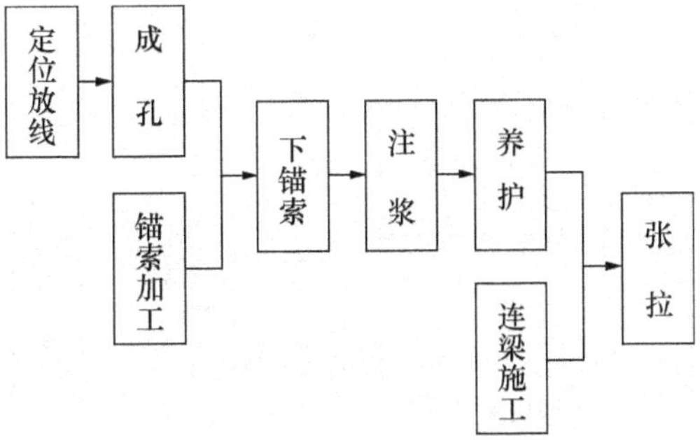

注：第二道锚杆采用工字钢连梁

(2) 质量标准：

① 进场的每批钢绞线和水泥要有出厂合格证并做复试；

② 锚位偏差左右不得大于 10 cm，上下不得大于 5 cm，水平夹角 ±1°；

③ 锚索严格按设计图纸加工，定位器间距 2.0 m，位置允许 10 cm 的偏差，锚固段塑料管允许有正偏差；

④ 水泥浆体的 28 d 抗压强度不小于 20 MPa，水灰比为 0.5，水泥浆体试块每 30 根做两组，一组标养，一组同条件养护；

⑤ 预埋筒位置要准确，角度误差不超过 1°；

⑥ 连梁达到设计强度、水泥浆体强度达到 15 MPa 时方可张拉。张拉的技术要求，按《土层锚杆的设计与施工规范》中的相关规定执行。

6. 连梁施工

(1) 工艺流程如下：

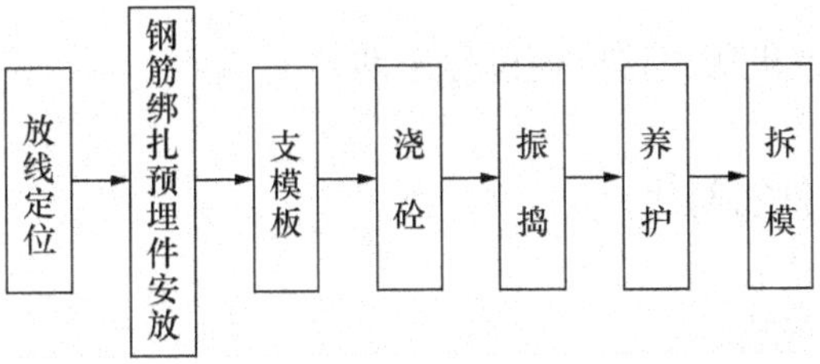

(2) 质量标准：应满足设计要求及《钢筋混凝土结构施工规范》规定。

7. 挡土墙施工

（1）工艺流程如下：

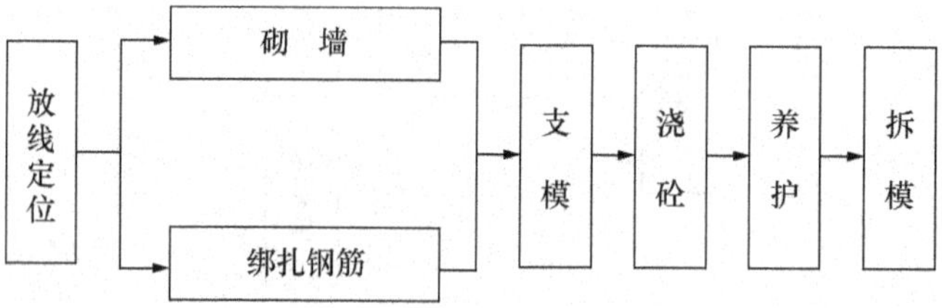

（2）具体施工应符合相应规范。

11.7.5 土方工程

1. 施工准备

（1）机械设备见下表：

设备名称	设备型号	数量
挖土机	三星 350	2 台
推土机	685	1 台
自卸车	17 吨	60 台

（2）设备能力分析。整夜作业，平均每车每夜出土 40 方，50 台车共计 2 000 方。根据现场场地情况及扰民，民扰处理情况，夜间施工可能性估测，平均每天完成土方量计 2 500 方。

根据实际情况可调整机械力量以便确保工期。

（3）现场准备：

① 现场出入口放置钢筋网片；

② 出口搭设拍土架子；

③ 平整场地，清除障碍；

④ 做好夜间照明准备；

⑤ 测量员每日挖土前用白灰放出开挖线，保证作业面宽度与标高。

2. 工艺程序

（1）一层土方：由地面下挖到 -3.5 m，平整场地，护坡桩施工。

（2）二层土方：第一层锚杆张拉后，即进行二层土方开挖至 -10.5 m。

（3）三层土方：第二层锚杆张拉后，即进行三层土方开挖至 -17.7 m，留 30 cm 土人工清理，以免扰动基底。

3. 质量标准

（1）应符合国家有关建筑施工规范：GBJ 301—1988。

（2）应符合工程设计对土方的质量要求。

11.7.6　质量与工期保证措施

1. 质量保证体系

根据 ISO—9002 质量标准的要求建立文件化质量保证体系，并于 1995 年 10 月通过了中国质量管理协会质量保证中心的第三方认证。项目的质量活动是在该质量保证体系下按 ISO—9002 标准要求进行的。

2. 组织保证体系

建立由项目经理领导，现场经理中间控制，质检员基层检查的 3 级管理系统：

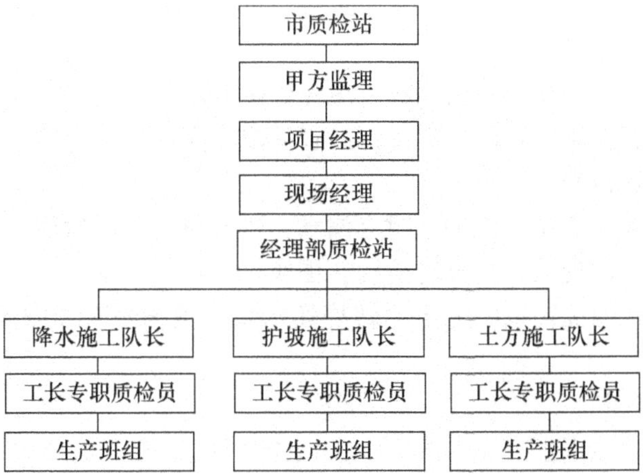

3. 质量管理程序

质量管理程序如下图所示：

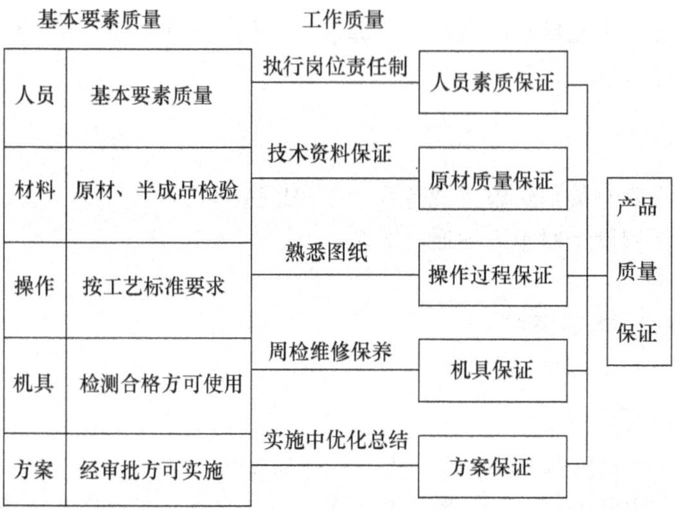

4. 质量保证措施

(1) 降水施工质量控制措施。

① 材料控制措施。

A. 所需豆石必须是 2 ~ 3 mm；米左右的均匀颗粒，泥沙量小，进场前须经验收后方可进入。

B. 无沙滤水井管必须保持滤网通畅，避免影响渗水效果。

C. 运输过程中，应轻拿轻放，保证无沙管的成品完好。

② 抽水期间质量控制。

A. 抽排水管线安装完毕，试抽水时有漏水、气现象要及时检修。

B. 如有泵不上水的现象，要及时检修、更换。

C. 及时了解抽水情况，以防无水干转烧坏水泵，根据施工要求确定启动和暂不抽水井点数量。

③ 降水后质量控制。

A. 降水完毕后，应根据工程结构特点和土方回填进度，陆续关闭及拔除井点泵组。土中所留的孔洞应立即用沙土填实。如果地基有抗渗等要求时，孔口应按有关要求填塞。

B. 拆除井点应自底层开始，在下部井点拆除期间，上部井点应继续抽水。

④ 质量保证体系

A. 井孔放线定位后，要会同有关质检人员，进行复核。

B. 钻机就位后，必须保持钻机机座水平，挺杆垂直，在钻进过程中随时查验，以保证钻孔垂直度。

C. 采用适当直径钻头，以保证成孔直径符合设计要求。

D. 详细记录钻孔施工过程，精确控制孔深。

E. 钻孔过程中，遇易塌孔孔段，要保持水头高度及一定的泥浆比重，并控制钻进速度。

F. 现场成立质量保证领导小组，明确责任。

G. 设专职质量员，按工序要求逐步检查施工质量。

H. 发现不合格的问题及时纠正。

（2）护坡桩质量控制措施。

① 放桩位线。应有专人验线并作桩位预检记录。

② 钢筋笼加工。严格按设计图纸加工，按批进行验收，合格品做标志。钢筋供应的长度不满足设计要求时，主筋采取搭接焊，按规定做抗拉强度试验。为保证主筋间距和钢筋笼的整体刚度，固定架立筋应与主筋焊牢，箍筋与主筋绑牢，成形后的钢筋笼外形尺寸、主筋位置、数量等应与设计相符合。

③ 钻孔。钻机就位时，经专人检查桩位的偏差及垂直偏差，符合要求后方可开钻，终孔后经专人检查孔深，符合设计要求时经监理签字后退出钻机。

④ 验笼顶标高。混凝土浇灌前，应有专人检查钢筋笼的笼顶标高，符合要求后方可进行浇灌。

⑤ 浇灌混凝土。单桩混凝土的浇灌要连续，以免形成断桩。

（3）锚杆施工质量保证措施。

① 锚杆机就位前应先检查锚位标高，锚距是否符合设计图纸。就位后必须调正钻杆，用角度尺或罗盘测量钻杆的倾角使之符合设计，并保证钻杆的水平投影垂直于坑壁，经检查无误后方可钻进。

② 钻孔时遇有障碍物或异常情况应及时停钻、待情况清楚后再钻进或采取措施。钻至设计深度后空钻出土以减少拔钻杆的阻力，然后拔出钻杆。

③ 下锚索前应检查锚索并做隐蔽工程检查记录，下完锚索时应注意锚索的外露部分是否满足张拉要求的长度。

④ 浆液搅拌必须严格按配比进行，不得随意改变。水泥应不含杂质，不用过期或受潮水泥。

⑤ 注浆由孔底开始，边注边外拉浆管，并缓缓拔管，直至浆液溢出孔口后停止注浆。注浆后过半小时再补浆一次，若渗浆严重，可补浆2～3次。

⑥ 连梁的承压板及预埋筒的位置要安装准确，浇混凝土前做隐蔽工程检查记录。

⑦ 锚杆的张拉要有固定的操作人员和记录人员，严格按操作规程张拉。出现异常情况时，应及时向现场技术负责人报告。

（4）连梁施工质量保证措施。

① 绑扎钢筋时，主筋接头应放在桩顶处，桩的主筋应伸入梁的主筋内。将挡土墙构造柱的预埋插筋按设计绑扎。

② 绑扎钢筋前，应将桩头的浮土清理干净，以防接桩处强度不足。

③ 支模时，要保证钢筋保护层的厚度达到要求，以防露筋。

④ 夏季高温应洒水养护。

（5）土方施工质量保证措施。

① 土方施工设专人指挥，技术员进行书面交底，严格执行施工方案。

② 测量员随时测量，保证基底标高、槽底土壤不得扰动。

③ 夜间施工有足够的照明。

11.7.7 安全生产与文明施工

1. 安全生产

（1）现场要设健全的安全领导小组。

（2）全体人员应认真执行各工种的安全操作规程及有关规定。

（3）施工前，施工负责人要向操作人员作专项技术安全交底，关键部分要下作业指导书。

（4）施工人员进入现场要服从安全员的指挥和监督，进行“三级”安全教育。

（5）每天班前五分钟，施工负责人必须作施工安全注意事项专项交底。

（6）现场电器设备要有漏电保护器，电缆应设可靠绝缘，设专人负责管理，电工持证上岗。

（7）现场用电设备必须实行三级供电，两级保护。

（8）成孔后孔口加盖井盖，以免行人、物体坠入。

（9）土方施工机械和运输车辆在进场前进行彻底的检修和保养，确保施工期间机械的正常运转。

（10）土方开挖后，按现场安全防护要求在基坑的周围搭设安全保护栏杆，避免人员跌落坑中。

2. 文明施工

(1) 所有土方运输车辆进入现场后禁止鸣笛，以减小噪音。

(2) 所有施工人员应保持现场卫生，生产及生活垃圾均装入运土车中带走，不得随处抛撒。

(3) 为保持环境卫生，避免运土车发生遗洒，应在现场搭设拍土架，指派专人负责将运土车上的土拍实，并在出口处铺垫湿草袋或钢筋网片。

(4) 项目经理部每天指派专人清扫运土车经过的路段。

11.7.8 基坑监测方案

采用信息化施工，确保基坑开挖过程中的安全，必须对基坑进行监测，方案如下：

1. 观测点的布置

根据桩位移变形空间效应，因此观测点布置在矩形长边中点处帽梁上每边 3 个点，南侧中点布 1 个点，南侧两拐角各 1 点，共 9 个点。

2. 观测精度要求

满足国家三级水准测量精度要求：水平误差控制 $<6.00\,mm$；垂直误差控制 $<0.5\,mm$。

3. 观测时间的确定

(1) 基坑开挖每一步都应作基坑变形观测。

(2) 观测时间得每两天 1 次，必要时连续观测，基坑开挖完 7 天后，可由每两天 1 次到 4 天一次，15 天后每周观测 1 次。

4. 场地查勘与记录

(1) 施工前对原场地进行全面检查，查清有无原始裂缝和异常并作记录，照相存档。

(2) 每次观测结果详细记入汇总表并绘制沉降与位移曲线。

5. 注意事项

(1) 每次观测应用相同的观测方法和观测线路。

(2) 观测期间使用一种仪器，一个人操作，不能更换。

第12章　施工组织总设计

主要内容

施工组织总设计的编制依据和编制程序和编制内容、施工总进度计划的编制原则和内容、施工总平面图的设计原则和方法。

学习重点

施工组织总设计的内容、施工总进度计划的编制内容、施工总平面图的设计原则。

学习要求

了解施工组织总设计的编制依据和编制程序；掌握施工组织总设计的内容；掌握施工总进度计划的编制原则和内容；掌握施工总平面图的设计原则和方法；掌握施工程序在安排时应注意的问题。

12.1　施工组织设计的编制依据和程序

12.1.1　施工组织总设计

施工组织总设计是以一个工程项目或建筑群为对象，根据初步设计或扩大初步设计图纸以及其有关资料和现场施工条件编制，用以指导工程项目或建筑群建设过程中各项施工活动的技术经济文件。施工组织总设计一般是由建设总承包单位或工程项目经理部的总工程师编制。

12.1.2　施工组织总设计编制依据

为了保证施工组织总设计的文件能结合工程实际情况，更好地发挥其作用，在编制施工组织总设计时，应具备下列编制依据：

1. 计划文件及有关合同

计划文件及有关合同包括国家批准的基本建设计划、可行性研究报告、工程项目一览表、投资计划、建设地点所占地区主管部门的批件，施工单位上级主管下达的施工任务，分期分批施工项目的工期，大型设备采购和交货进度，招投标文件，签订的工程承包合同，材料和设备的订货合同等。

2. 设计文件及有关资料

设计文件及有关资料包括已批准的建设项目的初步设计与扩大初步设计。如设计说明书、建筑平面图建设地区区域平面图、建筑竖向设计、总概算或修正概算等。

3. 建设地区原始调查资料

建设地区原始调查资料包括建筑地区的技术经济调查资料，如交通、运输、能源、材料、预制构件水电供应等；自然条件，如气象、地形、地貌、水文地质及工程地质等；社会调查资料，如建设地区的政治、经济、吻合、宗教、生活、卫生、科技资料等。

4. 现行规范、规程、工程建设政策、法规和有关技术规定等

现行规范、规程、工程建设政策、法规和有关技术规定等包括国家现行的施工及验收规范、操作规程、技术规定和技术经济指标、工期定额、建设法规、工程造价管理有关规定等。

12.1.3　施工组织总设计的编制内容

施工组织总设计编制的内容根据工程性质和规模、建筑结构的特点及施工的复杂程度等来确定。通常包括下列内容：工程概况、施工总体部署和主要工程项目施工方案、施工总进度计划、施工资源需用量计划、施工准备工作计划、施工总平面图和主要技术经济指标等部分。

12.1.4　施工组织总设计的编制程序

施工组织总设计的编制程序如图 12-1 所示。

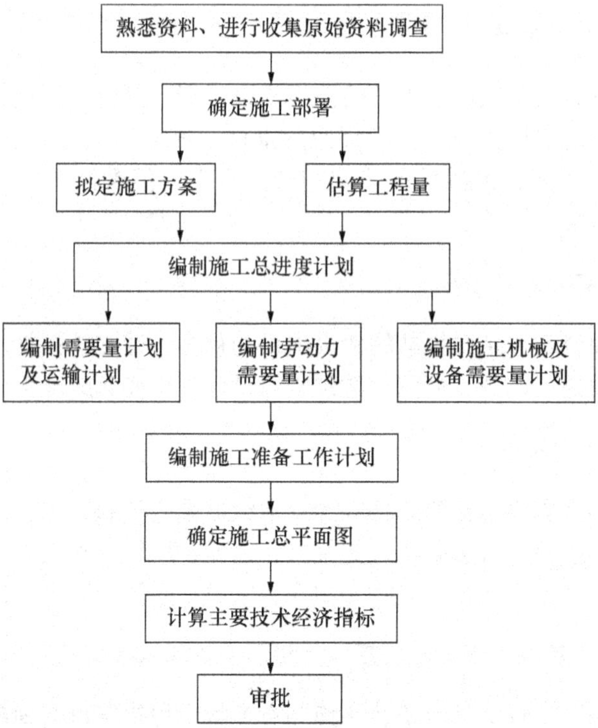

图 12-1 施工组织总设计的编制程序

12.2 工程概况

工程概况一般包括建设项目特征、建设地区特征、施工条件及其他内容。还可附有建设项目设计总平面图、主要建筑的平、立、剖示意图及辅助表格，以作补充。

12.2.1 建设项目特征

建设项目特征主要包括工程性质、建设地点、建设规模、总工期、概算总投资、主要项目工程量生产流程及工艺特点、分期分批施工项目和期限、建筑结构类型、新技术、新材料、新工艺的复杂程度和应用情况等。

12.2.2 建设地区特征

建设地区特征主要包括地质、地貌、气象、水文等情况；建设地区周围情况及地上地下障碍物；建设地区资源、交通、运输；供水、供电、排水及排污条件；劳动力、生活设施情况等。

12.2.3　施工条件及其他内容

施工条件主要包括施工企业的生产能力、技术装备、管理水平、主要设备、材料和特殊物资供应情况。

其他内容，包括有关建设项目的决议、合同、协议和土地征用范围；还包括交通管制、消防要求、环境保护等方面的法律法规等。

12.3　施 工 部 署

施工总体部署是建设项目施工程序及施工展开方式的总体设想，对整个建设项目全局作出的统筹规划和全面安排，主要解决工程施工中的重大战略问题。其内容根据建设项目的性质、规模和施工条件有所不同，一般主要包括：工程开展程序、主要工程项目的施工方案、施工任务划分与组织安排、施工准备工作计划等。

12.3.1　工程开展程序

确定建设项目中各项工程的合理开展顺序是关系到整个建设项目能否尽快投入生产和使用的关键，也是施工部署中组织施工全局生产活动的战略目标。

在施工程序的安排时，应注意以下几点：

（1）分期分批施工。对于一些大中型工业建设项目，要根据建设项目总目标的要求，分期分批，可使一些具体项目尽快建成然后投入使用，同时又可以在全局上实现施工的连续性和均衡性。减少临时设施工程数量，降低工程成本。例如应优先安排工程量大、施工难度大、工期长的项目，供施工、生活使用的项目及临时设施，按生产工艺要求起主导作用或需要先投入生产的工程项目，以及生产上需先使用的车间、办公楼、公寓楼等工程项目。

（2）一般应按先地下工程后地上工程、先主体项目后附属项目、先深后浅、先土建后安装的原则。

（3）要考虑季节的影响。

例如，冬季施工时考虑到季节地安排室内作业和结构安装等，既要保证连续施工，又要考虑经济性。雨季施工时尽量避开土方工程等。

（4）尽量均衡施工，合理利用各类物资和技术条件等资源。

12.3.2 主要工程项目的施工方案

在施工组织总设计中，要拟定主要工程项目的施工方案，这些主要工程项目指的是工程量大、施工难度大、工期长，对整个项目的建成起关键作用的项目。拟定其施工方案的目的是为了组织和安排技术和资源的准备工作，为保证施工顺利进行和合理布置施工现场。施工方案的主要内容包括施工方法、施工工艺流程和施工机械设备等。

对施工方法的选择主要考虑技术先进性和经济合理性。例如，混凝土、砌体、土石方及钢结构等拟采用何种施工方法等。

对主导施工机械的选择主要考虑既能满足工程的需要，又能充分发挥其效能，在各个工程上能够进行综合流水作业，减少其拆、装、运的次数；辅助机械的选用应与主导机械相适应，以便于充分发挥主导机械的效率。

12.3.3 施工任务划分与组织安排

为了科学地规划控制，在明确施工项目管理体制、条件下，划分各参与施工单位的工作任务，明确各施工单位之间的分工与协作，明确总包与分包的关系，建立施工现场统一的组织领导机构及职能部门，划分施工阶段，确定各施工单位分期、分批的主导施工项目和穿插施工项目。

12.3.4 施工准备工作计划

施工准备计划主要包括以下内容：

(1) 做好土地征用、居民拆迁和障碍物拆除工作；

(2) 做好现场测量控制网；

(3) 安排场地平整方案和全场排水设施；

(4) 安排原材料、成品、半成品和构件的运输和储存方式；

(5) 安排场内外道路、水、电、气引入方案；

(6) 安排重要机械设备的进场；

(7) 安排生产和生活性临时设施的建设。

12.4 施工总进度计划

12.4.1 施工总进度计划的作用和基本要求

1. 施工总进度计划的作用

施工总进度计划是以工程项目为对象，根据施工部署中的施工方案和施工项目开展的程序，对整个工程中的所有施工项目所作出的时间上和空间上的安排。

其作用在于确定各个建筑物及其主要工程、分项工程、准备工作和全工地性工程的施工期限及开工和竣工的日期，进一步确定建筑施工现场上劳动力、原材料、成品、半成品、施工机械等资源的需要量和调配情况，以及现场临时设施的数量，水电供应数量和能源、交通的需要数量等。

2. 基本要求

施工总进度计划的基本要求是：保证工期，连续均衡施工，分期开展，协调配合。

12.4.2 编制步骤

1. 划分工程项目，计算工程量

建设项目施工总进度计划一般按照工程量、分期分批投产顺序来划分主要施工项目，根据确定的主要工程项目的开展顺序排列，一些附属项目、配套设施及临时设施可以合并列出。

在工程项目一览表的基础上，计算各主要项目的实物工程量。工程量可根据初步设计（或扩大初步设计）图纸和定额手册进行计算。常用的定额和资料有以下几种：

（1）万元、10万元投资工程量、劳动力及材料消耗扩大指标。此定额中，规定了某一种结构类型建筑，每万元或10万元投资中劳动力及主要材料等消耗数量。

（2）概算指标或扩大结构定额。概算定额是以建筑物每100 m^3 体积为单位；扩大结构定额是以每100 m^2 建筑面积为单位。这两种定额都是在预算定额的基础上的进一步扩大。在使用这两种定额时，首先查找与拟建建筑结构类型、高度、跨度相类似的部分，然后查出拟建建筑物按照定额单位所需的劳动力和各项主要材料消耗量，从而推算出拟建建筑物所需要的劳动力和材料的消耗数量。

（3）标准设计或已建成的类似建筑物的资料。若没有上述提到的定额手册时，可采用标准设计或已建成的类似建筑物实际所消耗的劳动力及材料进行比较，按比例估算。由于拟建建筑物与类似建筑物总是存在一定的差异，所以一般在采用这种资料时都要进行一定的调整和折算。

除房屋外，还要计算主要的全工地性工程的工程量，例如，场地平整、现场道路和地下管线的长度等，这些可以根据建筑总平面图来计算。

按上述方式将计算的工程量填入统一的工程量汇总表中，见表12-1。

表12-1 工程项目工程量汇总表

工程项目分类	工程项目名称	结构类型	建筑面积（1000 m²）	建筑数（幢）	概算投资（万元）	主要实物工程量						
						场地平整（1000 m²）	土方工程（1000 m³）	桩基工程（1000 m³）	砌体工程（1000 m³）	钢筋混凝土工程（1000 m³）	装饰工程（1000 m³）	…
全工地性工程												
主体项目												
辅助项目												
永久住宅												
临时建筑												
合计												

2. 确定各单位工程的施工期限

单位工程施工期限的确定应根据其影响因素，包括建筑类型、结构特征、施工方法、施工技术、施工管理水平、机械化程度、劳动力和材料供应情况、现场地形、地质条件、施工条件等，并参考有关的工期定额来确定。

3. 确定各单位工程的开工竣工时间和相互搭接关系

根据施工部署及单位工程施工期限，便可以安排各单位工程的开工、竣工时间和相互搭接关系。在具体安排时应主要考虑以下几点：

（1）保证关键工程项目，结合物资供应情况及施工条件，不宜在同一时期进行过多的项目，以免影响主要项目的进度。

(2) 尽量采用流水施工，同时尽量使劳动力、材料和机械均衡消耗，以利于劳动力的组织和调度，也便于施工组织。

(3) 满足生产工艺的要求，合理安排各个建筑物的施工顺序，以缩短建设周期，尽快投入使用，提高经济效益。

(4) 将一些附属工程作为调节项目，穿插在主要项目的流水施工当中，以调节主要施工项目的进度，实现均衡施工。

4. 编制施工总进度计划

根据之前确定的施工项目内容、期限、开竣工时间及搭接关系，可以采用横道图或网络图表达施工总进度计划。

当用横道图表达施工总进度计划时，可按施工总体方案所确定的工程项目的开展顺序编制项目初步总进度计划。

表 12-2　施工总进度计划

工程项目名称	建筑面积 ($100m^2$)	工程量	结构类型	总工日	施工进度计划											
					××年				××年				××年			
					一季度	二季度	三季度	四季度	一季度	二季度	三季度	四季度	一季度	二季度	三季度	四季度

随着网络技术的进步和推广，很多工程项目已经开始采用网络图的方式编制施工总进度计划，这种方式比横道图更明确地表达出各施工项目之间的逻辑关系，同时便于采用计算机计算和输出，更便于调整、优化和统计资源数量等。

12.5　资源需要量计划

12.5.1　劳动力需求量计划

劳动力需要量计划是编制施工设施和组织劳动力进场的依据。主要是根据工程量汇总表中列出的各个建筑物的主要实物工程量，概（预）算定额或有关资料，施工总进度计划等资料，分别求出各单项工程主要工种的劳动量工日数，劳动力数和进场时间，持续时间，然后汇总，便可确定整个工程项目的劳动力需要量计划，见表 12-3。

表 12-3　劳动力需要量计划

序号	劳动量	工程名称	施工高峰人数	××年				××年				现有人数	多余或不足

12.5.2　材料、构件及半成品需要量计划

材料、构件及半成品需要量计划主要是根据工程量汇总表所列各建筑物的工程量，查找定额或有关资料，得出所需的建筑材料、构件及半成品的需要量。结合施工总进度计划表，估算出某种材料在某一段时间内的需要量，从而编制出材料、构件及半成品的需要量计划，见表 12-4。材料构件及半成品需要量计划是采购的依据。

表 12-4　主要材料、构件和预制加工品需要量计划

工程类别	单项工程名称	工程材料/预制品				需要量计划							
						××年（月）				××年（月）			
		编码	名称	种类	规格	1	2	3	…	1	2	3	…

12.5.3　主要施工机具和设备需要量计划

主要施工机具的需要量计划是根据施工部署，施工总进度计划、工程量以及机械台班产量定额算出。辅助机械可以根据建筑安装工程每 10 万元扩大概算指标算得，运输机具的需要量根据运输量计算。施工机具需要量计划见表 12-5。

表 12-5　主要施工机具、设备需要量计划

工程类别	单项工程名称	施工机具和设备				需要量计划							
						×× 年（月）				×× 年（月）			
		编码	名称	型号	功率	1	2	3	…	1	2	3	…

12.6　施工总平面图

施工总平面图是指整个工程建设项目施工现场的总平面布置图，施工总平面图是按照施工方案和施工总进度计划的要求，将现场的交通道路、材料仓库、附属企业、临时房屋、临时水电管线等作出合理的规划布置，从而正确处理全工地施工期间所需各项临时设施和永久建筑以及拟建项目之间的空间关系。是实现节约土地、减少临时设施费用、文明施工的前提条件，对指导现场有组织、有计划地施工具有重要的意义。

12.6.1　施工总平面图的主要内容

施工总平面图的主要内容包括以下 3 点：

1. 建设项目建筑总平面图上一切地上、地下建筑物、构筑物以及其他设施的位置和尺寸。

2. 所有为全工地施工服务的临时设施的布置，包括：

（1）施工用地范围内运输用的各种道路；
（2）各种加工厂、搅拌站、半成品制备站及有关机械的位置；
（3）各种建筑材料、构件、半成品的仓库和堆场的位置，取土弃土的位置；
（4）行政管理用房、临时宿舍和文化生活福利设施等；
（5）大型机械、车库的位置；
（6）水源、电源、给排水管线和供电动力线路设施；
（7）安全、消防及环保设施等；
（8）有关的图例、方向标志、比例等。

3. 永久性测量放线标志桩位置

对于规模庞大，建设周期较长的项目，考虑到施工现场的不断变化，通常按其不同的阶段分别绘制若干张施工总平面图，以适应不同阶段的需要。

12.6.2 施工总平面图的设计依据

施工总平面图的设计依据有以下几点：

（1）有关的设计资料，包括建筑总平面图、地形图、区域规划图、建设范围内已有和拟建的地下管网位置图等；

（2）建设项目施工部署、主要单位工程施工方案和施工总进度计划；

（3）各种建筑材料、构件、半成品、施工机具需要量计划；

（4）建设地区的自然条件和技术经济条件；

（5）各类临时设施的项目、数量等。

12.6.3 施工总平面图的设计原则

施工总平面图的设计原则有以下几点：

（1）尽量减少施工用地，平面布置紧凑合理，便于施工管理；

（2）合理组织运输，合理布置起重机械，科学规划运输道路，选择正确适合的运输方式，从而减少二次搬运，以降低运输费用。

（3）充分利用施工用地范围内各种已有的永久性建筑物和原有设施，降低临时设施的建造费；

（4）正确合理地布置各种临时设施，以便于人民生产和生活；

（5）满足安全防火、劳动保护、环境保护等要求。

12.6.4 施工总平面图的设计方法

1. 场外道路的引入

对于运输方式的选择和线路的布置主要应该考虑大宗材料、成品、半成品和设备等。当场外运输主要采用铁路运输时，要考虑铁路的转弯半径和坡度的限制。铁路的布置尽量沿工地的周围，避免与内部运输道路交叉。若主要采用公路运输时，布置较为灵活，先确定工地仓库和加工厂的位置，再布置场内临时道路，并与场外主干道路连接。若主要采用水路运输时，应首先考虑原有码头的运输能力，是否需要增设码头，并考虑在码头附近布置加工厂和主要仓库。

2. 仓库与材料堆场的布置

工地仓库是储存物资的临时设施，类型有现场仓库、加工厂仓库、转运仓库和中心仓库等几种。通常应考虑将仓库与材料堆场建在运输方便、位置适中、运距较短及安全防火的地方，并应区别不同材料、运输方式和设备的设置方法。

(1) 当采用铁路运输时，应沿铁路布置周转仓库和中心仓库，而且仓库应设置在靠近工地的一侧，并不宜设置在弯道或坡道上。

(2) 当采用公路运输时，一般材料仓库应在临近公路施工区内布置。例如，预制构件应直接布置在靠近使用的施工对象附近，水泥、沙、石等仓库应布置在搅拌站和加工厂附近，以减少二次搬运。

(3) 当采用水路运输时，一般应在码头设置转运仓库。

(4) 对于工业项目的仓库，一般较重设备尽量停放在车间附近，普通的设备可以利用场地中的空闲处放置。

3. 搅拌站和加工厂的位置

搅拌站和加工厂的位置的确定原则如下：

(1) 工地混凝土预制构件加工厂应尽量利用建设地区的永久性加工厂，如需在现场设置，宜布置在工地边缘；

(2) 混凝土搅拌站可根据情况采用集中、分散或二者相结合的三种方式。若采用商品混凝土，可不设搅拌站；若运输条件较好，搅拌站宜采用几种布置；若运输条件较差，应分散在使用地点附近或垂直运输设备旁；

(3) 钢筋加工厂宜布置在混凝土预制构件加工厂或主要施工对象附近；

(4) 木材加工厂的原木。锯材堆场应靠近铁路、公路或水路沿线；锯木、成材加工厂和成品堆场应按工艺流程布置，并设在土建施工区边缘的下风向；

(5) 金属结构、锻工和机修等车间考虑到生产联系较为密切，应尽量集中布置；

(6) 产生有害气体和污染环境的加工厂，如生石灰熟化、石棉加工、沥青熬制等，应布置在现场的下风向。

4. 场内运输道路的布置

在规划场内道路时，应根据仓库、加工厂、堆场和拟建建筑物的位置，以及它们之间物资的转运，先确定场内主要道路和次要道路，然后再规划。

（1）尽量利用原有的永久性道路，或提前修建，或先修建永久性路基，为施工服务。

（2）需要修建的临时道路，在规划时要考虑把仓库、加工厂、堆场和施工地点尽量连接起来。

（3）主要道路一般应按双行环形路线布置，宽度不小于6 m，次要道路则采用单行车道布置，路面宽度不小于3.5 m。道路应有足够的转弯半径，路端应设回车场。

（4）选择合理的路面结构，根据运输情况和运输工具的不同来确定。一般场外与省、市公路相连的干线，考虑到以后会成为永久性道路，宜建成混凝土路面，场区内的干线，宜采用级配碎石路面，以利于修补。场内支线一般为土路或沙石路，以利于修补。

5. 临时设施的布置

临时设施包括：行政管理办公室、职工休息室、食堂、开水房、浴室等，其所需要的面积可根据工地施工人数来计算。应尽量利用现有的或拟建的永久性房屋，不足部分另行建造。

一般行政管理用房宜设在工地入口处附近，以便对外联系；或者设在工地较中心的位置，便于现场管理；工人的宿舍宜设在场外，距工地500～1 000 m左右并避免设在不利于健康的地方；食堂宜布置在工地内或与生活区之间；生活福利设施，如商店等地方宜设在工人较集中的地方。

临时设施的设计和布置，既要经济适用，又要方便拆装，其结构类型可根据工期长短和施工现场的情况来确定。

6. 临时水电管网的布置

临时水电管网的布置原则如下：

（1）尽量利用已有的水源和电源，将水、电直接接入工地。

（2）临时变电站应设置在高压电引入处，不应设在工地中心，以免危险；临时输电干线沿主干道路布置成环形线路，供电线路应避免与其他管道相近布置。

（3）临时水池应设在地势较高的位置。利用地下水或地表水设置临时供水设备。施工现场供水管网有环状、枝状和混合式3种形式。

（4）根据防火规定，消火栓应设置在易燃建筑物附近（如：木材加工区或仓库附近），并有通畅的出口和车道，其宽度不小于6 m，与拟建建筑物的距离不得大于25 m，也不得小于5 m，消火栓间距不应大于100 m，到路边的距离不应大于2 m。

最后，根据上述要求和原则绘制施工总平面图，图幅的大小和比例应根据建设项目场地大小及布置内容的多少来确定，一般可选用1～2号图纸，比例为1∶1 000或1∶2 000。图上应有必要的文字说明和图例。见图12-2。

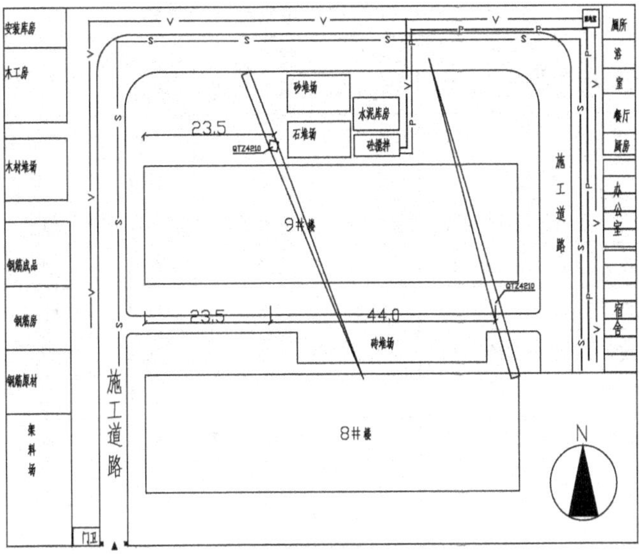

图 12-2　某工程施工总平面图

12.7　大型临时设施的计算

12.7.1　临时仓库和材料堆场的计算

临时仓库和材料堆场的计算包括：确定各种材料和设备的储存量；确定仓库和材料堆场的面积及外形尺寸；选择仓库的结构形式，确定材料和设备的装卸方法。

1. 材料和设备的储存量计算

对于经常使用的材料，如水泥、沙、钢材等可以按照储存期计算，公式如下：

$$P = T_C \frac{Q_i K_i}{T} \tag{12-1}$$

式中：P——材料的储存量（m^3 或 t 等）；

T_C——储存期定额（天），见表 12-6；

Q_i——材料、半成品总的需要量；

K_i——材料使用不均衡系数，见表 12-7；

T——有关项目的施工总工作日。

表 12-6 计算仓库面积的有关系数

序号	材料及半成品	单位	储存天数 T_C（天）	不均衡系数 K_i	每平方米储存定额	有效利用系数 K	仓库类别	备注
1	水泥	t	30～60	1.3～1.5	1.5～1.9	0.65	封闭式	堆高 10～12 袋
2	生石灰	t	30	1.7	1.7	0.7	棚	堆高 2 m
3	沙子（人工堆放）	m^3	15～30	1.4	1.5	0.7	露天	堆高 1 m～1.5 m
4	沙子（机械堆放）	m^3	15～30	1.4	2.5～3	0.8	露天	堆高 2.5 m～3 m
5	石子（人工堆放）	m^3	15～30	1.5	1.5	0.7	露天	堆高 1 m～1.5 m
6	石子（机械堆放）	m^3	15～30	1.5	2.5～3	0.8	露天	堆高 2.5 m～3 m
7	块石	m^3	15～30	1.5	10	0.7	露天	堆高 1 m
8	预制钢筋混凝土板	m^3	30～60	1.3	0.20～0.30	0.6	露天	堆高 4 块
9	柱	m^3	30～60	1.3	1.2	0.6	露天	堆高 2 m
10	钢筋（直筋）	t	30～60	1.4	2.5	0.6	露天	堆高 1.2 m～1.5 m
11	钢筋（盘筋）	t	30～60	1.4	0.9	0.6	封闭式或棚	占全部钢筋的 20%，堆高 1 m
12	钢筋成品	t	10～20	1.5	0.07～0.1	0.6	露天	
13	型钢	t	45	1.4	1.5	0.6	露天	堆高 0.5 m
14	金属结构	t	30	1.4	0.2～0.3	0.6	露天	
15	原木	m^3	30～60	1.4	1.3～1.5	0.6	露天	堆高 2 m
16	成材	m^3	30～45	1.4	0.7～0.8	0.5	露天	堆高 1 m
17	废木料	m^3	15～20	1.2	0.3～0.4	0.5	露天	废木料约占锯木的 10%～15%
18	门窗扇	扇	30	1.2	45	0.6	露天	堆高 2 m
19	门窗框	樘	30	1.2	20	0.6	露天	堆高 2 m
20	木屋架	樘	30	1.2	0.6	0.6	露天	
21	木模板	m^2	10～15	1.4	4～6	0.7	露天	
22	模板整理	m^2	10～15	1.2	1.5	0.65	露天	
23	砖	千块	15～30	1.2	0.7～0.8	0.6	露天	堆高 1.5 m～1.6 m
24	泡沫混凝土制作	m^3	30	1.2	1	0.7	露天	堆高 1 m

注：储备天数根据材料来源、供应季节和运输条件等确定。一般就地供应的材料取表中低值，外地供应采用铁路运输或水运者取高值。现场加工企业供应的成品、半成品的储备天数取低值，项目部独立核算加工企业供应者取高值。

表 12-7　计算仓库面积的有关系数

序号	名称	计算基础数 m	单位	系数
1	仓库（综合）	安全员（工地）	m^2/人	0.7～0.8
2	水泥库	按当年水泥用量的 40%～50%	m^2/吨	0.7
3	其他仓库	按当年工作量	m^2/万元	2～3
4	五金杂品库	按年建筑安装工作量计算	m^2/万元	0.2～0.3
		按在建建筑面积计算	$m^2/100\,m^2$	0.5～1
5	土建工具库	按高峰年（季）平均人数	m^2/人	0.1～0.2
6	水暖器材库	按年在建建筑面积计算	$m^2/100\,m^2$	0.2～0.4
7	电器器材库	按年在建建筑面积计算	$m^2/100\,m^2$	0.3～0.5
8	化工油漆危险品库	按年建筑安装工作量计算	m^2/万元	0.1～0.15
9	三大工具库（脚手架、跳板、模板）	按在建建筑面积计算	$m^2/100\,m^2$	1～2
		按年建筑安装工作量	m^2/万元	0.5～1

对于当地供应的大量性材料（如沙、石等），可以减少储存天数来减少所需要的堆场面积。

2. 各种仓库面积的确定

要确定建筑材料的仓库面积，其相关因素包括该建筑材料储存的天数、材料的需要量及仓库每平方米能储存的定额等有关。而该种建筑材料的供应情况、运输能力及当地的气候条件也影响材料的储存时间。

确定仓库面积时，必须将有效面积和辅助面积同时考虑。有效面积是指材料本身占有的净面积，是根据每平方米仓库面积的存放定额确定的。辅助面积是指考虑仓库中的通道及装卸空间所必需的面积。仓库的总面积可以按照下列公式计算：

$$F = \frac{P}{qK} \tag{12-2}$$

式中：F——仓库总面积（m^2）；

P——仓库材料的储备量；

q——每平方米仓库面积能存放的材料、半成品和制品的数量；

K——仓库面积利用系数。

仓库面积的另一种计算方法——指数计算法，其公式如下：

$$F = \varphi m \tag{12-3}$$

式中：φ——系数；

m——计算基础数（生产工人数或全年计划工作量等），见表 12-7。

在设计仓库时，除确定仓库面积外，还要正确地决定仓库的长度和宽度。仓库的长度应满足装卸货物的需要，即要有一定的长度的装卸前线。装卸前线一般可按下式计算：

$$L = nl + a(n+1) \tag{12-4}$$

式中：L——装卸前线长度（m）。

l——运输工具的长度（m）。

a——相邻两个运输工具的间距，火车运输时，取 1 m；汽车运输时端卸，取 1.5 m，侧卸取 2.5 m。

n——同时卸货的运输工具数。

12.7.2 临时供水计算

建筑工地临时供水，包括生产用水（一般生产用水和施工机械用水）、生活用水（施工现场生活用水和生活区生活用水）和消防用水 3 部分。

建筑工地供水组织一般包括：计算用水量，选择供水水源，选择临时供水系统的配置方案，设计临时供水管网，设计供水构筑物和机械设备。

1. 供水量确定

（1）一般生产用水。一般生产用水指施工生产过程中的用水，如混凝土搅拌与养护、砌砖和楼地面等工程的用水。可由下式计算：

$$q_1 = \frac{k_1 \sum Q_1 N_1 k_2}{T_1 b \times 8 \times 3\,600} \tag{12-5}$$

式中：q_1——生产用水量（l/s）；

Q_1——最大年度工程量；

N_1——施工用水定额；

k_1——未预见施工用水系数，取 1.05～1.15；

k_2——用水不均衡系数，工程施工用水取 1.5，生产企业用水取 1.25；

T_1——年度有效工作日；

b——每日工作班数。

（2）施工机械用水。施工机械用水包括挖土机、起重机、打桩机、压路机、汽车、空气压缩机、各种焊机、凿岩机等机械设备在施工生产中的用水。可由下式计算：

$$q_2 = \frac{k_1 \sum Q_2 N_2 k_3}{8 \times 3\,600} \tag{12-6}$$

式中：q_2——机械施工用水量（l/s）；

Q_2——同一种机械台数（台）；

N_2——该种机械台班用水定额；

k_3——施工机械用水不均衡系数。一般施工机械、运输机械用水取 2.00，动力设备用水取 1.05～1.10。

（3）施工现场生活用水。施工现场生活用水可由下式计算：

$$q_3 = \frac{P_1 N_3 k_4}{24 \times 3600 \times b} \qquad (12\text{-}7)$$

式中：q_3——施工现场生活用水量（l/s）；

P_1——施工现场高峰人数（人）；

N_3——施工现场生活用水定额，与当地气候、工种有关，工地全部生活用水取 100～120l/人·日；

k_4——施工现场生活用水不均衡系数，取 1.30～1.50；

b——每日用水班数。

（4）生活区生活用水。生活区生活用水可由下式计算：

$$q_4 = \frac{P_2 N_4 k_5}{24 \times 3600} \qquad (12\text{-}8)$$

式中：q_4——生活区生活用水量（l/s）；

P_2——生活区居民人数；

N_4——生活区每人每日生活用水定额；

K_5——生活区每日用水不均衡系数，取 2.00～2.50。

（5）消防用水。消防用水量（q_5）与建筑工地大小及居住人数有关，如表 12-8。

表 12-8　消防用水量

序号	用水名称		火灾同时发生次数	用水量 l/s
1	居民区	5000 人以内	1 次	10
		10000 人以内	2 次	10～15
		25000 人以内	2 次	15～20
2	施工现场	现场面积小于 25 公顷	1 次	10～15
		现场面积每增加 25 公顷	1 次	5

（6）总用水量。总用水量 Q 由下列 3 情况分别决定：

当 $(q_1 + q_2 + q_3 + q_4) \leqslant q_5$ 时，$Q = q_5 + 1/2(q_1 + q_2 + q^3 + q_4)$

当 $(q_1 + q_2 + q_3 + q_4) > q_5$ 时，$Q = q_1 + q_2 + q_3 + q_4$

当工地面积小于 5 公顷，且 $(q_1 + q_2 + q_3 + q_4) < q_5$ 时，$Q = q_5$

2. 供水管管径计算

总用水量确定后，既可按下式计算供水管管径：

$$D_i = \sqrt{\frac{4\,000 Q_i}{\pi v}} \tag{12-9}$$

式中：D_i——某管段供水管管径（mm）；

Q_i——某管段用水量（l/s）；

v——管网中水流速度（m/s），一般取1.5～2.0。

当确定供水管网中各段供水管网的最大用水量（Q_i）及水流速度（v）后，也可通过查表的方式确定，具体参见有关手册。

12.7.3 临时供电计算

临时供电组织工作主要包括：用电量计算；电源选择；变压器确定；供电线路布置；导线截面计算。下面主要介绍用电量计算、变压器确定、导线截导计算。

1. 用电量计算

建筑工地临时用电，包括施工用电和照明用电两个方面。

（1）施工用电。民用建筑工程的施工用电主要指土建用电；工业建筑工程的施工用电除土建用电外还包括设备安装和部分设备试运转用电（当永久性供电系统还未建成，需利用临时供电系统时）。施工用电量按下式计算：

$$P_c = (1.05 \sim 1.10)(k_1 \sum P_1 + k_2 \sum P_2) \tag{12-10}$$

式中：P_c——施工用电量（kW）。

k_1——设备同时使用的系数。当用电的设备（电动机）在10台以下时，$k_1 = 0.75$；10～30台时，$k_1 = 0.7$；30台以上时，$k_1 = 0.60$。

P_1——各种机械设备的用电量（kW），以整个施工阶段内的最大负荷为准。

k_2——电焊机同时使用系数。当电焊机数量10台以下时，取0.6；10台以上时，取0.5。

P_2——电焊机的用电量（kW）。

（2）照明用电。照明用电是指施工现场和生活福利区的室内外照明和空调用电，用电量按下式计算：

$$P_0 = 1.10(k_3 \sum P_3 + k_4 \sum P_4) \tag{12-11}$$

式中：P_0——照明用电量（kW）；

k_3——室内照明设备同时使用系数，一般取 0.8；

P_3——室内照明用电量（kW）；

k_4——室外照明设备同时使用系数，一般用 1.0；

P_4——室外照明用电量（kW）。

最大电力负荷量，按施工用电量与照明用电量之和计算。当采用单班工作时，可不考虑照明用电。

2. 变压器确定

变压器的功率可按下式计算：

$$P = \frac{K\sum P_{max}}{\cos\varphi} \tag{12-12}$$

式中：P——变压器的功率（kW）；

K——功率损失系数，可取 1.05；

$\sum P_{max}$——变压器服务范围内的最大计算负荷（kW）；

$\cos\varphi$——功率因数，一般采用 0.75。

根据计算所得的容量及高压电源电压和工地用电电压，可以从变压器产品目录中选用相近的变压器。通常，要求变压器的额定容量 $P_{max} \geqslant P$。一般工地常用的电源多为三相四线制，电压 380 V/220 V。

3. 导线截面选择

选择导线截面时，先根据电流强度进行选择，保证导线能持续通过最大的负荷电流而其温度不超过规定值，再根据允许电压损失选择，最后对导线的机械强度进行校核。

（1）按电流强度选择导线截面。导线必须能承受负载电流长时间通过所引起的温度上升。三相四线制线路上的电流可按下式计算：

$$I = \frac{P}{\sqrt{3}V\cos\varphi} \tag{12-13}$$

二线制线路可按下式计算：

$$I = \frac{P}{V\cos\varphi} \tag{12-14}$$

式中：I——电流值（A）；

P——功率（W）；

V——电压（V）；

根据计算电流值及厂商提供的导线持续允许电流值，选择导线的截面面积。

（2）按允许电压损失选择导线截面。导线上引起的电压降必须在一定限值内，允许电压损失如表 12-9 所示。

表 12-9 供电线路允许电压降低的百分数

序号	线路	允许电压降 ε
1	输电线路	5%~10%
2	动力线路	5%~6%
3	照明线路	3%~5%
4	动力照明合用线路	4%~6%
5	户内动力线路	4%~6%
6	户内照明线路	1%~3%

(3) 按机械强度选择。导线必须保证不致因一般机械损失而折断。在各种不同敷设方式下，导线必须满足机械强度所确定的最小截面，如表 12-10 所示。

表 12-10 导线按机械强度所确定的最小截面

导线用途		导线最小截面/mm^2	
		铜线	铝线
照明装置用导线	户内用	0.5	2.5
	户外用	1.0	2.5
双芯软电线	用于吊灯	0.35	
	用于移动式生活用电装置	0.5	
多芯软电线及软电缆	用于移动式生产用电设备	1.0	
绝缘导线（固定架设在户内绝缘支持件上）	间距为 2 m 及以下	1.0	2.5
	间距为 6 m 及以下	2.5	4
	间距为 25 m 及以下	4	10
绝缘导线	穿在管内	1.0	2.5
	在槽板内	1.0	2.5
	户外沿墙敷设	2.5	4
	户外其他方式墙敷设	4	4

按允许电压损失选择配电导线的截面，可用下式计算：

$$S = \sum \frac{PL}{C\varepsilon} \tag{12-15}$$

式中：S——导线截断面面积（mm^2）；

P——负荷电功率或线路输送的电功率（kW）；

L——送电线路的距离（m）；

C——导电系数，与导线材料、电压和配电方式有关。在三相四线制配电时，铜线为 77，铝线为 46.3；在二相三线制配电时，铜线为 34，铝线为 20.5。

ε——容许的电压降。

12.8　施工组织总设计实例

12.8.1　工程概况

本工程为某市某学校新校区一期二区 1～3 号学生公寓楼，建筑面积：1～3 号学生公寓楼每栋楼 8 934.84 m^2，总面积为 26 804.52 m^2 呈长方形。6 层砖混结构，层高为：3.4 m，建筑物高度 20.85 m。

12.8.2　施工部署

1. 施工总体组织原则

本项目实行项目经理负责制，直接面对项目进行综合管理、协调，鉴于该工程十分重要，该工程将列为重点工程项目，下设土建、安装两个分部，选派施工过类似工程，并有丰富施工经验的项目经理担任项目经理，建立由项目经理负责、项目工程师中间控制，质检员基层检查的三级管理系统，形成横向从整体工程到各分项工程，纵向从项目经理到作业班组的质量管理网络，为规范对该项目各项管理工作，合同管理及质量、进度的总控制，项目经理部将按照颁布的《质量保证手册》、《标准工程汇编》及《文明施工与成品保护管理办法》等程序支持性文件实施管理和控制。现场质量管理组织机构见图 12-3。

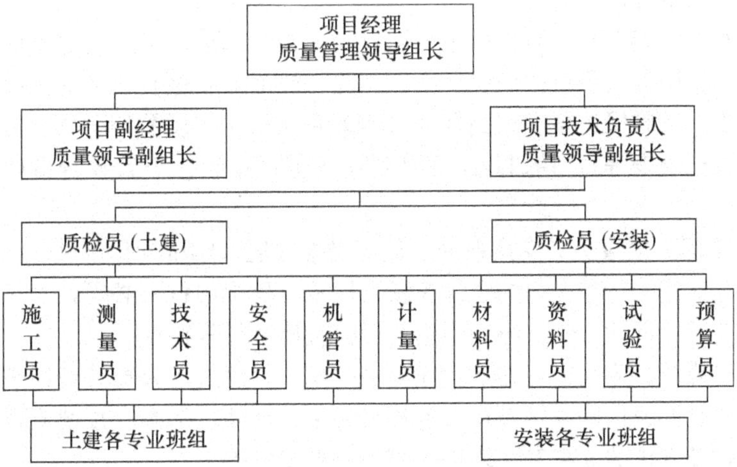

图 12-3　现场质量管理组织机构

2. 施工程序

根据工程结构情况、现场施工条件及拟投入的施工实力、机械设备、周转材料和在保证质量的前提下，快速施工的成熟经验，本着科学、负责和积极的精神，经过周密考虑决定用242个日历天完成本次施工任务。因此在施工中各工序必须紧密结合，及时穿插，其分阶段控制计划如下：

（1）基础工程计划40天，主体工程计划70天，装修工程计划140天，零星工程10天，室外工程计划40天。

（2）主体结构施工4层后，插入由下而上进行粗装修施工，待工程封顶即由上而下进行外装饰，屋面结束后进行室内精装修。水电安装紧随结构砌体进行，设备安装施工等及时穿插，相互创造条件，密切配合。

3. 主要项目施工方案

（1）钢筋工程。该工程所有钢筋制作，全部利用现场加工机械、机具进行加工。现场加工机械器具齐全、完好，其主要机械设备器具有：钢筋调直机、对焊机、切断机、弯曲机、电渣压力焊机、钢筋套丝机、现场手动液压弯曲机，经计量部门检定认可的钢卷尺等。

根据设计图纸和施工质量验收规范，不同部位、构件以及钢筋规格，我们将用不同的方式连接。

钢筋绑扎安装前，应将绑扎地点清理扫除干净，并弹好墙身线、柱边线、洞口线及钢筋间距分布线。

生产班组应严格遵循并认真执行“自检、互检和交接检”三检制度，专职质量员进行跟班检查，技术部门和工长及时进行组织该分项工程的隐蔽工程质量检查验收，并填写隐蔽验收记录单，质检部门严格按照设计图纸和验收规范及质量验收统一标准进行分层分段检验批质量验收，及时报送各项相关资料（钢筋复试报告，质量证明书、检验批质量验收记录、隐蔽验收记录表等），请监理工程师到现场进行验收，经验收合格后，才能转入下道工序施工。

（2）模板工程。模板及其支撑系统必须有足够强度、刚度和稳定性，其支撑系统必须满足承受上部包括施工荷载在内的全部荷载，模板工程所用材料必须认真检查选用，模板应具有制作、安装、拆除方便，牢固耐用、运输整修容易等特点。

模板工程安装及拆除前，应在下达任务书的同时，由技术人员负责组织生产，对操作工人进行技术交底，根据翻样图交代清楚轴线关系、尺寸、标高、预留洞及预埋件等，根据所用模板材料及支撑的规格等要求进行模板安装或拆除。

模板及支撑系统应连接成整体，竖向结构模板应加设斜撑和剪刀撑，水平结构模板应加强支撑系统的整体连接，对木支撑纵横方向应加强斜拉杆，采用钢管支撑时，应把钢管扣成整体排架。

（3）混凝土工程。本工程采用自拌混凝土，混凝土的供应为现场自拌，采用地泵进行浇筑。施工注意事项有：

① 沙石原材料必须符合质量要求，并做原材料试验，确保沙率比，石子级配，水灰比的正确性，防止水灰比过大，造成混凝土离淅现象。

② 混凝土应有试验配合比报告，并提供质保资料和试验报告。

③ 加强对混凝土的保水养护工作，混凝土终凝后，加两层草袋加水养护，使混凝土表面温度与核心温度差小于 20℃，强度未达到 1.5MPa，不得上人作业，混凝土养护期不得小于 5 昼夜。

④ 浇筑混凝土时，在每层接头位置为防止浮浆出现，可用调整配合比和落度的方法解决。

⑤ 检查混凝土质量应做抗压强度试块，试块必须在浇筑地点随机抽样制作，从试样到养护等，应指定专人负责，以正确反映混凝土结构和构件的强度。

（4）脚手架工程。本工程外脚手架均采用双排金属落地式脚手架。为保证该脚手架在大风的情况下能有可靠的承载力，在最上两道的连墙杆上采用双扣件。

（5）砌筑工程。本工程的砌体工程，砌体应走在顶板之前，即，先砌筑墙体，然后支构造柱模，接着支设顶板、梁的模板。最后浇筑混凝土。

（6）装修工程。装修工程施工时，室内粗装修随砌体由下往上逐层施工，外墙装饰为一次由上往下施工完成。装修工程开始前，各分项工程先做样板，经各有关部门验收后再展开全面施工。根据设计图纸，本工程室内装饰主导流水线为：做墙面抹灰灰饼及门窗洞口护角→主体结构分层验收→天棚抹灰→墙面抹灰→门窗框安装→楼地面→吊顶→安装布线→门窗扇安装→顶棚、墙面涂料→油漆玻璃→安装电器、灯具→土建收尾。

4. 施工准备工作计划

施工准备工作计划有：技术准备和施工机械设备和材料投入计划。

（1）技术准备。

① 测量放线，根据业主提供的测量坐标控制点进行复核，布设坐标控制网，引测半永久型施工水准点。

② 组织学习、熟悉施工图纸、领会设计意图，做好图纸会审准备工作。

③ 对施工技术人员和操作工人组织培训学习，进行分级交底。

④ 编制施工进度控制实施细则，分解工程进度控制目标，明确各自职责，确保工期。

⑤ 编制工程质量实施细则，确定质量控制点，分解施工质量目标，建立施工质量保证体系，对特殊部位如测量放线等编制作业指导书。

⑥ 编制施工成本控制实施细则，分解施工成本控制目标，建成施工成本信息监控体系，编制材料、设备进货计划，落实乙供材货源，提供甲供材料、设备供应计划。

（2）施工机械设备和材料投入计划。施工机械设备和材料投入计划如表12-11～表12-16所示。

表12-11 施工用主要设备

序号	名称	单位	数量	单台功率（kW）	总功率（kW）
1	塔吊（QTZ60）	台	2	40	80
2	施工升降机	台	3	20	60
3	混凝土搅拌机	台	3	5.5	16.5
4	震动器	台	4	1.1	4.4
5	平板震动器	台	3	2.2	6.6
6	切割机	台	3	2.2	6.6
7	精密推台锯	台	2	4.75	9.5
8	圆盘锯	台	3	4	12
9	刨木机	台	2	3	6
10	电渣压力焊机	台	4	45	180
11	电焊机	台	2	20	40
12	对焊机	台	1	150	150
13	弯钢机	台	2	3.4	6.8
14	断钢机	台	2	5.5	11
15	调直机	台	1	9.5	9.5
16	水泵	台	6	2.2	13.2
17	加压泵	台	1	5	5
18	蛙式打夯机	台	10	3	30
19	台钻	台	1	2.2	2.2
20	高压泵管	米	200		
21	80地泵	台	1	10	10
22	照明				50

表 12-12 主要施工周转材料使用计划表

序号	名 称	规 格	单位	数 量
1	钢 管	ϕ48 × 3.5	吨	根据实际用量调拨
2	扣 件		万只	根据实际用量调拨
3	架 板	1 820 × 920	百张	根据实际用量调拨
4	安全网	6 000 × 3 000	条	8 000
5	竹 片		张	9 000
6	门架式支撑		吨	90

表 12-13 主要工艺检测计量器具使用计划表

序号	仪器名称	型号	数量	单位	厂家
1	激光垂准仪	DZG6	1	台	苏光
2	激光经纬仪	J2JD	1	台	苏光
3	自动安平水准仪	DSZ3	2	台	北京
4	水准仪	M12	2	台	南京
5	钢卷尺	50m	10	把	南京
6	对讲机	GP68	5	对	天津
7	接受靶		3	个	
8	L1 普通型铟钢尺	3m	1	个	
9	组合检测工具		2	套	
10	地磅		1	台	
11	钢卷尺	5m	10	把	
12	混凝土抗压模/抗渗模		2/1	组	
13	砂浆试压		2	组	
14	铅垂仪		1	台	

表 12-14 基础结构施工劳动力使用计划

工程	木工	钢筋工	混凝土工	架子工	瓦工	现场电工	合计
人数	90	90	30	6	100	2	318

表 12-15 主体结构施工劳动力使用计划

工种	木工	钢筋工	混凝土工	架子工	安装工	瓦工	现场电工	其他	合计
人数	150	120	30	20	35	150	3	10	518

表 12-16 装修施工劳动力使用计划

工种	木工	抹灰工	油漆工	架子工	现场电工	安装工	其他	合计
人数	50	200	40	8	3	40	15	336

公司根据项目部每月提供的施工进度与劳动力使用计划及时予以补充调整，以确保施工正常进行。

12.8.3 施工总进度计划

施工总进度计划如表 12-17 所示。

表 12-17 施工总进度计划

1～3#学生公寓楼施工总进度计划																												
序号	名称	5	10	20	30	40	50	60	70	80	90	100	110	120	130	140	150	160	170	180	190	200	210	220	230	240	250	255
1	土方开挖	—																										
2	素土、灰土换填		—	—																								
3	基础工程				—	—																						
4	基础土方回填					—	—	—																				
5	主体第 1 层					—	—	—																				
6	主题第 2 层						—	—	—																			
7	主体第 3 层								—	—																		
8	主体第 4 层									—	—																	
9	主体第 5 层										—	—																
10	主体第 6 层											—																
11	屋面工程												—	—														
12	外墙饰面工程													—	—	—												
13	内墙抹灰、顶棚														—	—	—											
14	内墙面砖															—	—	—										
15	楼地面工程																	—	—	—	—							
16	门窗工程																			—	—	—						

（续表）

1～3#学生公寓楼施工总进度计划																												
序号	名称	5	10	20	30	40	50	60	70	80	90	100	110	120	130	140	150	160	170	180	190	200	210	220	230	240	250	255
17	油漆、涂料工程																		—	—	—	—	—					
18	水电安装工程			—	—	—	—	—	—	—	—	—	—	—	—	—	—	—	—	—	—	—	—	—				
19	设备安装														—	—	—	—	—	—	—	—	—	—	—	—		
20	室外工程																								—	—	—	
21	收尾工程																						—	—	—	—		
22	竣工验收																									—	—	

12.8.4　施工总平面图

施工总平面图如图 12-4 所示。

12.8.5　主要技术措施

1. 技术管理措施

本工程实行项目总工程师负责制，全面解决施工中出现的技术问题。

2. 质量保证措施

（1）工程遵循的质量标准和法规，本工程所遵循国家统一质量标准和法规。

（2）总质量目标的分解和量化，本工程严格执行《建筑工程施工质量验收统一标准》（GB 50300—2001），竣工验收确保该工程达到“合格”标准。细述如下：

① 主体阶段质量目标。

A. 混凝土表面平整光滑，线条顺直，几何尺寸准确（在规范允许范围内）。

B. 混凝土表面颜色均匀一致，无蜂窝、麻面、露筋、夹渣、锈斑和明显气泡存在。

C. 模板拼缝痕迹应具有规律性，结构阴阳角部位方正，无缺棱掉角，上下楼层的连接面平整光洁，施工完后无需抹灰或仅须涂料罩面即可达到相当于中级抹灰的质量标准。

② 装修阶段质量目标。

A. 抹灰：表面光滑、洁净，颜色均匀，无抹纹，线角和灰线平直方正，清晰美观。护角和门窗框与墙体间缝隙填塞密实，表面平顺光滑。

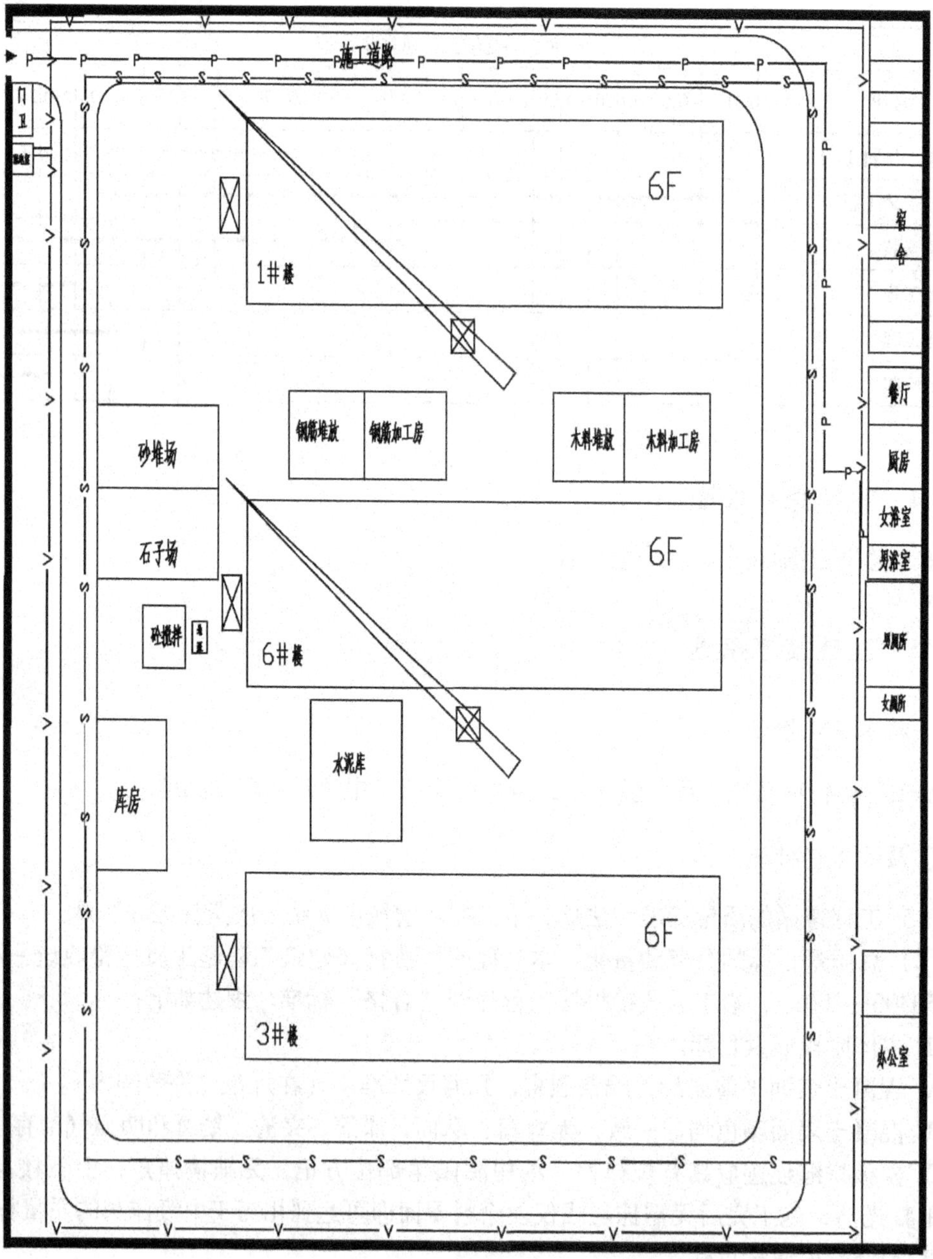

图 12-4 某工程施工总平面图

B. 块材地面：板块挤靠紧密，缝痕通直无错缝，擦缝饱满与块材平，表面平整洁净，无磨划痕，图案清晰，色泽一致，周边顺直方正。

C. 门窗工程：安装牢固，开关灵活、无回弹、翘曲和变形，嵌填材料严密、饱满、均匀。

D. 吊顶：板面起拱度准确，表面平整、无翘曲、破损；接缝、接口严密，排列错开有序，板缝顺直、无错台错位，装饰线肩角、割向正确，阴阳角收边方正。

E. 涂料：喷涂厚度均匀，颜色一致，表面既无搭接痕迹，又清洁无污染。

（3）工程质量管理组织措施。

① 积极开展质量管理（QC）小组的活动，工人、技术人员、项目领导“三结合”，针对技术质量难题组织攻关，并积极做好QC成果的推广应用工作。

② 制订各分部分项工程的质量控制程序，建立信息反馈系统，定期开展质量统计分析，掌握质量动态，全面控制各分项工程质量状况，及时提出纠正和预防措施。

③ 各分项工程质量管理严格执行“三检制”（即自检、互检和交接检），质检员作好复检工作并请业主、监理、市质检站代表验收。

④ 认真做好技术交底工作，严格按图施工，遇有疑难问题必须和甲方、监理、设计单位协商解决。

⑤ 各种不同类型、不同型号的材料按照保存要求分别堆放整齐，并进行标志，防止发生变质、污染、损坏或混用。

⑥ 专业技术工人都要经考试合格取得上岗证才能进行作业。

⑦ 加强成品、半成品保护工作，防止交叉污染或损坏。

⑧ 工程在交付使用后加强工程回访，认真听取业主对工程质量的意见，并做好工程的保修工作。

3. 安全消防措施

安全生产，人人有责。各级、各部门人员应各负其责、各司其职，密切配合，全面贯彻“管生产必须管安全”的原则，共同实现安全管理目标。

（1）建立明确的消防制度，责任落实到人。

（2）建立义务消防队，由保卫组长负责训练管理。所有施工人员要熟悉并掌握消防设备的性能和使用方法。

（3）重点部位（如：危险仓库、油漆间、木库、木工车间等）由专人管理，设置警示牌。各类房屋、库棚、料场等消防安全距离应符合公安部门的规定，室内不得堆放易燃品；严禁在木工加工场、料库、炸药库等处吸烟；现场的易燃杂物，应随时清除，严禁在有火种的场所或其近旁堆放。

（4）项目应配置足够消防器材，并合理地布置（包括施工机械，电焊机等）。消防器材应有专人管理不得乱拿乱动。

（5）危险品押运人员、仓库管理人员、特殊工种操作员必须培训合格，持证上岗。

（6）氧气瓶不得沾染油脂，乙炔发生器必须有防止回火的安全装置，氧气瓶与乙炔发生器要隔离存放。

思考与练习题

1. 简述施工组织总设计的编制程序、编制依据。
2. 施工组织总设计的工作概况主要包括哪些内容？
3. 施工部署中应解决哪些问题？
4. 简述施工总进度计划的编制方法。
5. 在施工程序的安排上应注意哪些问题？
6. 简述施工总平面图的设计原则和设计方法。
7. 简述施工总平面图的内容。

参 考 文 献

[1] 俞国凤. 土木工程施工工艺 [M]. 上海：同济大学出版社，2007.

[2] 穆静波，孙震 . 土木工程施工 [M]. 北京：中国建筑工业出版社，2009.

[3] 郭正兴，李金根. 土木工程施工 [M]. 南京：东南大学出版社，2007.

[4] 建筑施工手册（第四版）. 北京：中国建筑工业出版社，2003.

[5] 梁敦维，谢珍兰. 土方与地基基础工程计算手册 [M]. 太原：山西科学技术出版社，2006.

[6] 高大钊，赵春风，徐斌. 桩基础的设计方法与施工技术 [M]. 北京：机械工业出版社，2002.

[7] 王赫，殷晓霞，郑夙琴. 桩基础工程施工与组织管理 [M]. 北京：中国建筑工业出版社，1997.

[8] 左名麟，胡人礼，毛洪渊. 桩基础工程：设计/施工/检测 [M]. 北京：中国铁道出版社，1996.

[9] 北京土木建筑学会. 砌体工程施工操作手册 [M]. 北京：经济科学出版社，2004.

[10] 杨建明. 混凝土工程安全·操作·技术 [M]. 北京：中国建材工业出版社，2007.

[11] 杜荣军. 混凝土工程模板与支架技术 [M]. 北京：机械工业出版社，2004.

[12] 文梓芸，钱春香，杨长辉. 混凝土工程与技术 [M]. 武汉：武汉理工大学出版社，2004.

[13] 费以原，孙震. 土木工程施工 [M]. 北京：机械工业出版社，2006.

[14] 郭立民，方承训. 建筑施工 [M]. 北京：中国建筑工业出版社，2006.

[15] 王进. 施工机械概论 [M]. 北京：人民交通出版社，2002.

[16] 北京土木建筑学会. 防水工程现场施工处理方法与技巧 [M]. 北京：机械工业出版社，2009.

[17] 李子新，汪全信，李建中. 施工组织设计编制指南与实例 [M]. 北京：中国建筑工业出版社，2006.

[18] 全国建筑业企业项目经理培训教材编写委员会. 施工组织设计与进度管理 [M]. 北京：中国建筑工业出版社，2001.

[19] 李建峰，郑天旺，刘立国. 土木工程施工（下册）[M]. 北京：中国电力出版社，2005.

[20] 邓学才. 施工组织设计的编制与实施 [M]. 北京：中国建材工业出版社，2000.

[21] 危道军. 建筑施工组织 [M]. 北京：中国建筑工业出版社，2004.